蔬菜 》》
常用农药
100种

王迪轩　何永梅　王雅琴　主编

（第二版）

U0221936

化学工业出版社

·北京·

内容简介

本书精选了100个目前蔬菜生产上常用的农药品种，包括杀虫（螨）剂、杀菌剂、杀线虫剂、除草剂、植物生长调节剂等。对每种农药从通用名称、英文名称、结构式、分子式、分子量、其他名称、主要剂型、毒性、作用机理、产品特点、鉴别要点、在蔬菜生产上的使用方法、注意事项、安全间隔期、每季作物最多使用次数等方面进行了较为详细的介绍，并对部分农药品种常用的复配剂在蔬菜生产上的应用进行了简要介绍。书后附农药中英文名称索引，便于读者检索。

本书适合广大农业科技人员、菜农阅读，可作为蔬菜基地、蔬菜专业化合作组织的培训用书，也可供农业院校蔬菜、植保等相关专业师生参考。

图书在版编目（CIP）数据

蔬菜常用农药100种/王迪轩，何永梅，王雅琴主编. —2版. —北京：化学工业出版社，2023.11
ISBN 978-7-122-43997-0

Ⅰ．①蔬… Ⅱ．①王… ②何… ③王… Ⅲ．①蔬菜-农药施用 Ⅳ．①S436.3

中国国家版本馆CIP数据核字（2023）第153149号

责任编辑：冉海滢　刘　军　　　　　文字编辑：李娇娇
责任校对：李雨晴　　　　　　　　　装帧设计：关　飞

出版发行：化学工业出版社（北京市东城区青年湖南街13号　邮政编码100011）
印　　刷：北京云浩印刷有限责任公司
装　　订：三河市振勇印装有限公司
880mm×1230mm　1/32　印张13½　字数401千字
2024年3月北京第2版第1次印刷

购书咨询：010-64518888　　　　　　售后服务：010-64518899
网　　址：http://www.cip.com.cn
凡购买本书，如有缺损质量问题，本社销售中心负责调换。

定　　价：49.80元

本书编写人员名单

主　　编：王迪轩　何永梅　王雅琴

副 主 编：李光波　郭　健　李惠芳　曾娟华

编写人员：（按姓名汉语拼音排序）

蔡国旺　曹　慧　高丽仙　郭　健　何永梅

贺丽江　李光波　李惠芳　李慕雯　孙达治

汪端华　王迪轩　王雅琴　魏　辉　姚　旦

曾娟华　周刻习

前 言 »»»

《蔬菜常用农药 100 种》自 2014 年出版以来，已历 9 个年头，在此期间，国家陆续发布了《农药管理条例》（2017 年修订）、《农药剂型名称及代码》（GB/T 19378—2017），以及新的禁限用农药品种名单。近 10 年中，随着农药新品种的不断涌现，以及国家对农产品质量的要求、"药肥双减"行动的推进，菜农常用农药发生了较大的变化。有些农药退出了历史舞台，有些农药已被禁限用。另外，对农药的使用范围等进行了规范，如《农药管理条例》（2017 年修订）第三十四条明确规定，"农药使用者应当严格按照农药的标签标注的使用范围、使用方法和剂量、使用技术要求和注意事项使用农药，不得扩大使用范围、加大用药剂量或者改变使用方法"。因此，菜农在使用药剂时，还要认真查看农药包装上的使用说明。

据笔者对农资店、从事蔬菜生产的新型经营主体以及散户的调查，原书中的许多药剂使用频率减少，一些适宜"药肥双减"的生物农药得到了推广应用，特别是一些微生物源的农药逐渐为菜农所喜爱，如枯草芽孢杆菌、苏云金杆菌、绿僵菌、淡紫拟青霉、苦参碱、四霉素、中生菌素、春雷霉素、乙蒜素、木霉菌、地衣芽孢杆菌、甲基营养型芽孢杆菌等。

一些菜农和传统农资经销店对一些广谱性农药情有独钟，如代森锰锌、甲基硫菌灵、百菌清、异菌脲、腐霉利、代森锌、丙森锌、氢氧化铜、戊唑醇、三唑酮、嘧霉胺、氨基寡糖素、苯醚甲环唑、多抗霉素、嘧菌酯、吡唑醚菌酯、高效氯氟氰菊酯、甲氨基阿维菌素苯甲酸盐、阿维菌素、吡虫啉、螺虫乙酯、啶虫脒、芸苔素内酯、复硝酚钠等，采用广谱性杀虫杀菌剂预防病虫害，蔬菜种植效果好。

年轻人则偏好于从网上采购农药复配制剂，如啶虫・哒螨灵、阿维・高氯、阿维·氯苯酰、甲维·虫螨腈、甲维·茚虫威、高氟氯·噻虫胺、氟啶虫酰胺·噻虫胺、虱螨脲·顺式氯氰菊酯、氟啶·啶虫脒、杀虫·啶虫脒、甲霜·噁霉灵、氟吡菌胺·精甲霜灵、肟菌·戊唑醇、苯甲·咪鲜胺、苯甲·吡唑酯、苯甲·嘧菌酯、异菌·腐霉利、春雷·溴菌腈、唑醚·戊唑醇、氟菌·霜霉威、赤霉·胺鲜酯等。田间病虫害防治既要达到防病治虫的效果，又要减少用药量，达到减药目的。随着病虫害抗药性增加，许多农户开始选用复配制剂，以达到一次性用药防治多种病虫害的目的。

针对这些当前的用药特点，本书删除了第一版中 30 多种实际应用相对较少的药剂，补充了 40 多种新旧药剂的使用技术，并对原来的 50 多种常用农药进行修订，此外，在单剂的基础上补充了少量常用的复配剂使用技术。值得注意的是，书中提到的药剂应用技术，有些参考了近几年的科研成果，同一种药剂不同的厂家产品所标注的登记作物应用范围、防治对象、制剂用药量、使用方法也有不同，按照《农药管理条例》应以该产品的登记情况为准，防止扩大范围。

本书在编写过程中，得到了湖南省益阳市赫山区科技专家服务团专家及益阳市农村科技特派员所服务的益阳市谢林港镇云寨村经济合作社、沅江市爱钦优质水稻种养专业合作社等农业新型经营主体的支持。田易彪、文杰、李伏其、胡建良、杨利明、陈月娥等一些从事蔬菜种植的新型经营主体负责人、农资经销商也提供了一些帮助，在此一并致谢！

由于编者水平有限，难免存在疏漏之处，敬请专家同行和广大读者批评指正。

王迪轩

2023 年 9 月

第一版前言 »»»

为从源头上解决农产品尤其是蔬菜、水果、茶叶的农药残留超标问题，2002年6月5日，中华人民共和国农业部第199号公告公布，国家明令禁止使用的农药有六六六，滴滴涕，毒杀芬，二溴氯丙烷，杀虫脒，二溴乙烷，除草醚，艾氏剂，狄氏剂，汞制剂，砷、铅类，敌枯双，氟乙酰胺，甘氟，毒鼠强，氟乙酸钠，毒鼠硅。在蔬菜、果树、茶叶、中草药材上不得使用和限制使用的有甲胺磷、甲基对硫磷、对硫磷、久效磷、磷胺、甲拌磷、甲基异柳磷、特丁硫磷、甲基硫环磷、治螟磷、内吸磷、克百威、涕灭威、灭线磷、硫环磷、蝇毒磷、地虫硫磷、氯唑磷、苯线磷19种高毒农药。三氯杀螨醇、氰戊菊酯不得用于茶树上。任何农药产品都不得超出农药登记批准的使用范围使用。

鉴于氟虫腈对甲壳类水生生物和蜜蜂具有高风险，在水和土壤中降解慢，自2009年10月1日起，除卫生用、玉米等部分旱田种子包衣剂外，在我国境内停止销售和使用用于其他方面的含氟虫腈成分的农药制剂。

农业部2013年12月9日发布第2032号公告，决定对氯磺隆、胺苯磺隆、甲磺隆、福美肿、福美甲肿、毒死蜱和三唑磷等7种农药采取禁限用管理措施。其中涉及在蔬菜上使用的禁限用农药有毒死蜱和三唑磷，毒死蜱用于防治蔬菜黄曲条跳甲、菜青虫、蚜虫、地下害虫等，三唑磷在茭白防治螟虫上也有较多应用。这两种农药在蔬菜上逐步限用，并取消登记，最终禁用，对保障农产品安全，进而保护人民群众的身体健康，意义极大。虽说这两种药剂要到2016年12月31日开始禁止在蔬菜上使用，但也应及早宣传，引进筛选适用新农药品种，为农药产品结构转型升级做好准备。

以上禁限用农药，因杀灭速度快、持效时间长、价格低等原因，曾经在农业生产上风光一时。但大多由于剧毒或高毒、高残留、对环境不友好等，逐步退出了舞台，被新的高效、低毒、低残留、对环境友好的农药制剂所代替。农业生产逐步走上有益于生态平衡、有益于人类身心健康的轨道上来。因此，农民很有必要掌握一些新的农药制剂的使用方法。

在蔬菜生产中，菜农在选用农药制剂中存在以下一些问题。一是有些菜农使用农药制剂时存在滥用现象，如2011年有一根豆角被"喂"11种农药的报道，在国内引起了轩然大波；二是有些菜农使用农药制剂少而精，认准了那么几种农药制剂，常年使用，多次使用，使蔬菜病虫害产生抗药性，如某蔬菜合作社，蔬菜种植面积500多亩，常年种植的蔬菜品种达30多个，但农药仓库里经常只有四五种制剂，这显然难以达到较好地防治蔬菜病虫害的目的；三是有些菜农缺乏对某些农药制剂的认识，如某蔬菜基地根结线虫病泛滥成灾，农户根本不知道防治根结线虫病能用哪些药剂，某有机蔬菜合作社的农药仓库里，农资采购员没有采购铜制剂，有机蔬菜能使用的药剂本来就少之又少，而一些无机铜制剂防治细菌性病害、真菌性病害有较好的作用，缺了无机铜制剂，有机蔬菜病害防治的药剂就更少了，当然，国家提倡有机蔬菜最好少用或不用农药，则是另当别论；四是还存在一些使用禁用农药现象，如2013年，在全国闹得沸沸扬扬的在生姜上使用剧毒农药"神农丹"（涕灭威）防治地下害虫事件，一度使生姜无人问津。在蔬菜生产上使用地下工厂生产的甲胺磷、氟虫腈事件也时有曝光。

事实上，自从国家规范农药通用名称以来，农药名称得以规范，在农业生产特别是蔬菜生产上能用或可以使用的主要制剂也就200多种，经常被菜农用到的也就100种左右。鉴于此，编者通过对菜农用药和农资市场供药情况调查，精选了100种目前蔬菜上常用的农药品种。从杀虫（螨）剂、杀线虫剂、杀菌剂、除草剂、植物生长调节剂等几个方面进行归类，对每种农药从通用名称、英文名称、结构式、分子式、分子量、其他名称、主要剂型、毒性、作用机理、产品特点、鉴别要点、在蔬菜生产上的使用方法、注意事项、安全间隔期、每季作物最多使用次数等方面进行了较为详细的介绍。书中所介绍的某种药剂在蔬菜生产上的应用方法，是在蔬菜生产实践中取得的成功经验，但不一定在该农药上进行了登记。由于受到环境条件、作物品种间差异及敏感性的影响，各地具体使用时，还要在当地农技人员指导下进行，或先进行试验确认后再大面积推广应用，以免造成不必要的危害及损失。

由于时间紧迫，加上编者水平有限，不妥之处在所难免，敬请专家和广大读者批评指正。

编者
2014 年 6 月

<<< 目 录

第一章　蔬菜常用杀虫（螨）剂　　　　　　　　　1

高效氯氟氰菊酯（*lambda*-cyhalothrin） 1

吡虫啉（imidacloprid） 6

烯啶虫胺（nitenpyram） 11

啶虫脒（acetamiprid） 13

噻虫嗪（thiamethoxam） 18

噻虫胺（clothianidin） 22

呋虫胺（dinotefuran） 26

多杀霉素（spinosad） 29

氯虫苯甲酰胺（chlorantraniliprole） 33

溴氰虫酰胺（cyantraniliprole） 38

虫酰肼（tebufenozide） 42

甲氧虫酰肼（methoxyfenozide） 44

虱螨脲（lufenuron） 47

噻嗪酮（buprofezin） 49

阿维菌素（abamectin） 52

甲氨基阿维菌素苯甲酸盐（emamectin benzoate） 62

茚虫威（indoxacarb） 70

虫螨腈（chlorfenapyr） 74

氟啶虫酰胺（flonicamid） 78

噻螨酮（hexythiazox） 80

丁醚脲（diafenthiuron） 83

哒螨灵（pyridaben） 85

螺螨酯（spirodiclofen） 87

螺虫乙酯（spirotetramat） 89

吡丙醚（pyriproxyfen） 91

印棟素（azadirachtin） 93

苦参碱（matrine） 97

苏云金杆菌（*Bacillus thuringiensis*） 102

苦皮藤素（*Celastrus angulatus*） 108

除虫菊素（pyrethrins） 110

绿僵菌（*Metarhizium anisopliae*） 112

四聚乙醛（metaldehyde） 114

鱼藤酮（rotenone） 117

第二章 蔬菜常用杀菌剂 121

甲霜灵（metalaxyl） 121

多菌灵（carbendazim） 128

甲基硫菌灵（thiophanate-methyl） 134

氟吡菌胺（fluopicolide） 140

嘧菌酯（azoxystrobin） 142

醚菌酯（kresoxim-methyl） 152

肟菌酯（trifloxystrobin） 158

吡唑醚菌酯（pyraclostrobin） 164

啶氧菌酯（picoxystrobin） 170

氟啶胺（fluazinam） 172

啶酰菌胺（boscalid） 178

嘧霉胺（pyrimethanil） 184

嘧菌环胺（cyprodinil） 189

腐霉利（procymidone） 192

咯菌腈（fludioxonil） 196

霜霉威（propamocarb） 202

三唑酮（triadimefon） 206

丙环唑（propiconazol） 210

咪鲜胺（prochloraz） 214

戊唑醇（tebuconazole） 220

苯醚甲环唑（difenoconazole） 226

代森锰锌（mancozeb） 236

代森联（metiram） 240

丙森锌（propineb） 243

百菌清（chlorothalonil） 248

氢氧化铜（copper hydroxide） 255

氧化亚铜（cuprous oxide） 259

春雷霉素（kasugamycin） 262

喹啉铜（oxine-copper） 266

多抗霉素（polyoxin） 269

噁唑菌酮（famoxadone） 273

双炔酰菌胺（mandipropamid） 275

氰霜唑（cyazofamid） 277

氟硅唑（flusilazole） 280

木霉菌（*Trichoderma* sp.） 285

异菌脲（iprodione） 289

噁霉灵（hymexazol） 296

噻菌铜（thiodiazole copper） 304

菇类蛋白多糖（mushrooms proteoglycan） 307

氨基寡糖素（oligosaccharins） 309

乙蒜素（ethylicin） 315

四霉素（tetramycin） 318

中生菌素（zhongshengmycin） 320

宁南霉素（ningnanmycin） 322

香菇多糖（lentinan） 325

氯溴异氰尿酸（chloroisobromine cyanuric acid） ...325

枯草芽孢杆菌（*Bacillus subtilis*） 329

多粘类芽孢杆菌（*Paenibacillus polymyxa*） 333

地衣芽孢杆菌（*Bacillus licheniformis*） 336

第三章　蔬菜常用杀线虫剂 　　338

噻唑膦（fosthiazate） 338

淡紫拟青霉（*Paecilomyces lilacinus*） 342

棉隆（dazomet） 344

氟吡菌酰胺（fluopyram） 347

第四章　蔬菜常用除草剂 　　350

氟乐灵（trifluralin） 350

乙草胺（acetochlor） 354

精异丙甲草胺（*S*-metolachlor） 359

精喹禾灵（quizalofop-P-ethyl） 362

高效氟吡甲禾灵（haloxyfop-P-methyl） 365

草甘膦（glyphosate） 367

草铵膦（glufosinate ammonium） 373

第五章　蔬菜常用植物生长调节剂 　　377

赤霉酸（gibberellin） 377

乙烯利（ethephon） 384

芸苔素内酯（brassinolide） 389

赤·吲乙·芸（gibberellic acid +indol-3-ylacetic
acid+ brassinolide） 396

多效唑（paclobutrazol） 400

复硝酚钠（compoud sodium nitrophenolate） 403

胺鲜酯（diethyl amino ethyl hexanoate） 409

附录　　　　　　　　　　　　　　　　　　　　414

附录一　无公害蔬菜生产禁止使用的农药品种 414

附录二　配制不同浓度药液所需农药换算表 415

参考文献　　　　　　　　　　　　　　　　　　418

第一章 >>>
蔬菜常用杀虫（螨）剂

高效氯氟氰菊酯（*lambda*-cyhalothrin）

$C_{23}H_{19}ClF_3NO_3$，449.85

● **其他名称**　三氟氯氰菊酯、功夫、劲彪、功令、攻灭、锐宁、金菊、捷功、强攻、大康、圣斗士。

● **主要剂型**　1.5%、2.5%、25 克/升、10%、23%微囊悬浮剂，0.6%、2.5%、2.8%、25 克/升、50 克/升乳油，2.5%、5%、8%、15%、25 克/升微乳剂，2.5%、25 克/升、4.5%、5%、10%、20%水乳剂，0.6%增效乳油，2.5%、10%、15%、25%可湿性粉剂，15%可溶液剂，2.5%、10%、24%水分散粒剂，2%、2.5%、5%、10%悬浮剂，10%种子处理微囊悬浮剂。

● **毒性**　中等毒性。

● **作用机理**　拟除虫菊酯类杀虫剂，钠离子通道抑制剂，主要是阻断害虫神经细胞中的钠离子通道，使神经细胞丧失功能，导致靶标害虫麻痹、协调差，最终死亡。

● **产品特点**

（1）具有触杀和胃毒作用，还有驱避作用，但无熏蒸和内吸作用。

（2）与溴氰菊酯同为目前拟除虫菊酯中杀虫毒力最高的品种，比氯氰菊酯高4倍，比氰戊菊酯高8倍。

（3）高效、广谱，耐雨水冲刷能力强，持效期长。

（4）用量少，见效快，击倒力强，害虫产生耐药性慢，残留量低，使用安全。

（5）常与阿维菌素、甲氨基阿维菌素苯甲酸盐（以下简称甲维盐）、噻嗪酮、吡虫啉、啶虫脒、辛硫磷、丁醚脲、虫酰肼等杀虫剂成分混配，生产复配杀虫剂。

● **应用**

（1）单剂应用　可用于防治蛴螬、蝼蛄、金针虫、蚜虫、二点委夜蛾等。

防治菜蚜，每亩（1亩≈666.7平方米）用2.5%高效氯氟氰菊酯乳油10～20毫升兑水30～50千克均匀喷雾。

防治黄守瓜，每亩用2.5%高效氯氟氰菊酯乳油15～25毫升兑水30～50千克均匀喷雾。

防治小菜蛾、斜纹夜蛾、甜菜夜蛾、甘蓝夜蛾、烟青虫、菜螟等，每亩用2.5%高效氯氟氰菊酯乳油40～60毫升，兑水30～50千克均匀喷雾。目前，我国南方很多菜区的小菜蛾对该药已有较高耐药性，一般不宜再用该药剂防治。

防治温室白粉虱，用2.5%高效氯氟氰菊酯乳油1000～1500倍液喷雾。

防治茄红蜘蛛、茶黄螨，用2.5%高效氯氟氰菊酯乳油1000～2000倍液喷雾，可起到一定抑制作用，但持效期短，药后虫口回升快。

防治十字花科蔬菜菜青虫，在低龄幼虫盛发期施药，每亩用10%高效氯氟氰菊酯可湿性粉剂7.5～10克或用25克/升高效氯氟氰菊酯乳油40～50毫升，兑水30～50千克均匀喷雾，在叶菜上使用的安全间隔期为7天，每季最多施用3次。或每亩用2.5%高效氯氟氰菊酯水乳剂20～

40 毫升兑水 30～50 千克均匀喷雾。

防治十字花科蔬菜蚜虫，在蚜虫盛发初期施药，每亩用 10%高效氯氟氰菊酯可湿性粉剂或水分散粒剂 7.5～10 克，或 25 克/升高效氯氟氰菊酯乳油 15～40 毫升，兑水 30～50 千克喷雾，安全间隔期为 7 天，每季最多使用 3 次。或用 2.5%高效氯氟氰菊酯水乳剂 20～40 毫升兑水 30～50 千克均匀喷雾。

防治十字花科蔬菜小菜蛾，在若虫盛发初期施药，每亩用 2.5%高效氯氟氰菊酯水乳剂 40～60 毫升，或 25 克/升高效氯氟氰菊酯乳油 40～80 毫升，兑水 30～50 千克喷雾。

防治十字花科蔬菜甜菜夜蛾，在卵孵化盛期或低龄幼虫期，每亩用 2.5%高效氯氟氰菊酯微乳剂 40～60 毫升兑水 30～50 千克均匀喷雾，安全间隔期 7 天，每季最多施用 3 次。

防治黄瓜蚜虫，在蚜虫发生始盛期，每亩用 10%高效氯氟氰菊酯悬浮剂 6～8 毫升兑水 30～50 千克均匀喷雾，安全间隔期 7 天，每季最多施用 2 次。

防治甘蓝甜菜夜蛾，在卵孵化盛期或低龄幼虫期，每亩用 15%高效氯氟氰菊酯可溶液剂 6.7～10 毫升兑水 30～50 千克均匀喷雾，安全间隔期 7 天，每季最多施药 2 次。或每亩用 5%高效氯氟氰菊酯水乳剂 25～30 毫升兑水 30～50 千克均匀喷雾，安全间隔期 7 天，每季最多施用 3 次。

防治甘蓝菜青虫，在卵孵化盛期或低龄幼虫期，每亩用 10%高效氯氟氰菊酯可湿性粉剂 8～10 克或 25 克/升高效氯氟氰菊酯乳油 30～40 毫升，兑水 30～50 千克均匀喷雾，安全间隔期为 7 天，每季最多使用 3 次。或每亩用 2.5%高效氯氟氰菊酯水乳剂 15～20 毫升或 24%高效氯氟氰菊酯水分散粒剂 2～3 克，兑水 30～50 千克均匀喷雾，安全间隔期 14 天，每季最多施用 3 次。或每亩用 2.5%高效氯氟氰菊酯微乳剂 20～30 毫升，或 2.5%高效氯氟氰悬浮剂 25～30 毫升，或 23%高效氯氟氰菊酯微囊悬浮剂 3～5 毫升，兑水 30～50 千克均匀喷雾，安全间隔期 7 天，每季最多施用 2 次。

防治甘蓝小菜蛾，在小菜蛾卵孵化盛期或低龄幼虫期，每亩用 2.5%高效氯氟氰菊酯水乳剂 40～50 毫升兑水 30～50 千克均匀喷雾，安全间隔期 14 天，每季最多施用 3 次。或每亩用 15%高效氯氟氰菊酯微乳剂 10～15 毫升兑水 30～50 千克均匀喷雾，安全间隔期 10 天，每季最多施用 2 次。

防治甘蓝蚜虫，在蚜虫发生始盛期，每亩用 10%高效氯氟氰菊酯可湿性粉剂 8～10 克兑水 30～50 千克均匀喷雾，安全间隔期 5 天，每季最多施药 3 次。或每亩用 25 克/升高效氯氟氰菊酯乳油 15～20 毫升兑水 30～50 千克均匀喷雾，安全间隔期 7 天，每季最多施用 2 次。或每亩用 2.5%高效氯氟氰水乳剂 15～20 毫升兑水 30～50 千克均匀喷雾，安全间隔期 14 天，每季最多施用 3 次。或每亩用 2.5%高效氯氟氰菊酯微乳剂 20～30 毫升，或 2%高效氯氟氰菊酯悬浮剂 15～25 毫升，或 10%高效氯氟氰菊酯水分散粒剂 10～15 克，兑水 30～50 千克均匀喷雾，安全间隔期 7 天，每季最多施用 3 次。

防治大白菜蚜虫，在蚜虫发生始盛期，每亩用 2.5%高效氯氟氰菊酯可湿性粉剂 20～30 克兑水 30～50 千克均匀喷雾，安全间隔期 7 天，每季最多施用 3 次。

防治大白菜菜青虫，在菜青虫卵孵化盛期或低龄幼虫期，每亩用 10%高效氯氟氰菊酯可湿性粉剂 8～11 克兑水 30～50 千克均匀喷雾，安全间隔期 7 天，每季最多施药 3 次。或每亩用 10%高效氯氟氰菊酯水乳剂 5～10 毫升兑水 30～50 千克均匀喷雾，安全间隔期 7 天，每季最多施用 2 次。

防治小白菜蚜虫，在蚜虫发生始盛期，每亩用 25 克/升高效氯氟氰菊酯乳油 15～20 毫升或 2.5%高效氯氟氰菊酯水乳剂 15～20 毫升，兑水 30～50 千克均匀喷雾，安全间隔期 7 天，每季最多施用 3 次。或每亩用 2.5%高效氯氟氰菊酯微乳剂 35～50 毫升兑水 30～50 千克均匀喷雾，安全间隔期 7 天，每季最多施用 2 次。

防治小白菜菜青虫，在菜青虫卵孵化盛期或低龄幼虫期，每亩用 2.5%高效氯氟氰菊酯水乳剂 15～20 毫升或 2.5%高效氯氟氰菊酯微乳剂 20～40 毫升，兑水 30～50 千克均匀喷雾，安全间隔期 7 天，每季最多施用 3 次，或每亩用 2.5%高效氯氟氰菊酯微囊悬浮剂 17～20 毫升兑水 30～50 千克均匀喷雾，安全间隔期 14 天，每季最多施用 3 次。

防治小白菜甜菜夜蛾，在甜菜夜蛾卵孵化盛期或低龄幼虫期，每亩用 2.5%高效氯氟氰菊酯微乳剂 37～60 毫升兑水 30～50 千克均匀喷雾，安全间隔期 7 天，每季最多施用 2 次。

防治马铃薯块茎蛾，在马铃薯块茎蛾卵孵化盛期或低龄幼虫期，每亩用 2.5%高效氯氟氰菊酯水乳剂 30～40 毫升兑水 30～50 千克均匀喷雾，安全间隔期 3 天，每季最多施用 2 次。

防治马铃薯蚜虫，在蚜虫发生始盛期，每亩用 2.5%高效氯氟氰菊酯水乳剂 12～17 毫升兑水 30～50 千克均匀喷雾，安全间隔期 3 天，每季最多施用 2 次。

（2）复配剂应用

① 氯氟·吡虫啉。由高效氯氟氰菊酯与吡虫啉复配。防治蚜虫，预防时用 7.5%氯氟·吡虫啉悬浮剂 1000 倍液，虫害期发生时用 7.5%氯氟·吡虫啉悬浮剂 500 倍液，每隔 3 天喷 1 次，喷害虫和虫卵部位，根据严重程度连喷 2～3 次。

② 噻虫·高氯氟。由噻虫嗪和高效氯氟氰菊酯复配。防治马铃薯蚜虫，发生始盛期，每亩用 22%噻虫·高氯氟悬浮剂 4～6 毫升兑水 15 千克喷雾，安全间隔期 14 天，每季最多施用 1 次。防治蔬菜蚜虫、菜青虫，发生初期，每亩用 22%噻虫·高氯氟悬浮剂 15 克兑水 15 千克喷雾。防治瓜类蔬菜瓜实蝇，瓜开花期，每亩用 22%噻虫·高氯氟悬浮剂 15 克兑水 15 千克喷雾，每隔 3～5 天喷 1 次。

● **注意事项**

（1）当螨类大量发生时，高效氯氟氰菊酯就无法控制其数量了，因此，该药剂只能用于虫螨兼治，不能用作专用杀螨剂。

（2）以触杀作用为主，因而在喷药时应做到均匀周到，叶片正反面都要喷到，才能收到理想效果。

（3）不宜与碱性农药混用，与波尔多液混用容易降低药效。

（4）长期使用易使害虫产生耐药性，故不要连续使用 3 次以上，应与其他作用机制不同的杀虫剂交替使用。

（5）本品对蜜蜂、鱼类等水生生物、家蚕有毒。施药期间应避免对周围蜂群的影响，开花植物花期、蚕室和桑园附近禁用。远离水产养殖区施药，禁止在河塘等水体清洗施药器具，避免污染水源。

吡虫啉（imidacloprid）

$C_9H_{10}ClN_5O_2$，255.7

● **其他名称**　大丰收、连胜、必林、毒蚜、蚜克西、蚜虫灵、蚜虱灵、敌虱蚜、抗虱丁、蚜虱净、扑虱蚜、高巧、咪蚜胺、比丹、大功臣、康福多、一遍净、艾美乐等。

● **主要剂型**　5%、10%、20%乳油，2.5%、5%、10%、20%、25%、50%、70%可湿性粉剂，5%、10%、20%可溶性浓剂，5%、6%、10%、12.5%、20%可溶液剂，10%、30%、45%微乳剂，40%、65%、70%、80%水分散粒剂，10%、15%、20%、25%、35%、48%、240克/升、350克/升、600克/升悬浮剂，15%微囊浮剂，2.5%、5%片剂，15%泡腾片剂，5%展膜油剂，2%颗粒剂，0.03%、1.85%、2.10%、2.5%胶饵，0.50%、1%、2%、2.15%、2.50%饵剂，2.5%、4%、5%、10%、20%乳油，70%湿拌种剂，100毫克/片杀蝇纸，1%、60%悬浮种衣剂，70%种子处理可分散粉剂等。

● **毒性**　低毒。

● **作用机理**　该药是一种结构全新的神经毒剂化合物，其作用靶标是害虫体神经系统突触后膜的烟酸乙酰胆碱酯酶受体，干扰害虫运动神经系统正常的刺激传导，因而表现为麻痹致死。这与一般传统的杀虫剂作用机制完全不同，因而对有机磷、氨基甲酸酯、拟除虫菊酯类杀虫剂产生抗性的害虫，改用吡虫啉仍有较佳的防治效果，且吡虫啉与这三类杀虫剂混用或混配增效明显。

● **产品特点**

（1）吡虫啉是一种高效、内吸性、广谱型杀虫剂，具有胃毒、触杀和拒食作用，对对有机磷类、氨基甲酸酯类、拟除虫菊酯类等杀虫剂产生抗药性的害虫也有优异的防治效果，对蚜虫、叶蝉、飞虱、蓟马、粉虱等刺吸式口器害虫有较好的防治效果。

（2）速效性好，药后 1 天即有较高的防效，残留期长达 25 天左右，施药 1 次可使一些作物在整个生长季节免受虫害。

（3）药效和温度呈正相关，温度高，杀虫效果好。

（4）吡虫啉内吸性强，喷施后能被全植株吸收，并在植物体内形成保护膜，同时在土壤中的持效期长而形成保护作用。

（5）吡虫啉除了用于叶面喷雾，更适用于灌根、土壤处理、种子处理。这是因为对害虫具有胃毒和触杀作用，叶面喷雾后，药效虽好，持效期也长，但滞留在茎叶的药剂一直是吡虫啉的原结构。而用吡虫啉处理土壤或种子，由于其良好的内吸收性，被植物根系吸收进入植株后的代谢产物杀虫活性更高，即由吡虫啉原体及其代谢产物共同起杀虫作用，因而防治效果更好。吡虫啉用于种子处理时还可与杀菌剂混用。

（6）吡虫啉对蓟马、蚜虫、飞虱、地下害虫（蛴螬、蝼蛄、金针虫、地老虎）等都有效，防治谱广。烟碱类杀虫剂中，吡虫啉使用成本最低，可在地下冲施（滴灌）、地面撒施、地上喷药，实现用药自由。

（7）鉴别要点：纯品为无色结晶，能溶于水；原药为浅橘黄色结晶；10%可湿性粉剂为暗灰黄色粉末状固体。

用户在选购吡虫啉制剂及复配产品时应注意：确认产品的通用名称或英文通用名称及含量；查看农药"三证"，5%和 10%乳油、10%和 25%可湿性粉剂应取得生产许可证（XK），其他吡虫啉单剂品种及其所有复配制剂应取得农药生产批准证书（HNP）；查看产品是否在 2 年有效期内。

生物鉴别：摘取带有稻飞虱或者稻叶蝉的水稻叶片若干个，将 10%可湿性粉剂稀释 4000 倍后直接对稻飞虱或者稻叶蝉的叶片均匀喷雾，数小时后观察害虫是否被击倒致死。若致死，则说明该药为合格品，反之为不合格品。

- **应用**

（1）单剂应用　主要防治蚜虫、蓟马、粉虱等刺吸式口器害虫，对鞘翅目、双翅目的一些害虫也有较好的防效，如潜叶蝇、潜叶蛾、黄曲条跳甲和种蝇属害虫。主要用于喷雾，也可用于种子处理、冲施或者滴灌、撒施等。

① 冲施或者滴灌。针对蓟马、蚜虫等害虫，在低龄期常潜藏在表层土壤中，而且还会把卵产在表层土壤以及腐殖质中，所以喷施很难彻底

消灭害虫。冲施（撒施）吡虫啉可消灭早期在土壤中潜藏的害虫，因内吸防治虫持效期长，防治更彻底。如每亩用 10%吡虫啉可湿性粉剂 1000克兑水冲施，一般在害虫发生初期（刚看见有虫）防治，效果更好。如过早用药会影响药效，可用复配药如 3%高氯·吡虫啉乳油等增效。

② 撒施。使用 2%吡虫啉颗粒剂防虫，在作物种植时使用，不建议在害虫高发期使用。如果是全田撒施，可以每亩用 2%吡虫啉颗粒剂2000～3000 克撒施。也可采取丢穴的方法，即移栽定植时，每穴丢 2%吡虫啉颗粒剂 3～5 克，后期害虫发生量会明显减少。

③ 喷施。撒施、冲施、滴灌防虫后，仍需叶面喷雾防虫，只有地上防虫和地下防虫结合，才能让害虫无处可逃。立体施用可用于防治豇豆、番茄、辣椒、大葱、茄子等作物上的蚜虫、蓟马、飞虱。

防治十字花科蔬菜蚜虫、叶蝉、粉虱等。从害虫发生初期或虫量开始较快上升时喷药，15 天左右一次，连喷 2 次。每亩用 5%吡虫啉乳油30～40 毫升，或 5%吡虫啉片剂 30～40 克，或 10%吡虫啉可湿性粉剂15～20 克，或 25%吡虫啉可湿性粉剂 6～8 克，或 50%吡虫啉可湿性粉剂 3～4 克，或 70%吡虫啉可湿性粉剂或 70%吡虫啉水分散粒剂 2～3 克，或 200 克/升吡虫啉可溶液剂 8～10 毫升，或 350 克/升吡虫啉悬浮剂 4～6 毫升，兑水 30～45 千克均匀喷雾。

防治番茄、茄子、黄瓜等瓜果类蔬菜的蚜虫、粉虱、蓟马、斑潜蝇。在害虫发生初期或虫量开始迅速增多时喷药，15 天左右一次，连喷 2 次左右。每亩用 5%吡虫啉乳油 60～80 毫升，或 5%吡虫啉片剂 60～80 克，或 10%吡虫啉可湿性粉剂 30～40 克，或 25%吡虫啉可湿性粉剂 12～16克，或 50%吡虫啉可湿性粉剂 6～8 克，或 70%吡虫啉可湿性粉剂或 70%吡虫啉水分散粒剂 4～6 克，或 200 克/升吡虫啉可溶液剂 15～20 毫升，或 350 克/升吡虫啉悬浮剂 8～12 毫升，兑水 45～60 千克均匀喷雾。

防治保护地蔬菜白粉虱、斑潜蝇。从害虫发生初期开始喷药，10～15 天一次，连喷 2～3 次。每亩用 5%吡虫啉乳油 80～100 毫升，或 5%吡虫啉片剂 80～100 克，或 10%吡虫啉可湿性粉剂 40～60 克，或 25%吡虫啉可湿性粉剂 20～25 克，或 50%吡虫啉可湿性粉剂 10～12 克，或70%吡虫啉可湿性粉剂或 70%吡虫啉水分散粒剂 6～8 克，或 200 克/升吡虫啉可溶液剂 20～30 毫升，或 350 克/升吡虫啉悬浮剂 12～15 毫升，兑水 45～60 千克均匀喷雾。

防治小猿叶虫，用 10%吡虫啉可湿性粉剂 1250 倍液喷雾。

防治葱类蓟马，用 10%吡虫啉可湿性粉剂 2500 倍液喷雾。

防治西花蓟马、棕榈蓟马等，采用穴盘育苗的，可在定植前用 20%吡虫啉可溶液剂 3000～4000 倍液灌根，每株蘸 30～50 毫升，持效期 1个月。

防治葱须鳞蛾，用 20%吡虫啉浓可溶粉剂 2500 倍液喷雾。

防治韭菜韭蛆，在韭蛆发生初期，每亩用 2%吡虫啉颗粒剂 1000～1500 克或 10%吡虫啉可湿性粉剂 200～300 克，拌细土撒施于沟内，撒施后立即覆土，安全间隔期 14 天，每季最多用药 1 次。

防治莲藕莲缢管蚜，在蚜虫发生始盛期，每亩用 10%吡虫啉可湿性粉剂 10～20 克兑水 30～50 千克均匀喷雾，安全间隔期 14 天，每季最多施用 1 次。

防治马铃薯蛴螬，每 100 千克种子用 600 克/升悬浮种衣剂 40～50毫升种子包衣。

（2）复配剂应用　吡虫啉常与杀虫单、杀虫双、噻嗪酮、抗蚜威、敌敌畏、辛硫磷、高效氯氰菊酯、氯氰菊酯、联苯菊酯、氰戊菊酯、溴氰菊酯、阿维菌素、甲维盐、苏云金杆菌、多杀霉素、吡丙醚、灭幼脲、哒螨灵等杀虫剂成分混配，用于生产复配杀虫剂。

① 吡虫·辛硫磷。由吡虫啉与辛硫磷复配而成。防治韭蛆，每亩用50%吡虫·辛硫磷乳油 500～750 毫升兑水 200～300 千克，灌根；防治菜蚜，每亩用 25%吡虫·辛硫磷乳油 25～50 毫升兑水 40～50 千克喷雾。

② 吡·高氯。由吡虫啉与高效氯氰菊酯复配而成。防治菜蚜，每亩用 3%吡·高氯乳油 40～60 毫升，或 3.6%吡·高氯乳油 30～50 毫升，或 5%吡·高氯乳油 20～30 毫升，兑水 40～50 千克喷雾。防治菜青虫，每亩用 3%吡·高氯乳油 25～52 毫升，或 5%吡·高氯乳油 30～40 毫升，兑水 50～60 千克喷雾。

③ 吡·氯。由吡虫啉与氯氰菊酯复配而成。防治菜蚜，每亩用 10%吡·氯可溶液剂 20～25 毫升，或 5%吡·氯乳油 30～60 毫升，或 6%吡·氯乳油 20～30 毫升，或 10%吡·氯乳油 15～25 毫升，兑水 30～50 千克喷雾。防治菜青虫，每亩用 5%吡·氯乳油 30～50 毫升兑水 40～50 千

克喷雾。

④ 吡·氰。由吡虫啉与氰戊菊酯复配而成。防治蔬菜蚜虫，每亩用7.5%吡·氰乳油 40～50 毫升兑水 30～50 千克喷雾。

⑤ 阿维·吡。由阿维菌素与吡虫啉复配而成。具有触杀、胃毒、内吸作用，混剂对蚜虫、蓟马、螨类及鳞翅目幼虫都有很好的防治效果。防治菜蚜，每亩用 1.4%阿维·吡可湿性粉剂 42～50 克或 1.8%阿维·吡可湿性粉剂 25～40 克或 4.5%阿维·吡可湿性粉剂 30～40 克，或 1.5%阿维·吡乳油 50～70 毫升，或 1.6%阿维·吡乳油 40～60 毫升，或 1.8%阿维·吡乳油 40～60 毫升，或 2%阿维·吡乳油 40～60 毫升，兑水 30～50 千克喷雾。防治小菜蛾，每亩用 1.4%阿维·吡可湿性粉剂 45～80 克，或 1.5%阿维·吡乳油 50～70 毫升，或 1.6%阿维·吡乳油 40～60 毫升，或 2%阿维·吡乳油 40～60 毫升，兑水 50～60 千克喷雾。防治菜青虫，每亩用 1.8%阿维·吡乳油 40～60 毫升兑水 50～60 千克喷雾。防治节瓜蚜虫，每亩用 2.5%阿维·吡乳油 60～80 毫升兑水 50～60 千克喷雾。

⑥ 溴氰·吡虫啉。由溴氰菊酯与吡虫啉复配而成。防治甘蓝桃蚜，每亩用 20%溴氰·吡虫啉悬浮剂 30～40 毫升兑水 50～60 千克喷雾，视害虫发生情况，每季最多施用 3 次。

● **注意事项**

（1）本药尽管低毒，使用时仍需注意安全。

（2）不要与碱性农药混用，不宜在强阳光下喷雾使用，以免降低药效。

（3）为避免出现结晶，使用时应先将药剂置于药筒中加少量水配成母液，然后再加足水，搅匀后喷施。

（4）不能用于防治线虫和螨类。

（5）吡虫啉对人畜低毒，但对家蚕和虾类高毒，对蜜蜂的毒性极高，因此禁止在桑园及蜜蜂活动区域使用。

（6）由于吡虫啉作用位点单一，害虫易对其产生耐药性，使用中应控制施药次数，在同一作物上严禁连续使用 2 次，当发现田间防治效果降低时，应及时换用有机磷类或其他类型杀虫剂。据有关试验，啶虫脒和吡虫啉对甜瓜蚜虫的防治效果相对较差，可能与甜瓜蚜虫的抗药性有关。因此，在甜瓜蚜虫实际防治时，应慎用吡虫啉和啶虫脒，或与其他作用机制的杀虫剂（如氟啶虫酰胺、吡蚜酮、溴氰虫酰胺等）进行交替、轮换使用。

（7）最近几年的连续使用，使得害虫对吡虫啉产生很高的抗性，国家已经禁止在水稻上使用。

（8）20%吡虫啉可溶性浓剂防治甘蓝菜蛾，安全间隔期为 7 天，每季作物最多使用 2 次；防治番茄白粉虱安全间隔期为 3 天，每季作物最多使用 2 次。10%吡虫啉乳油用于萝卜，安全间隔期为 7 天，每季作物最多使用 2 次。5%吡虫啉乳油用于甘蓝，安全间隔期为 7 天，每季作物最多使用 2 次。

烯啶虫胺（nitenpyram）

$C_{11}H_{15}ClN_4O_2$，270.72

● **其他名称**　吡虫胺、强星、联世、天下无蚜。
● **主要剂型**　5%、10%、20%水剂，10%、15%、20%、30%、60%水分散粒剂，20%、60%可湿性粉剂，10%、15%、20%、30%可溶液剂，50%可溶粉剂，5%超低容量液剂，25%、50%、60%可溶粒剂。
● **毒性**　低毒。
● **作用机理**　烯啶虫胺具有内吸和渗透作用，主要作用于昆虫神经，抑制乙酰胆碱酯酶活性，作用于胆碱能受体，在自发放电后扩大隔膜位差，并使突触隔膜刺激下降，导致神经的轴突触隔膜电位通道刺激消失，对昆虫的神经轴突触受体具有神经阻断作用，致使害虫麻痹死亡。
● **产品特点**

（1）烯啶虫胺属于烟酰亚胺类，是继吡虫啉、啶虫脒之后开发的又一种新烟碱类杀虫剂。具有卓越的内吸性、渗透作用，杀虫谱广，安全无药害。是防治刺吸式口器害虫如白粉虱、蚜虫、梨木虱、叶蝉、蓟马的换代产品。

（2）随着烟碱类农药大量推广应用，许多病虫对烟碱类农药吡虫啉、啶虫脒等具有一定的抗性，由于烯啶虫胺是推出的换代产品，持效期较长，使用安全，害虫不易产生抗药性。

（3）烯啶虫胺对爆发阶段的害虫有绝杀作用，飞虱爆发期每亩用10%烯啶虫胺均匀喷雾，效果达90%以上，显著优于30%啶虫脒、70%吡虫啉等同类产品，用药10分钟见效，速效性非常明显，持效期可达15天左右，是一种超高效杀虫剂，随着刺吸式害虫对传统农药抗药性的产生，烯啶虫胺是替代啶虫脒、吡虫啉较好的产品之一。

● 应用

（1）单剂应用　主要用于防治白粉虱、蚜虫、叶蝉、蓟马等刺吸式口器害虫。

防治蔬菜烟粉虱、白粉虱，用10%烯啶虫胺可溶液剂或10%烯啶虫胺水剂2000~3000倍液均匀喷雾。

防治蔬菜蓟马和蚜虫，用10%烯啶虫胺可溶液剂3000~4000倍液均匀喷雾。或每亩用20%烯啶虫胺水分散粒剂7~10克兑水45~60升喷雾。

防治甘蓝蚜虫，在蚜虫发生初期，每亩用20%烯啶虫胺可湿性粉剂6~8克兑水30~50千克均匀喷雾，安全间隔期7天，每季最多施用3次，或每亩用20%烯啶虫胺水分散粒剂7.5~10克兑水30~50千克均匀喷雾，安全间隔期14天，每季最多施用2次。

（2）复配剂应用　可与吡蚜酮、噻嗪酮、联苯菊酯、阿维菌素、噻虫啉、异丙威等复配，如25%烯啶·吡蚜酮可湿性粉剂、80%烯啶·吡蚜酮水分散粒剂、70%烯啶·噻嗪酮水分散粒剂、25%烯啶·联苯可溶液剂、15%阿维·烯啶可湿性粉剂、30%阿维·烯啶可湿性粉剂、20%烯啶·噻虫啉水分散粒剂、25%烯啶·异丙威可湿性粉剂等。

① 阿维·烯啶。由阿维菌素和烯啶虫胺复配成的混合杀虫剂，主要产品有10%、30%、50%水分散粒剂，30%可湿性粉剂。为专治抗性蚜虫、粉虱、蔬菜蓟马的特效药。该药剂具有较好的速效性和持效性，对作物安全。防治甘蓝蚜虫，在蚜虫盛发初期叶面喷雾施药1次，施药时应在上午或傍晚。注意对叶片背面喷雾，推荐剂量为有效成分每亩1.8~2.2克。安全间隔期7~15天，每季最多使用4次。

② 烯啶·吡蚜酮。作用于昆虫神经，对昆虫的轴突触受体具有神经

阻断作用，具有卓越的内吸和渗透作用。成虫和若虫接触药剂后，产生口针阻塞效应，停止取食为害，饥饿死亡，所以该药剂作用较慢，持效期较长。如防治甘蓝蚜虫，每亩 30%烯啶•吡蚜酮水分散粒剂 12～14克，兑水 30～50 千克均匀喷雾。

● **注意事项**

（1）不可与碱性农药及碱性物质混用，也不要与其他同类的烟碱类产品（如吡虫啉、啶虫脒等）进行复配，以免诱发交互抗性。

（2）为延缓抗性，要与其他不同作用机制的药剂交替使用。

（3）尽可能喷在嫩叶上，有露水或雨后未干时不能施药，以免产生药害。

（4）对水生生物风险大，使用时注意远离河塘等水域施药，禁止在河塘等水域中清洗施药器具。

（5）对家蚕有毒，对蜜蜂高毒，施药期间应避免对周围蜂群的影响，蜜源作物花期、蚕室和桑园附近禁用。

（6）安全间隔期为 7 天，每个作物周期最多使用次数为 2 次。

啶虫脒（acetamiprid）

$C_{10}H_{11}ClN_4$，222.67

● **其他名称**　阿达克、敌蚜虱、大灭虫、七品红、勇胜、御丹、搬蚜、欧蚜、傲蚜、断蚜、蚜终、定行、蓝益、圣手、远胜、诺吉、中科蚜净、天达啶虫脒、吡虫清、莫比朗、乙虫脒、力杀死、蚜克净、乐百农、赛特生、农家盼等。

● **主要剂型**　3%、5%、10%、15%、25%乳油，3%、5%、8%、10%、15%、20%、60%、70%可湿性粉剂，1.8%、2%高渗乳油，3%、5%、20%、40%可溶粉剂，3%、5%、6%、10%、20%微乳剂，3%、20%、21%、30%可溶液剂，20%、36%、40%、50%、70%水分散粒剂，10%水乳剂，5%、10%、20%微乳剂，60%泡腾片剂等。

● **毒性** 低毒。

● **作用机理** 啶虫脒属吡啶类化合物，为超高活性神经毒剂，作用于昆虫神经系统突触部位的烟碱乙酰胆碱受体，干扰昆虫神经系统的刺激传导，引起神经系统通路阻塞，造成神经递质乙酰胆碱在突触部位的积累，从而导致昆虫麻痹，最终死亡。

● **产品特点**

（1）啶虫脒是新一代超高效杀虫剂，具有强烈的触杀、胃毒和内吸作用，速效性好，用量少，持效期长。

（2）由于其独特的作用机制，对已经对抗蚜威等有机磷、拟除虫菊酯、氨基甲酸酯类杀虫剂产生抗性的害虫有良好效果；对蚜虫、蓟马、粉虱等刺吸式口器害虫，喷药后 15 分钟即可产生效果，对害虫药效可达 20 天左右，具有强烈的内吸及渗透作用，防治害虫时可达到正面喷药、反面死虫的优异效果。

（3）对天敌杀伤力小，对鱼毒性较低，对蜜蜂影响小，对环境无污染，是无公害防治技术应用的理想药剂。

（4）可用颗粒剂做土壤处理，防治地下害虫。

（5）广泛用于防治蔬菜上的蚜虫、飞虱、蓟马、鳞翅目害虫等，防效在 90%以上。

（6）鉴别要点 原药为白色结晶，微溶于水，易溶于丙酮、甲醇、乙醇、二氯甲烷、氯仿等。乳油为淡黄色均相液体。用户在选购啶虫脒制剂及复配产品时应注意确认产品的通用名称或英文通用名称及含量；查看农药"三证"，3%啶虫脒乳油等单剂品种及其所有复配制剂应取得农药生产批准证书（HNP）；查看产品是否在 2 年有效期内。

生物鉴别：摘取带有蚜虫的叶片若干个，将 3%啶虫脒乳油稀释 2000～2500 倍液后，直接对蚜虫的叶片均匀喷雾，数小时后观察蚜虫是否被击倒致死。若致死，则说明该药为合格品，反之为不合格品。

● **应用**

（1）单剂应用 防治各种蔬菜蚜虫，在蚜虫发生的初盛期，每亩用 3%啶虫脒乳油 40～50 毫升，或 10%啶虫脒微乳剂 10～20 毫升，或 60%啶虫脒泡腾片剂 1.5～2.5 克，或 40%啶虫脒水分散粒剂 4～8 克，兑水 30～50 千克均匀喷雾，有良好的防治效果。

防治白粉虱、烟粉虱，在苗期喷洒 3%啶虫脒乳油 1000～1500 倍液，成株期喷洒 3%啶虫脒乳油 1500～2000 倍液，防效达 95%以上，采收期喷洒 3%啶虫脒乳油 4000～5000 倍液，防效达 80%以上，对产量品质无影响。也可用 10%啶虫脒微乳剂 1500～2000 倍液，或每亩用 70%啶虫脒水分散粒剂 2～3 克兑水 30～50 千克均匀喷雾。

防治各种蔬菜蓟马，在幼虫发生盛期喷洒 3%啶虫脒乳油 1500 倍液，或 10%啶虫脒微乳剂 2000～3000 倍液，防效达 90%以上。

防治小菜蛾，用 3%啶虫脒乳油 1000～1500 倍液喷雾。

防治瓜褐螨等螨类害虫，可用 40%啶虫脒水分散粒剂 3000～4000 倍液喷雾。

防治马铃薯二十八星瓢虫，抓住幼虫分散前的有利时机，用 20%啶虫脒水分散粒剂 3000 倍液喷雾。

防治番茄白粉虱，在白粉虱发生初期，每亩用 70%啶虫脒水分散粒剂 2～3 克兑水 30～50 千克均匀喷雾，安全间隔期 7 天，每季最多施用 2 次。或每亩用 3%啶虫脒微乳剂 30～60 毫升兑水 30～50 千克均匀喷雾，安全间隔期 7 天，每季最多施用 2 次。

防治黄瓜蚜虫，在蚜虫发生始盛期，每亩用 20%啶虫脒可溶粉剂 8～12 克兑水 30～50 千克均匀喷雾，安全间隔期 5 天，每季最多施用 3 次。或每亩用 20%啶虫脒可溶液剂 5～10 毫升或 5%啶虫脒乳油 40～50 毫升，兑水 30～50 千克均匀喷雾，安全间隔期 2 天，每季最多施用 3 次。或每亩用 40%啶虫脒水分散粒剂 3～4 克兑水 30～50 千克均匀喷雾，安全间隔期 7 天，每季最多施用 2 次。或每亩用 5%啶虫脒微乳剂 18～30 毫升兑水 30～50 千克均匀喷雾，安全间隔期 4 天，每季最多施用 1 次。

防治黄瓜白粉虱，在白粉虱发生始盛期，每亩用 40%啶虫脒可溶粉剂 4～5 克兑水 30～50 千克均匀喷雾，安全间隔期 5 天，每季最多施用 1 次。或每亩用 20%啶虫脒可溶液剂 4.5～6.75 毫升兑水 30～50 千克均匀喷雾，安全间隔期 4 天，每季最多施用 2 次。

防治黄瓜（保护地）白粉虱，在白粉虱发生始盛期，每亩用 5%啶虫脒乳油 50～80 克兑水 30～50 千克均匀喷雾，安全间隔期 7 天，每季最多施用 1 次。

防治黄瓜蓟马，在蓟马若虫发生始盛期，每亩用 20%啶虫脒可溶液剂 7.5～10 毫升兑水 30～50 千克均匀喷雾，安全间隔期 2 天，每季最多施用 3 次。

防治甘蓝黄曲条跳甲，在黄曲条跳甲发生初期，每亩用 5%啶虫脒可湿性粉剂 30～40 克兑水 30～50 千克均匀喷雾。

防治甘蓝蚜虫，在蚜虫发生始盛期，每亩用 20%啶虫脒可溶粉剂 5～7 克兑水 30～50 千克均匀喷雾，安全间隔期 7 天，每季最多施用 3 次。或每亩用 20%啶虫脒可溶液剂 6.3～8.4 毫升，或 40%啶虫脒水分散粒剂 3～4 克，或 5%啶虫脒微乳剂 20～40 毫升，兑水 30～50 千克均匀喷雾，安全间隔期 5 天，每季最多施用 2 次。或每亩用 5%啶虫脒可湿性粉剂 20～30 克，或 60%啶虫脒泡腾片剂 1.5～2.5 克，或 5%啶虫脒乳油 24～36 毫升，兑水 30～50 千克均匀喷雾，安全间隔期 7 天，每季最多施用 2 次。

防治大白菜蚜虫，在蚜虫发生始盛期，每亩用 15%啶虫脒乳油 6.7～13.3 毫升兑水 30～50 千克均匀喷雾，安全间隔期 14 天，每季最多施用 3 次。

防治十字花科蔬菜蚜虫，在蚜虫发生始盛期，每亩用 5%啶虫脒可湿性粉剂 20～30 克或 40%啶虫脒水分散粒剂 3～4.5 克，兑水 30～50 千克均匀喷雾，安全间隔期 5 天，每季最多施用 2 次，或每亩用 5%啶虫脒乳油 12～18 毫升或 3%啶虫脒微乳剂 30～50 毫升，兑水 30～50 千克均匀喷雾，安全间隔期为甘蓝 5 天、萝卜和小白菜 7 天，每季最多施用 2 次。

防治萝卜黄曲条跳甲，在黄曲条跳甲发生初期，每亩用 5%啶虫脒乳油 60～120 毫升兑水 30～50 千克均匀喷雾，安全间隔期 14 天，每季最多施用 2～3 次。

防治菠菜蚜虫，在蚜虫发生始盛期，每亩用 25%啶虫脒乳油 6～10 毫升兑水 30～50 千克均匀喷雾，安全间隔期 7 天，每季最多施用 2 次。

防治芹菜蚜虫，在蚜虫发生始盛期，每亩用 5%啶虫脒乳油 24～36 毫升兑水 30～50 千克均匀喷雾，安全间隔期 7 天，每季最多施用 3 次。

防治莲藕莲缢管蚜，在蚜虫发生初期，每亩用 5%啶虫脒乳油 20～30 毫升兑水 30～50 千克均匀喷雾，安全间隔期 14 天，每季最多施用 1 次。

防治豇豆蓟马，在蓟马发生期，每亩用 5%啶虫脒乳油 30～40 毫升兑水 30～50 千克均匀喷雾，安全间隔期 3 天，每季最多施用 1 次。

防治西瓜蚜虫，在蚜虫发生始盛期，每亩用 70%啶虫脒水分散粒剂 2～4 克兑水 30～50 千克均匀喷雾，安全间隔期 10 天，每季最多施用 1 次。

（2）复配剂应用　啶虫脒常与阿维菌素、甲氨基阿维菌素苯甲酸盐、氰氟虫腙、吡蚜酮、哒螨灵、高效氯氰菊酯、高效氯氟氰菊酯、联苯菊酯、氯氟氰菊酯、杀虫单、杀虫双、辛硫磷等杀虫剂成分混配，生产复配杀虫剂。

① 阿维·啶虫。由阿维菌素与啶虫脒复配。具有触杀、胃毒、内吸作用，对蚜虫特效。防治黄瓜蚜虫，每亩用 4%阿维·啶虫乳油 10～20 毫升，兑水 40～60 千克喷雾。防治菜青虫、烟青虫、美洲斑潜蝇等，用 4%阿维·啶虫乳油 3000～5000 倍液喷雾。

② 啶虫·高氯。由啶虫脒与高效氯氰菊酯复配。对害虫有触杀和胃毒作用，对蚜虫高效。防治番茄蚜虫，每亩用 5%啶虫·高氯乳油 35～40 毫升兑水 40～60 千克喷雾。

③ 啶虫·氟氯氰。由啶虫脒与氟氯氰菊酯复配而成，对害虫具有触杀和胃毒作用。对鳞翅目幼虫高效，用于防治棉铃虫，每亩用 5%啶虫·氟氯氰乳油 40～50 毫升兑水 60～75 千克喷雾。

④ 啶虫·哒螨灵。由啶虫脒与哒螨灵复配而成。属于生物源、烟碱类、吡唑杂环类等复配在一起的广谱杀虫剂，具有一药多治的效果。可灭杀各种跳甲，具备内吸、胃毒、触杀、熏蒸作用，根部渗透性良好。可以防治多种作物上面的刺吸式口器害虫，当害虫沾上药剂时，药液会穿透甲层直达体内，使其中毒死亡。每亩用 15%啶虫·哒螨灵微乳剂 30 毫升药物兑水 15 千克，于清晨或傍晚进行喷雾，喷施后具有 3～7 天的持效期。

⑤ 啶虫·吡蚜酮。由啶虫脒与吡蚜酮复配而成的一种吡啶杂环类新型杀虫剂，持效期长，能够连续死虫，昆虫一旦解除药剂，立即"口针阻塞"停止取食，最后被活活"饿死"，持效期长，最多达到 45 天，做到"一天打药，天天死虫"。防治黄瓜蚜虫，于蚜虫卵孵盛期施药，每亩用 30%啶虫·吡蚜酮乳油 30～45 克喷雾。

● **注意事项**

（1）啶虫脒为低毒杀虫剂，但对人、畜有毒，应加以注意，使用本品时，应避免直接接触药液。对鱼类等水生生物、蜜蜂、家蚕有毒。施药期间应避免对周围蜂群的影响，开花植物花期、蚕室和桑园附近禁用。地下水、饮用水源地附近禁用，远离水产养殖区施药，禁止在河塘等水体中清洗施药器具。

（2）不可与强碱性药液（波尔多液、石硫合剂等）混用；在多雨年份，药效仍可达 15 天以上。

（3）药品应贮存于阴凉、干燥、通风处。

（4）防止药液从口鼻吸入，施药后清洗被污染部位。若误食、误饮，立即到医院洗胃。粉末对眼睛有刺激作用，一旦有粉末进入眼中，应立即用清水冲洗或去医院治疗。

（5）据有关试验，啶虫脒和吡虫啉对甜瓜蚜虫的防治效果相对较差，可能与甜瓜蚜虫的抗药性有关。因此，在防治甜瓜蚜虫时，应慎用吡虫啉和啶虫脒，或与其他作用机制的杀虫剂（如氟啶虫酰胺、吡蚜酮、溴氰虫酰胺等）交替、轮换使用。

噻虫嗪（thiamethoxam）

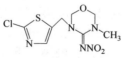

$C_8H_{10}ClN_5O_3S$，291.7

● **其他名称**　阿克泰、锐胜、快胜、亮盲、领绣、噻农。

● **主要剂型**　21%、25%、50%水分散粒剂，10%、12%、21%、25%、30%、35%、40%悬浮剂（微囊悬浮剂、种子处理悬浮剂、种子处理微囊悬浮剂），16%、30%、35%、40%、48%悬浮种衣剂，25%、30%、50%、70%水分散粒剂，0.08%、0.12%、0.5%、2%、3%、5%颗粒剂，10%微乳剂，10%泡腾粒剂，25%、30%、75%可湿性粉剂，3%超低容量液剂，50%种子处理干粉剂，50%、70%种子处理可分散粉剂，1%饵剂。

● **毒性**　低毒（对蜜蜂有毒）。

● **作用机理** 作用机理与吡虫啉等烟碱类杀虫剂相似，但具有更高的活性；有效成分干扰昆虫体内神经的传导作用，其作用方式是模仿乙酰胆碱，刺激受体蛋白，而这种模仿的乙酰胆碱又不会被乙酰胆碱酯酶所降解，使昆虫一直处于高度兴奋中，直到死亡。

● **产品特点**

（1）噻虫嗪是新一代烟碱类高效低毒广谱杀虫剂（第二代烟碱类杀虫剂），其作用机理完全不同于之前的杀虫剂，也没有交互抗性问题，因此对各种蚜虫、飞虱、叶蝉、蓟马、粉虱等刺吸式口器害虫及多种咀嚼式口器害虫特效，对马铃薯甲虫也有很好的防治效果，对多种类型化学农药产生抗性的害虫防治效果较好。

（2）作用途径多样，具有良好的胃毒、触杀活性、强内吸传导性和渗透性，叶片吸收后迅速传导到植株各部位，害虫吸食药剂后，能迅速抑制害虫活动，停止取食，并逐渐死亡，药后 2～3 天出现死虫高峰。

（3）高效低毒，每亩用 25%噻虫嗪水分散粒剂 2～4 克，即可取得理想的防效，属低毒产品。

（4）持效期长，耐雨水冲刷，一般药效可达 14～35 天，耐雨水性好。

（5）与吡虫啉、啶虫脒和烯啶虫胺等无交互抗性，是取代对哺乳动物毒性高、残留时间长的有机磷、氨基甲酸酯类和有机氯类杀虫剂的较好品种。

（6）既可用于茎叶处理、种子处理，也可用于土壤处理。

（7）噻虫嗪常与氯虫苯甲酰胺、吡虫啉、高效氯氟氰菊酯、溴氰菊酯、吡蚜酮混配，制成复配杀虫剂。

● **应用** 噻虫嗪主要用于喷雾防治刺吸式口器害虫，如粉虱、介壳虫、蚜虫、蓟马、飞虱、叶蝉等，还可用来防治油菜田的黄曲条跳甲，也可用于种子处理或灌根。

（1）喷雾 防治番茄、辣椒、茄子、十字花科蔬菜等上的白粉虱或烟粉虱，于苗期（定植前 3～5 天），每亩用 25%噻虫嗪水分散粒剂 7～15 克兑水 60～75 千克喷雾，每季最多施用 2 次，安全间隔期 3 天。

防治黄瓜等瓜类蔬菜上的白粉虱、烟粉虱，使用 25%噻虫嗪水分散粒剂 2500～5000 倍液喷雾，或每亩用 25%噻虫嗪水分散粒剂 10～20 克兑水 30～50 千克喷雾。

防治白菜、甘蓝、芥菜、萝卜、油菜、黄瓜和番茄等上的蚜虫、蓟马，用25%噻虫嗪水分散粒剂7500～10000倍液喷雾。

防治菠菜蚜虫，于蚜虫发生初期施药，每亩用25%噻虫嗪水分散粒剂6～8克兑水30～50千克喷雾。安全间隔期为5天，每季最多使用2次。

防治芹菜蚜虫，于蚜虫发生初期施药，每亩用25%噻虫嗪水分散粒剂4～8克或50%噻虫嗪水分散粒剂2～4克，兑水30～50千克均匀喷雾。安全间隔期为7天，每季最多使用3次。

防治节瓜蓟马，于蓟马若虫始盛期，每亩用25%噻虫嗪水分散粒剂8～15克兑水30～50千克喷雾，每季最多施用2次，安全间隔期7天。

防治豇豆蓟马，在蓟马若虫发生初期，每亩用50%噻虫嗪水分散粒剂15～20克兑水30～50千克均匀喷雾，每季最多施用1次，安全间隔期3天。

防治番茄蓟马，于蓟马发生初期，每亩用25%噻虫嗪悬浮剂10～20毫升兑水30～50千克均匀喷雾，每季最多施用2次，安全间隔期7天。

防治西瓜蚜虫，于蚜虫始盛期，每亩用25%噻虫嗪水分散粒剂8～10克兑水30～50千克喷雾，每季最多施用2次，安全间隔期7天。

防治美洲斑潜蝇、南美斑潜蝇等，用25%噻虫嗪水分散粒剂1800倍液喷雾，斑潜蝇发生量大时，定植时可用25%噻虫嗪水分散粒剂2000倍液灌根，更有利于对斑潜蝇的控制。

防治马铃薯叶蝉，用25%噻虫嗪水分散粒剂10000倍液喷雾。

防治马铃薯白粉虱，每亩用25%噻虫嗪水分散粒剂8～15克兑水60～75千克喷雾。每季最多施用2次，安全间隔期7天。

防治马铃薯二十八星瓢虫，抓住幼虫分散前的有利时机，用25%噻虫嗪水分散粒剂1800倍液喷雾防治。

防治马铃薯白粉虱，在白粉虱发生初期，每亩用25%噻虫嗪水分散粒剂8～15克兑水30～50千克均匀喷雾，每季最多施用2次，安全间隔期7天。

防治油菜黄曲条跳甲，每亩用25%噻虫嗪水分散粒剂8～15克兑水30～50千克喷雾。

（2）拌种　防治线虫、蚜虫等，用25%噻虫嗪水分散粒剂160～200

克拌玉米种子 100 千克。

防治玉米、甜菜、油菜、马铃薯、豌豆、豆类等的蚜虫、蓟马、金针虫、潜叶蛾、跳甲、白粉虱等，用 70%噻虫嗪干种衣剂拌种，每 100 千克玉米种子用 70%噻虫嗪干种衣剂 200～450 克，甜菜用药 43～86 克，油菜用药 300～600 克，马铃薯用药 7～10 克，豌豆、豆类用药 50～74.3 克。拌种方法分手工拌种和机械化拌种，手工拌种的方法是准备好容器，先倒入一定量的水，每 100 千克种子加水 1～1.5 升，将噻虫嗪干粉慢慢倒入水中，待其溶解后，搅拌至均匀即可，倒入种子上拌种，也可不加水溶解直接与种子一起搅拌；机械化拌种的方法是首先加水溶解稀释（方法同上），然后按不同拌种比，补水至所需量即可上机拌种。

防治灰飞虱，每 100 千克种子用 30%噻虫嗪悬浮种衣剂 600 毫升拌种，防治灰飞虱效果显著高于每 100 千克种子用 70%噻虫嗪种子处理剂可分散粒剂 200 毫升拌种处理。

防治玉米粗缩病，每 1 千克种子用 30%噻虫嗪悬浮种衣剂 600 毫升拌种，防治效果最高达 82.23%。

防治马铃薯甲虫，用 70%噻虫嗪种子处理可分散粉剂拌种，每 100 千克种薯拌有效成分 18 克，对出苗后 60 天内的种苗防效较高。

防治甘蓝黄曲条跳甲，于甘蓝移栽时施药 1 次。施药时将药剂与细沙混匀，每亩用 0.5%噻虫嗪颗粒剂 5～6 千克，在甘蓝苗周围开沟均匀撒施、覆土，可适当浇水。

（3）灌根　25%噻虫嗪水分散粒剂在作物苗期灌根比栽后喷雾防治烟粉虱、瓜蓟马效果明显，而且有促进作物生长作用，移栽前 3 天苗期，用 25%噻虫嗪水分散粒剂 800～1000 倍液灌根，或移栽后 4～5 天，用 25%噻虫嗪水分散粒剂 4000～5000 倍液灌根。

防治番茄、辣椒、茄子、十字花科蔬菜等上的白粉虱，用 25%噻虫嗪水分散粒剂 2000～4000 倍液进行灌根，每季最多施用 1 次，在番茄、辣椒、茄子上安全间隔期 7 天，在十字花科蔬菜上安全间隔期为 14 天。

防治西花蓟马、棕榈蓟马等，采用穴盘育苗的，可在定植前用 25%噻虫嗪水分散粒剂 3000～4000 倍液蘸根，每株蘸 30～50 毫升，持效期 1 个月。

防治韭菜韭蛆。在田间韭菜叶尖发黄、植株零星倒伏时用药，每亩用 21% 噻虫嗪悬浮剂 450~550 毫升兑水 30~50 千克稀释，灌根处理，每季最多施用 1 次，安全间隔期 21 天。

● **注意事项**

（1）在施药以后，害虫接触药剂后立即停止取食等活动，但死亡速度较慢，死虫的高峰通常在药后 2~3 天出现。因此，在害虫发生初期，或者提前预防时，建议使用噻虫嗪，因为其成本低，适合预防使用。而害虫一旦处于高发期，建议使用噻虫胺，能够快速灭虫。

（2）噻虫嗪杀虫速效性偏慢，配合联苯菊酯、阿维菌素等杀虫剂，效果会更好。

（3）由于该药不杀卵，在防治刺吸式口器害虫蓟马、飞虱等时，为提高杀虫效果，建议搭配吡丙醚杀卵。

（4）不宜用于防治菜青虫、烟青虫等鳞翅目害虫。

（5）不能与碱性药剂一起混用。

（6）使用剂量较低，应用过程中不要盲目加大用药量，以免造成不必要的浪费。

（7）避免在低于 -10℃ 和高于 35℃ 处储存。

（8）本剂对蜜蜂和家蚕高毒，蜜源植物花期和桑园、蚕室附近禁用。水产养殖区、河塘等水体附近禁用，禁止在河塘等水域清洗施药器具。鸟类保护区附近禁用。施药后立即覆土。施药地块禁止放牧和畜、禽进入。如误食引起不适等中毒症状，没有专门解毒药剂，可请医生对症治疗。

噻虫胺（clothianidin）

$C_6H_8ClN_5O_2S$，249.7

● **其他名称** 可尼丁、多面星、福利星、伏威、镇定。

● **主要剂型** 35%、50% 水分散粒剂，10%、20%、30%、48%、50% 悬浮剂，0.06%、0.1%、0.2%、0.5%、1%、5% 颗粒剂，18% 种子处理悬

浮剂，30%、48%悬浮种衣剂，10%干拌种剂，5%可湿性粉剂，10%种子处理微囊悬浮剂。

● **毒性** 低毒。

● **作用机理** 噻虫胺结合位于神经后突触的烟碱乙酰胆碱受体，干扰害虫神经传递过程，进而使害虫死亡。属广谱性新型烟碱类杀虫剂（2002年上市，为第三代烟碱类杀虫剂），具有内吸性、触杀和胃毒作用，是一种高效、安全、高选择性的新型杀虫剂。

● **产品特点**

（1）具有高效、广谱、用量少、毒性低、持效期长、对作物无药害、使用安全、与常规农药无交互抗性等优点，有卓越的内吸和渗透作用，是替代高毒有机磷农药的又一品种。其结构新颖、特殊，性能与传统烟碱类杀虫剂相比更为优异。

（2）杀虫速效性强。其杀虫速效性要明显强于噻虫嗪，噻虫胺在 1小时之内能看到明显的效果，而噻虫嗪往往要在 24 小时后才有效果，因为噻虫嗪需要转化为噻虫胺才能发挥作用。如此看来，噻虫胺是噻虫嗪的"升级版"。

（3）对有机磷、氨基甲酸酯和拟除虫菊酯具高抗性的害虫对噻虫胺无抗性。

（4）适用于叶面喷雾、土壤处理。经室内对白粉虱的毒力测定和对番茄烟粉虱的田间药效试验表明，具有较高活性和较好防治效果。表现出较好的速效性，持效期在 7 天左右。

（5）杀虫成本要明显高于噻虫嗪，但害虫一旦处于高发期，噻虫胺的效果要明显好于噻虫嗪，能够快速灭虫。在处理地下害虫时，尤其是颗粒剂的选择，建议以噻虫胺为主，因噻虫胺在土壤中不易淋溶，持效期可达 6 个月。对于跳甲等咀嚼式口器害虫，建议选择噻虫胺，见效快，速死性好。防治地蛆（黑头蛆），建议选择噻虫胺，速效性好，杀死得更彻底。

（6）在土壤中不易被淋溶，持效期较噻虫嗪、吡虫啉更长，据试验，叶面喷雾持效期可达 30 天，用于土壤处理持效期可达 6 个月。

（7）强内吸传导性，地上、地下害虫通杀，用于拌种事半功倍。

● **应用**

（1）单剂应用 主要用于防治粉虱、蚜虫、叶蝉、蓟马、飞虱、小地老虎、金针虫、蛴螬、种蝇等半翅目、鞘翅目、双翅目和鳞翅目类害虫。

防治白菜菜青虫，每亩用 50%噻虫胺水分散粒剂 6.4～12.8 克兑水30～50 千克均匀喷雾，持效期达 14～21 天。

防治玉米蛴螬，在玉米播种前，每亩用 0.1%噻虫胺颗粒剂 40～50千克撒施。

防治番茄烟粉虱，在烟粉虱发生初期，每亩用 50%噻虫胺水分散粒剂 6～8 克兑水 30～50 千克均匀喷雾，每季最多施用 3 次，安全间隔期7 天。

防治甘蓝黄曲条跳甲，于甘蓝移栽前，每亩用 0.5%噻虫胺颗粒剂 3～5 千克穴施。

防治韭菜韭蛆，韭菜零星倒伏时或韭蛆幼虫盛发初期，每亩用 10%噻虫胺悬浮剂 225～250 毫升兑水 500～800 千克灌根，每季最多施用1 次，安全间隔期 14 天。

（2）复配剂应用　可与联苯菊酯、醚菊酯、高效氯氟氰菊酯、啶虫脒等进行复配，生产复配杀虫剂，如 37%噻虫胺·联苯菊酯悬浮剂、20%噻虫胺·醚菊酯悬浮剂、25%噻虫胺·高效氯氟氰菊酯微胶囊悬浮剂、20%高氯氟·噻虫胺种子处理悬浮剂、25%啶虫·噻虫胺乳油、70%氟啶虫酰胺·噻虫胺水分散粒剂。

① 氟啶虫酰胺·噻虫胺。防治甘蓝蚜虫，在低龄若虫盛发期每亩用70%氟啶虫酰胺·噻虫胺水分散粒剂 7～9 克兑水 30 千克均匀喷雾，安全间隔期为 7 天，每季作物使用 2 次。

② 联苯·噻虫胺。由联苯菊酯和噻虫胺复配而成的一种复合型杀虫剂，不但可有效防治棉铃虫、烟青虫、甜菜夜蛾、小菜蛾、菜青虫等多种鳞翅目害虫，还可有效防治蚜虫、叶蝉、蓟马、飞虱、粉虱等刺吸式害虫，对韭蛆、蒜蛆、根蛆、蛴螬、蝼蛄、地老虎、金针虫等多种地下害虫也有很好的防治效果。还可防治红蜘蛛、跗线螨等害螨，做到一药多治。

防治大葱、大蒜、洋葱等地里的蒜蛆、根蛆等，在播种前，每亩用2%联苯·噻虫胺颗粒剂 1500～2000 克拌细土或有机肥 20～30 千克均匀撒施，还可有效预防蓟马危害。防治大豆、甘薯、马铃薯里的蛴螬、金针虫、蝼蛄等地下害虫的危害，在播种前，每亩用 2%联苯·噻虫胺颗粒剂 1000~1500 克拌细土 20~30 千克后沟施。防治玉米、大豆地里的蚜虫、飞虱、蓟马等害虫，在害虫发生初期，每亩用37%联苯·噻虫胺悬浮剂 5~10 毫升兑水 15~20 千克均匀喷雾，可快速控制害虫的危害。

防治甘蓝黄曲条跳甲，每亩用 1%联苯·噻虫胺颗粒剂 3000~4000 克撒施，在甘蓝移栽前将药剂施于沟（穴）中，然后移栽甘蓝，安全间隔期 20 天，每季最多施用 1 次。

③ 哒螨·噻虫胺。由哒螨灵与噻虫胺复配而成。击倒速度快，持效期长，耐雨水冲刷。防治甘蓝黄曲条跳甲，在成虫始盛期，每亩用 45%哒螨·噻虫胺水分散粒剂 30~40 克兑水 15~20 千克喷雾，安全间隔期 3 天，每季最多施用 1 次。

④ 氯氟氰·噻虫胺。由氯氟氰菊酯和噻虫胺复配而成。防治马铃薯蛴螬，在马铃薯播种时使用，值暗黑鳃金龟低龄幼虫盛发期，按每亩用 2%氯氟氰·噻虫胺颗粒剂 1500~2000 克兑细土 30 千克，混匀后施于播种沟内，覆土，每季最多施用 1 次。

⑤ 高氟氯·噻虫胺。由高效氟氯氰菊酯与噻虫胺复配而成。可防治黄曲条跳甲、蚜虫、菜青虫等。防治甘蓝黄曲条跳甲，发生初期，每亩用 42%高氟氯·噻虫胺悬浮剂 10~15 毫升，发生严重时，用 20 毫升兑水 15 千克喷雾，不严重时，用 10 毫升兑水 15 千克喷雾，安全间隔期 7 天，每季最多施用 2 次。推荐防治大蒜韭蛆，用 42%高氟氯·噻虫胺悬浮剂 1000~2000 倍液灌根。推荐防治黄瓜蓟马，每亩用 42%高氟氯·噻虫胺悬浮剂 15~20 升兑水 15 千克喷雾。

⑥ 螺虫乙酯·噻虫胺。由螺虫乙酯和噻虫胺复配而成，二者混配有明显的增效作用。防治番茄烟粉虱，发生初期，每亩用 30%螺虫乙酯·噻虫胺悬浮剂 20~24 毫升兑水 15 千克喷雾，安全间隔期 3 天，每季最多施用 1 次。

⑦ 灭蝇·噻虫胺。由灭蝇胺与噻虫胺复配而成。防治韭菜韭蛆，每亩用 20%灭蝇·噻虫胺悬浮剂 450~600 毫升，于韭蛆初发期灌根 1 次，安全间隔期 30 天，预防处理用低剂量，害虫发生盛期用高剂量。

⑧ 虫螨腈·噻虫胺。由虫螨腈和噻虫胺复配而成。二者结合有触杀、胃毒和内吸活性强的特点，正常使用条件下对韭蛆有较好防效，防治韭

菜韭蛆，在发生始盛期或高峰期，每亩用 28%虫螨腈·噻虫胺悬浮剂 60～80 毫升灌根，安全间隔期 14 天，每季最多施用 1 次。

● **注意事项**

（1）不宜与碱性农药或物质（如波尔多液、石硫合剂等）混用。

（2）由于该药不杀卵，在防治刺吸式口器害虫（蓟马、飞虱等）时，为提高杀虫效果，建议搭配吡丙醚杀卵。

（3）对蜜蜂接触高毒，经口剧毒，具有极高风险性，使用时应注意，蜜源作物花期禁用，施药期间密切关注对附近蜂群的影响。

（4）对家蚕剧毒，具极高风险性。蚕室及桑园附近禁用。

（5）禁止在河塘等水域中清洗施药器具。

（6）勿让儿童接触本品。不能与食品、饲料存放一起。

（7）在番茄上使用的安全间隔期为 7 天，每季最多施药 3 次。

呋虫胺（dinotefuran）

$C_7H_{14}N_4O_3$，202.2

● **其他名称**　护瑞、匿迹、希比。

● **主要剂型**　25%、50%、60%可湿性粉剂，20%、24%、25%、30%、40%、50%、60%、65%、70%水分散粒剂，20%、30%悬浮剂，40%可湿性粒剂，8%悬浮种衣剂，0.05%饵剂，0.06%、20%、40%、50%可溶粒剂，10%、35%可溶液剂，3%超低容量液剂，10%干拌种剂，0.025%、0.05%、0.15%、0.4%、1%、3%颗粒剂，25%可分散油悬浮剂，20%、40%可溶粉剂，0.20%水剂，4%展膜油剂。

● **毒性**　低毒。

● **作用机理**　呋虫胺是第三代呋喃型烟碱类杀虫剂，为烟碱乙酰胆碱受体的兴奋剂。能从作物根部向茎部、叶部渗透，害虫取食了带有呋虫胺的作物汁液后，呋虫胺通过作用于昆虫的乙酰胆碱受体发挥作用，进而阻断昆虫中枢神经系统正常传导，使昆虫异常兴奋，全身痉挛，麻痹而死，消除或减轻害虫对作物/场所的为害，从而使作物增加产量、生活环境无扰。

● **产品特点**

（1）内吸传导，施药灵活。它可被茎叶或根部内吸，并迅速传导至其他部位，对隐蔽性害虫有很好的杀灭效果。

（2）作用迅速，持效期长。药剂能强力渗透植物组织内，不易光解，耐雨水冲刷，持效期长达 10～20 天。

（3）使用方便。可用于茎叶喷雾处理、灌根处理、种子处理、蘸根处理等多种方式，尤其是直接对种子或根进行处理时药效发挥最好。

（4）激发作物潜能，提升作物抗逆能力，防虫又壮苗。

● **应用**

（1）单剂应用　主要用于防治白菜、甘蓝、黄瓜、西瓜、番茄、马铃薯、茄子、芹菜、大葱、韭菜等蔬菜作物上的蚜虫、叶蝉、飞虱、蓟马、粉虱，同时对鞘翅目、鳞翅目、双翅目、甲虫目和总翅目害虫有高效，并对家蝇等卫生害虫有高效。

防治番茄烟粉虱，在烟粉虱发生始盛期，每亩用 20%呋虫胺可溶粉剂 15～20 克兑水 30～50 千克均匀喷雾，安全间隔期 5 天，每季最多施用 2 次。

防治黄瓜白粉虱，在白粉虱发生始盛期，每亩用 40%呋虫胺可溶粉剂 15～25 克或 20%呋虫胺可溶粒剂 30～50 克，兑水 30～50 千克均匀喷雾，安全间隔期 3 天，每季最多施用 2 次。或用 60%呋虫胺水分散粒剂 10～17 克兑水 30～50 千克均匀喷雾，安全间隔期 3 天，每季最多施用 1 次。

防治黄瓜蓟马，在蓟马发生始盛期，每亩用 40%呋虫胺可溶粉剂 15～20 克或 20%呋虫胺可溶粒剂 20～40 克，兑水 30～50 千克均匀喷雾，安全间隔期 3 天，每季最多施用 2 次。

防治甘蓝黄曲条跳甲，每亩用 3%呋虫胺颗粒剂 1000～1500 克穴施，每季在移栽时使用 1 次，安全间隔期 5 天，每季最多施用 1 次。

防治甘蓝蚜虫，在蚜虫发生始盛期，每亩用 20%呋虫胺可溶粒剂 8～12 克兑水 30～50 千克均匀喷雾，安全间隔期 7 天，每季最多施用 3 次。

或每亩用 25%呋虫胺可湿性粉剂 8～12 克兑水 30～50 千克均匀喷雾,安全间隔期 14 天,每季最多施用 3 次。

防治甘蓝菜青虫,在菜青虫卵孵化盛期或低龄幼虫期,每亩用 20%呋虫胺水分散粒剂 20～40 克兑水 30～50 千克均匀喷雾,安全间隔期 10 天,每季最多施用 3 次。

防治马铃薯蛴螬,每 100 千克种薯用 8%呋虫胺悬浮种衣剂 400～500 克进行包衣。

(2)复配剂应用 相比单剂具有对靶标单一、害虫易产生抗药性的问题,复配剂为不同类型作用机制的杀虫剂混配制成,除具有渗透、触杀、胃毒、内吸活性外,还具有协同、增效作用,能够影响神经系统,杀虫谱广,持效期长,且能提高杀虫活性、延缓杀虫剂的抗药性,如 15%联苯·呋虫胺可分散油悬浮剂、60%吡蚜·呋虫胺水分散粒剂、4%呋虫胺·顺式氯氰菊酯水乳剂、2%呋虫胺·高氟氯颗粒剂、30%呋虫胺·醚菊酯可分散油悬浮剂、60%呋虫胺·氯虫苯甲酰胺水分散粒剂、40%烯啶·呋虫胺可溶粒剂、60%呋虫胺·氟啶虫酰胺水分散粒剂、35%丁醚脲·呋虫胺悬浮剂、60%呋虫胺·茚虫威水分散粒剂、20%螺虫·呋虫胺悬浮剂、20%呋虫·哒螨灵悬浮剂、10.9%甲维·呋虫胺可分散油悬浮剂等。还兼具干扰代谢作用,如 63%噻嗪·呋虫胺水分散粒剂、30%呋虫胺·灭蝇胺悬浮剂、25%呋虫胺·唑虫酰胺悬浮剂等。

① 联苯·呋虫胺。为联苯菊酯和呋虫胺的混配制剂,具有内吸、触杀和胃毒的作用,可有效防治甘蓝黄条跳甲,每亩用 0.9%联苯·呋虫胺颗粒剂 3000～4000 克撒施。

② 螺虫·呋虫胺。用于防治番茄、辣椒、黄瓜、西瓜等作物上的白粉虱、烟粉虱、蓟马、蚜虫等害虫,一般在虫害发生初期,每亩用 20%螺虫·呋虫胺悬浮剂 20～25 毫升兑水 30～40 千克喷雾。

③ 呋虫·哒螨灵。防治甘蓝黄曲条跳甲,在成虫发生初期,每亩用 30%呋虫·哒螨灵悬浮剂 25～30 毫升,或 60%呋虫·哒螨灵水分散粒剂 10～12 克兑水 30～40 千克喷雾防治,安全间隔期 7 天,每季最多使用 1 次。

● 注意事项

(1)建议与其他作用机制不同的杀虫剂轮换使用,以延缓抗性产生。

（2）本品对蜜蜂和家蚕高毒，蜜源植物花期和桑园、蚕室附近禁用。赤眼蜂等天敌放飞区禁用。

（3）不能与碱性物质混用，为提高喷药质量，药液应随配随用，不能久存。

多杀霉素（spinosad）

spinosyn A, R = H—, $C_{41}H_{65}NO_{10}$, 731.98
spinosyn D, R = CH_3—, $C_{42}H_{67}NO_{10}$, 746.00

● **其他名称** 菜喜、催杀、多杀菌素、刺糖菌素、猎蝇。

● **主要剂型** 2.5%、5%、10%、20%、48%、25 克/升、480 克/升悬浮剂，0.50%粉剂，10%可分散油悬浮剂，0.02%饵剂，2%微乳剂，2.5%可湿性粉剂，10%、20%水分散粒剂。

● **毒性** 低毒。

作用机制 是从刺糖多孢菌发酵液中提取的一种大环内酯类无公害高效生物杀虫剂。通过与烟碱乙酰胆碱受体结合使昆虫神经细胞去极化，引起中央神经系统广泛超活化，导致非功能性的肌收缩、衰竭，并伴随颤抖和麻痹。对昆虫存在快速触杀和摄食毒性，同时也通过抑制 γ-氨基丁酸（GABA）受体，改变 GABA 门控氯离子通道的功能，进一步加强其活性。且对叶片有较强的渗透作用，可杀死表皮下的害虫，残效期较长。此外，对一些害虫具有一定的杀卵作用，但无内吸作用。

● **产品特点**

（1）与其他生物杀虫剂相比，多杀霉素杀虫速度更快，施药后当天可见效果，杀虫速度可与化学农药相媲美，非一般的生物杀虫剂可比。

（2）其有效成分多杀霉素是一种微生物代谢产生的纯天然活性物质，具很强的杀虫活性和安全性，能有效地防治鳞翅目、双翅目和缨翅目害虫，也能很好地防治鞘翅目和直翅目中某些大量取食叶片的害虫，对顽固性害虫（小菜蛾、蓟马、甜菜夜蛾等）高效，对刺吸式害虫和螨类的防治效果较差。因杀虫作用机制独特，对捕食性天敌昆虫比较安全。

（3）是由放线菌产生的微生物源农用抗生素类杀虫剂，毒性极低，对植物安全无药害。

（4）杀虫效果受下雨影响较小。

● **应用**

（1）单剂应用　主要用于防治小菜蛾低龄幼虫、甜菜夜蛾低龄幼虫、蓟马、马铃薯甲虫、茄黄斑螟幼虫等。

防治十字花科蔬菜小菜蛾、菜青虫，在低龄幼虫期施药，用2.5%多杀霉素悬浮剂1000～1500倍液，或每亩用10%多杀霉素水分散粒剂10～20克兑水30～50千克均匀喷雾。根据害虫发生情况，可连续用药1～2次，间隔5～7天。

防治甘蓝小菜蛾，于小菜蛾低龄幼虫始盛期，每亩用10%多杀霉素水分散粒剂10～20克兑水30～50千克均匀喷雾，安全间隔期3天，每季最多施用2次。或每亩用20%多杀霉素水分散粒剂5～9克兑水30～50千克均匀喷雾，安全间隔期5天，每季最多施用3次。或每亩用3%多杀霉素水乳剂42～58毫升或5%多杀霉素悬浮剂25～35毫升，兑水30～50千克均匀喷雾，安全间隔期7天，每季最多施用2次。或每亩用25克/升多杀霉素悬浮剂45～60毫升兑水30～50千克均匀喷雾，安全间隔期7天，每季最多施用3次。

防治甘蓝甜菜夜蛾，于甜菜夜蛾低龄幼虫发生高峰期，每亩用8%多杀霉素水乳剂20～25毫升兑水30～50千克均匀喷雾，安全间隔期3天，每季最多施用3次。

防治甘蓝蓟马，于蓟马发生初期，每亩用3%多杀霉素水乳剂60～83毫升兑水30～50千克均匀喷雾，安全间隔期7天，每季最多施用2次。

防治大白菜小菜蛾，于小菜蛾低龄幼虫盛发期，每亩用10%多杀霉素水分散粒剂10～20克兑水30～50千克均匀喷雾，安全间隔期3天，每季最多施用2次。

防治豇豆蓟马，于蓟马发生初期，每亩用25克/升多杀霉素悬浮剂

50~60毫升兑水30~50千克均匀喷雾。

防治花椰菜小菜蛾，于小菜蛾低龄幼虫盛发期，每亩用5%多杀霉素悬浮剂20~30毫升兑水30~50千克均匀喷雾，安全间隔期5天，每季最多施用2次。

防治茄子、辣椒蓟马，用2.5%多杀霉素悬浮剂1000~1500倍液，于蓟马发生初期喷雾，重点喷洒幼嫩组织，如花、幼果、顶尖及嫩梢。每隔5~7天施药一次，连续用药2~3次。

防治节瓜蓟马，于蓟马低龄若虫盛发期，每亩用5%多杀霉素悬浮剂40~50毫升兑水30~50千克均匀喷雾，每季最多施用2次，安全间隔期3天。

防治瓜果蔬菜的甜菜夜蛾，于低龄幼虫期时施药，每亩用2.5%多杀霉素悬浮剂50~100毫升兑水30~50千克喷雾，傍晚施药防虫效果最好。

防治菜田中的棉铃虫、烟青虫，在幼虫低龄发生期，每亩用48%多杀霉素悬浮剂4.2~5.6毫升兑水20~50千克喷雾。

防治瓜绢螟，在种群主体处在1~3龄时，用2.5%多杀霉素悬浮剂1000倍液喷雾。

防治茄黄斑螟，在幼虫孵化盛期，用25克/升多杀霉素悬浮剂1000倍液喷雾。

防治芋单线天蛾、双线天蛾等，在田间幼虫低龄时，用25克/升多杀霉素悬浮剂1000倍液喷雾。

防治肾毒蛾，在初龄幼虫期虫口密度大时，用25克/升多杀霉素悬浮剂1000倍液喷雾。

（2）复配剂应用 多杀霉素可与甲维盐、吡虫啉、噻虫嗪、虫螨腈、茚虫威、阿维菌素、高效氯氰菊酯等杀虫剂混配，生产复配杀虫剂。

① 多杀·吡虫啉。是一种新型的十六元大环内酯化合物和烟碱类混配的产品，对昆虫具有触杀和胃毒作用，且具有防效高、持效期长的特点。防治茄子蓟马，发生始盛期使用，每亩用10%多杀·吡虫啉悬浮剂20~30毫升兑水30~50千克喷雾，在茄子上使用的安全间隔期为5天，每季作物用药1次。防治节瓜蓟马，蓟马发生初期用药，每亩用16%多杀·吡虫啉悬浮剂15~20毫升兑水30~50千克喷雾，每隔7天喷1次，连喷2次，在节瓜上安全间隔期为3天，每个作物周期最多使用2次。

② 多杀霉素·噻虫嗪。防治节瓜蓟马，于节瓜蓟马若虫始盛期喷雾施药 1 次，每亩用 30%多杀霉素·噻虫嗪悬浮剂 7～14 毫升兑水 30～50 千克喷雾，每季作物最多使用 1 次，安全间隔期 7 天。

③ 多杀·虫螨腈。防治甘蓝小菜蛾，低龄幼虫发生期，每亩用 12% 多杀·虫螨腈悬浮剂 30～40 毫升兑水 30～50 千克喷雾，安全间隔期 14 天，每季最多使用 1 次。

④ 多杀·茚虫威。为多杀霉素和茚虫威复配的低毒杀虫剂，二者复配对小菜蛾有较高的防效。克服了各个单剂的不足，有效提高杀虫剂活性，且杀虫谱广，大大延长了对害虫的持效期。一次喷施持效 35 天以上。防治蔬菜菜青虫、蚜虫，每亩用 15%多杀·茚虫威悬浮剂 25～30 毫升兑水 30～50 千克喷雾。防治地老虎、金针虫、蝼蛄等地下害虫，每亩用 15%多杀·茚虫威悬浮剂 30～40 毫升兑水 30～50 千克喷雾。

⑤ 多杀霉素·杀虫环。由多杀霉素和杀虫环复配而成。防治黄瓜蓟马，每亩用 33%多杀霉素·杀虫环可分散油悬浮剂 15～20 毫升兑水 30～50 千克喷雾。

⑥ 阿维·多杀霉素。由阿维菌素与多杀霉素复配而成。防治甘蓝小菜蛾、白菜菜青虫、大葱蓟马、玉米上玉米螟等，每亩用 5%阿维·多杀霉素水乳剂 25～30 毫升兑水 30～50 千克喷雾。

◉ **注意事项**

（1）本品为低毒生物源杀虫剂，但使用时仍应注意安全防护。

（2）本品无内吸性，喷雾时应均匀周到，叶正面、叶背及心叶均需着药。

（3）不宜与强酸强碱性物质或农药混用，以免影响药效。大风或预计 1 小时内有雨，请勿施药。为延缓抗药性产生，每季蔬菜喷施 2 次后要换用其他杀虫剂。

（4）多杀霉素为悬浮剂，易黏附在包装袋或瓶壁上，应用水将其洗下再进行二次稀释，力求喷雾均匀。

（5）在高温下，对采用棚室栽培的瓜类、苗期莴苣应慎用。

（6）对鱼或其他水生生物有毒，应避免污染水源和池塘等。对蜜蜂、蚕毒性高，开花作物花期禁用，并注意对周围蜂群的影响，蚕室和桑园附近禁用。赤眼蜂等天敌昆虫放飞区禁用。

（7）药液贮存在阴凉干燥处。

（8）如溅入眼睛，立即用大量清水冲洗。如接触皮肤或衣物，用大量清水或肥皂水清洗。如误服不要自行引吐，如患者不清醒或发生痉挛，切勿灌喂任何东西或催吐，应立即将患者送医院治疗。

氯虫苯甲酰胺（chlorantraniliprole）

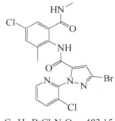

$C_{18}H_{14}BrCl_2N_5O_2$，483.15

● **其他名称**　氯虫酰胺、康宽、杜邦普尊、金尊、兴农科得拉、全能王、奥得腾等。

● **主要剂型**　5%、18.5%、20%、200克/升悬浮剂，50%种子处理悬浮剂，35%水分散粒剂，0.01%、0.03%、0.4%、1%颗粒剂，5%超低容量液剂。

● **毒性**　微毒。

● **作用机理**　激活害虫肌肉上的鱼尼丁受体，使肌肉细胞过度释放钙离子，引起肌肉调节衰弱、麻痹，导致害虫停止活动和取食，致使害虫瘫痪死亡。

● **产品特点**

（1）氯虫苯甲酰胺是酰胺类新型内吸杀虫剂。根据目前的试验结果，对靶标害虫的活性比其他产品高出10～100倍，并且可以导致某些鳞翅目昆虫交配过程紊乱，研究证明其能降低多种夜蛾科害虫的产卵率。由于其持效性好和耐雨水冲刷的生物学特性，这些特性实际上是渗透性、传导性、化学稳定性、高杀虫活性和导致害虫立即停止取食等作用的综合体现。因此，决定了其比目前绝大多数在用的其他杀虫剂有更长和更稳定的对作物的保护作用。胃毒为主，兼具触杀作用，是一种高效广谱的鳞翅目、甲虫和粉虱杀虫剂，在低剂量下就可使害虫立即停止取食。

（2）持效期长，耐雨水冲刷，在作物生长的任何时期能提供即刻和长久的保护，是害虫抗性治理、轮换使用的最佳药剂。持效期可以达到15天以上，对农产品无残留影响，同其他农药混合性能好。

（3）该农药属微毒级，对哺乳动物低毒，对施药人员很安全，对有益节肢动物如鸟、鱼和蜜蜂低毒，非常适合害虫综合治理。

（4）可用于防治黏虫、棉铃虫、小食心虫、天蛾、马铃薯块茎蛾、小菜蛾、菜青虫、欧洲玉米螟、亚洲玉米螟、瓜绢螟、瓜野螟、烟青虫、夜蛾、甜菜夜蛾等。

- **应用**

（1）单剂应用　防治小菜蛾、斜纹夜蛾、甜菜夜蛾，每亩用20%氯虫苯甲酰胺悬浮剂10毫升兑水30千克喷雾。

防治烟粉虱，用5%氯虫苯甲酰胺悬浮剂1000倍液喷雾。

防治黄守瓜，6～7月经常检查根部，发现有黄守瓜幼虫时，地上部萎蔫，或黄守瓜幼虫已钻入根内时，马上往根际喷淋或浇灌5%氯虫苯甲酰胺悬浮剂900倍液。

防治瓜绢螟，在种群主体处在1～3龄时，喷洒5%氯虫苯甲酰胺悬浮剂1200倍液。

防治棉铃虫、烟青虫，抓住卵孵化盛期至2龄盛期，即幼虫未蛀入果内之前施药，用5%氯虫苯甲酰胺悬浮剂1000倍液喷雾。

防治茄黄斑螟，在幼虫孵化盛期，喷洒200克/升氯虫苯甲酰胺悬浮剂3000倍液。

防治豇豆荚螟、豆荚斑螟、豆蚀叶野螟，在菜豆、豇豆现蕾开花后，及时喷洒5%氯虫苯甲酰胺悬浮剂1000倍液，从现蕾开始，每隔10天喷蕾、花1次，可控制为害。

防治菜螟，在成虫盛发期和幼虫孵化期喷洒200克/升氯虫苯甲酰胺悬浮剂3000倍液。

防治豆天蛾，在3龄前喷洒200克/升氯虫苯甲酰胺悬浮剂3000倍液。

防治肾毒蛾，虫口密度大时在初龄幼虫期喷洒5%氯虫苯甲酰胺悬浮剂1000倍液。

防治草地螟，大发生时，在幼虫为害期，喷洒 5%氯虫苯甲酰胺悬浮剂 1000～1500 倍液，7 天喷 1 次，防治 2 次。

防治马铃薯二十八星瓢虫，抓住幼虫分散前的有利时机，喷洒 20%氯虫苯甲酰胺悬浮剂 4500 倍液。

防治芋蝗，在成虫、若虫盛期喷洒 20%氯虫苯甲酰胺悬浮剂 4000 倍液。

防治甘薯麦蛾，在幼虫尚未卷叶时，每亩用 20%氯虫苯甲酰胺悬浮剂 10 毫升兑水 30 千克喷雾，持效期 25 天。

防治葱须鳞蛾，在卵孵化盛期，用 200 克/升氯虫苯甲酰胺悬浮剂 3000 倍液喷雾。

防治芋单线天蛾、双线天蛾等，在田间幼虫低龄时，喷洒 5%氯虫苯甲酰胺悬浮剂 1500 倍液。

防治黑缝油菜叶甲，在羽化成虫为害时，喷洒 5%氯虫苯甲酰胺悬浮剂 1200 倍液。

防治油菜、白菜等十字花科蔬菜黄曲条跳甲，喷洒 5%氯虫苯甲酰胺悬浮剂 1500 倍液。

防治玉米螟，玉米螟卵孵化高峰期，每亩用 0.4%氯虫苯甲酰胺颗粒剂 350～450 克撒施，每季最多施用 1 次，安全间隔期 14 天。或每亩用 200 克/升氯虫苯甲酰胺悬浮剂 3～5 毫升或 5%氯虫苯甲酰胺悬浮剂 16～20 毫升，兑水 30～50 千克均匀喷雾，每季最多施用 2 次，安全间隔期 21 天。

防治玉米二点委夜蛾，在二点委夜蛾卵孵化高峰期用药，每亩用 200 克/升氯虫苯甲酰胺悬浮剂 7～10 毫升兑水 30～50 千克均匀喷雾，每季最多施用 2 次，安全间隔期 21 天。

防治玉米小地老虎，在小地老虎发生早期（玉米 2～3 叶期），每亩用 200 克/升氯虫苯甲酰胺悬浮剂 3.3～6.6 毫升兑水 30～50 千克均匀喷雾，每季最多施用 2 次，安全间隔期 21 天。或每 100 千克种子用 50%氯虫苯甲酰胺种子处理悬浮剂 380～530 克拌种，按推荐制剂用药量加适量清水，混合均匀调成浆状药液，根据要求调整药种比进行包衣处理。

防治玉米黏虫，在黏虫发生初期，每亩用 200 克/升氯虫苯甲酰胺悬浮剂 10～15 毫升兑水 30～50 千克均匀喷雾，每季最多施用 2 次，安全间隔期 21 天。或每 100 千克种子用 50%氯虫苯甲酰胺种子处理悬浮剂

380～530 克拌种，按推荐制剂用药量加适量清水，混合均匀调成浆状药液，根据要求调整药种比进行包衣处理。

防治玉米螟蟓，按推荐制剂用药量加适量清水，混合均匀调成浆状药液，根据要求调整药种比进行包衣处理。每 100 千克种子用 50%氯虫苯甲酰胺种子处理悬浮剂 380～530 克拌种。

防治辣椒棉铃虫，在棉铃虫卵孵化高峰期，每亩用 5%氯虫苯甲酰胺悬浮剂 30～60 毫升兑水 30～50 千克均匀喷雾，每季最多施用 2 次，安全间隔期 5 天。

防治辣椒甜菜夜蛾，在甜菜夜蛾卵孵化高峰期，每亩用 5%氯虫苯甲酰胺悬浮剂 30～60 毫升兑水 30～50 千克均匀喷雾，每季最多施用 2 次，安全间隔期 5 天。

防治甘蓝小菜蛾，于小菜蛾卵孵化高峰期用药，每亩用 5%氯虫苯甲酰胺悬浮剂 40～55 毫升兑水 30～50 千克均匀喷雾，每季最多施用 2 次，安全间隔期 1 天。

防治甘蓝甜菜夜蛾，在甜菜夜蛾卵孵化高峰期，每亩用 5%氯虫苯甲酰胺悬浮剂 30～55 毫升兑水 30～50 千克均匀喷雾，每季最多施用 2 次，安全间隔期 1 天。

防治菜用大豆豆荚螟，在豆荚螟成虫产卵高峰期，每亩用 200 克/升氯虫苯甲酰胺悬浮剂 6～12 毫升兑水 30～50 千克均匀喷雾，每季最多施用 2 次，安全间隔期 7 天。

防治花椰菜斜纹夜蛾，在斜纹夜蛾卵孵化高峰期，每亩用 5%氯虫苯甲酰胺悬浮剂 45～54 毫升兑水 30～50 千克均匀喷雾，每季最多施用 2 次，安全间隔期 5 天。

防治豇豆豆荚螟，在豆荚螟卵孵化高峰期，每亩用 5%氯虫苯甲酰胺悬浮剂 30～60 毫升兑水 30～50 千克均匀喷雾，每季最多施用 2 次，安全间隔期 5 天。

防治西瓜棉铃虫，在棉铃虫卵孵化高峰期，每亩用 5%氯虫苯甲酰胺悬浮剂 30～60 毫升兑水 30～50 千克均匀喷雾，每季最多施用 2 次，安全间隔期 10 天。

防治西瓜甜菜夜蛾，在甜菜夜蛾卵孵化高峰期，每亩用 5%氯虫苯甲酰胺悬浮剂 45～60 毫升兑水 30～50 千克均匀喷雾，每季最多施用 2

次，安全间隔期 10 天。

（2）复配剂应用　氯虫苯甲酰胺常与一些杀虫剂成分进行复配，生产复配杀虫剂，如 30%虫螨脲·甲酰胺悬浮剂、4%氯虫·噻虫胺颗粒剂、20%甲维盐·氯虫苯可分散油悬浮剂、22%甲氧肼·氯虫苯悬浮剂、6%氯虫·吡蚜酮颗粒剂、25%氯虫·啶虫脒可分散油悬浮剂、6%阿维·氯苯酰悬浮剂、40%氯虫·噻虫嗪水分散粒剂、300 克/升氯虫·噻虫嗪悬浮剂等。

① 氯虫·噻虫嗪。由氯虫苯甲酰胺与噻虫嗪混配的低毒复配杀虫剂，对蔬菜上的各种鳞翅目害虫，如菜青虫、小菜蛾、甜菜夜蛾、斜纹夜蛾、棉铃虫、烟青虫、地老虎等效果突出。同时对为害叶片的各种叶甲、黄曲条跳甲、蚜虫、白粉虱、斑潜蝇、蓟马等刺吸式口器害虫都有很好的效果。对螨类无效，对各种天敌和有益昆虫安全。具有良好的内吸传导性，一次施药持效期为 14～21 天。耐雨水冲刷，喷药后 1 小时下雨，不影响杀虫效果；在多雨季节施用，不会影响使用效果。其中的噻虫嗪成分，还可激活植物抗逆性蛋白酶的活性，使作物茎秆和根系更加健壮，使植株健壮生长。

在蔬菜上最适合的使用方法是在苗期和移栽前喷淋或者灌根，对蔬菜秧苗，每亩用 30%氯虫·噻虫嗪水分散粒剂 33 克兑水 45～60 千克喷淋或灌根，有效期可以达到 20～30 天。

防治十字花科蔬菜的小菜蛾、黄曲条跳甲，从害虫发生初期开始喷药，每隔 7 天左右喷 1 次，连喷 1～2 次，每亩用 40%氯虫·噻虫嗪水分散粒剂 20～30 克，或 300 克/升氯虫·噻虫嗪悬浮剂 30～40 毫升，兑水 30～45 千克均匀喷雾或喷淋。

② 氯虫·高氯氟。由氯虫苯甲酰胺与高效氯氟氰菊酯混配的高效广谱中毒杀虫剂，具有触杀和胃毒作用。防治番茄、辣椒的棉铃虫、烟青虫、蚜虫，防治棉铃虫、烟青虫时，从害虫卵孵化盛期至低龄幼虫期开始喷药，每隔 10 天左右喷 1 次，连喷 2 次，防治蚜虫时，从蚜虫发生始盛期或发生为害初期开始喷药，每隔 10 天左右喷 1 次，连喷 2 次，每亩用 14%氯虫·高氯氟微囊悬浮剂 15～25 毫升兑水 30～45 千克均匀喷雾。

防治十字花科蔬菜的菜青虫、甜菜夜蛾、小菜蛾，从害虫发生为害初期或卵孵化盛期开始喷药，每隔 10 天左右喷 1 次，可连喷 2 次，每亩用 14%氯虫·高氯氟微囊悬浮剂 15～20 毫升兑水 30～45 千克均匀喷雾，注意喷洒叶片背面及植株基部。

● **注意事项**

（1）不能与碱性药剂及肥料混用。

（2）因为其具有较强的渗透性，药剂能穿过作物茎部表皮细胞层进入木质部传导至其他没有施药的部位，所以在施药时可用弥雾或喷雾，效果更好。

（3）当气温高、田间蒸发量大时，应选择早上 10 点以前，下午 4 点以后用药，这样不仅可以减少用药液量，也可以更好地增加作物的受药液量和渗透性，有利于提高防治效果。

（4）产品耐雨水冲刷，喷药 2 小时后下雨，无须再补喷。

（5）本品对藻类、家蚕及某些水生生物有毒，特别是对家蚕剧毒，高风险性。因此在使用本品时应防止污染鱼塘、河流、蜂场、桑园。采桑期间，避免在桑园及蚕室附近使用，在附近农田使用时，应避免药液飘移到桑叶上。禁止在河塘等水域中清洗施药器具；蜜源作物花期禁用。孕妇和哺乳期妇女应避免接触本品。

（6）本品在多年大量使用的地方已产生抗药性，建议已产生抗药性的地区停止使用本品。

该药虽有一定内吸传导性，喷药时还应均匀周到。连续用药时，注意与其他不同类型药剂交替使用，以延缓害虫产生抗药性。为避免该农药抗药性的产生，每季作物或一种害虫最多使用 3 次，每次间隔时间在 15 天以上。

溴氰虫酰胺（cyantraniliprole）

$C_{19}H_{14}BrClN_6O_2$，473.71

● **其他名称**　氰虫酰胺、倍内威、斯来德、青杀掌、维瑞玛、沃多农。

● **主要剂型**　10%、100 克/升可分散油悬浮剂，10%、100 克/升、19%、200 克/升悬浮剂。

● **毒性**　微毒。

● **作用机理**　为第二代鱼尼丁受体抑制剂类杀虫剂，以胃毒为主，兼具触杀，作用机理新颖，杀虫谱广。害虫摄入后数分钟内即停止取食，迅速保护作物，同时控制带毒或传毒害虫的进一步危害，抑制病毒病蔓延。在作物早期施用，可有效防治害虫，保护作物。

● **产品特点**　溴氰虫酰胺是杜邦公司继氯虫苯甲酰胺之后成功开发的第二代鱼尼丁受体抑制剂类杀虫剂。为氯虫苯甲酰胺的升级产品，被誉为"康宽二代"。该药表现出对哺乳动物和害虫鱼尼丁受体极显著的选择性差异，大大提高了对哺乳动物、其他脊椎动物以及其他天敌的安全性。具有以下特点。

（1）为第二代鱼尼丁受体制剂类杀虫剂，溴氰虫酰胺是通过改变苯环上的各种极性基团而成，更高效。

（2）适用作物广泛，可有效防治鳞翅目、同翅目和鞘翅目害虫，尤其对刺吸式口器害虫具有优异的防效。

（3）高效、低毒，作用机制新颖，对非目标和生物安全，与现有杀虫剂无交互抗性。

（4）由于溴氰虫酰胺具有内吸性，因此可以采用多种方式使用，包括喷雾、灌根、土壤混施和种子处理等。

（5）对鸟类、鱼类、哺乳动物、蚯蚓和土壤微生物低毒，在环境中能够快速降解。

● **应用**　防治番茄美洲斑潜蝇和棉铃虫，在美洲斑潜蝇、棉铃虫卵孵化高峰期至低龄幼虫高峰期，每亩用 10%溴氰虫酰胺可分散油悬浮剂14～18 毫升兑水 30～50 千克均匀喷雾，安全间隔期 3 天，每季最多施用 3 次。

防治番茄烟粉虱、蚜虫，在烟粉虱、蚜虫发生初期，每亩用 10%溴氰虫酰胺可分散油悬浮剂33.3～40 毫升兑水 30～50 千克均匀喷雾，安全间隔期 3 天，每季最多施用 3 次。

防治黄瓜、番茄白粉虱，在白粉虱发生初期，每亩用 10%溴氰虫酰胺可分散油悬浮剂 43～57 毫升兑水 30～50 千克均匀喷雾，安全间隔期 3 天，每季最多施用 3 次。

防治黄瓜美洲斑潜蝇，在美洲斑潜蝇卵孵化高峰期至低龄幼虫高峰期，每亩用 10%溴氰虫酰胺可分散油悬浮剂 14～18 毫升兑水 30～50 千克均匀喷雾，安全间隔期 3 天，每季最多施用 3 次。

防治黄瓜蓟马、烟粉虱，在蓟马、烟粉虱发生初期，每亩用 10%溴氰虫酰胺可分散油悬浮剂 33.3～40 毫升兑水 30～50 千克均匀喷雾，安全间隔期 3 天，每季最多施用 3 次。

防治黄瓜蚜虫，在蚜虫发生初期，每亩用 10%溴氰虫酰胺可分散油悬浮剂 18～40 毫升兑水 30～50 千克均匀喷雾，安全间隔期 3 天，每季最多施用 3 次。

防治辣椒白粉虱，在白粉虱发生初期，每亩用 10%溴氰虫酰胺悬乳剂 50～60 毫升兑水 30～50 千克均匀喷雾，安全间隔期 3 天，每季最多施用 3 次。

防治辣椒蓟马、烟粉虱，在蓟马、烟粉虱发生初期，每亩用 10%溴氰虫酰胺悬浮剂 10～30 毫升兑水 30～50 千克均匀喷雾，安全间隔期 3 天，每季最多施用 3 次。

防治辣椒蚜虫，在蚜虫发生初期，每亩用 10%溴氰虫酰胺悬浮剂 30～40 毫升兑水 30～50 千克均匀喷雾，安全间隔期 3 天，每季最多施用 3 次。

防治甘蓝小菜蛾，在小菜蛾卵孵化高峰期至低龄幼虫高峰期，每亩用 10%溴氰虫酰胺悬浮剂 13～23 毫升兑水 30～50 千克均匀喷雾，安全间隔期 7 天，每季最多施用 3 次。

防治甘蓝甜菜夜蛾，在甜菜夜蛾卵孵化高峰期至低龄幼虫高峰期，每亩用 10%溴氰虫酰胺悬浮剂 10～23 毫升兑水 30～50 千克均匀喷雾，安全间隔期 7 天，每季最多施用 3 次。

防治甘蓝蚜虫，在蚜虫发生初期，每亩用 10%溴氰虫酰胺悬浮剂 20～40 毫升兑水 30～50 千克均匀喷雾，安全间隔期 7 天，每季最多施用 3 次。

防治菜青虫、小菜蛾、斜纹夜蛾，在菜青虫、小菜蛾、斜纹夜蛾卵孵化高峰期，每亩用 10%溴氰虫酰胺可分散油悬浮剂 10～14 毫升兑水

30～50 千克均匀喷雾，安全间隔期 3 天，每季最多施用 3 次。

防治小白菜黄曲条跳甲，在黄曲条跳甲发生初期，每亩用 10%溴氰虫酰胺可分散油悬浮剂 24～28 毫升兑水 30～50 千克均匀喷雾，安全间隔期 3 天，每季最多施用 3 次。

防治小白菜蚜虫，在蚜虫发生初期，每亩用 10%溴氰虫酰胺可分散油悬浮剂 30～40 毫升兑水 30～50 千克均匀喷雾，安全间隔期 3 天，每季最多施用 3 次。

防治豇豆豆荚螟、美洲斑潜蝇，在豆荚螟、美洲斑潜蝇卵孵化盛期，每亩用 10%溴氰虫酰胺可分散油悬浮剂 14～18 毫升兑水 30～50 千克均匀喷雾，安全间隔期 3 天，每季最多施用 3 次。

防治豇豆蓟马、蚜虫，在蓟马、蚜虫发生初期，每亩用 10%溴氰虫酰胺可分散油悬浮剂 33.3～40 毫升兑水 30～50 千克均匀喷雾，安全间隔期 3 天，每季最多施用 3 次。

防治大葱蓟马，在蓟马发生初期，每亩用 10%溴氰虫酰胺可分散油悬浮剂 18～24 毫升兑水 30～50 千克均匀喷雾，安全间隔期 3 天，每季最多施用 3 次。

防治大葱甜菜夜蛾，在甜菜夜蛾卵孵化高峰期至低龄幼虫高峰期，每亩用 10%溴氰虫酰胺可分散油悬浮剂 10～18 毫升兑水 30～50 千克均匀喷雾，安全间隔期 3 天，每季最多施用 3 次。

防治西瓜蓟马、蚜虫、烟粉虱，在蓟马、蚜虫、烟粉虱发生初期，每亩用 10%溴氰虫酰胺可分散油悬浮剂 33.3～40 毫升兑水 30～50 千克均匀喷雾，安全间隔期 5 天，每季最多施用 3 次。

防治西瓜棉铃虫、甜菜夜蛾，在棉铃虫、甜菜夜蛾卵孵化高峰期，每亩用 10%溴氰虫酰胺可分散油悬浮剂 19.3～24 毫升兑水 30～50 千克均匀喷雾，安全间隔期 5 天，每季最多施用 3 次。

● **注意事项**

（1）使用时，需将溶液调节至 pH 4～6。

（2）禁止在河塘等水体内清洗施药用具；蚕室和桑园附近禁用。

（3）直接施用于开花作物或杂草时对蜜蜂有毒。在作物花期或作物附近有开花杂草时，施药请避开蜜蜂活动时间，或者在蜜蜂日常活动后使用。避免喷雾液滴飘移到大田外的蜜蜂栖息地。

（4）不推荐在苗床上使用，不推荐与乳油类农药混用。

虫酰肼（tebufenozide）

$$\text{C}_{22}\text{H}_{28}\text{N}_2\text{O}_2,\ 352.5$$

● **其他名称**　米满、米螨、锐风、红卡、龙凯月、幼除、咪姆、卷易清、博星、特虫肼、菜螨、RH-5992。

● **主要剂型**　10%、20%、200克/升、24%、30%悬浮剂，20%可湿性粉剂，10%乳油。

● **毒性**　低毒（对鱼和水生脊椎动物有毒，对蚕高毒）。

● **作用机理**　促进鳞翅目幼虫蜕皮，当幼虫取食药剂后，在不该蜕皮时产生蜕皮反应，开始蜕皮。由于不能完全蜕皮而导致幼虫脱水、饥饿而死亡。对低龄和高龄幼虫均有效，当幼虫取食喷有药剂的作物叶片后，6～8小时就停止取食，不再为害作物，3～4天后开始死亡。

● **产品特点**

（1）虫酰肼是通过吸收和接触起作用，杀虫活性高，选择性强，对所有鳞翅目幼虫有极高的选择性，持效期长，对作物安全。对抗性害虫棉铃虫、菜青虫、小菜蛾、甜菜夜蛾等有特效。

（2）对眼睛和皮肤无刺激性，对高等动物无致畸、致癌、致突变作用，对哺乳动物、鸟类、天敌均十分安全。

● **应用**

（1）单剂应用　防治十字花科蔬菜小菜蛾、甜菜夜蛾、菜青虫，及瓜类、豆类、茄果类蔬菜的瓜螟、茄黄斑螟、豆野螟等害虫，在卵孵化盛期至幼虫1～2龄盛发期，每亩用20%虫酰肼悬浮剂或200克/升虫酰肼悬浮剂75～100毫升，或24%虫酰肼悬浮剂60～80毫升，兑水45～60千克均匀喷雾。

防治甘蓝夜蛾、甜菜夜蛾等，在卵孵化盛期，每亩用20%虫酰肼悬浮剂67～100毫升兑水30～40千克喷雾。

防治斜纹夜蛾，用 20%虫酰肼悬浮剂 1000～2000 倍液均匀喷雾。

防治棉铃虫，在卵孵化盛期至幼虫钻蛀前喷药防治，用 20%虫酰肼悬浮剂或 200 克/升虫酰肼悬浮剂 1500～2000 倍液，或 24%虫酰肼悬浮剂 1800～2400 倍液均匀喷雾。

防治玉米螟、豆卷叶螟，用 20%虫酰肼悬浮剂 1280～2300 倍液喷雾。

防治瓜褐螨等螨类害虫，可用 20%虫酰肼悬浮剂 800 倍液喷雾。

（2）复配剂应用　虫酰肼可与氯氰菊酯、高效氯氰菊酯、高效氯氟氰菊酯、阿维菌素、甲氨基阿维菌素苯甲酸盐、辛硫磷、苏云金杆菌、虫螨腈等杀虫剂成分混配，生产制造复配杀虫剂。

① 虫肼·茚虫威。由虫酰肼和茚虫威复配而成，主要用于防治十字花科蔬菜菜青虫、小菜蛾、甜菜夜蛾等鳞翅目害虫。具有胃毒、触杀作用，渗透性强，杀虫速度快，持效期长，耐雨水冲刷等特点。防治甘蓝甜菜夜蛾，发生初期，每亩用 16%虫肼·茚虫威乳油 25～30 克兑水 30～40 千克喷雾，安全间隔期 7 天，每季最多施用 3 次。防治棉铃虫、甜菜夜蛾，卵孵盛期至低龄害虫发生初期，每亩用 14%虫肼·茚虫威悬浮剂 20～50 毫升兑水 30～40 千克喷雾。防治斜纹夜蛾，低龄幼虫初发期，每亩用 14%虫肼·茚虫威悬浮剂 30～50 毫升喷雾，3 龄以上可适当增加用量，并在下午 5 点钟之后施药，效果更好。防治小菜蛾、菜青虫，低龄幼虫盛期，每亩用 14%虫肼·茚虫威悬浮剂 40～45 毫升兑水 30～40 千克喷雾。

②高氯·虫酰肼。由虫酰肼和高效氯氰菊酯复配而成。具有触杀和胃毒作用，兼具速效性和持效性，对抗性害虫棉铃虫、菜青虫、小菜蛾、甜菜夜蛾等，喷药后 2～3 小时内害虫停止取食并产生蜕皮反应，2 天内脱水、饥饿死亡。防治甘蓝甜菜夜蛾，每亩用 18%高氯·虫酰肼乳油 13.5～18 克兑水 30～40 千克喷雾。防治十字花科蔬菜甜菜夜蛾，每亩用 18%高氯·虫酰肼乳油 13.5～18 克兑水 30～40 千克喷雾。在甘蓝上使用的安全间隔期为 21 天，每季最多使用 2 次；在萝卜上使用的安全间隔期为 14 天，每季最多使用 2 次。

● **注意事项**

（1）对卵的效果较差，施用时应注意掌握在卵发育末期或幼虫发生初期喷施。使用本品喷雾时要均匀周到，尤其对目标害虫的危害部位。本品对小菜蛾药效一般，防治小菜蛾时宜与阿维菌素混用。

（2）不可与碱性农药等物质混合作用。

（3）施药时应戴手套，避免药物溅到眼睛和皮肤上；施药时严禁吸烟和饮食；施药后要用肥皂和清水彻底清洗。

（4）对鱼和水生脊椎动物有毒，对蚕高毒，避免污染水源，在蚕桑地区禁止使用此药。

（5）对眼睛微刺激，如误入眼睛，立即用清水冲洗至少 15 分钟。如误服、误吸，应请医生诊治，进行催吐洗胃和导泻，并移到空气清新的地方。无特殊解药，可对症治疗。

（6）20%虫酰肼悬浮剂用于甘蓝，安全间隔期为 7 天，每季作物最多使用 2 次。

甲氧虫酰肼（methoxyfenozide）

$C_{22}H_{28}N_2O_3$，368.47

- **其他名称**　雷通、美满、巧圣、斯品诺、突击、螟虫净。
- **主要剂型**　240 克/升、24%悬浮剂，5%乳油，0.3%粉剂。
- **毒性**　低毒。
- **作用机理**　甲氧虫酰肼属新一代双酰肼类昆虫生长调节剂。为一种非固醇型结构的蜕皮激素，模拟天然昆虫蜕皮激素——20-羟基蜕皮激素，激活并附着蜕皮激素受体蛋白，促使鳞翅目幼虫在成熟前提早进入蜕皮过程而又不能形成健康的新表皮，从而导致幼虫提早停止取食，最终死亡。
- **产品特点**

（1）甲氧虫酰肼是虫酰肼的衍生物，在农业应用性能上与虫酰肼基本相同，但有两点值得注意：一是生物活性比虫酰肼更高；二是有较好的根内吸性。

（2）对防治对象选择性强，只对鳞翅目幼虫有效，对抗性甜菜夜蛾效果极佳，对高龄甜菜夜蛾同样高效；对斜纹夜蛾、菜青虫等众多鳞翅目害虫高效。

（3）反应速度快，害虫取食后 6～8 小时即产生中毒反应，停止取食和为害作物，所以，尽管致害虫死亡的时间长短不一，但能在较短的时间里保护好作物。

（4）选择性强，用量少，对高等动物毒性低。对鱼类毒性中等。对水生生物中等毒性。对鸟类低毒。对蜜蜂毒性低。对蚯蚓安全。对人畜毒性极低，不易产生药害，对环境安全。

● **应用**

（1）单剂应用　防治十字花科蔬菜甜菜夜蛾、斜纹夜蛾、菜青虫等害虫，宜在卵孵高峰期至 2 龄幼虫始盛期及早用药，在低龄幼虫期（1～2 龄），每亩用 24%甲氧虫酰肼悬浮剂或 240 克/升甲氧虫酰肼悬浮剂 15～20 毫升兑水 45～60 千克均匀喷雾，于低龄幼虫期施药，最好在傍晚施用。喷雾应均匀透彻。

防治黄曲条跳甲，在卵孵化或幼虫高峰期，每亩用 24%甲氧虫酰肼悬浮剂 3000 倍液喷施。

防治瓜绢螟，宜在 2 龄幼虫始盛期（未卷叶危害前），用 24%甲氧虫酰肼悬浮剂或 240 克/升甲氧虫酰肼悬浮剂 1500 倍液喷雾。

防治棉铃虫，每亩用 24%甲氧虫酰肼悬浮剂或 240 克/升甲氧虫酰肼悬浮剂 50～80 毫升兑水 50 升喷雾，10～14 天后再喷 1 次。

防治茄黄斑螟，在幼虫孵化盛期，用 24%甲氧虫酰肼悬浮剂 1500 倍液喷雾。

防治豇豆荚螟、豆蚀叶野螟，在菜豆、豇豆现蕾开花后，喷洒 240 克/升甲氧虫酰肼悬浮剂 2000 倍液，从现蕾开始，每隔 10 天喷蕾、喷花 1 次，可控制为害。

防治豆银纹夜蛾，幼虫 3 龄前，用 240 克/升甲氧虫酰肼悬浮剂 1500～2000 倍液喷雾。

防治甜菜螟，幼虫大量发生时，在 2 龄幼虫期，用 240 克/升甲氧虫酰肼悬浮剂 1500～2000 倍液喷雾。

（2）复配剂应用　甲氧虫酰肼与虫螨腈、阿维菌素、茚虫威、乙基多杀菌素、甲氨基阿维菌素苯甲酸盐、吡蚜酮等鳞翅目害虫杀虫药剂有复配，以弥补其速效性不足的缺点。建议与其他作用机制不同的杀虫剂轮换使用，以延缓抗药性产生。另有研究表明甲氧虫酰肼与氯虫苯甲酰胺混配使用对甜菜夜蛾有增效作用，因此，氯虫苯甲酰胺可以用于防治对甲氧虫酰肼产生抗性的甜菜夜蛾。

① 甲维·甲虫肼。由甲氨基阿维菌素苯甲酸盐和甲氧虫酰肼复配而成。具有触杀和胃毒作用，且速效性强、持效期长，对防治甘蓝小菜蛾有显著效果。防治甘蓝小菜蛾，低龄幼虫发生期，每亩用 20%甲维·甲虫肼悬浮剂 7.5～12.5 毫升兑水 30～50 千克喷雾，每隔 7 天喷 1 次，安全间隔期 7 天，每季最多施用 2 次。防治甘蓝甜菜夜蛾，低龄幼虫始盛期，每亩用 24%甲维·甲虫肼悬浮剂（新打）40～60 毫升兑水 50 千克喷雾，每隔 7 天喷 1 次，每季最多施用 2 次。

② 乙多·甲氧虫。由乙基多杀菌素和甲氧虫酰肼复配而成。防治甘蓝斜纹夜蛾，卵孵化盛期至低龄幼虫始盛期，每亩用 34%乙多·甲氧虫悬浮剂 20～24 毫升兑水 20～24 千克喷雾，安全间隔期 7 天，每季最多施用 2 次。防治大葱甜菜夜蛾，卵孵化盛期至低龄幼虫期，每亩用 34%乙多·甲氧虫悬浮剂 20～24 毫升兑水 20～24 千克喷雾，安全间隔期 14 天，每季最多施用 2 次。

◉ **注意事项**

（1）对鳞翅目以外的害虫防治差或无效。

（2）使用前先将药剂充分摇匀，先用少量水稀释，待溶解后边搅拌边加入适量水。喷雾务必均匀周到。

（3）施药应掌握在卵孵盛期或害虫发生初期，防治延迟则影响药效。

（4）本品对家蚕高毒，在桑蚕和桑园附近禁用。对鱼类毒性中等。避免本品污染水塘等水体，不要在水体中清洗施药器具。

（5）可与其他药剂如与杀虫剂、杀菌剂、生长调节剂、叶面肥等混用，但不能与碱性农药、强酸性药剂混用，混用前应先做预试，将预混的药剂按比例在容器中混合，用力摇匀后静置 15 分钟，若药液迅速沉淀而不能形成悬浮液，则表明混合液不相容，不能混合使用。

（6）为防止抗药性产生，害虫多代重复发生时勿单一施此药，建议与其他作用机制不同的药效交替使用。

（7）不适宜灌根等任何浇灌方法。

（8）在甘蓝上使用的安全间隔期为 7 天，一季最多使用 4 次。

虱螨脲（lufenuron）

$C_{17}H_8Cl_2F_8N_2O_3$，511.15

● **其他名称**　美除。

● **主要剂型**　50 克/升、5%乳油，5%、10%悬浮剂，2%微乳剂。

● **毒性**　低毒。

● **作用机理**　虱螨脲是一种通过摄入后起作用的蜕皮抑制剂，该药作用于产下后 24 小时内的卵、低龄幼虫和高龄幼虫。抑制昆虫蜕皮、杀虫、杀卵效果好。

● **产品特点**　具有多重杀卵作用，为高效杀虫的杀虫剂。具有强烈的胃毒、触杀作用，可杀灭卵及各龄幼虫，持效期长达 10～15 天。

（1）强力杀卵　直接杀卵：虱螨脲药液喷洒于作物叶面或卵上，可直接杀卵。害虫在叶片受药后 48 小时内产的卵 95%以上不能孵化；在 10 天内产的卵也不能正常孵化。

间接杀卵：害虫成虫在接触药剂或取食含有药剂的露水后，虽然不能死亡，但其产卵量和卵的孵化率明显降低，可有效减少虫源。

高效杀虫：害虫接触药剂及取食有药剂的叶片后，数小时（2 小时）内口器被麻醉，停止取食，从而停止危害作物，3～5 天达到死虫高峰。

（2）高效、低毒、低残留，使用安全　虱螨脲对鱼和哺乳动物低毒，对大多数有益昆虫有选择性，对人畜、作物和环境安全性好，适用于害虫无公害综合治理。施药后 2～3 天见效，施药后的安全间隔期为 10～14 天。该药相对于有机磷、氨基甲酸酯类农药更安全，可作为良好的混配剂使用，对鳞翅目害虫有良好的防效。可阻止病毒传播。

（3）适用于防治对拟除虫菊酯、有机磷农药产生抗性的害虫　尤其对防治蔬菜等作物上的甜菜夜蛾、斜纹夜蛾有特效，对蓟马、锈螨、白粉虱有独特的杀灭作用，对后期马铃薯蛀茎虫有良好的防治效果。喷施次数少，增产效果显著。

（4）在生产上优化使用技术及复配方式可以提高药效　使用单剂虱螨脲防虫要在害虫没有发生前用药。在作物旺盛生长期和害虫世代重叠时可酌情增加喷药次数，应在新叶显著增加时或间隔7～10天再次喷药。一般情况下，高龄幼虫受药后虽能见到虫子，但数量大大减少，并逐渐停止危害作物，3～5天后害虫死亡，无需补喷其他药剂。

如果在害虫高发期，建议与虫螨腈、茚虫威、氯虫苯甲酰胺、甲维盐等复配，这些组合对菜青虫等鳞翅目害虫有特效。

● 应用

（1）单剂使用　防治甜菜夜蛾、斜纹夜蛾等夜蛾类害虫。在幼虫3龄前防治，3龄后幼虫夜出活动，施药应在傍晚进行，可用5%虱螨脲乳油1000～1500倍液喷雾。

防治菜豆荚螟。卵孵化盛期施药，每亩用50克/升虱螨脲乳油40～50毫升兑水30～50千克喷雾。安全间隔期为7天，每季最多使用3次。

防治番茄棉铃虫。在2～3代卵孵化盛期，每亩用50克/升虱螨脲乳油50～60毫升兑水30～50千克喷雾。在番茄上使用的安全间隔期为7天，每季最多使用2次。

防治十字花科蔬菜甜菜夜蛾。在低龄幼虫期施药，每亩用50克/升虱螨脲乳油30～40毫升兑水30～50千克喷雾。在十字花科蔬菜上使用的安全间隔期为14天，每季最多使用2次。

防治马铃薯块茎蛾。低龄幼虫发生高峰期施药，用50克/升虱螨脲乳油40～60毫升兑水30～50千克喷雾。在马铃薯上使用的安全间隔期为14天，每季最多使用3次。

防治瓜绢螟。最佳防治时间为傍晚，可用5%虱螨脲乳油1500倍液喷雾。同时，及时清理瓜地内残虫落叶落瓜，集中填埋烧毁，以减少虫源，降低害虫基数。

（2）复配剂应用

① 甲维·虱螨脲。由甲氨基阿维菌素苯甲酸盐与虱螨脲复配而成。

互补了两个单剂的防治范围，延缓了害虫的抗性，持效期比较长，具有杀虫、杀卵的双重功效。要在卵孵化高峰期至低龄幼虫高发期用药，才能虫卵兼治。可防治十字花科蔬菜甜菜夜蛾、斜纹夜蛾、菜青虫、小菜蛾，以及豆荚螟、瓜绢螟等。如防治甘蓝小菜蛾，幼虫盛发期，每亩用10%甲维·虫螨脲悬浮剂 10～15 毫升兑水 30～50 千克喷雾，安全间隔期 7 天，每季最多施用 1 次。

② 氯虫苯·虫螨脲。由氯虫苯甲酰胺与虫螨脲复配而成。防治甘蓝小菜蛾，卵孵高峰期，每亩用 10%氯虫苯·虫螨脲悬浮剂 20～30 千克兑水 30～60 千克喷雾，安全间隔期 7 天，每季最多施用 1 次。

③ 虫螨腈·虫螨脲。主要用来防治甜菜夜蛾等，为近年来农药市场上较火的配方，杀虫速度快，虫卵皆杀，用药后 1 个小时内死虫 80%以上。但在瓜类作物上不能使用，也不建议在十字花科蔬菜上使用。防治甘蓝甜菜夜蛾，在 1～2 龄幼虫期，每亩用 12%虫螨腈·虫螨脲悬浮剂 30～50 毫升兑水 30～50 千克喷雾，安全间隔期 14 天，每季最多施用 1 次。

④ 茚虫威+虫螨脲。是防治鳞翅目害虫的高级配方，成本较高，但安全性和杀虫效果较好。虽然死虫慢，但持效期长。

注意事项

（1）对甲壳类动物高毒，对蜜蜂微毒。勿将清洗喷药器具的废水弃于池塘中，以免污染水源。

（2）在害虫产卵初期使用，可彻底杀虫使作物免受害虫为害。

（3）幼虫 3 龄前使用可确保最佳杀虫效果。在作物旺盛生长期和害虫世代重叠时用药，应在新叶显著增加后或间隔 7～10 天再次喷药，以保证新叶得到最佳保护。

噻嗪酮（buprofezin）

$C_{16}H_{23}N_3OS$，305.44

- **其他名称** 飞虱宁、扑虱灵、破虱、蚧逝、灭幼酮、亚乐得、优乐得、比丹灵、大功达、稻飞宝、飞虱宝、飞虱仔、劲克泰。
- **主要剂型** 5%、20%、25%、50%、65%、75%、80%可湿性粉剂，25%、37%、40%、400克/升、50%悬浮剂，5%、10%、20%、25%乳油，20%、40%、50%胶悬剂，20%、40%、70%水分散粒剂，8%展膜油剂。
- **毒性** 低毒。
- **作用机理** 为噻二嗪酮类杀虫剂。抑制昆虫几丁质合成和干扰新陈代谢，致使幼（若）虫蜕皮畸形而缓慢死亡，或致畸形不能正常生长发育而死亡。在3～7天才能见到效果。
- **产品特点**

（1）噻嗪酮是抑制昆虫生长发育的选择性杀虫剂，对害虫有很强的触杀作用，也具胃毒作用。对作物有一定的渗透能力，能被作物叶片或叶鞘吸收，但不能被根系吸收传导，对低龄若虫毒杀能力强，对3龄以上若虫毒杀能力显著下降，对成虫没有直接杀伤力，但可缩短其寿命，减少产卵量，且所产的卵多为不育卵，即使幼虫能孵化也很快死亡，从而可减少下一代的发生数量。

（2）对害虫具有很强的选择性，只对半翅目的粉虱、飞虱、叶蝉及介壳虫有高效，对小菜蛾、菜青虫等鳞翅目害虫无效。

（3）具有高效性、选择性、长效性的特点，但药效发挥慢，一般要在施药后3～7天才能见效。若虫蜕皮时才开始死亡，施药后7～10天死亡数达到最高峰，因而药效期长，一般直接控制虫期为15天左右，可保护天敌，发挥了天敌控制害虫的效果，总有效期可达1个月左右。

（4）试验条件下无致癌、致畸、致突变作用，对水生动物、家蚕及天敌安全，对蜜蜂无直接作用，对眼睛、皮肤有轻微的刺激作用。在常用浓度下对作物、天敌安全，是害虫综合防治中一种比较理想的农药品种。

- **应用**

（1）单剂应用 主要用于防治白粉虱、小绿叶蝉、棉叶蝉、烟粉虱、长绿飞虱、白背飞虱、灰飞虱、侧多食跗线螨（茶黄螨）等。

防治白粉虱，用10%噻嗪酮乳油1000倍液，或25%噻嗪酮可湿性粉剂2000～2500倍液喷雾。

防治小绿叶蝉、棉叶蝉等叶蝉类，在主害代低龄若虫始盛期喷药 1 次，用 20%噻嗪酮可湿性粉剂（乳油）1000 倍液，或每亩用 25%噻嗪酮可湿性粉剂 300～450 克兑水 75～150 千克喷雾，重点喷植株中下部。

防治烟粉虱，用 20%噻嗪酮可湿性粉剂（乳油）1500 倍液喷雾。或在烟粉虱危害初期或虫量快速增长时喷洒 65%噻嗪酮可湿性粉剂 2500～3000 倍液。

防治长绿飞虱、白背飞虱、灰飞虱等，用 20%噻嗪酮可湿性粉剂（乳油）2000 倍液喷雾。

防治侧多食跗线螨（茶黄螨），用 20%噻嗪酮可湿性粉剂（乳油）2000 倍液喷雾。

防治 B 型烟粉虱和温室白粉虱，用 20%噻嗪酮可湿性粉剂（乳油）1000～1500 倍液喷雾。

（2）混配喷雾　噻嗪酮常与杀虫单、吡虫啉、高效氯氰菊酯、高效氯氟氰菊酯、阿维菌素、烯啶虫胺、吡蚜酮、醚菊酯、哒螨灵等杀虫剂成分混配，生产复配杀虫剂。

防治白粉虱，用 25%噻嗪酮可湿性粉剂 1500 倍液与 2.5%联苯菊酯乳油 5000 倍液混配喷施。

用 25%噻嗪酮可湿性粉剂 1500 倍液与 2.5%联苯菊酯乳油 5000 倍液混配喷施，可兼治茶黄螨。

● **注意事项**

（1）噻嗪酮无内吸传导作用，要求喷药均匀周到。该药剂防治效果见效慢，一般施药后 3～7 天才能看到效果，期间不宜使用其他药剂。

（2）不可在白菜、萝卜上使用，否则会出现褐色或白化等药害。

（3）不能与碱性药剂、强酸性药剂混用。不宜多次、连续、高剂量使用，一般 1 年只宜用 1～2 次。连续喷药时，注意与不同杀虫机理的药剂交替使用或混合使用，以延缓害虫产生耐药性。

（4）药剂应保存在阴凉、干燥和儿童接触不到的地方。

（5）此药只宜喷雾使用，不可用作毒土。

（6）若使用中感到不适，应立即停止作业，离开施药现场，脱去工作服，用清水冲洗污染的皮肤和眼睛。如误服，应立即催吐，并送医院对症治疗，没有特殊解毒药剂。

（7）对家蚕和部分鱼类有毒，桑园、蚕室及周围禁用，避免药液污染水源、河塘。施药田水及清洗施药器具废液禁止排入河塘等水域。

（8）一般作物安全间隔期为 7 天，每季作物最多使用 2 次。

阿维菌素（abamectin）

(i) R = ─CH₂CH₃ (avermectin B₁ₐ)
(ii) R = ─CH₃ (avermectin B₁ᵦ)

avermectin B₁ₐ: $C_{48}H_{72}O_{14}$，873.09；avermectin B₁ᵦ: $C_{47}H_{70}O_{14}$，859.06

● **其他名称** 爱福丁、虫螨克星、绿维虫清、害极灭、齐螨素、爱螨力克、阿巴丁、除虫菌素、杀虫菌素、阿维虫清、揭阳霉素、灭虫丁、赛福丁、灭虫灵、7051 杀虫素、爱立螨克、爱比菌素、爱力螨克、螨虫素、杀虫丁、阿巴菌素、阿弗菌素、阿维兰素、虫克星、虫螨克、虫螨光、虫螨齐克、农家乐、农哈哈、齐墩螨素、齐墩霉素、灭虫清、强棒、易福、菜福多、菜宝、捕快、科葆、百福、害通杀、爱诺虫清 1 号、爱诺虫清 2 号、爱诺虫清 3 号、爱诺虫清 4 号、海正灭虫灵等。

● **主要剂型** 3%、5%、10%悬浮剂，0.2%、0.3%、0.5%、0.6%、0.9%、1%、1.8%、2%、2.8%、3%、3.2%、4%、5%乳油，0.2%、0.22%、0.5%、1%、1.8%、3%、5%可湿性粉剂，0.5%、1.8%、2%、3%、3.2%、4%、5%、5.4%、6%微乳剂，0.5%、2%、6%、10%水分散粒剂，1%、5%可溶液剂，0.5%、0.9%、1%、1.8%、2%、2.2%、3%、3.2%、5%、18 克/升水乳剂，1%、2%、3%、5%微囊悬浮剂，0.5%颗粒剂，0.12%高渗可湿性粉剂，0.10%饵剂。

● **毒性** 低毒(对蜜蜂、家蚕、鱼类高毒)。

● **作用机理**　阿维菌素是一种由链霉菌产生的新型大环内酯双糖类化合物，其作用机制是干扰害虫神经生理活动，刺激释放 γ-氨基丁酸，而 γ-氨基丁酸对节肢动物的神经传导有抑制作用，螨类成螨、若螨、幼虫与药剂接触后即出现麻痹症状，不活动，不取食。因不引起昆虫迅速脱水，所以它的致死作用较慢。

● **产品特点**

（1）高效、广谱。阿维菌素属农用抗生素类、广谱、杀虫、杀螨剂，一次用药可防治多种害虫，能防治鳞翅目、双翅目、同翅目、鞘翅目的害虫以及叶螨、锈螨等，有时被称作"万能杀虫剂"。对害虫、害螨有触杀和胃毒作用，对作物有渗透作用，但无杀卵作用。一般防治食叶害虫每亩用有效成分 0.2～0.4 克，对鳞翅目的蛾类害虫用 0.6～0.8 克；防治钻蛀性害虫，每亩用有效成分 0.7～1.5 克。

（2）杀虫速度较慢，对害虫以胃毒作用为主，兼有触杀作用。药剂进入虫体后，能促进 γ-氨基丁酸从神经末梢释放，阻碍害虫运动神经信号的传递，使虫体麻痹，不活动，不取食，2～4 天后死亡。因不引起虫体迅速脱水，所以杀虫速度较慢。

（3）持效期长，一般对鳞翅目害虫的有效期为 10～15 天，对害螨为 30～45 天。阿维菌素是一种细菌代谢分泌物，在土壤中降解快、光解迅速，环境兼容性较好。

（4）对天敌安全。施药后，未渗入植物体内而停留在植物体表面的药剂可很快分解，对天敌损伤很小。易降解，无残留，对人畜和环境很安全。

（5）对作物安全，不易产生药害。即使施用量大于治虫量的 10 倍，对大多数作物仍很安全。阿维菌素制剂对人畜毒性低，可以在一般无公害食品和 A 级绿色食品生产中使用，只在 AA 级绿色食品中限用。

（6）鉴别要点：纯品为白色或黄白色结晶粉。1.8%阿维菌素乳油等乳油制剂为棕色透明液体，无明显的悬浮物和沉淀物。

在选购阿维菌素单剂及复配产品时应注意：确认产品通用名称及含量；查看农药"三证"，阿维菌素乳油的单剂品种应取得生产许可证（XK），其他复配制剂应取得农药生产批准证书（HNP）；查看产品是否在 2 年有效期内。

生物鉴别：于菜青虫（2～3 龄）幼虫发生期，摘取带虫叶片若干个，将 1.8%阿维菌素乳油 4000 倍液喷洒在有害虫的叶片上，待后观察。若菜青虫被击倒致死，则该药品为合格品，反之为不合格品。

● 应用

（1）单剂应用　主要用于防治螨类、小菜蛾、菜青虫、甜菜夜蛾、斜纹夜蛾、黏虫、黄曲条跳甲、猿叶甲、潜叶蝇、食心虫、卷叶蛾等害虫，并对许多蔬菜的根结线虫具有很好的防治效果。

① 喷雾　防治菜豆斑潜蝇及其他蔬菜上的潜叶蝇类害虫，在幼虫低龄期，即多数被害虫道长度在 2 厘米以下时，用 1.8%阿维菌素乳油 2000～2500 倍液，或 1%阿维菌素乳油 2000 倍液均匀喷雾，喷药宜在早晨或傍晚进行。安全间隔期为 3 天，每季最多使用 2 次。

防治甜菜夜蛾，用 1.8%阿维菌素乳油 1000 倍液喷雾。

防治瓜果蔬菜及豆类蔬菜红蜘蛛、叶螨、茶黄螨等害螨和各种抗性蚜虫，在害虫发生初盛期，或蚜虫点片发生时防治，1～1.5 个月后再喷药 1 次。用 2%阿维菌素乳油 3500～4500 倍液，或 1.8%阿维菌素乳油或 18 克/升阿维菌素乳油 3000～4000 倍液，或 1%阿维菌素乳油 1700～2200 倍液，或 0.9%阿维菌素乳油 1500～2000 倍液，或 0.5%阿维菌素乳油 800～1000 倍液，或 0.5%阿维菌素可湿性粉剂 800～1000 倍液均匀喷雾。

防治美洲斑潜蝇、南美斑潜蝇，成虫高峰期至卵孵化盛期或低龄幼虫期，瓜类、茄果类、豆类蔬菜叶片有幼虫 5 头、幼虫 2 龄前、虫道很小时，于 8～12 时，用 1.8%阿维菌素乳油 1800 倍液喷雾防治。

防治烟粉虱，可用 1.8%阿维菌素乳油 2000 倍液喷雾。

防治温室白粉虱，可用 1.8%阿维菌素乳油 1800 倍液喷雾。

防治瓜绢螟，在种群主体处在 1～3 龄时，可用 1.8%阿维菌素乳油 1500 倍液喷雾。

防治豇豆荚螟、豆荚斑螟、豆蚀叶野螟，在菜豆、豇豆现蕾开花后，及时喷洒 1.8%阿维菌素乳油 2000 倍液，从现蕾开始，每隔 10 天喷蕾、喷花 1 次，可控制为害。

防治蚕豆象，成虫进入产卵盛期、卵孵化以前喷洒 1.8%阿维菌素乳油 1500 倍液。

防治草地螟，大发生时，在幼虫为害期，喷洒 1.8%阿维菌素微乳剂

2000 倍液。

茄子、甜（辣）椒上发生茶黄螨、茄子上发生截形叶螨时，用 3%阿维菌素微乳剂 2800 倍液喷雾，但番茄、茄子、黄瓜幼苗敏感，须慎用。还可用 1.8%阿维菌素乳油 1800 倍液喷雾。

防治芋单线天蛾、双线天蛾等，在田间幼虫低龄时，喷洒 1.8%阿维菌素乳油 1500 倍液。

防治玉米螟，在玉米螟卵孵化盛期或低龄幼虫期，每亩用 5%阿维菌素水乳剂 15～20 毫升兑水 30～50 千克喷雾，安全间隔期 14 天，每季最多施用 2 次。

防治番茄根结线虫，于秧苗移栽后灌根处理，每亩用 5%阿维菌素微乳剂 400～500 毫升，使用前先将药剂兑水配成一定浓度的药液，苗期每株灌药液 50～100 毫升，成株期用量要加大。安全间隔期 55 天，每季最多用药 1 次。

防治西瓜根结线虫，于根结线虫发生初期，每亩用 3%阿维菌素微囊悬浮剂 500～700 毫升，用清水稀释后灌根，灌根后覆土，安全间隔期 10 天，每季最多施用 1 次。

防治黄瓜根结线虫，在黄瓜移栽前或移栽时，每亩用 0.5%阿维菌素颗粒剂 3000～3500 克，采用药土法进行土壤处理，每季用药 1 次，安全间隔期 51 天。或每亩用 5%阿维菌素微囊悬浮剂 340～360 毫升，于黄瓜定植缓苗后灌根，在黄瓜上每季最多用药 2 次。

防治黄瓜美洲斑潜蝇，在美洲斑潜蝇卵孵化盛期或低龄幼虫期，每亩用 1.8%阿维菌素乳油 25～30 毫升或 3%阿维菌素微乳剂 24～48 毫升，兑水 30～50 千克均匀喷雾，安全间隔期 7 天，每季最多施用 3 次。

防治十字花科蔬菜菜青虫，在菜青虫卵孵化盛期或低龄幼虫期，每亩用 1.8%阿维菌素乳油 30～40 毫升兑水 30～50 千克均匀喷雾，十字花科蔬菜叶菜安全间隔期为 7 天，每季最多施用 3 次。

防治十字花科蔬菜小菜蛾，在小菜蛾卵孵化盛期或低龄幼虫期，每亩用 1.8%阿维菌素可湿性粉剂 30～40 克兑水 30～50 千克均匀喷雾，甘蓝安全间隔期为 3 天，每季最多施用 2 次；萝卜安全间隔期 7 天，每季最多施用 2 次；小白菜安全间隔期 5 天，每季最多施用 2 次。或每亩用 1.8%阿维菌素乳油 30～40 毫升兑水 30～50 千克均匀喷雾，十字花科蔬菜叶菜安全间隔期为 7 天,每季最多施用 3 次。或每亩用 1.8%阿维菌素水乳剂 30～40 毫升兑水 30～50 千克均匀喷雾,安全间隔期 7 天,每季最多施用 1 次。

防治甘蓝菜青虫,在菜青虫卵孵化盛期或低龄幼虫期,每亩用 1.8%阿维菌素乳油 30～40 毫升兑水 30～50 千克均匀喷雾,安全间隔期 7 天,每季最多施用 1 次。或每亩用 5%阿维菌素微囊悬浮剂 12～20 毫升兑水 30～50 千克均匀喷雾,安全间隔期 5 天,每季最多施用 1 次。或每亩用 3%阿维菌素微乳剂 16.7～20 毫升兑水 30～50 千克均匀喷雾,安全间隔期 10 天,每季最多施用 2 次。

防治甘蓝小菜蛾,在小菜蛾卵孵化盛期或低龄幼虫期,每亩用 1.8%阿维菌素可湿性粉剂 30～40 克或 1.8%阿维菌素乳油 30～40 毫升或 1.8%阿维菌素水乳剂 30～40 毫升,兑水 30～50 千克均匀喷雾,安全间隔期 7 天,每季最多施用 2 次。或每亩用 1.8%阿维菌素微乳剂 30～40 毫升兑水 30～50 千克均匀喷雾,安全间隔期 5 天,每季最多施用 2 次。

防治大白菜小菜蛾,在小菜蛾卵孵化盛期或低龄幼虫期,每亩用 1.8%阿维菌素乳油 25～40 毫升兑水 30～50 千克均匀喷雾,安全间隔期 7 天,每季最多施用 3 次,或每亩用 1.8%阿维菌素水乳剂 15～20 毫升兑水 30～50 千克均匀喷雾,安全间隔期 7 天,每季最多施用 1 次。

防治小白菜小菜蛾,在小菜蛾卵孵化盛期或低龄幼虫期,每亩用 5%阿维菌素水乳剂 10～15 毫升兑水 30～50 千克均匀喷雾,安全间隔期 7 天,每季最多施用 2 次。

防治萝卜小菜蛾,在小菜蛾卵孵化盛期或低龄幼虫期,每亩用 1.8%阿维菌素乳油 30～40 毫升兑水 30～50 千克均匀喷雾,安全间隔期 7 天,每季最多施用 2 次。

防治菜豆美洲斑潜蝇,在美洲斑潜蝇卵孵化盛期或低龄幼虫期,每亩用 3%阿维菌素可湿性粉剂 6.67～10 克兑水 30～50 千克均匀喷雾,安全间隔期 5 天,每季最多施用 3 次。或每亩用 1.8%阿维菌素乳油 22～31 毫升兑水 30～50 千克均匀喷雾,安全间隔期 10 天,每季最多施用 3 次,或每亩用 1.8%阿维菌素水乳剂 40～80 毫升兑水 30～50 千克均匀喷雾,安全间隔期 5 天,每季最多施用 2 次。

防治小葱潜叶蝇,在潜叶蝇卵孵化盛期或低龄幼虫期,每亩用 1.8%

阿维菌素微乳剂 60～80 毫升兑水 30～50 千克均匀喷雾，安全间隔期 7 天，每季最多施用 1 次。

防治茭白二化螟，在二化螟卵孵化盛期或低龄幼虫期，每亩用 1.8% 阿维菌素乳油 35～50 毫升均匀喷雾，安全间隔期 14 天，每季最多施用 2 次。

防治苦瓜瓜实蝇，每亩用 0.1%阿维菌素浓饵剂 180～270 毫升，用清水稀释 2～3 倍后装入诱罐，挂于苦瓜架的背阴面 1.5 米左右高处，每 7 天换 1 次诱罐内的药液，每亩用 10 个诱罐。

② 灌根 防治韭蛆，每平方米用 1.8%阿维菌素乳油 0.8～1.2 克，或 1%阿维菌素乳油 2.25 克，加适量水混入塑料桶（盆），在畦口处缓缓注入灌溉水中，随水注入韭菜根部。

防治黄瓜、西瓜、甜瓜地灰地种蝇，出苗后用 1.8%阿维菌素乳油 2000 倍液灌根。

防治瓜果蔬菜的根结线虫，定植前，每亩用 2%阿维菌素乳油 750～900 毫升，或 1.8%阿维菌素乳油或 18 克/升阿维菌素乳油 800～1000 毫升，或 1%阿维菌素乳油 1500～1800 毫升，或 0.9%阿维菌素乳油 1600～2000 毫升，或 0.5%阿维菌素乳油 3000～3500 毫升，或 0.5%阿维菌素可湿性粉剂 3000～3500 克，兑水稀释 800～1000 倍后，浇灌定植沟或穴；定植后发现根结线虫时，再使用相同剂量的药剂兑水稀释 800～1000 倍后进行根部浇灌，一个月后再浇灌 1 次。

③ 蘸穴盘 防治茄子根结线虫，在天暖之后冲施 1.8%阿维菌素乳油，每亩用 1～2 千克。自己育苗的可用 0.5%阿维菌素颗粒剂，每亩用 3 千克拌苗土。若是买来的苗子，定植时要用阿维菌素蘸穴盘。

④ 处理土壤 防治草莓根结线虫病,在花芽分化前 7 天或定植前用药防治，对压低虫口具有重要作用，可用 1.8%阿维菌素乳油 1500 倍液，每平方米用 20～27 克处理土壤。

（2）复配剂使用 由于近些年，阿维菌素在农作物上应用较为频繁，以致在单一使用时由于蓟马、飞虱、菜青虫等害虫易产生严重抗性，治虫效果差。因此，防治菜青虫等鳞翅目害虫，需用阿维菌素搭配虫螨腈、氯虫苯甲酰胺等；防治蓟马、粉虱、蚜虫等，需与噻虫胺、乙基多杀菌素等进行复配。此外，阿维菌素还常与苏云金杆菌、吡虫啉、啶虫脒、氯氰菊酯、高效氯氰菊酯、高效氯氟氰菊酯、甲氰菊酯、联苯菊酯、辛硫磷、敌敌畏、灭幼脲、除虫脲、虫酰肼、氟虫脲、炔螨特、噻螨酮、哒螨灵、乙螨唑、四螨嗪等杀虫（螨）剂成分混配，生产制造复配杀虫（螨）剂。

① 阿维·乙螨唑。对红白蜘蛛的成虫、若虫及卵兼杀，阿维菌素主攻成虫和若虫，乙螨唑主攻杀卵，同时抑制若虫蜕皮。该复配剂成本低，效果好。而且阿维菌素还可防治菜青虫、蚜虫、蓟马等。一般用作预防，在发生初期使用效果好，若在高发期使用，必须配合联苯肼酯或乙唑螨腈等。用作预防红白蜘蛛时，以 12%阿维·乙螨唑悬浮剂 1500～2000倍液喷雾。注意不能经常用，以防产生抗药性，需与阿维·螺螨酯等其他配方轮换使用。

② 阿维·高氯。由胃毒作用强的阿维菌素与触杀作用强的高效氯氰菊酯复配，对害虫有强胃毒和触杀作用，杀虫谱广，持效期较长。防治小菜蛾，每亩用 1.65%阿维·高氯可湿性粉剂 32～64 克，或 2%阿维·高氯可湿性粉剂 40～60 克，或 6.3%阿维·高氯可湿性粉剂 20～30 克，或1%阿维·高氯乳油 50～80 毫升，或 1.8%阿维·高氯乳油 30～40 毫升，或 2.8%阿维·高氯乳油 30～50 毫升，或 5%阿维·高氯乳油 15～25 毫升，或 6%阿维·高氯乳油 20～25 毫升，兑水 40～60 千克喷雾。

防治菜青虫。每亩用 6.3%阿维·高氯可湿性粉剂 10～15 克，或 1%阿维·高氯乳油 40～50 毫升，或 1.8%阿维·高氯乳油 30～40 毫升，或3%阿维·高氯乳油 40～60 毫升，或 2%阿维·高氯微乳剂 35～40 毫升，兑水 40～60 千克喷雾。

防治黄瓜美洲斑潜蝇。每亩用 2.4%阿维·高氯可湿性粉剂 25～50克，或 1%阿维·高氯乳油 40～60 毫升，或 1.5%阿维·高氯乳油 60～80 毫升，或 1.8%阿维·高氯乳油 35～60 毫升，或 2%阿维·高氯乳油 60～80 毫升，或 6%阿维·高氯乳油 25～30 毫升，兑水 40～60 千克喷雾。

防治丝瓜上的斑潜蝇，每亩用 2%阿维·高氯高渗乳油 40～70 毫升兑水 40～60 千克喷雾。

防治甘蓝甜菜夜蛾。每亩用 1.2%阿维·高氯高渗乳油 60～80 毫升兑水 40～60 千克喷雾。

③ 阿维·氯。由阿维菌素与氯氰菊酯复配。防治小菜蛾，每亩用

2.1%阿维·氯乳油 50~75 毫升，或 2.5%阿维·氯乳油 50~70 毫升，或 5.2%阿维·氯乳油 25~35 毫升，或 2.4%阿维·氯微乳剂 30~50 毫升，兑水 40~60 千克喷雾。

防治菜青虫，每亩用 2.5%阿维·氯乳油 30~50 毫升兑水 40~60 千克喷雾。

④ 阿维·甲氰。由阿维菌素与甲氰菊酯复配。防治小菜蛾，每亩用 5.1%阿维·甲氰可湿性粉剂 40~60 克，或 2.5%阿维·甲氰乳油 50~70 毫升，或 2.8%阿维·甲氰 70~100 毫升，兑水 40~60 千克喷雾。

防治菜青虫，每亩用 2.8%阿维·甲氰乳油 20~30 毫升兑水 40~60 千克喷雾。

⑤ 阿维·高氯氟氰。由阿维菌素与高效氯氟氰菊酯复配。对害虫具有触杀和胃毒作用。防治小菜蛾，每亩用 1.3%阿维·高氯氟氰微乳剂 30~50 毫升，或 2%阿维·高氯氟氰乳油 30~60 毫升，或 1%阿维·高氯氟氰乳油 75~100 毫升，兑水 40~60 千克喷雾。

防治菜青虫，每亩用 1%阿维·高氯氟氰微乳剂 75~100 毫升兑水 40~60 千克喷雾。

防治菜豆美洲斑潜蝇，每亩用 2%阿维·高氯氟氰乳油 50~70 毫升兑水 40~60 千克喷雾。

⑥ 阿维·氰。由阿维菌素与氰戊菊酯复配。对害虫具有触杀和胃毒作用。防治小菜蛾，每亩用 2.2%阿维·氰乳油 30~40 毫升兑水 40~60 千克喷雾。

⑦ 阿维·溴氰。由阿维菌素与溴氰菊酯复配。对害虫具有触杀和胃毒作用。防治豇豆及黄瓜美洲斑潜蝇，每亩用 1.5%阿维·溴氰乳油 50~60 毫升兑水 40~50 千克喷雾。

防治十字花科蔬菜的菜青虫、小菜蛾，从害虫卵孵化盛期至低龄幼虫期开始喷药，7 天左右 1 次，连喷 2 次，每亩用 1.8%阿维·溴氰可湿性粉剂 40~60 克，或 1.5%阿维·溴氰乳油 50~70 毫升，兑水 30~45 千克均匀喷雾。

⑧ 阿维·联苯。由阿维菌素与联苯菊酯复配。对害虫具有触杀和胃毒作用。防治十字花科蔬菜的小菜蛾、潜叶蛾等，每亩用 3.3%阿维·联苯乳油 50~80 毫升，兑水 40~60 千克喷雾。

⑨ 阿维·辛。由阿维菌素与辛硫磷复配。对害虫具有触杀和胃毒作用，杀虫谱广，低毒低残留。防治小菜蛾，每亩用 10%阿维·辛乳油 60～100 毫升，或 15%阿维·辛乳油 50～75 毫升，或 20%阿维·辛乳油 40～75 毫升，或 20.15%阿维·辛乳油 40～60 毫升，或 35%阿维·辛乳油 25～50 毫升，或 36%阿维·辛乳油 20～30 毫升，兑水 40～60 千克喷雾。

防治菜青虫，每亩用 33%阿维·辛乳油 100～120 毫升兑水 40～60 千克喷雾。

防治棉铃虫，每亩用 20%阿维·辛乳油 75～100 毫升兑水 60～75 千克喷雾。

⑩ 阿维·敌畏。由阿维菌素与敌敌畏复配。对害虫有触杀和胃毒作用，并有较强的熏蒸作用。防治黄瓜美洲斑潜蝇，用 40%阿维·敌畏乳油 1000～1250 倍液喷雾。

防治小菜蛾和菜青虫，每亩用 40%阿维·敌畏乳油 40～60 毫升兑水 40～60 千克喷雾。

⑪ 阿维·灭幼脲。由阿维菌素与灭幼脲复配。对三大类杀虫剂已产生抗性的害虫，改用本混剂防治仍有效。防治瓜果蔬菜的小菜蛾、甜菜夜蛾、甘蓝夜蛾等，从害虫卵孵化高峰期至低龄幼虫期开始喷药，根据害虫发生情况，10 天左右喷药 1 次，连喷 2 次，每亩用 30%阿维·灭幼脲悬浮剂 60～80 毫升，或 20%阿维·灭幼脲可湿性粉剂 80～120 克，兑水 30～45 千克喷雾。

⑫ 阿维·杀虫单。由阿维菌素和杀虫单复配。对抗性害虫具有强烈的触杀、胃毒作用，虫卵兼杀。对鳞翅目幼虫高效。防治菜青虫，每亩用 20%阿维·杀虫单可湿性粉剂 80～120 克兑水 40～60 千克喷雾。

防治小菜蛾，每亩用 20%阿维·杀虫单可湿性粉剂 120～140 克，或 50%阿维·杀虫单可湿性粉剂 60～80 克，或 20%阿维·杀虫单微乳剂 20～40 毫升，兑水 40～60 千克喷雾。

防治菜豆美洲斑潜蝇，每亩用 30%阿维·杀虫单可湿性粉剂 40～60 克，或 40%阿维·杀虫单可湿性粉剂 50～70 克，或 20%阿维·杀虫单微乳剂 30～60 毫升，或 30%阿维·杀虫单微乳剂 40～60 毫升，兑水 40～60 千克喷雾。

● **注意事项**

（1）阿维菌素杀虫、杀螨的速度较慢，在施药后 3 天才出现死虫高峰，但在施药当天害虫、害蛾即停止取食为害。

（2）该药无内吸作用，喷药时应注意喷洒均匀、细致周密。

（3）应选择阴天或傍晚用药，避免在阳光下喷施，施药时采取戴口罩等防护措施。

（4）合理混配用药。在使用阿维菌素类药剂前，应注意所用药剂的种类、有效成分的含量、施药面积和防治对象等，严格按照要求，正确选择施药面积上所需喷洒的药液量，并准确配制使用浓度，以提高防治效果，不能随意增加或减少用量。

（5）慎用阿维菌素。对一些用常规农药就能完全控制的蔬菜害虫，不必使用阿维菌素。对一些钻蛀性害虫或已对常规农药产生抗药性的害虫，宜使用阿维菌素。不能长期、单一使用阿维菌素，以防害虫产生抗药性，应与其他类型的杀虫剂轮换使用。

（6）施药后防治效果不理想，可能与所用药剂质量较差、用药量不足、虫龄过大及施药方法不当等有关。部分剂型的阿维菌素在储存过程中容易光解，会造成药物损失。阿维菌素在叶片表面很容易见光分解，进入叶片后则可以保持较长的持效期。施药时用水量过少，施药后药滴很快在叶面变干，药物不能渗透进入叶片，容易光解失效。虫龄过大时，不容易将虫及时杀灭，特别是用药量偏少时，保叶效果会较差。同类药甲氨基阿维菌素苯甲酸盐也有类似情况。

（7）不可与碱性农药混合使用。施药后 24 小时内，禁止家畜进入施药区。黄瓜苗期如大量根施阿维菌素乳油则会产生药害，致叶缘发黄，叶脉皱缩。

（8）对鱼高毒，使用时禁止污染水塘、河流，蜜蜂采蜜期禁止施药。用药时注意安全保护，如误服，立即引吐并服用吐根糖浆或麻黄素，但勿给昏迷患者催吐或灌任何东西，应送医院对症治疗；抢救时不要给患者使用增强 γ-氨基丁酸活性的物质，如巴比妥、丙戊酸等。

（9）可用于绿色食品生产，蔬菜上每季作物最多用一次，出口日本的蔬菜不能使用本药。

（10）1.8%阿维菌素乳油用于萝卜，安全间隔期为 7 天，每季作物最多使用 3 次；用于豇豆，安全间隔期为 3 天，每季作物最多使用 2 次；用于黄瓜，安全间隔期 2 天，每季作物最多使用 3 次；用于叶菜，安全间隔期为 7 天，每季作物最多使用 1 次。

甲氨基阿维菌素苯甲酸盐（emamectin benzoate）

B_{1a}: R = —CH$_2$CH$_3$
B_{1b}: R = —CH$_3$

C$_{56}$H$_{81}$NO$_{15}$(B$_{1a}$)，C$_{55}$H$_{79}$NO$_{15}$(B$_{1b}$)；1008.24(B$_{1a}$)，994.23(B$_{1b}$)

● **其他名称**　甲维盐、威克达、剁虫、绿卡一、力虫晶、奥翔、劲翔、劲闪、埃玛菌素、抗蛾斯、京博泰利、红烈、万庆。

● **主要剂型**　0.2%高渗微乳剂，0.5%、0.57%、1%、2%、2.2%、3%、3.4%、5%微乳剂，0.2%、0.5%、0.55%、0.57%、1.0%、1.1%、1.13%、1.14%、1.5%、1.9%、2%、2.15%、2.3%、2.8%、5%乳油，0.2%高渗乳油，0.2%高渗可溶粉剂，2%、3%、5%、5.7%、8%水分散粒剂，0.9%、2%、3%、5%、5.7%悬浮剂，0.5%、1%、2%、2.5%、3%、5%水乳剂，0.9%、2%、5%、5.7%微囊悬浮剂，0.5%、1%、5%可湿性粉剂，1%超低容量液剂，3%可分散油悬浮剂，1%、1.5%、3%泡腾片剂，2%、5%可溶粒剂，2%可溶液剂。

● **毒性**　微毒或低毒。

● **作用机理**　本品是 γ-氨基丁酸受体激活剂，可使氯离子大量进入突触后膜，产生超极化，使细胞功能丧失，使害虫中央神经系统的信号不能被运动神经元接受。作用机理独特，不易使害虫产生抗药性，对于其他农药已产生抗性的害虫仍有高效；害虫在几个小时内迅速麻痹、拒食，直至慢慢死亡；药剂可渗透到目标作物的表皮，形成一个有效成分的贮存层，持效期长。

● **产品特点**

（1）甲氨基阿维菌素苯甲酸盐（甲维盐）的防治对象、杀虫机理与阿维菌素相同，但比阿维菌素活性更高，并降低了对人畜的毒性。

（2）甲氨基阿维菌素苯甲酸盐是从发酵产品阿维菌素 B_1 开始合成的一种新型高效半合成抗生素类杀虫、杀螨剂。原药为白色或类白色结晶粉末。

（3）对害虫主要具有胃毒作用，并兼有一定的触杀作用，不具有杀卵功能，对鳞翅目昆虫的幼虫和其他许多害虫及螨类的活性极高，与阿维菌素比较，其杀虫活性提高了 1～3 个数量级。

（4）与其他杀虫剂无交互抗性问题，可防治对有机磷类、拟除虫菊酯类和氨基甲酸酯类等杀虫剂产生抗药性的害虫，对天敌安全。

（5）是一种防治甜菜夜蛾、斜纹夜蛾、棉铃虫、瓜绢螟、豆荚螟等的特效药剂，对以上害虫的防治快、狠，低毒、低残留。

（6）对鳞翅目昆虫的幼虫和其他许多害虫、害螨的活性高，既有胃毒作用又有触杀作用，杀虫谱广，对节肢动物没有伤害，对人畜低毒。

（7）质量鉴别：0.2%、2.2%微乳剂及 0.5%、0.8%、1%、1.5%、2%乳油为黄褐色均相液体，稍有氨气味，可与水直接混合成乳白色液体，乳液稳定不分层。0.2%可溶粉剂外观为灰白色疏松粉末，在水中快速溶解。

● **应用**

（1）单剂应用　夜蛾类害虫最佳防治期应为 3 龄前，该时期害虫为害小、集中，容易防治，用药量少、次数少。使用剂量为 0.2%甲氨基阿维菌素苯甲酸盐乳油 10 毫升兑水 15 千克喷雾。施用时期以傍晚施药最佳。对 4 龄以上害虫，用 0.2%甲氨基阿维菌素苯甲酸盐乳油 20 毫升兑水 15 千克喷雾，14 小时防效可达 80%。

防治各种豆荚螟、斑潜蝇，用 0.5%甲氨基阿维菌素苯甲酸盐微乳剂 1500～3000 倍液喷雾。防治成虫，以上午 8 点施药最好，防治幼虫以 1～2 龄期施药最佳，在施药过程中，农药应交替使用，防止产生抗药性。

防治十字花科蔬菜小菜蛾、菜青虫，在幼虫低龄期用 0.5%甲氨基阿维菌素苯甲酸盐微乳剂 1500～3000 倍液喷雾防治。防治高抗性小菜蛾，用 0.5%甲氨基阿维菌素苯甲酸盐微乳剂 1000～2000 倍液喷雾。最好与其他药剂交替或轮换使用，以延缓抗性产生。

防治蔬菜蚜虫，可用 0.5%甲氨基阿维菌素苯甲酸盐微乳剂 2000～3000 倍液喷雾。

防治棉铃虫、蚜虫、红蜘蛛等，用 0.5%甲氨基阿维菌素苯甲酸盐微乳剂 2000～3000 倍液喷雾。

防治黄曲条跳甲，每亩用 2.2%甲氨基阿维菌素苯甲酸盐微乳剂 15～20 毫升兑水 40～50 千克均匀喷雾。

防治辣椒烟青虫，在烟青虫卵孵化盛期，每亩用 1%甲氨基阿维菌素苯甲酸盐微乳剂 10～23.3 毫升，或 2%甲氨基阿维菌素苯甲酸盐微乳剂 5～10 毫升，或 3%甲氨基阿维菌素苯甲酸盐微乳剂 3～7 毫升，或 5%甲氨基阿维菌素苯甲酸盐微乳剂 3～7 毫升，兑水 30～50 千克均匀喷雾，安全间隔期 5 天，每季最多施用 2 次。

防治番茄棉铃虫，在棉铃虫 2 龄幼虫高峰期，每亩用 2%甲氨基阿维菌素苯甲酸盐乳油 28.5～38 毫升兑水 30～50 千克均匀喷雾，安全间隔期 7 天，每季最多施用 1 次。

防治甘蓝小菜蛾，在小菜蛾低龄幼虫发生期，每亩用 5%甲氨基阿维菌素苯甲酸盐微乳剂 4～6 毫升兑水 30～50 千克均匀喷雾，每季最多施用 1 次，安全间隔期 7 天。或用 3%甲氨基阿维菌素苯甲酸盐微乳剂 5～6.67 毫升兑水 30～50 千克均匀喷雾，安全间隔期 5 天，每季最多施用 1 次。或用 5%甲氨基阿维菌素苯甲酸盐乳油 4～6 毫升，或 2%甲氨基阿维菌素苯甲酸盐水分散粒剂 5～7.5 克，或 2%甲氨基阿维菌素苯甲酸盐悬浮剂 7.5～12.5 毫升，兑水 30～50 千克均匀喷雾，安全间隔期 7 天，每季最多施用 2 次。或用 5%甲氨基阿维菌素苯甲酸盐水分散粒剂 3～4 克或 5%甲氨基阿维菌素苯甲酸盐悬浮剂 3.5～5.0 毫升，兑水 30～50 千克均匀喷雾，安全间隔期为 5 天，每季最多施用 2 次。或用 5%甲氨基阿维菌素苯甲酸盐微囊悬浮剂 3～4 克兑水 30～50 千克均匀喷雾，安全间隔期 14 天，每季最多施用 1 次。

防治甘蓝甜菜夜蛾，在甜菜夜蛾低龄幼虫高峰期，每亩用 5%甲氨基阿维菌素苯甲酸盐微乳剂 3～4 毫升，或 3%甲氨基阿维菌素苯甲酸盐水分散粒剂 5～8 克，或 8%甲氨基阿维菌素苯甲酸盐水分散粒剂 1～2

克，兑水 30～50 千克均匀喷雾，安全间隔期 3 天，每季最多施用 1 次。或用 2%甲氨基阿维菌素苯甲酸盐水分散粒剂 5～7.5 克兑水 30～50 千克均匀喷雾，安全间隔期 7 天，每季最多施用 3 次。或用 1%甲氨基阿维菌素苯甲酸盐乳油 15～20 毫升兑水 30～50 千克均匀喷雾，安全间隔期 3 天，每季最多施用 2 次。或用 2%甲氨基阿维菌素苯甲酸盐乳油 8～13 毫升或 2%甲氨基阿维菌素苯甲酸盐微囊悬浮剂 7.5～12.5 毫升，兑水 30～50 千克均匀喷雾，安全间隔期 5 天，每季最多施用 2 次。或用 3%甲氨基阿维菌素苯甲酸盐悬浮剂 5～6 毫升兑水 30～50 千克均匀喷雾，安全间隔期 7 天，每季最多施用 2 次。或用 1.5%甲氨基阿维菌素苯甲酸盐泡腾片剂 15～20 克，或 3%甲氨基阿维菌素苯甲酸盐泡腾片剂 6～8 克，兑水 30～50 千克均匀喷雾，安全间隔期 7 天，每季最多施用 1 次。

防治花椰菜小菜蛾，在小菜蛾低龄幼虫期，每亩用 1%甲氨基阿维菌素苯甲酸盐微乳剂 10～20 毫升兑水 30～50 千克均匀喷雾，安全间隔期 7 天，每季最多施用 2 次。或用 2%甲氨基阿维菌素苯甲酸盐微乳剂 5～10 毫升，或 3%甲氨基阿维菌素苯甲酸盐微乳剂 3～6 毫升，或 5%甲氨基阿维菌素苯甲酸盐微乳剂 2～4 毫升，兑水 30～50 千克均匀喷雾，安全间隔期 5 天，每季最多施用 2 次。

防治芥蓝小菜蛾，在芥蓝小菜蛾低龄幼虫发生期，每亩用 5%甲氨基阿维菌素苯甲酸盐水分散粒剂 3.7～4.3 克兑水 30～50 千克均匀喷雾，安全间隔期 5 天，每季最多施用 2 次。

防治白菜甜菜夜蛾，在甜菜夜蛾低龄幼虫盛发期，每亩用 5%甲氨基阿维菌素苯甲酸盐水分散粒剂 3.5～5 克，或 8%甲氨基阿维菌素苯甲酸盐水分散粒剂 2～3 克，或 2.3%甲氨基阿维菌素苯甲酸盐微乳剂 5～7 毫升，或 2%甲氨基阿维菌素苯甲酸盐可溶液剂 15～20 毫升，或 5%甲氨基阿维菌素苯甲酸盐可溶粒剂 3～4 克，兑水 30～50 千克均匀喷雾，安全间隔期 7 天，每季最多施用 2 次。或用 5%甲氨基阿维菌素苯甲酸盐微乳剂 3～5 毫升兑水 30～50 千克均匀喷雾，安全间隔期 5 天，每季最多施用 2 次。或用 0.5%甲氨基阿维菌素苯甲酸盐可湿性粉剂 26～44 克兑水 30～50 千克均匀喷雾，安全间隔期 5 天，每季最多施用 3 次。

防治十字花科蔬菜甜菜夜蛾，在甜菜夜蛾卵孵化盛期或低龄幼虫盛发期，每亩用 0.5%甲氨基阿维菌素苯甲酸盐微乳剂 17.5～26.3 毫升，或

1%甲氨基阿维菌素苯甲酸盐乳油 10～20 毫升，或 2%甲氨基阿维菌素苯甲酸盐乳油 5～7 克，兑水 30～50 千克均匀喷雾，安全间隔期 3 天，每季最多施用 2 次。或用 2%甲氨基阿维菌素苯甲酸盐可溶粒剂 6.5～8.7 克兑水 30～50 千克均匀喷雾，安全间隔期 3 天，每季最多施用 3 次。

防治十字花科蔬菜小菜蛾，在小菜蛾卵孵化盛期或低龄幼虫期，每亩用 2%甲氨基阿维菌素苯甲酸盐乳油 5～7 克兑水 30～50 千克均匀喷雾，安全间隔期 3 天，每季最多施用 2 次。

防治小葱甜菜夜蛾，在甜菜夜蛾卵孵化盛期至低龄幼虫期，每亩用 5%甲氨基阿维菌素苯甲酸盐乳油 2.5～3 克兑水 30～50 千克均匀喷雾，安全间隔期 5 天，每季最多施用 1 次。

防治茭白二化螟，在二化螟卵孵化盛期或低龄幼虫期，每亩用 5%甲氨基阿维菌素苯甲酸盐水分散粒剂 10～20 克，或 0.5%甲氨基阿维菌素苯甲酸盐微乳剂 160～227 毫升，或 2%甲氨基阿维菌素苯甲酸盐微乳剂 35～50 毫升，或 3%甲氨基阿维菌素苯甲酸盐微乳剂 35～50 毫升，或 5%甲氨基阿维菌素苯甲酸盐微乳剂 35～50 毫升，兑水 30～50 千克均匀喷雾，安全间隔期 14 天，每季最多施用 2 次。

防治豇豆豆荚螟，在豆荚螟卵孵化盛期或幼虫孵化初期，每亩用 0.5%甲氨基阿维菌素苯甲酸盐微乳剂 36～48 毫升，或 1%甲氨基阿维菌素苯甲酸盐微乳剂 18～24 毫升，或 2%甲氨基阿维菌素苯甲酸盐微乳剂 9～12 毫升，或 3%甲氨基阿维菌素苯甲酸盐微乳剂 6～8 毫升，或 5%甲氨基阿维菌素苯甲酸盐微乳剂 3.5～4.5 毫升，兑水 30～50 千克均匀喷雾，安全间隔期 7 天，每季最多施用 1 次。

防治豇豆蓟马，在蓟马若虫发生初期，每亩用 1%甲氨基阿维菌素苯甲酸盐微乳剂 18～24 毫升，或 2%甲氨基阿维菌素苯甲酸盐微乳剂 9～12 毫升，或 3%甲氨基阿维菌素苯甲酸盐微乳剂 6～8 毫升，或 5%甲氨基阿维菌素苯甲酸盐微乳剂 3.5～4.5 毫升，兑水 30～50 千克均匀喷雾，安全间隔期 7 天，每季最多施用 1 次。

防治芋头斜纹夜蛾，在斜纹夜蛾卵孵化盛期或低龄幼虫期，每亩用 2%甲氨基阿维菌素苯甲酸盐微乳剂 8～9 毫升兑水 30～50 千克均匀喷雾，安全间隔期 14 天，每季最多施用 2 次。或用 3%甲氨基阿维菌素苯甲酸盐悬浮剂 29～37 毫升，或 5%甲氨基阿维菌素苯甲酸盐悬浮剂 20～

25 毫升，兑水 30～50 千克均匀喷雾，安全间隔期 30 天，每季最多施用 1 次。

防治姜甜菜夜蛾，在甜菜夜蛾低龄幼虫盛发期，每亩用 3%甲氨基阿维菌素苯甲酸盐水分散粒剂 13.5～16 克，或 5%甲氨基阿维菌素苯甲酸盐水分散粒剂 8～10 克，兑水 30～50 千克均匀喷雾。

防治姜玉米螟，在玉米螟低龄幼虫发生期，每亩用 3%甲氨基阿维菌素苯甲酸盐水分散粒剂 10～16 克兑水 30～50 千克均匀喷雾。

防治草莓斜纹夜蛾，在斜纹夜蛾低龄幼虫盛发期，每亩用 5%甲氨基阿维菌素苯甲酸盐水分散粒剂 3～4 克兑水 30～50 千克均匀喷雾，安全间隔期 7 天，每季最多施用 2 次。

防治瓜褐螨、菜螨等螨类害虫，可用 3%甲氨基阿维菌素苯甲酸盐微乳剂 2500～3000 倍液喷雾。

防治茄黄斑螟，在幼虫孵化盛期，用 3%甲氨基阿维菌素苯甲酸盐微乳油 2800 倍液喷雾。

防治豆银纹夜蛾，幼虫 3 龄前用 1%甲氨基阿维菌素苯甲酸盐乳油 1500 倍液喷雾。

（2）复配剂应用　甲氨基阿维菌素苯甲酸盐与其他杀虫剂混配生产的复配杀虫剂较多，如 9%甲维·茚虫威悬浮剂、12%甲维·虫螨腈悬浮剂、5%甲维·高氯氟水乳剂、2.2%甲维·氟铃脲乳油、3.2%甲维盐·氯氰微乳剂、31%甲维·灭幼脲悬浮剂、2.5%甲维·氟啶脲乳油、5%甲维·氟铃脲水分散粒剂（乳油）、26.7%甲维·丁醚脲乳油、21%甲维·虫酰肼悬浮剂、15%甲维·辛硫磷乳油、1%甲维·苏云菌可湿性粉剂、7%多杀·甲维盐悬浮剂等。

① 甲维·虫螨腈。由甲氨基阿维菌素苯甲酸盐和虫螨腈复配而成，虫螨双杀，主要是通过胃毒和触杀作用来杀死害虫。通过混配或复配不仅能够降低药剂的使用量，还能够延缓害虫抗性的产生。对钻蛀、刺吸和咀嚼式害虫及螨类都有优良防效，可防治甜菜夜蛾、小菜蛾、斜纹夜蛾、斑潜蝇、菜青虫、蓟马、粉虱等害虫。杀虫效果比氯氰菊酯和高效氯氟氰菊酯高 5 倍以上，持效期更长。防治甘蓝小菜蛾，在低龄幼虫盛发期，用 12%甲维·虫螨腈悬浮剂 40～45 毫升兑水 50 千克喷雾，在甘蓝上的安全间隔期为 14 天。

② 甲维·茚虫威。由甲氨基阿维菌素苯甲酸盐与茚虫威复配而成。该组合杀虫谱广,能杀几十种抗性害虫,尤其对抗性较强的棉铃虫、甜菜夜蛾、斜纹夜蛾、小菜蛾等害虫效果好,害虫接触药剂后马上中毒、停止取食,在1~2天内即可死亡。在番茄、辣椒等作物上,防治棉铃虫、烟青虫、甜菜夜蛾等,每亩用16%甲维·茚虫威悬浮剂10~15毫升兑水30千克喷雾。防治甘蓝甜菜夜蛾,低龄幼虫始发期,每亩用10%甲维·茚虫威悬浮剂20~30毫升兑水30千克喷雾,安全间隔期7天,每季最多施用2次。

③ 甲维·氟铃脲。由甲氨基阿维菌素苯甲酸盐与氟铃脲复配而成。杀虫的种类多,并且既杀卵又杀虫,具有迅速、干净、彻底、持久等优良特点。该配方对已经产生顽固性和高抗性害虫有超强杀灭能力,比如菜青虫、斜纹夜蛾、甜菜夜蛾、棉铃虫等。防治十字花科蔬菜的甜菜夜蛾、菜青虫,在害虫卵孵化盛期至低龄幼虫期开始喷药,根据害虫发生情况,每隔10天左右喷1次,连喷1~2次,每亩用4%甲维·氟铃脲微乳剂15~20毫升,或2.2%甲维·氟铃脲乳油40~60毫升,兑水30~45千克均匀喷雾。

④ 甲维·灭幼脲。由甲氨基阿维菌素苯甲酸盐和灭幼脲复配而成。具有触杀、胃毒以及微弱的熏蒸作用,杀虫谱广泛,见效快。能够有效杀死美国白蛾、菜青虫、小菜蛾等害虫。一般选择在幼虫2龄前使用,效果最好,喷洒药物后,3~5天开始见效,一周左右的时间害虫会出现大面积的死亡。防治甘蓝小菜蛾,在低龄幼虫发生初期,每亩用25%甲维·灭幼脲悬浮剂5~15毫升兑水30千克喷雾。

⑤ 高氯·甲维盐。由高效氯氰菊酯与甲氨基阿维菌素苯甲酸盐复配而成。具有高效、低残留、低毒(制剂近无毒)、无公害等特点。杀虫活性很高,对害虫同时有胃毒作用和触杀作用,低剂量具备高效杀虫效果。对钻心虫、小菜蛾、甜菜夜蛾、烟青虫等具有很好的防治效果。防治甘蓝小菜蛾,于2~3龄幼虫发生盛期,每亩用5%高氯·甲维盐微乳剂20~30克兑水30千克喷雾。防治甘蓝甜菜夜蛾,每亩用5%高氯·甲维盐微乳剂30~40克兑水30千克喷雾,安全间隔期14天,每季作物最多施用1次。

⑥ 甲维·虫酰肼。由甲氨基阿维菌素苯甲酸盐与虫酰肼复配而成。

杀虫增效，复配或者混配后，药剂胃毒作用相对增强了，不容易产生抗性，持效期变长，对作物也比较安全。对十字花科蔬菜中的夜蛾类卵、幼虫有较好的防治效果。防治十字花科蔬菜的甜菜夜蛾、菜青虫、斜纹夜蛾等，在害虫发生初期或卵孵化盛期至低龄幼虫期开始喷药，根据害虫发生情况，每隔 7～10 天喷 1 次，连喷 1～2 次，每亩用 8.2%甲维·虫酰肼乳油 60～80 毫升，或 10.5%甲维·虫酰肼乳油 40～60 毫升，兑水 30～45 千克均匀喷雾。

⑦ 甲维·丙溴磷。由甲氨基阿维菌素苯甲酸盐与丙溴磷复配而成。防治甘蓝小菜蛾，从害虫发生初期或卵孵化期至低龄幼虫期开始喷药，10～15 天 1 次，连喷 1～2 次，每亩用 15.2%甲维·丙溴磷乳油 80～100 毫升，或 20%甲维·丙溴磷乳油 50～75 毫升，或 24.3%甲维·丙溴磷乳油 40～60 毫升，兑水 30～45 千克均匀喷雾。

⑧ 甲维·辛硫磷。由甲氨基阿维菌素苯甲酸盐与辛硫磷复配而成。以触杀和胃毒作用为主，并有一定杀卵作用，有一定渗透性。防治十字花科蔬菜的小菜蛾、菜青虫、甜菜夜蛾、斜纹夜蛾、甘蓝夜蛾等，从害虫卵孵化盛期至低龄幼虫期开始喷药，每隔 10 天左右喷 1 次，连喷 1～2 次。每亩用 21%甲维·辛硫磷乳油 120～150 毫升，或 20.2%甲维·辛硫磷乳油 120～150 毫升，兑水 30～45 千克均匀喷雾，注意喷洒叶片背面，以菜青虫、斜纹夜蛾、甘蓝夜蛾为主要防治对象时，可适当降低药量。

防治茄果类蔬菜的甜菜夜蛾、斜纹夜蛾、甘蓝夜蛾等，从害虫卵孵化盛期至低龄幼虫期开始喷药，每隔 10 天左右喷 1 次，可连喷 1～2 次，每亩用 21%甲维·辛硫磷乳油 150～200 毫升，或 20.2%甲维·辛硫磷乳油 150～200 毫升，兑水 45～60 千克均匀喷雾。

● **注意事项**

（1）提倡轮换使用不同类别或不同作用机理的杀虫剂，以延缓抗性的发生。不能在作物的生长期内连续用药，最好是在第一次虫发期使用过后，第二次虫发期使用别的农药，间隔使用。

（2）虽然甲氨基阿维菌素苯甲酸盐混配的药剂有很多，但甲氨基阿维菌素苯甲酸盐不能和百菌清、代森锰锌、代森锌等多种杀菌剂混用，因为甲氨基阿维菌素苯甲酸盐是生物制剂，与百菌清等杀菌剂复配会影响甲氨基阿维菌素苯甲酸盐的药效。在使用甲氨基阿维菌素苯甲酸盐时，添加菊酯类农药，可以提高杀虫的速效性，在作物的生长期间隔使用，效果相对会好。

（3）甲氨基阿维菌素苯甲酸盐在叶面喷施后，在强光紫外线的作用下，很快就会分解，同时甲氨基阿维菌素苯甲酸盐在温度低于 22℃时使用，杀虫活性不是太强（因为甲氨基阿维菌素苯甲酸盐的杀虫活性随着温度的升高而升高，达到 25℃时，它的杀虫活性甚至可以提升 1000 倍），所以在夏秋季节使用甲氨基阿维菌素苯甲酸盐时，应在早晨或傍晚施药，建议在上午 7 点左右，下午 5 点后进行施药，这样能够防止因强光分解导致甲氨基阿维菌素苯甲酸盐药效的降低，同时在温度上也有一定的保证。

（4）制剂有分层现象，用药前需先摇匀。

（5）与其他农药混用时，应先将本药剂兑水搅匀后再加入其他药剂。

（6）不同剂型的甲氨基阿维菌素苯甲酸盐产品耐储性有所不同，部分剂型的产品在储存期药物就可能大量光解损失。施药时光照条件和用水量等不同，也会影响药物的吸收和光解损失，进而影响害虫防治效果。

（7）对鱼类、家蚕、鸟、蜜蜂等敏感，施药期间应避开蜜源作物花期、有授粉蜂群采粉区。避免该药剂在桑园使用和飘移到桑叶上。避免在珍贵鸟类保护区及其觅食区使用。远离水产养殖区施药，药液及其施药用水避免进入鱼类养殖区、产卵区、越冬场、洄游通道的索饵场等敏感水区及保护区，禁止在河塘等水体中清洗施药器具。

（8）本品易燃，在贮存和运输时应远离火源，贮存在通风、干燥的库房中。贮运时，严防潮湿和日晒，不能与食物、种子、饲料混放。

茚虫威（indoxacarb）

$C_{22}H_{17}ClF_3N_3O_7$，527.83

● **其他名称** 安打、安美、全垒打。

● **主要剂型** 15%、150 克/升、20%乳油，15%、23%、30%水分散粒剂，4%微乳剂，5%、15%、23%、30%、150 克/升悬浮剂。

● **毒性** 低毒。

● **作用机理** 为二嗪类杀虫剂，其独特的作用方式是通过阻止钠离子流进入神经细胞，把钠离子通道完全关闭，干扰钠离子通道，使害虫麻痹致死。药剂进入害虫体内是通过害虫的取食作用，或通过体壁渗透到体内，使害虫中毒，然后使其神经麻痹、行为失调。由于茚虫威的杀虫途径主要是胃毒作用兼触杀作用，所以致害虫死亡时间比较长，不如有机磷及氨基甲酸酯类致死快。害虫中毒后虽然未立即死亡，但不进食，嘴巴被封住，不再为害作物。虫体会呈"C"形，1～2 天内必死亡。

● **产品特点**

（1）使用范围广。茚虫威能在甘蓝、花椰菜、芥蓝、番茄、辣椒、黄瓜、小胡瓜、茄子、莴苣、马铃薯、大豆、玉米等作物上使用，没有不良药害情况发生。

（2）茚虫威为低毒低残留农药，对害虫有很强的毒力，是一种广谱性全新类型高效杀虫剂。受药害虫在 4 小时内会停止取食，2 天内死亡。茚虫威对各龄幼虫都有效，适宜防治夜蛾类害虫。

（3）与有机磷类、拟除虫菊酯类和氨基甲酸酯类等杀虫剂无交互抗性问题，耐雨水冲刷。特别适用于有害生物的综合防治和抗性治理。

（4）快速高效，对作物的叶、花、果保护作用突出，持效期可达 7～14 天。杀虫谱广，对甜菜夜蛾、斜纹夜蛾、小菜蛾、棉铃虫、菜青虫、地老虎、菜螟、瓜绢螟、豆野螟、豆荚螟、豆天蛾、豆卷叶螟、草地螟、马铃薯甲虫等害虫高效，对各龄期幼虫都有防效，尤其对高龄幼虫有优异的防治效果，无公害，毒性低，活性高。

（5）茚虫威具有耐紫外线、耐高温、耐雨水冲刷等特点，用量少，但药效优越。

（6）亲和性好，能与碱性以外的杀虫剂、杀螨剂、杀菌剂、除草剂、助剂和微肥进行混用。可与吡虫啉、阿维菌素、甲维盐、虫螨腈等混配，生产复配杀虫剂。

（7）茚虫威属噁二嗪类昆虫生长调节剂，对人、畜低毒，无"三致"

作用，对哺乳动物、家畜低毒，同时对环境中的非靶生物等有益昆虫非常安全，在作物中残留低，用药后第二天即可采收。尤其是对多次采收的蔬菜也很适合。特别适合无公害蔬菜和出口蔬菜的生产，对作物、空气、土壤、水环境及各种害虫天敌安全。可用于害虫的综合防治和抗性治理。

● **应用** 广泛应用于叶菜类、瓜果、豆类等，防治鳞翅目害虫，如菜青虫、小菜蛾、甜菜夜蛾、甘蓝夜蛾、斜纹夜蛾、卷叶蛾类、造桥虫、烟青虫、棉铃虫等。

防治十字花科蔬菜甜菜夜蛾、斜纹夜蛾、甘蓝夜蛾、菜青虫、小菜蛾，在害虫低龄幼虫期喷药防治，根据害虫为害程度可连续喷药 2～3 次，间隔期 7 天左右。每亩用 150 克/升茚虫威悬浮剂 12～18 毫升，或 30%茚虫威水分散粒剂 6～9 克，兑水 30～45 千克均匀喷雾。清晨、傍晚施药效果较好。

防治瓜果蔬菜甜菜夜蛾、甘蓝夜蛾、斜纹夜蛾等。在害虫低龄幼虫期喷药防治，每亩用 150 克/升茚虫威悬浮剂 15～20 毫升，或 30%茚虫威水分散粒剂 8～10 克，兑水 45～60 千克均匀喷雾。害虫严重时，隔 7 天后再喷药 1 次。清晨、傍晚施药效果较好。

防治棉铃虫，每亩用 30%茚虫威水分散粒剂 6.6～8.8 克，或 15%茚虫威悬浮剂 8.8～17.6 毫升兑水 30～45 千克均匀喷雾，依棉铃虫危害程度，每次间隔 5～7 天，连续施药 2～3 次。

防治瓜绢螟，在种群主体处在 1～3 龄时，用 15%茚虫威悬浮剂 2000 倍液喷雾。

防治茄黄斑螟，在幼虫孵化盛期，用 150 克/升茚虫威悬浮剂 2500 倍液喷雾。

防治豇豆荚螟、豆蚀叶野螟，在菜豆、豇豆现蕾开花后，用 150 克/升茚虫威悬浮剂 2500 倍液喷雾，从现蕾开始，每隔 10 天喷蕾、喷花 1 次，可控制为害。

防治肾毒蛾，虫口密度大时在初龄幼虫期，用 150 克/升茚虫威悬浮剂 2500 倍液喷雾。

防治豆银纹夜蛾，幼虫 3 龄前，用 150 克/升茚虫威悬浮剂 3000 倍液喷雾。

防治豌豆象，7月初至中下旬，用150克/升茚虫威悬浮剂3000倍液喷雾。

防治蒙古灰象甲，在成虫出土为害期，用150克/升茚虫威悬浮剂3000倍液喷洒或浇灌。

防治甘薯天蛾，发生严重地区，百叶有幼虫2头时，于3龄前，用15%茚虫威悬浮剂3000倍液喷雾。

防治甘蓝小菜蛾，于卵孵盛期至1～2龄幼虫期，每亩用150克/升茚虫威乳油10～18毫升兑水30～50千克均匀喷雾，在甘蓝上的安全间隔期为5天，每季最多施用3次。或每亩用30%茚虫威水分散粒剂5～9克，或150克/升茚虫威悬浮剂14～18克，于低龄幼虫盛发期兑水30～50千克均匀喷雾，在甘蓝上的安全间隔期为3天，每季最多使用3次。

防治甘蓝菜青虫，每亩用30%茚虫威水分散粒剂3.5～4.5克，于卵孵化盛期至低龄幼虫期兑水30～50千克均匀喷雾，在甘蓝上的安全间隔期为7天，每季最多使用3次；或每亩用150克/升茚虫威悬浮剂4～5毫升，于卵孵化盛期至1～2龄幼虫期兑水30～50千克均匀喷雾，在甘蓝上的安全间隔期为3天，每季最多使用3次。

防治甘蓝甜菜夜蛾，每亩用30%茚虫威悬浮剂6～9毫升，于卵孵化盛期至低龄幼虫期兑水30～50千克均匀喷雾，在甘蓝上的安全间隔期为7天，每季最多使用2次。

防治小白菜小菜蛾，每亩用30%茚虫威水分散粒剂5～9克，于低龄幼虫期兑水30～50千克均匀喷雾，在小白菜上的安全间隔期为3天，每季最多使用3次。

防治大白菜甜菜夜蛾，每亩用30%茚虫威悬浮剂14～18毫升，于低龄幼虫发生期兑水30～50千克均匀喷雾，在大白菜上的安全间隔期为7天，每季最多使用2次。

防治十字花科蔬菜甜菜夜蛾，每亩用150克/升茚虫威悬浮剂10～18毫升，于卵孵化盛期至低龄幼虫期兑水30～50千克均匀喷雾，在十字花科蔬菜上的安全间隔期为3天，每季最多使用3次。

防治大葱甜菜夜蛾，每亩用15%茚虫威悬浮剂15～20毫升，于低龄幼虫发生期兑水30～50千克均匀喷雾，在大葱上的安全间隔期为10天，每季最多使用1次。

防治姜甜菜夜蛾，每亩用 15%茚虫威悬浮剂 25～35 毫升，于卵孵化期至低龄幼虫期兑水 30～50 千克均匀喷雾，在姜上的安全间隔期为 7 天，每季最多使用 1 次。

防治豇豆豆荚螟，每亩用 30%茚虫威水分散粒剂 6～9 克，于幼虫卵孵化初期兑水 30～50 千克均匀喷雾，在豇豆上的安全间隔期为 3 天，每季最多使用 1 次。

● **注意事项**

（1）采桑期间，蚕室、桑园附近禁用，开花植物花期禁用。

（2）用药后，害虫从接触到药液或食用含有药液的叶片到其死亡会有一段时间，但害虫此时已停止对作物取食和为害。

（3）茚虫威是以油基为载体的悬浮剂，为环保型，黏着力强，持效期较长，但在水中的分散较慢，用药时一定要先将农药稀释配成母液，即先将药倒入一个小的容器中，溶解稀释，然后再倒入喷雾器中，按所需浓度兑水稀释，再行喷雾，切不可直接将药液倒入喷桶中稀释喷雾，采用这种二次稀释法进行喷雾防治效果更好。

（4）配制好的药液要及时喷施，避免长久放置。

（5）喷药时，一定要喷施均匀，作物的上、中、下部分和叶片的正、反面都要喷到、喷透，另外喷液量一定要充分，每亩推荐用水量 45～90 千克。

（6）施药应选早晚风小、气温低时进行，空气相对湿度低于 65%、气温高于 28℃、风速>5 米/秒时应停止施药。

（7）需与不同作用机理的杀虫剂交替使用，以避免抗性的产生。

（8）如沾染皮肤，立即用肥皂和清水冲洗；如溅到眼中，立即用大量清水冲洗，严重的需就医；如误服，可饮水催吐，对症治疗。

虫螨腈（chlorfenapyr）

$C_{15}H_{11}BrClF_3N_2O$，407.61

● **其他名称** 除尽、专攻、溴虫腈、氟唑虫清。

● **主要剂型** 10%、100 克/升、20%、240 克/升、30%、360 克/升悬浮剂，5%、10%乳油，5%、8%、10%、20%微乳剂，50%水分散粒剂。

● **毒性** 低毒（对鱼有毒）。

● **作用机理** 该药是新型吡咯类杀虫、杀螨剂。作用于昆虫体内细胞的线粒体，通过昆虫体内的多功能氧化酶起作用，主要抑制二磷酸腺苷（ADP）向三磷酸腺苷（ATP）的转化，破坏细胞内的能量产生过程，从而使细胞衰竭，最终导致昆虫死亡。

● **产品特点**

（1）杀虫谱极广，能防治小菜蛾、菜青虫、甜菜夜蛾、甘蓝夜蛾、斜纹夜蛾等鳞翅目害虫，蚜虫、粉虱、马铃薯、叶蝉等同翅目害虫，甜菜象甲等鞘翅目害虫，盲蝽等半翅目害虫，瓜蓟马、洋葱蓟马等缨翅目害虫，及二点叶螨、红蜘蛛等螨类害虫。防治小菜蛾效果好、持效期较长、用药量低，是无公害蔬菜理想药剂。虽然一次用药投入较高，但因杀虫谱广，防治彻底，控制时间长，累计成本仍比用其他杀虫剂合适。

（2）速效性强，施药后 1 个小时内就能杀死害虫，24 小时达到死虫高峰，当天防效能达到 95%以上。

（3）持效期长，防治小菜蛾，15 天防效在 90%以上；防治甜菜夜蛾，15 天防效在 90%以上；防治红蜘蛛，35 天防效在 90%以上。

（4）在植物叶面渗透性强，并有一定的内吸作用，在傍晚施药，效果更好。

（5）适用范围极广，适宜于甘蓝、番茄、甜椒、黄瓜、马铃薯、西瓜、甜瓜等蔬菜。

（6）在植物体内具有良好的局部传导性，可从叶片的一面渗透传导到另一面，就算害虫取食着药叶片的背面，也可以取得同样的效果，此外，虫螨腈还有一定的杀卵活性。

（7）安全性好，混用性强，对哺乳动物毒性低，活性高，残留量极少，适用于无公害蔬菜或出口蔬菜生产。

（8）无交互抗性。虫螨腈为新型吡咯类杀虫剂，与目前市场上的主流杀虫剂没有交互抗性，在其他药剂防效不好的情况下，可用虫螨腈。

● 应用

（1）单剂应用　防治甘蓝小菜蛾，在小菜蛾卵孵化盛期或低龄幼虫期，每亩用10%虫螨腈悬浮剂33~50毫升兑水30~50千克均匀喷雾，安全间隔期14天，每季最多施用2次。或每亩用20%虫螨腈微乳剂15~25毫升兑水30~50千克均匀喷雾，安全间隔期10天，每季最多施用2次。

防治甘蓝斜纹夜蛾，在斜纹夜蛾卵孵化盛期或低龄幼虫期，每亩用10%虫螨腈悬浮剂40~60毫升兑水30~50毫升均匀喷雾，安全间隔期14天，每季最多施用2次。

防治甘蓝甜菜夜蛾，在甜菜夜蛾卵孵化盛期或低龄幼虫期，每亩用10%虫螨腈微乳剂40~50毫升兑水30~50千克均匀喷雾，安全间隔期14天，每季最多施用2次。

防治大白菜小菜蛾，在小菜蛾卵孵化盛期或低龄幼虫期，每亩用240克/升虫螨腈悬浮剂14~20毫升兑水30~50千克均匀喷雾，安全间隔期7天，每季最多施用2次。或每亩用50%虫螨腈水分散粒剂10~15克兑水30~50千克均匀喷雾，安全间隔期10天，每季最多施用2次。

防治小白菜甜菜夜蛾，在甜菜夜蛾卵孵化盛期至低龄幼虫期，每亩用10%虫螨腈悬浮剂50~70毫升兑水30~50千克均匀喷雾，安全间隔期14天，每季最多施用2次。

防治黄瓜斜纹夜蛾，在斜纹夜蛾卵孵化盛期或低龄幼虫期，每亩用240克/升虫螨腈悬浮剂30~50毫升兑水30~50千克均匀喷雾。视虫害发生情况，每隔10天左右喷1次。安全间隔期2天，每个生长季节使用不宜超过2次。

防治茄子朱砂叶螨、蓟马，在蓟马、朱砂叶螨发生始盛期，每亩用240克/升虫螨腈悬浮剂20~30毫升兑水30~50千克均匀喷雾，安全间隔期7天，每季最多施用2次。

防治甘薯麦蛾，在幼虫尚未卷叶时，用10%虫螨腈悬浮剂700倍液喷雾，下午4~5时喷洒，效果最佳。

防治肾毒蛾，虫口密度大时，在初龄幼虫期，喷洒10%虫螨腈悬浮剂1200倍液。

防治豆银纹夜蛾，幼虫3龄前，喷洒10%虫螨腈悬浮剂1000~1500倍液。

防治蚕豆象，在成虫进入产卵盛期、卵孵化以前，喷洒10%虫螨腈悬浮剂1200倍液。

（2）复配剂应用　虫螨腈能与甲维盐、阿维菌素、茚虫威、虱螨脲、乙基多杀菌素、甲氧虫酰肼等多个杀虫剂混配，增效作用明显，扩大了杀虫谱，提高了防效。

① 阿维·虫螨腈。由阿维菌素和虫螨腈复配而成，具有触杀和胃毒作用，对甜菜夜蛾、棉铃虫、斜纹夜蛾的防效是虫螨腈的4倍以上，对顽固抗性害虫有彻底杀灭作用。防治甘蓝甜菜夜蛾，在卵孵化盛期或低龄幼虫期，每亩用14%阿维·虫螨腈悬浮剂20～30毫升兑水30～50千克喷雾，每隔7～10天喷1次，每季作物最多施用2次，在甘蓝上的安全间隔期为14天。菠菜、葫芦科作物禁用。

② 虫螨腈/茚虫威+吡丙醚。渗透性强，内吸性好，杀虫速度快，可持续20天左右。吡丙醚是高效杀卵剂，还能抑制幼虫的蜕皮，能明显降低后期害虫再次发生的概率，可以控制抗性害虫，尤其对甜菜夜蛾、小菜蛾、菜青虫、斜纹夜蛾、甘蓝夜蛾、棉铃虫、烟青虫、卷叶蛾类、马铃薯甲虫、美洲斑潜蝇、豆荚螟、蓟马、红蜘蛛等有较好的防效。防治棉铃虫、甜菜夜蛾，在卵孵化盛期至低龄幼虫期，每亩用14%虫螨·茚虫威悬浮剂20～25毫升，兑水30～50千克喷雾。防治斜纹夜蛾，在低龄幼虫初发期，每亩用14%虫螨·茚虫威悬浮剂30～50毫升兑水30～50千克喷雾。防治小菜蛾、菜青虫，在低龄幼虫盛期，每亩用14%虫螨·茚虫威悬浮剂40～50毫升兑水30～50千克喷雾。

③ 虫螨腈/茚虫威+虱螨脲（苯甲酰脲类杀虫剂）。虱螨脲、氟铃脲等苯甲酰脲类杀虫剂杀卵，能够抑制幼虫的蜕皮，配合灭成虫药剂使用效果极佳。防治甘蓝甜菜夜蛾，在虫害发生初期，每亩用12%虫螨腈·虱螨脲悬浮剂30～50毫升兑水30～50千克喷雾，在甘蓝上的安全间隔期为14天，每季作物最多使用1次。

④ 多杀·虫螨腈。由多杀菌素和虫螨腈复配而成，具有胃毒和触杀作用，持效期较长。防治甘蓝小菜蛾，在低龄幼虫发生期，每亩用12%多杀·虫螨腈悬浮剂30～40毫升兑水30～50千克喷雾，在甘蓝上的安全间隔期为14天，每季作物最多施用1次。

此外，针对夏秋高发的鳞翅目害虫，如菜青虫、烟青虫、玉米螟、食心虫等肉虫，可选用虫卵兼杀的高效方案。一是 20%虫螨腈悬浮剂750～1000 倍液+30%茚虫威悬浮剂 1500～2000 倍液+10%吡丙醚乳油1000～1500 倍液，每隔 7 天喷 1 次，连喷 2～3 次。二是 20%虫螨腈悬浮剂 750～1000 倍液+30%茚虫威悬浮剂 1500～2000 倍液+5%虱螨脲悬浮剂 750～1000 倍液。

● **注意事项**

（1）容易发生药害。一是对西瓜、西葫芦、苦瓜、甜瓜、香瓜、冬瓜、南瓜、吊瓜、丝瓜等瓜类作物比较敏感，使用不当容易出现药害问题。二是白菜、萝卜、油菜、甘蓝等蔬菜在 10 叶前使用，也容易出现药害。三是在高温、开花期、幼苗期用药，也容易出现药害。因此，虫螨腈尽量不要在葫芦科和十字花科蔬菜上使用。虫螨腈出现药害时，一般是急性药害（用药后 24 小时内就会表现药害症状），如果出现药害，可用 0.003%丙酰芸苔素内酯水剂+海藻酸或氨基酸叶面肥缓解。

（2）在田间多种虫态发生时，应采用高剂量、细喷雾，以确保防效。

（3）施药时要均匀将药液喷到叶面害虫取食部位或虫体上，虽然虫螨腈可用于整个害虫为害期，仍应提倡早用药，以卵孵盛期或低龄幼虫时施药最好。

（4）提倡与其他不同作用机制的杀虫剂交替使用，如氟虫脲等。但不可与呈强酸、强碱性物质混用。

（5）对鱼类等水生生物、蜜蜂、家蚕有毒。施药期间应避免对周围蜂群的影响，开花作物花期、蚕室和桑园附近禁用。远离水产养殖区、河塘等水体附近施药，不可将用剩的药液倒入水源及鱼塘内。

（6）安全保管，远离热源、火源，避免冻结。

氟啶虫酰胺（flonicamid）

$C_9H_6F_3N_3O$，229.2

● **其他名称**　氟烟酰胺、铁壁。

● **主要剂型** 10%、20%、50%水分散粒剂，20%、25%悬浮剂，30%可分散油悬浮剂。

● **毒性** 低毒。

● **作用机理** 烟碱类杀虫剂，通过阻碍害虫吮吸而发挥效果，害虫摄入药剂后很快停止吮吸，最后饥饿而死。在植物体内渗透性较强，可以防治蚜虫等。

● **产品特点**

（1）一种低毒吡啶酰胺类杀虫剂，对乙酰胆碱酯酶和烟酰乙酰胆碱受体无作用，对蚜虫有很好的神经作用和快速拒食活性，与有机磷、氨基甲酸酯和除虫菊酯类农药无交互抗性，并有很好的生态环境相容性。对抗有机磷、氨基甲酸酯和拟除虫菊酯的棉蚜也有较高的活性。对其他一些刺吸式口器害虫同样有效。

（2）对各种刺吸式口器害虫有效，并具有良好的渗透作用。可从根部向茎部、叶部渗透，但由叶部向茎、根部渗透作用相对较弱。

（3）氟啶虫酰胺具有选择性、内吸性，渗透作用强，活性高，持效期长。

● **应用**

（1）单剂应用 可用于防治刺吸式口器害虫，如蚜虫、粉虱、褐飞虱、蓟马和叶蝉等，对蚜虫具有优异防效。主要用于茄子、芹菜、菠菜、甘蓝、黄瓜、马铃薯、大葱等蔬菜作物。

防治黄瓜蚜虫，在若虫盛发期施药，每亩用 10%氟啶虫酰胺水分散粒剂 30～50 克兑水 30～50 千克均匀喷雾，安全间隔期为 3 天，每季最多施用 3 次。该药剂与其他昆虫生长调节剂类杀虫剂相似，但持效性较好，药后 2～3 天才可看到蚜虫死亡，一次施药可维持 14 天左右。

防治马铃薯蚜虫，在若虫盛发期施药，每亩用 10%氟啶虫酰胺水分散粒剂 35～50 克兑水 30～50 千克均匀喷雾，安全间隔期为 7 天，每季最多施用 2 次。

防治甘蓝蚜虫，在蚜虫发生始盛期，每亩用 50%氟啶虫酰胺水分散粒剂 8～10 克兑水 30～50 千克均匀喷雾，安全间隔期为 7 天，每季最多施用 1 次。

（2）复配剂应用 氟啶虫酰胺在市场上登记的混剂有氟啶虫酰胺·联

苯菊酯、氟啶·啶虫脒、氟啶·螺虫酯、氟啶·噻虫嗪、氟啶虫酰胺·烯啶虫胺、氟啶·吡蚜酮、氟啶虫酰胺·噻虫胺、呋虫胺·氟啶虫酰胺、虫螨腈·氟啶虫酰胺、氟啶·吡丙醚、氟啶·氟啶脲、氟啶虫酰胺·噻虫啉、阿维·氟啶、氟啶虫酰胺·溴氰菊酯、氟啶·吡虫啉等。相比单剂对靶标单一、害虫易产生抗药性的特点，二元复配制剂因由具不同作用机制的杀虫剂产品混配而成，除具有渗透、触杀、内吸活性、快速拒食、影响神经系统等作用外，还兼干扰代谢、延缓抗药性等作用。

① 氟啶·啶虫脒。防治黄瓜蚜虫，在蚜虫发生初盛期施药 1 次，每亩用 35%氟啶·啶虫脒水分散颗粒剂 8～10 克兑水 30～50 千克均匀喷雾，在黄瓜上的安全间隔期为 7 天，每季作物最多使用 1 次。

② 氟啶·螺虫酯。该配方具有双向传导作用，每亩用 50%氟啶·螺虫酯水分散粒剂 10～15 克兑水 30 千克均匀喷雾，可迅速控制蚜虫、白粉虱、烟粉虱、蓟马等害虫的危害，持效期可达 30 天以上。

③ 氟啶·噻虫嗪。该配方具有胃毒及触杀作用。施用后，可被作物根或叶片较迅速地内吸，在植物体内渗透性较强，每亩用 60%氟啶·噻虫嗪水分散粒剂 5～6 克兑水 30 千克均匀喷雾，对蚜虫、粉虱、蓟马等害虫防治效果较好。持效期较长，耐雨性较好。

● **注意事项**

（1）由于该药剂为昆虫拒食剂，因此施药后 2～3 天才能见到蚜虫死亡。注意不要重复施药。

（2）在欧盟已经禁限用。

（3）建议与其他作用机制不同的杀虫剂轮换使用，以延缓抗性产生。

噻螨酮（hexythiazox）

$C_{17}H_{21}ClN O_2S$，352.88

● **其他名称** 尼索朗、索螨卵、天王威、阿朗、卵朗、特危、除螨威、己噻唑、大螨冠等。

- **主要剂型** 5%、10%乳油，5%、10%、50%可湿性粉剂，3%、5%水乳剂。
- **毒性** 低毒（对鱼类有毒）。
- **作用机理** 抑制昆虫几丁质合成和干扰新陈代谢，致使若虫不能蜕皮，或蜕皮畸形，或羽化畸形而缓慢死亡，具有较高的杀若虫活性。一般施药后 3～7 天才能看出效果，对成虫没有直接杀伤力，但可缩短其寿命，减少产卵量，并且产出的多是不育卵，幼虫即使孵化也很快死亡。
- **产品特点**

（1）对植物表皮层具有较好的穿透性，但无内吸传导作用，对杀灭害螨的卵、幼螨、若螨有特效，对成螨无效，但对接触到药液的雌成螨产的卵具有抑制孵化作用。

（2）噻螨酮以触杀作用为主，对植物组织有良好的渗透性，无内吸作用。属于非感温型杀螨剂，在高温和低温下使用的效果无显著差异，残效期长，药效可保持 40～50 天。由于没有杀成螨活性，所以药效发挥较迟缓。该药对叶螨防效好于锈螨和瘿螨。

（3）在常用浓度下对作物安全，对天敌、捕食螨和蜜蜂基本无影响。但在高温、高湿条件下，高浓度喷洒对某些作物的新梢嫩叶有轻微药害。

（4）鉴别要点：5%噻螨酮乳油为淡黄色或浅棕色透明液体；5%噻螨酮可湿性粉剂为灰白色粉末。

用户在选购噻螨酮制剂及复配产品时应注意：确认产品通用名称及含量；查看农药"三证"，噻螨酮单剂品种及其复配制剂应取得农药生产批准文件（HNP）；查看产品是否在 2 年有效期内。

生物鉴别：在幼若螨盛发期，平均每叶有 3～4 只螨时，摘取带有红蜘蛛的苹果树叶若干片，将 5%噻螨酮乳油（可湿性粉剂）1500 倍液直接喷洒在有害虫的叶片上，待后观察。若蜘蛛被击倒致死，则该药品为合格品，反之为不合格品。

（5）噻螨酮常与阿维菌素、炔螨特、哒螨灵、甲氰菊酯等杀螨剂成分混配，生产复配杀螨剂。

- **应用**

（1）单剂应用 防治红叶螨、全爪螨幼螨，用 5%噻螨酮乳油 1500～

2000 倍液喷雾。

防治侧多食跗线螨（茶黄螨）、截形叶螨、二斑叶螨、神泽氏叶螨、土耳其斯坦叶螨、番茄刺皮瘿螨、（菜豆上）六斑始叶螨等，用 5%噻螨酮乳油（可湿性粉剂）2000 倍液喷雾。

防治棉红蜘蛛、朱砂叶螨、芜菁红叶螨，6 月底以前，在叶螨点片发生及扩散为害初期开始喷药，用 5%噻螨酮乳油 1500～2000 倍液喷雾。

（2）复配剂应用　噻嗪酮只对半翅目有高效，对鳞翅目无效，需通过复配来兼治，又由于属几丁质合成抑制剂，药效慢，需与速效性杀虫剂复配，以达速效和长效，此外，噻嗪酮无根内吸性，需与内吸性杀虫剂复配。

20%高氯·噻乳油。由高效氯氰菊酯与噻嗪酮复配而成，对害虫具有触杀和胃毒作用，防治黄瓜、番茄等的白粉虱，在低龄若虫盛发期，每亩用 20%高氯·噻乳油 50～80 毫升兑水 50 千克喷雾。

● **注意事项**

（1）宜在成螨数量较少时（初发生时）使用，若是螨害发生严重，不宜单独使用本剂，最好与其他具有杀成螨作用的药剂混用。

（2）产品无内吸性，故喷药时要均匀周到，并要有一定的喷射压力。

（3）对成螨无杀伤作用，要掌握好防治适期，应比其他杀螨剂稍早些使用。

（4）为防止害螨产生耐药性，要注意交替用药，建议每个生长季节使用 1 次即可，浓度不能高于 600 倍液。在高温、高湿条件下，喷洒高浓度对某些作物的新梢嫩叶有轻微药害。

（5）可与波尔多液、石硫合剂等多种农药混用，但波尔多液的浓度不能过高。不宜和拟除虫菊酯、二嗪磷、甲噻硫磷混用。

（6）应贮存于阴凉、通风的库房，远离火种、热源，防止阳光直射，保持容器密封。应与氧化剂、碱类分开存放，切忌混贮。配备相应品种和数量的消防器材，贮存区应备有泄漏应急处理设备和合适的收容材料。如误服，应让中毒者大量饮水，帮助其催吐，使其保持安静，并立即送医院治疗。

（7）一般作物安全间隔期为 30 天。在 1 年内，只使用 1 次为宜。

丁醚脲（diafenthiuron）

$$C_{23}H_{32}N_2OS，384.58$$

● **其他名称**　宝路、杀螨隆、品路、吊无影、螨脲、杀虫隆、汰芬隆、杀螨脲等。

● **主要剂型**　50%可湿性粉剂，25%、43.5%、50%、500克/升悬浮剂，10%、15%微乳剂，25%水乳剂，70%、80%水分散粒剂，15%、25%、30%乳油。

● **毒性**　低毒。

● **作用机理**　通过干扰神经系统的能量代谢，破坏神经系统的基本功能，可抑制几丁质合成。田间施药后害虫先被麻痹然后才死亡，因此初效慢，施药后3天起效，药后5天防效达高峰。

● **产品特点**　属硫脲类杀虫、杀螨剂。在内转化为线粒体呼吸抑制剂。可以防治敏感品系蚜虫及对氨基甲酸酯、有机磷和拟除虫菊酯类产生抗性的蚜虫，大叶蝉和粉虱等，还可以防治小菜蛾、菜粉蝶和夜蛾。该药可以和大多数杀虫剂和杀菌剂混用。对害虫具有触杀和胃毒作用，并有良好的渗透作用，在阳光下，杀虫效果更好，施药后3天出现防效，5天后效果最佳。

● **应用**

（1）单剂应用　防治甜菜夜蛾幼虫，用50%丁醚脲可湿性粉剂1200倍液喷雾。

防治小菜蛾幼虫、蚜虫、温室白粉虱，及蔬菜上的叶螨、跗线螨等，用50%丁醚脲可湿性粉剂1500倍液喷雾。

防治甘蓝小菜蛾，在小菜蛾发生"春峰"期（4~6月）或甘蓝结球期及甘蓝莲座期，于小菜蛾2~3龄为主的幼虫盛发期，每亩用50%丁醚脲可湿性粉剂43~65克兑水40~50升喷雾，或用50%丁醚脲可湿性粉剂 1000～2000 倍液喷雾。

防治甘蓝菜青虫，在菜青虫卵孵化盛期或低龄幼虫期，每亩用 25% 丁醚脲悬浮剂 60～80 毫升兑水 30～50 千克均匀喷雾，安全间隔期 7 天，每季最多施用 2 次。

防治十字花科蔬菜小菜蛾，在小菜蛾卵孵化盛期或低龄幼虫期，每亩用 70% 丁醚脲水分散粒剂 40～50 克兑水 30～50 千克均匀喷雾，安全间隔期 14 天，每季最多施用 2 次。

防治小白菜菜青虫，在菜青虫卵孵化盛期或低龄幼虫期，每亩用 25% 丁醚脲乳油 60～80 毫升兑水 30～50 千克均匀喷雾，安全间隔期 10 天，每季最多施用 1 次。

防治瓜蚜，用 50% 丁醚脲悬浮剂或可湿性粉剂 1000～1500 倍液喷雾。

防治朱砂叶螨和二斑叶螨，用 25% 丁醚脲乳油 500～800 倍液喷雾。

（2）复配剂应用 生产上的复配剂有：阿维·丁醚脲（防治甘蓝小菜蛾、十字花科蔬菜小菜蛾）、虫螨·丁醚脲、丁醚·高氯氟（防治甘蓝小菜蛾）、丁醚·虱螨脲、丁醚·茚虫威（防治甘蓝小菜蛾）、丁醚脲·溴氰虫酰胺（防治番茄、黄瓜烟粉虱）、丁醚脲·唑虫酰胺（防治甘蓝小菜蛾）、丁醚脲·氰氟腙（防治甘蓝小菜蛾）、甲维·丁醚脲等。

① 虫螨·丁醚脲。防治甘蓝小菜蛾，在小菜蛾卵孵盛期至低龄幼虫期施药，每亩用 50% 虫螨·丁醚脲悬浮剂 15～35 克兑水 30～50 千克在整个植株均匀喷雾，安全间隔期 14 天，每季最多施用 2 次。

② 丁醚·茚虫威。防治甘蓝小菜蛾，在害虫低龄幼虫始盛期，每亩用 43% 丁醚·茚虫威悬浮剂 20～25 毫升兑水 30～50 千克喷雾，安全间隔期 7 天，每季最多施用 2 次。

③ 甲维·丁醚脲。具有胃毒、内吸、熏蒸兼触杀作用，高效广谱、药效持久，防治甘蓝、小白菜上的小菜蛾、甜菜夜蛾、斜纹夜蛾、红蜘蛛等害虫，每亩用 30% 甲维·丁醚脲悬浮剂 5～7 毫升兑水 30～50 千克喷雾，甘蓝上的安全间隔期为 14 天，每季最多施用 2 次。

● **注意事项**

（1）本药剂宜在抗药性极为严重地区使用，不宜作为常规农药大面积长期、连续施用，只能在抗性达到失控程度时，施用 1～2 次。

（2）不可与强碱性的农药等物质混合使用。

（3）宜在晴天使用，在温室内的使用效果不如露地。

（4）因本剂无杀卵作用，故在害虫盛发期，宜隔3～5天施药1次，要做好个人的安全防护。

（5）对蜜蜂、鱼类等水生生物及家蚕有毒，施药期间应避免对周围蜂群的影响，蜜源作物花期、蚕室和桑园附近禁用。远离水产养殖区施药，禁止在河塘等水体中清洗施药器具。

（6）应在通风干燥、温度低于30℃处贮存，稳定期2年以上。

（7）无特效解毒药，如误服，可服活性炭或用催吐剂催吐，但切勿给昏迷者服用任何东西，携农药商品标签将病人送医院对症治疗。

哒螨灵（pyridaben）

$C_{19}H_{25}ClN_2OS$，364.9

● **其他名称** 哒螨酮、哒螨净、灭螨灵、速螨酮、扫螨净、螨齐杀、巴斯本、速克螨。

● **主要剂型** 15%、20%、22%、30%、32%、40%可湿性粉剂，5%增效乳油，20%可溶粉剂，6%、10%、15%、20%乳油，6%、9%、9.5%、10%高渗乳油，10%、15%水乳剂，10%、15%微乳剂，20%、30%、40%、45%、50%悬浮剂，20%粉剂。

● **毒性** 低毒。对蜜蜂有毒。

● **作用机理** 属于哒嗪酮类杀螨剂。对害螨的神经系统起到麻痹作用，使害螨接触药剂1小时内被麻痹，即停止爬行或为害。

● **产品特点**

（1）对害螨具有很强的触杀作用，但无内吸作用。

（2）对螨的各生育期（卵、幼螨、若螨、成螨）都有效。

（3）持效期长，在幼螨及第一若螨期使用，一般药效期可达1个月，甚至达 50 天。

（4）药效不受温度影响，在 20～30℃使用，都有良好防效。

● **应用**

（1）单剂应用　可用于防治蔬菜上的螨类、粉虱、蚜虫、叶蝉和蓟马等，对叶蝉、全爪螨、锈螨和瘿螨的各个生育期（卵、幼螨、若螨和成螨）均有效果。

防治蔬菜上的多种叶螨、锈螨等害螨，用 20%哒螨灵可湿性粉剂1500～2000 倍液，或 15%哒螨灵乳油 1500～2000 倍液喷雾。

防治萝卜黄曲条跳甲，在黄曲条跳甲发生初期，每亩用 15%哒螨灵乳油 40～60 毫升兑水 30～50 千克均匀喷雾，安全间隔期 14 天，每季最多施用 2 次。

防治甘蓝黄曲条跳甲，在黄曲条跳甲发生初期，每亩用 15%哒螨灵微乳剂 75～100 毫升兑水 30～50 千克均匀喷雾，安全间隔期 14 天，每季最多施用 2 次。或每亩用 50%哒螨灵悬浮剂 23～30 毫升兑水 30～50千克均匀喷雾，安全间隔期 7 天，每季最多施用 3 次。

（2）复配剂应用　常与阿维菌素、四螨嗪、炔螨特、甲氰菊酯、吡虫啉、灭幼脲等杀虫、杀螨剂成分混配。

① 阿维·哒螨灵。该配方是哒螨灵的经典配方，弥补了哒螨灵无内吸作用的缺点，渗透性强，具有触杀、胃毒和熏蒸作用，具速效性较好、持效期长等优点。可在害螨发生初期，用 10.5%阿维·哒螨灵乳油1000 倍液均匀喷雾，对红蜘蛛、白蜘蛛等害螨的各个虫态都有很好的防治效果。

② 四螨·哒螨灵。将四螨嗪与哒螨灵混配，对卵、若螨、成螨都有很好的防治效果，对温度不敏感，春夏秋三季均可使用。如防治辣椒茶黄螨，可在发生初期，用 5%四螨·哒螨灵可湿性粉剂 750～950 倍液喷雾。

③ 呋虫·哒螨灵。将哒螨灵与呋虫胺混配使用，具有触杀、胃毒和内吸作用，是防治黄曲条跳甲的优秀配方。可在甘蓝黄曲条跳甲成虫发生初期，用 30%呋虫·哒螨灵悬浮剂 30～50 毫升兑水 30 千克均匀喷雾，对红蜘蛛、黄曲条跳甲都具有较好的击倒作用，持效期可达 20 天以上。

④ 哒·异烟剂。为哒螨灵与异丙威复配剂。可防治温室白粉虱和蚜

虫，兼治二斑叶螨。防治保护地黄瓜上的白粉虱和蚜虫，每亩用 12%哒·异烟剂 200～400 克，傍晚 9 时左右在棚室内设多个放烟点，点燃放烟。防治蚜虫用低药量，防治白粉虱用高药量。

● **注意事项**

（1）不能与石硫合剂或波尔多液等强碱性药剂混用。

（2）对茄科植物敏感，喷药作业时药液雾滴不能飘移到这些作物上，否则会产生药害。

（3）无内吸作用，只具有触杀作用，喷雾时务必周到，防止漏喷。

（4）对鱼类毒性高，不可污染河流、池塘和水源。对蚕和蜜蜂有毒，不要在花期使用，禁止喷洒在桑树上，蜂场、蚕室附近禁用。

（5）误服后可大量饮水，误入眼睛或溅到皮肤上，用水清洗干净。

（6）一些地区的害螨对此药已产生耐药性，故一个生长季最好只使用一次，且建议与其他杀螨剂混用。

（7）对光不稳定，需避光、阴凉处保存。

螺螨酯（spirodiclofen）

$$C_{21}H_{24}Cl_2O_4，411.32$$

● **其他名称** 螨威多、螨危、季酮螨酯。

● **主要剂型** 24%、240 克/升、29%、34%、40%悬浮剂，15%水乳剂。

● **毒性** 低毒。

● **作用机理** 属生长发育抑制剂，具有全新的作用机理，具触杀作用，没有内吸性。主要抑制害螨体内的脂肪合成，阻断害螨的正常能量代谢而杀死害螨，对害螨的各个发育阶段都有效，包括卵。

● **产品特点**

（1）具全新结构、作用机理独特。它与现有杀螨剂之间无交互抗性，适于用来防治对现有杀螨剂产生抗性的有害螨类。

（2）杀螨谱广、适应性强。螺螨酯对红蜘蛛、黄蜘蛛、茶黄螨、朱砂叶螨和二斑叶螨等均有很好防效，可用于茄子、辣椒、番茄等茄科作物的螨害治理。

（3）卵幼兼杀。杀卵效果特别优异，同时对幼若螨也有良好的触杀作用。螺螨酯虽然不能较快地杀死雌成螨，但对雌成螨有很好的绝育作用。雌成螨接触药后所产的卵有 96%不能孵化，死于胚胎后期。

（4）持效期长。药效发挥较缓（药效高峰药后 7 天左右），而持效期长达 40～50 天。螺螨酯施到作物叶片上后耐雨水冲刷，喷药 2 小时后遇中雨不影响药效的正常发挥。

（5）低毒、低残留、安全性好。在不同气温条件下对作物非常安全，对人畜及作物安全、低毒。适合于无公害生产。

（6）无互抗性。可与大部分农药（强碱性农药与铜制剂除外）现混现用。与现有杀螨剂混用，既可提高螺螨酯的速效性，又有利于螨害的抗性治理。

2008 年以来便成功取代老牌杀螨剂炔螨特。

● **应用**

（1）单剂应用　可防治茄子、辣椒、番茄等茄科作物上的有害螨类。杀卵效果特别优异，同时对幼若螨也有良好的触杀作用。对梨木虱、榆蛎盾蚧以及叶蝉等害虫有很好的兼治效果。

防治茄科蔬菜叶螨、茶黄螨、红蜘蛛，在害螨发生初期，用 24%螺螨酯悬浮剂 4000～6000 倍液喷雾。喷药时要均匀到位，特别是叶背及新叶更要喷到药。宜在害螨为害前期施用。茶黄螨是辣椒、茄子等蔬菜上常发生的小型害虫，体长仅 0.2 毫米，体色没有明显的红色，而是透明色，所以肉眼难以观察，茶黄螨有趋嫩性，成螨和幼螨集中在植株幼嫩的心叶、顶尖上，或嫩茎、嫩枝和幼果上。

（2）复配剂应用　常见产品有：10%阿维·螺螨酯悬浮剂、40%联肼·螺螨酯悬浮剂、24%四螨·螺螨酯悬浮剂、12%乙螨·螺螨酯悬浮剂、45%哒螨·螺螨酯悬浮剂、40%螺螨酯·虱螨脲悬浮剂、40%哒螨·螺螨酯悬浮剂等。

阿维·螺螨酯。对红蜘蛛、黄蜘蛛、茶黄螨、朱砂叶螨和二斑叶螨等均有很好防效，可用于茄子、辣椒、番茄等茄科作物进行螨害治理。

卵幼兼杀，杀卵效果特别优异，同时对幼若螨也有良好的触杀作用。持效期长。当红蜘蛛、黄蜘蛛的危害达到防治指标（每叶虫卵数达到 10 粒或每叶若虫 3～4 头）时，使用 20%阿维·螺螨酯悬浮剂 4000～5000 倍液均匀喷雾，可控制红蜘蛛、黄蜘蛛 50 天左右。

- **注意事项**

（1）不能与强碱性农药和铜制剂混用。

（2）害螨密度高，与其他速效性杀螨剂（哒螨灵、克螨特、阿维菌素等）混用，可提高药效，同时也可降低害螨产生抗性的风险。

（3）本品的主要作用方式为触杀和胃毒，无内吸性，因此喷药要全株均匀喷雾，特别是叶背。

（4）在害螨为害前期施用，以便充分发挥螺螨酯持效期长的特点。

（5）建议避开果蔬开花时用药，以免对蜂群产生影响。

（6）本品对鱼类等水生生物有毒，应远离水产养殖区施药，禁止在河塘等水体中清洗施药器具。

（7）应贮存于阴凉、通风的库房，远离火种、热源，防止阳光直射，保持容器密封。应与氧化剂、碱类分开存放，切忌混贮。配备相应品种和数量的消防器材，贮存区应备有泄漏应急处理设备和合适的收容材料。

螺虫乙酯（spirotetramat）

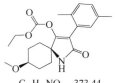

$C_{21}H_{27}NO_5$，373.44

- **其他名称**　亩旺特。

- **主要剂型**　22.4%、24%、240 克/升、30%、40%、50%悬浮剂，50%水分散粒剂。

- **毒性**　低毒。

- **产品特点**

（1）螺虫乙酯是新型季酮酸类杀虫剂，与杀虫、杀螨剂螺螨酯和螺甲螨酯属同类化合物。螺虫乙酯具有独特的作用特点，其作用机理与现有的杀虫剂不同，是具有双向内吸传导性能的新型杀虫剂之一。通过干扰昆虫的脂肪生物合成导致幼虫死亡，有效降低成虫的繁殖能力。

（2）该化合物可以在整个植物体内向上向下移动，抵达叶面和树皮，从而防治如生菜和白菜内叶上及果树皮上的害虫。这种独特的内吸性能可以保护新生茎、叶和根部，防止害虫的卵和幼虫生长。螺虫乙酯持效期长，长达 8 周左右。药剂在植株体内续存时间较长并形成保护屏障，导致后续飞来的害虫吸食植物汁液仍会中毒死亡，因此持效期被大大延长。

（3）高效广谱，一次用药可有效防治蚜虫、蓟马、飞虱、红蜘蛛等各种刺吸式口器害虫。

（4）螺虫乙酯在一定程度上抑制卵的孵化，卵一旦接触到药液，其孵化率大大下降。

● **应用**

（1）单剂应用　主要用于防治番茄、马铃薯、大豆等蔬菜上的各种刺吸式口器害虫，如蚜虫、蓟马、烟粉虱、木虱、茶黄螨、粉蚧和介壳虫等。

防治番茄烟粉虱，于烟粉虱若虫发生始盛期，每亩用 22.4%螺虫乙酯悬浮剂 20～30 毫升，或 50%螺虫乙酯悬浮剂 10～15 毫升，兑水 30～50 千克喷雾，每季最多施用 1 次，安全间隔期 5 天。

防治茄果类或瓜类蔬菜上西花蓟马、棕榈蓟马等，在 2～3 片真叶至成株期心叶有 2～3 头蓟马时，用 24%螺虫乙酯悬浮剂 2000 倍液喷雾，每隔 7～15 天喷 1 次，连喷 3～4 次。

防治瓜蚜，于瓜蚜点片发生时，用 22.4%螺虫乙酯悬浮剂 3000 倍液喷雾，持效期 30 天。

防治甘蓝蚜虫，于甘蓝蚜虫低龄若虫始发期施药，每亩用 50%螺虫乙酯水分散粒剂 10～12 克兑水 30～50 千克均匀喷雾，安全间隔期 7 天，每季最多施用 1 次。

防治茄子、甜（辣）椒上茶黄螨，用 240 克/升螺虫乙酯悬浮剂 4000 倍液喷雾，每季最多施用 2 次，对若螨、卵触杀效果好，对雌成螨杀死速度慢，但可使雌成螨绝育。

（2）复配剂应用　可与噻虫啉复配，如 22%螺虫·噻虫啉悬浮剂，如防治温室白粉虱、瓜蚜、番茄烟粉虱等，每亩用 22%螺虫·噻虫啉悬浮剂 40 毫升兑水 30～50 千克喷雾，持效期达 21 天。

此外，还可以使用以下混配药剂以提高效果，如啶虫脒+螺虫乙酯+有机硅助剂，能提高防治白粉虱、蚜虫效果。

呋虫胺+螺虫乙酯，是防治烟粉虱的黄金搭档，还可防治蚜虫、蓟马、介壳虫、木虱等，一次喷药，同时防治多种害虫，对白粉虱持效期可高达 40 天。如用 20%呋虫胺悬浮剂 1000～1500 倍液+22.4%螺虫乙酯悬浮剂 1500～2000 倍液，在白粉虱高发期，间隔 3 天连用 2 次，防虫有效期可达 40 天。

氟啶·螺虫酯。由氟啶虫酰胺与螺虫乙酯复配而成。主要针对高抗性蚜虫有特效，但成本较高，如防治甘蓝蚜虫，于蚜虫发生始盛期，用 10%氟啶·螺虫酯悬浮剂 50～60 毫升兑水 30～50 千克喷雾，在甘蓝上的安全间隔期为 7 天，每季最多施用 1 次。

● **注意事项**

（1）不可与碱性或者强酸性物质混用。

（2）对鱼有毒，因此在使用时应防止污染鱼塘、河流。

（3）开花植物花期禁用，桑园、蚕室禁用。

（4）速效性差，用药以后 24 小时死虫率不高。因此，最好不要单独使用，复配使用才能发挥出它最佳的效果，如与啶虫脒、烯啶虫胺等复配能提高灭虫速度。

（5）害虫高发期使用不如发生初期使用效果好。因此，对于往年白粉虱、蚜虫等高发的地块，应提前使用螺虫乙酯预防。

（6）建议与不同杀虫机制的杀虫剂交替使用。

（7）最多施药 1 次，安全间隔期为 40 天。

吡丙醚（pyriproxyfen）

$C_{20}H_{19}NO_3$，321.3698

● **其他名称** 灭幼宝、蚊蝇醚。

● **主要剂型** 5%微乳剂，5%水乳剂，10%、100克/升、10.8%乳油，1%粉剂，0.5%颗粒剂。

● **毒性** 低毒。

● **作用机理** 吡丙醚属于低毒杀虫剂，是苯醚类昆虫生长调节剂，属保幼激素类的新型杀虫剂。吡丙醚是昆虫几丁质合成的抑制剂，能够有效阻止昆虫蜕皮过程，其作用机理是抑制昆虫咽侧体活性和干扰蜕皮激素的生物合成。除此以外，吡丙醚还能够抑制卵的孵化，使得雌虫不产卵，属一款杀卵剂。除对螨虫的卵以外，几乎对其他所有害虫的卵都有效果。

吡丙醚能有效抑制害虫发育变态、化蛹、羽化以及成虫形成。对鳞翅目害虫有杀卵和杀幼虫作用，对木虱、粉虱、介壳虫等刺吸式、锉吸式口器害虫及其他大多数害虫有良好杀卵作用，并能抑制蚊、蝇幼虫化蛹及羽化作用，是一种很好的卫生杀虫剂。

● **产品特点**

（1）防治谱广。对蓟马、蚜虫、粉虱、介壳虫等均有效，可一次用药多种害虫同时防治。

（2）杀卵活性高。理想的情况下，百万分之一的浓度就能够有效杀卵，而且吡丙醚见卵能高效杀卵，不见卵被成虫接触后，成虫不会产卵或产的卵不能孵化。

（3）防治介壳虫持效期长。喷施吡丙醚后，害虫在7～10天会彻底死亡，科学使用吡丙醚，一季都不会再发生虫害。

（4）实用性强。混配性特别好，可以和绝大多数的农药产品混用；成本也不高。

● **应用**

（1）单剂应用　防治姜蛆，每1000千克姜用1%吡丙醚粉剂1000～1500克，在姜窖内施用时，将药剂与细河沙按1∶10比例混匀后均匀撒施于生姜表面，生姜贮藏期撒施1次，安全间隔期180天。

防治番茄白粉虱，在白粉虱发生初期，每亩用100克/升吡丙醚乳油47.5～60毫升兑水30～50千克均匀喷雾于作物叶片正面、背面，每隔7天左右用药1次，安全间隔期7天，每季最多施用2次。

（2）复配剂应用　生产上的复配剂有10%吡丙·吡虫啉悬浮剂、8.5%

甲维·吡丙醚乳油、20%吡蚜·吡丙醚悬浮剂。

① 吡丙·吡虫啉。防治茄果类、瓜菜类蔬菜粉虱，茄果类蔬菜蚜虫、蓟马，每亩用 10%吡丙·吡虫啉悬浮剂 800～1000 倍液喷雾。防治瓜菜类蔬菜蚜虫、蓟马，每亩用 10%吡丙·吡虫啉悬浮剂 1000～1500 倍液喷雾。防治番茄白粉虱，可用 10%吡丙·吡虫啉悬浮剂 30～50 毫升兑水 30～50 千克喷雾。

② 甲维·吡丙醚。防治小菜蛾，每亩用 8.5%甲维·吡丙醚乳油 70～80 毫升兑水 30～50 千克喷雾。

③ 吡蚜·吡丙醚。防治番茄粉虱，于粉虱发生初期，每亩用 20%吡蚜·吡丙醚悬浮剂 23～30 毫升兑水 30～50 千克喷雾，隔 7 天再喷 1 次，在番茄上安全间隔期为 5 天，每季作物最多使用 3 次。

● **注意事项**

（1）不能与碱性物质混用，以免降低药效。

（2）施药期间应避免对周围蜂群产生影响，避免在蜜源作物花期、蚕室和桑园附近使用。

（3）建议与其他作用机制不同的杀虫剂轮换使用。

（4）赤眼蜂等天敌放飞区域禁用。

印楝素（azadirachtin）

$C_{35}H_{44}O_{16}$，720.8

● **其他名称** 绿晶、全敌、爱禾、大印、蔬果净、川楝素、呋喃三萜、楝素、利除。

● **主要剂型**

（1）单剂 0.3%、0.5%、0.6%、0.7%、1%乳油，0.5%、1%、2%水

分散粒剂，1%微乳剂，0.03%粉剂，0.3%、0.5%可溶液剂。

（2）混剂　1%苦参·印楝乳油（托盾），0.8%阿维·印楝素乳油，1%苦参·印楝素可溶液剂。

● **毒性**　低毒。

● **作用机理**　可直接或间接破坏昆虫口器的化学感应器官，从而产生拒食作用；通过对中肠消化酶的作用使得食物的营养转换不足，影响昆虫的生命力。高剂量的印楝素可直接杀死昆虫，低剂量则致使害虫出现永久性幼虫或畸形的蛹、成虫等。通过抑制脑神经分泌细胞对促前胸腺激素的合成与释放，影响前胸腺对蜕皮甾类的合成和释放，以及咽侧体对保幼激素的合成和释放。破坏昆虫血淋巴内保幼激素正常浓度水平，同时使得昆虫卵成熟所需要的卵黄原蛋白合成不足而导致不育。

● **产品特点**

（1）三大植物性杀虫剂之一，是一类从杀虫植物印楝中分离提取的活性最强的四环三萜类化合物。印楝素可分为印楝素-A、印楝素-B、印楝素-C、印楝素-D、印楝素-E、印楝素-F、印楝素-G、印楝素-I 共 8 种，印楝素通常所指印楝素-A。

（2）从化学结构上看，化学结构与昆虫体内的类固醇和甾类化合物等激素类物质非常相似，因而害虫不易区分它们是体内固有的还是外界强加的，所以它们既能够进入害虫体内干扰害虫的生命过程，从而杀死害虫，又不易引起害虫产生抗药性。

（3）多种作用方式。印楝素具有很强的触杀、拒食、忌避和抑制生长发育作用，兼有胃毒、忌避、抑制呼吸、抑制昆虫激素分泌等多种生理活性。

（4）低残留。复杂的大分子结构中有酯键、环氧化物和烯键等不稳定基因，在紫外光、阳光和高温下极易发生水解、光解、氧化等作用而降解，不污染环境，对人、畜、天敌安全，为目前世界公认的广谱、高效、低毒、易降解、无残留的杀虫剂。

（5）不易产生抗药性，印楝素含有多个组分，具有多种作用方式和多作用靶标，合理使用，害虫很难产生抗药性。

（6）对非靶标有益生物安全，对以昆虫为食的蜘蛛、蜜蜂、鸟类、蚯蚓以及高等动物等低毒。

（7）广谱的杀虫特点。对几乎所有植物害虫都具有驱杀效果，特别适用于防治对化学杀虫剂已产生抗性的害虫。乳油为棕色液体。它能够防治410余种害虫，杀虫比例高达90%左右。适用于防治红蜘蛛、蚜虫、潜叶蝇、粉虱、小菜蛾、菜青虫、烟青虫、棉铃虫、茶黄螨、蓟马等鳞翅目、鞘翅目和双翅目害虫，还能防治地下害虫，并对小菜蛾、豆荚螟有特效，能与苏云金杆菌药剂混用，提高防治效果。

（8）使用本品时不受温度、湿度条件的限制，使用方便性优于其他生物农药。

● **应用**

（1）单剂应用　防治十字花科蔬菜斜纹夜蛾、甘蓝夜蛾、菜螟、黄曲条跳甲等，于1～2龄幼虫盛发期施药，用0.3%印楝素乳油800～1000倍液，或1%苦参·印楝乳油800～1000倍液喷雾。根据虫情约7天可再防治一次，也可使用其他药剂。

防治茄子、豆类上白粉虱、棉铃虫、夜蛾、蚜虫、叶螨、豆荚螟、斑潜蝇，可用0.3%印楝素乳油1000～1300倍液喷雾。

防治茄子、甜（辣）椒上的茶黄螨、截形叶螨，用0.3%印楝素乳油800倍液喷雾。

防治瓜蚜，于瓜蚜点片发生时，用0.5%印楝素乳油800倍液喷雾。

防治甘蓝小菜蛾，在小菜蛾卵孵化高峰期至低龄幼虫高峰期，每亩用2%印楝素水分散粒剂15～20克或1%印楝素微乳剂42～56毫升，兑水30～50千克均匀喷雾。

防治甘蓝斜纹夜蛾，在斜纹夜蛾卵孵化高峰期至低龄幼虫高峰期，每亩用0.6%印楝素乳油100～200毫升兑水30～50千克均匀喷雾，安全间隔期5天，每季最多施用2次。或每亩用1%印楝素水分散粒剂50～60克兑水30～50千克均匀喷雾。

防治十字花科蔬菜小菜蛾，在小菜蛾卵孵化高峰期至低龄幼虫高峰期，每亩用0.3%印楝素乳油50～80毫升兑水30～50千克均匀喷雾，安全间隔期7天，每季最多施用3次。由于小菜蛾多在夜间活动，白天活动较少，因此施药应在清晨或傍晚进行。

防治十字花科蔬菜菜青虫，在菜青虫卵孵化高峰期至低龄幼虫高峰期，每亩用 0.3%印楝素乳油 90～140 毫升兑水 30～50 千克均匀喷雾，安全间隔期 3 天，每季最多施用 3 次。

防治韭菜韭蛆，在韭菜收割后 2～3 天，每亩用 0.3%印楝素乳油 1330～2660 毫升兑水 500～1000 千克灌根。

（2）复配剂应用　可与阿维菌素、苦参碱等复配。

①苦参·印楝素。在蚜虫发生初期使用，每亩用 1%苦参·印楝素可溶液剂 60～80 毫升兑水 30 千克，对全株茎叶均匀喷雾，为预防漏喷，间隔 5～7 天，再喷 1 次，即可达到很好的防治效果，21 天后的防效仍可达 95%以上，还可兼防菜青虫、红蜘蛛等多种害虫。

②阿维·印楝素。可防治小菜蛾、斜纹夜蛾、甜菜夜蛾、蓟马、红蜘蛛、美洲斑潜蝇、桃蚜等，防治甘蓝小菜蛾，每亩用 0.8%阿维·印楝素乳油 40～60 毫升兑水 30 千克喷雾。

● 注意事项

（1）该药作用速度较慢，一般施药后 1 天显效，故要掌握施药适期，不要随意加大用药量。

（2）应在幼虫发生前期作为预防药剂使用。不能用碱性水进行稀释，也不能与碱性化肥、农药混用，与非碱性叶面肥混合使用效果更佳。

（3）印楝素对光敏感，暴露在光下会逐渐失去活性，在低于 20℃下稳定，温度较高时会加速其降解，故以阴天或傍晚施药效果较好，避免中午时使用。

（4）在使用时，按喷液量加 0.03%的洗衣粉，可提高防治效果。

（5）对蜜蜂、鱼类等水生生物、家蚕有毒。周围作物开花期禁用，施用时应密切关注对附近蜂群的影响，远离水产养殖区施药，禁止在河塘等水体中清洗施药器；蚕室（及桑园）附近禁用；赤眼蜂等天敌放飞区禁用。

（6）应避光保存，印楝素在紫外光照射下会发生光异构化反应，在更加强烈的光照和氧化条件下，印楝素分子会发生氧化反应和聚合反应，生成的光降解产物比其母体化合物生物活性低。另外，温度升高，微生物及金属离子存在，均会导致印楝素分解加快。为防止光降解，可加些醌类、羟基二苯酮类、水杨酸类化合物。

（7）一般作物安全间隔期为 3 天，每季作物最多使用次数为 3 次。

苦参碱（matrine）

C₁₅H₂₄N₂O，248.4

$C_{15}H_{24}N_2O$，248.4

- **其他名称**　绿宝清、绿宝灵、苦参、蚜满敌、苦参素、百草一号、田卫士、维绿特、绿美、绿潮、医果、全卫、奥尼、发太、全中、碧绿、京绿、卫园、源本、绿土地一号、虫危难、绿诺、绿千。

- **主要剂型**　0.2%、0.26%、0.3%、0.36%、0.38%、0.5%、0.6%、1.3%、2%水剂，0.3%、0.36%、0.5%、1%、1.5%可溶液剂，0.3%、3%水乳剂，0.3%、0.38%乳油，0.38%、1.1%粉剂，0.3%可湿性粉剂。

- **毒性**　低毒。

- **作用机理**　害虫接触药剂后，神经中枢即被麻痹，继而虫体蛋白质凝固，虫体气孔被堵塞，害虫窒息而死亡。对害虫具有触杀和胃毒作用，24 小时对害虫击倒率达 95%以上。

- **产品特点**

（1）苦参碱属广谱型植物杀虫剂，是由中草药植物苦参的根、茎、果实经乙醇等有机溶剂提取制成的一种生物碱，一般为苦参总碱，其主要成分有苦参碱、槐果碱、氧化槐果碱、槐定碱等多种生物碱，以苦参碱、氧化苦参碱含量最高。

（2）苦参碱是天然植物性农药，对人畜低毒，是广谱杀虫剂，具有触杀和胃毒作用，但药效速度较慢，施药后 3 天药效才逐渐升高，7 天后达峰值。

（3）害虫对苦参碱不产生任何抗药性，苦参碱与其他农药无交互抗性，对对其他农药产生抗性的害虫防效仍佳。

（4）高效，对多数害虫的防治用量为 10 克（有效成分）/公顷左右。

（5）低残留，作为植物源农药，在自然界中能够完全降解，对环境安全，与其他化学农药无交互抗性，可降低化学杀虫剂的使用量，适合用于食品安全生产。

（6）对人、畜安全，对天敌无伤害，在生物体内无积累和残留，药效期长，持效期达 10～15 天。

（7）不仅具有优良的杀虫、杀螨作用，而且对真菌有一定的抑制或灭杀作用，同时含有植物生长所需的多种营养成分，能够促进植物生长，达到增产增收的目的。

（8）杀虫谱广，尤其针对蔬菜常见的菜青虫、斜纹夜蛾、甜菜夜蛾、蚜虫、蓟马、小绿叶蝉、粉虱等，有效率达 95%以上。也可防治地下害虫。

（9）对目标害虫有驱避作用，施用过本产品的作物有效期内害虫不再危害或很少危害，特别适合用于作物病虫害的预防。

（10）苦参碱可与烟碱、氰戊菊酯、印楝素、除虫菊素等杀虫剂混配，用于生产复配杀虫剂。

（11）鉴别要点：制剂（水剂、可溶液剂、醇溶液、乳油）一般为深褐（或棕黄褐）液体，粉剂为浅棕黄色疏松粉末，水溶液呈弱酸性。

化学鉴别：取粉剂样品少许于白瓷碗中，加氢氧化钠试液数滴，即呈橙红色，渐变为血红色，久置不消失。苦参碱粉剂可发生以上颜色反应变化。

生物鉴别：取带有二至三龄菜青虫（或小菜蛾幼虫、蚜虫）的蔬菜菜叶数片，分别将 0.36%水剂稀释 800 倍、0.36%可溶液剂稀释 800 倍、1%醇溶液稀释 1000 倍，分别喷洒于有虫菜叶上，待后观察菜青虫（或小菜蛾幼虫、蚜虫）是否死亡。若菜青虫（或小菜蛾幼虫、蚜虫）死亡，则药剂质量合格，反之不合格。

从有地下害虫的小麦地里捉地老虎、蛴螬、金针虫数条，也可从有韭蛆的韭菜地里捉韭菜蛆虫数条，将虫子放一小纸盒中，向纸盒中撒入 1.1%粉剂。待后观察虫子是否死亡。若虫子死亡，则药剂质量合格，反之不合格。

● **应用**

（1）单剂应用　苦参碱适用于许多种植物，对蚜虫、菜青虫、黏虫、其他鳞翅目害虫及红蜘蛛等害虫均有较好的防治效果。主要用于喷雾，防治地下害虫时也可用于土壤处理或灌根。

① 喷雾 防治黄瓜霜霉病，发病初期，每亩用 0.3%苦参碱乳油 120～160 毫升兑水 30～50 千克喷雾，每季最多施用 3 次，安全间隔期 7 天。或用 1.5%苦参碱可溶液剂 24～32 克兑水 30～50 千克均匀喷雾，安全间隔期 10 天，每季最多施用 3 次。

防治番茄灰霉病，发病初期，每亩用 1%苦参碱可溶液剂 100～120 毫升兑水 30～50 千克均匀喷雾，安全间隔期 14 天，每季最多施用 1 次。

防治番茄、黄瓜、辣椒、苦瓜、茄子、芹菜、西葫芦、草莓等蔬菜上的蚜虫，在蚜虫发生始盛期，每亩用 1.5%苦参碱可溶液剂 30～40 克兑水 30～50 千克均匀喷雾，安全间隔期 10 天，每季最多施用 1 次。

防治甘蓝蚜虫，在蚜虫始发期，每亩用 1%苦参碱可溶液剂 50～80 毫升兑水 30～50 千克均匀喷雾，安全间隔期 14 天，每季最多施用 1 次，或用 1.3%苦参碱水剂 25～40 克兑水 30～50 千克均匀喷雾，安全间隔期 14 天，每季最多施用 1 次。或用 1.5%苦参碱可溶液剂 30～40 克兑水 30～50 千克均匀喷雾，安全间隔期 10 天，每季最多施用 1 次。或用 0.3%苦参碱水剂 150～200 毫升兑水 30～50 千克均匀喷雾，安全间隔期 7 天，每季最多施用 1 次。

防治甘蓝菜青虫，在菜青虫低龄幼虫期，每亩用 1%苦参碱可溶液剂 50～120 毫升兑水 30～50 千克均匀喷雾，安全间隔期 14 天，每季最多施用 1 次。

防治甘蓝小菜蛾，在小菜蛾卵孵化高峰后 7 天左右或幼虫 2～3 龄时，每亩用 0.5%苦参碱水剂 60～90 毫升兑水 30～50 千克均匀喷雾，安全间隔期 14 天，每季最多施用 1 次。

防治十字花科蔬菜菜青虫，在菜青虫卵孵化盛期至低龄幼虫期，每亩用 0.3%苦参碱水乳剂 100～150 毫升或 0.5%苦参碱水剂 47～53 克兑水 30～50 千克均匀喷雾，安全间隔期 14 天，每季最多施用 1 次。

防治十字花科蔬菜小菜蛾，在小菜蛾低龄幼虫期，每亩用 0.5%苦参碱水剂 60～90 毫升兑水 30～50 千克均匀喷雾，安全间隔期 7 天，每季最多施用 1 次。

防治十字花科蔬菜蚜虫，在蚜虫发生初期，每亩用 0.5%苦参碱水剂

60~90 毫升兑水 30~50 千克均匀喷雾，安全间隔期 7 天，每季最多施用 1 次。

防治西葫芦霜霉病，发病初期，每亩用 1.5%苦参碱可溶液剂 24~32 克兑水 30~50 千克均匀喷雾，安全间隔期 10 天，每季最多施用 3 次。

防治马铃薯晚疫病，发病初期，每亩用 0.5%苦参碱水剂 75~90 克兑水 30~50 千克均匀喷雾，安全间隔期 7 天，每季最多施用 3 次。

防治蓟马，于发生期，每亩用 2.5%苦参碱悬浮剂 33~50 毫升兑水 30~50 千克喷雾，或用 2.5%苦参碱悬浮剂 1000~1500 倍液均匀喷雾，重点喷施幼嫩组织如花、幼果、顶尖及嫩梢等部位。

防治美洲斑潜蝇、南美斑潜蝇等，用 1%苦参碱可溶液剂 1200 倍液喷雾。

防治茄果类、叶菜类蚜虫、白粉虱、夜蛾类害虫，前期预防用 0.3%苦参碱水剂 600~800 倍液喷雾；害虫初发期用 0.3%苦参碱水剂 400~600 倍液喷雾，每隔 5~7 天喷 1 次。虫害发生盛期可适当增加药量，每隔 3~5 天喷 1 次，连喷 2~3 次，喷药时应叶背、叶面均匀喷雾，尤其是叶背。

茄子、甜（辣）椒上发生茶黄螨，茄子上发生截形叶螨时，用 1%苦参碱 2 号可溶液剂 1200 倍液喷雾。

防治菜螟，在成虫盛发期和幼虫孵化期，用 1%苦参碱醇溶液 500 倍液喷雾。

防治黄曲条跳甲，用 1%苦参碱醇溶液 500 倍液喷雾。

② 拌种　防治蛴螬、金针虫、韭蛆等地下害虫，每亩用 1.1%苦参碱粉剂 2~2.5 千克撒施、条施或拌种。拌种处理时，种子先用水湿润，每 1 千克蔬菜种子用 1.1%苦参碱粉剂 40 克拌匀，堆放 2~4 小时后播种。

③ 灌根　防治韭蛆、根结线虫等根茎类蔬菜地下害虫，可用 0.3%苦参碱水剂 400 倍液灌根或先开沟然后浇药覆土，或于韭蛆发生初盛期施药，每亩用 1.1%苦参碱粉剂 2~2.5 千克，加水 300~400 千克灌根；在迟眼蕈蚊成虫或葱地种蝇成虫发生末期，而田间未见被害株时，每亩

用 1.1%复方苦参碱粉剂 4 千克，适量兑水稀释后，在韭菜地畦口，随浇地水均匀滴入，防治韭蛆。

（2）复配剂应用

① 3.2%苦·氯乳油。由苦参碱与氯氰菊酯复配，防治十字花科蔬菜上的蚜虫，每亩用 3.2%苦·氯乳油 50～100 毫升，防治菜青虫每亩用 3.2%苦·氯乳油 30～60 毫升，均兑水 30～50 千克喷雾。

② 1.5%苦·氰乳油。由苦参碱与氰戊菊酯复配，防治十字花科蔬菜菜青虫和蚜虫，每亩用 30～50 毫升兑水 30～50 千克喷雾。

③ 苦参碱与烟碱复配。防治甘蓝蚜虫，每亩用 0.6%苦·烟乳油 60～120 毫升兑水 30～50 千克喷雾。防治菜青虫和黄瓜蚜虫、红蜘蛛，每亩用 1.2%苦·烟乳油 40～50 毫升兑水 30～50 千克喷雾。

④ 0.2%苦参碱水剂+1.8%鱼藤酮乳油桶混剂。防治甘蓝菜青虫，每亩用 0.2%苦参碱水剂 150～200 毫升+1.8%鱼藤酮乳油 150～200 毫升，兑水 30～50 千克喷雾。

● **注意事项**

（1）严禁与强碱性或强酸性农药混用。

（2）本品速效性差，应做好虫情预测预报，在害虫低龄期施药防治，用药时间应比常规化学农药提前 2～3 天。

（3）使用时应全面、均匀地喷施植物全株。为保证药效，尽量不要在阴天施药，降雨前不宜施用，喷药后不久降雨需再喷一次，最佳用药时间在上午 10 点前或下午 4 点后。

（4）建议用二次稀释法，使用前将液剂、水剂或乳油等剂型药剂用力摇匀，再兑水稀释。稀释后勿保存。不能用热水稀释，所配药液应一次用完。

（5）不能作蔬菜专性杀菌剂使用（标示为杀菌剂的苦参碱药剂）。

（6）如作物用过化学农药，5 天后才能施用此药，以防酸碱中和影响药效。

（7）桑园禁用。

（8）对皮肤有轻度刺激，施药后应立即用肥皂水冲洗皮肤。

（9）贮存在避光、阴凉、通风处。

苏云金杆菌（*Bacillus thuringiensis*）

$C_{22}H_{32}N_5O_{16}P$，653.6

● **其他名称**　联除、点杀、康雀、锐星、科敌、千胜、农林丰、绿得利、BT、敌宝、杀虫菌1号、快来顺、果菜净、康多惠、包杀敌、菌杀敌、都来施、力宝、灭蛾灵、苏得利、苏力精、苏力菌、先得力、先力、杀虫菌一号、强敌313、青虫灵、虫卵克等。

● **主要剂型**

（1）单剂　Bt乳剂（100亿个孢子/毫升），菌粉（100亿个孢子/克），100亿活孢子/毫升、6000IU/毫升、8000IU/毫克、16000IU/毫克、32000IU/毫克可湿性粉剂，2000IU/微升、4000IU/微升、6000IU/微升、7300IU/毫升、8000IU/微升、100亿活孢子/毫升悬浮剂，4000IU/毫克、8000IU/毫克、16000IU/毫克粉剂，8000IU/微升油悬浮剂，2000IU/毫克颗粒剂，15000IU/毫克、16000IU/毫克、32000IU/毫克、64000IU/毫克水分散粒剂，4000IU/毫克悬浮种衣剂，100亿活芽孢/克、150亿活芽孢/克可湿性粉剂，100亿活芽孢/克悬浮剂。

（2）混剂　2%阿维·苏云金可湿性粉剂，80%杀单·苏云金可湿性粉剂等。

● **毒性**　低毒（对家蚕毒性高）。

● **作用机理**　苏云金杆菌进入昆虫消化道后，可产生两大类毒素：内毒素（即伴孢晶体）和外毒素（α-外毒素、β-外毒素和γ-外毒素）。伴孢晶体是主要的毒素，它被昆虫碱性肠液破坏成较小单位的δ-内毒素，使中肠停止蠕动、瘫痪、中肠上皮细胞解离，停食，芽孢则在中肠中萌发，经被破坏的肠壁进入血腔，大量繁殖，使虫得败血症而死。外毒素作用缓慢，而在蜕皮和变态时作用明显，这两个时期正是RNA（核糖核酸）合成的高峰，外毒素能抑制依赖于DNA（脱氧核糖核酸）的RNA聚合酶。

● **产品特点**

（1）苏云金杆菌制剂的速效性较差，害虫取食后2天左右才能见效，不像化学农药作用那么快，但染病后的害虫，上吐下泻，不吃不动，不再为害作物。持效期约1天，因此使用时应比常规化学药剂提前2～3天，且在害虫低龄期使用效果较好。

（2）苏云金杆菌是目前产量最大、使用最广的生物杀虫剂，它的主要活性成分是一种或数种杀虫晶体蛋白，又称δ-内毒素，对鳞翅目、鞘翅目、双翅目、膜翅目、同翅目等昆虫，以及动植物线虫、蜱螨等节肢动物都有特异的毒杀活性，而对非目标生物安全。因此，苏云金杆菌杀虫剂具有专一、高效和对人畜安全等优点，对作物无药害，不伤害蜜蜂和其他昆虫。对蚕有毒。

（3）连续使用，会形成害虫的疫病流行区，达到自然控制虫口密度的目的。

（4）选择性强，不伤害天敌。苏云金杆菌的蛋白质毒素在人、家畜、家禽的胃肠中不起作用，只感染一定种类的昆虫，对天敌起到保护作用。

（5）商品苏云金杆菌制剂在生产防治中也显示出某些局限性，如速效性差、对高龄幼虫不敏感、田间持效期短以及重组工程菌株遗传性不稳定等，都已成为影响苏云金杆菌进一步成功推广使用的制约因素。

（6）有机蔬菜生产过程中可以使用生物防治技术对病虫草害进行防治。苏云金杆菌制剂可有效防治有机蔬菜病虫害。由于其体内含有杀虫的晶体毒素，而又对人、畜、植物和天敌无害，不污染环境，不易使害虫产生抗药性，是有机生产中防治害虫的重要手段。

（7）鉴别要点：原药为黄褐色固体。32000IU/毫克、16000IU/毫克、8000IU/毫克可湿性粉剂为灰白至棕褐色疏松粉末，不应有团块。8000IU/毫克、4000IU/毫克、2000IU/毫克悬浮剂为棕黄色至棕色悬浮液体。

用户在选购苏云金杆菌制剂及复配产品时应注意：确认产品通用名称、含量及规格；查看农药"三证"，可湿性粉剂和悬浮剂应取得生产许可证（XK），苏云金杆菌制剂应取得农药生产批准证书（HNP）；查看标签上产品有效期和生产日期，确认产品在 2 年有效期内。

生物鉴别：于菜青虫（2～3 龄）幼虫发生期，摘取带虫叶片若干个，将 8000IU/毫克悬浮剂稀释 2000 倍直接喷洒在有害虫的叶片上，待后观察。若菜青虫被击倒，则该药品为合格品，反之为不合格品。

（8）苏云金杆菌可与阿维菌素、杀虫单、甜菜夜蛾核型多角体病毒、棉铃虫核型多角体病毒、苜蓿银纹夜蛾核型多角体病毒、菜青虫颗粒体病毒、黏虫颗粒体病毒、松毛虫质型多角体病毒、茶尺蠖核型多角体病毒、虫酰肼、氟铃脲、吡虫啉、高效氯氰菊酯、甲氨基阿维菌素苯甲酸盐等杀虫剂混配，用于生产复配杀虫剂。

● **应用**

（1）单剂应用　主要用于防治斜纹夜蛾幼虫、甘蓝夜蛾幼虫、棉铃虫、甜菜夜蛾幼虫、灯蛾幼虫、小菜蛾幼虫、豇豆荚螟幼虫、黑纹粉蝶幼虫、粉斑夜蛾幼虫、大菜螟幼虫、菜野螟幼虫、马铃薯甲虫、葱黄寡毛跳甲、烟青虫、菜青虫、小菜蛾幼虫等。

① 喷雾　防治十字花科蔬菜菜青虫。在幼虫 3 龄前，每亩用 3.2%苏云金杆菌可湿性粉剂 1000～2000 倍液喷雾；或用 15000IU/毫克苏云金杆菌水分散粒剂 25～50 克兑水 30～45 千克均匀喷雾。

防治蔬菜小菜蛾。每亩用 8000～16000 IU/毫克苏云金杆菌可湿性粉剂 100～150 克兑水 30～45 千克均匀喷雾；或用 8000 IU/微升苏云金杆菌悬浮剂 5～10 毫升兑水均匀喷雾；或用 3.2%苏云金杆菌可湿性粉剂 1000～2000 倍液喷雾；或用 15000 IU/毫克苏云金杆菌水分散粒剂 25～50 克兑水 30～45 千克均匀喷雾。

防治蔬菜斜纹夜蛾。每亩用 15000IU/毫克苏云金杆菌水分散粒剂 25～50 克兑水 30～45 千克均匀喷雾。

防治棉铃虫，在 2 代棉铃虫卵高峰后 3～4 天及 6～8 天，连续 2 次用 100 亿活芽孢/克苏云金杆菌可湿性粉剂 200～300 倍液，或 16000IU/毫克苏云金杆菌水分散粒剂 600～800 倍液喷雾。

防治菜螟，在成虫盛发期和幼虫孵化期，用 8000IU/毫克苏云金杆菌可湿性粉剂 300～400 倍液喷雾。

防治马铃薯二十八星瓢虫，用苏云金杆菌"7216"菌剂（原粉含孢子 100 亿/克），每亩用 10 千克，于马铃薯瓢虫大发生之前喷撒到茄果类、瓜类、豆类有露水植株上，防效 37.5%～100%。

防治姜弄蝶，在幼虫期，用苏云金杆菌 6 号悬浮剂 900 倍液喷雾。

防治草地螟，对低龄幼虫，用 16000IU/毫克苏云金杆菌可湿性粉剂 500 倍液喷雾。

防治大豆天蛾、甘薯天蛾，幼虫孵化盛期，每亩用 8000 IU/毫克苏云金杆菌可湿性粉剂 200～300 克，或 16000 IU/毫克苏云金杆菌可湿性粉剂 100～150 克，或 32000 IU/毫克苏云金杆菌可湿性粉剂 50～80 克，或 2000 IU/微升苏云金杆菌悬浮剂 200～300 毫升，或 4000 IU/微升苏云金杆菌悬浮剂 100～150 毫升，或 8000 IU/微升苏云金杆菌悬浮剂 50～75 毫升，兑水 30～45 千克均匀喷雾。

防治玉米螟，在玉米螟卵孵化高峰期至低龄幼虫高峰期，每亩用 8000IU/微升苏云金杆菌悬浮剂 150～200 毫升，加细沙灌心叶。

② 利用虫体　可把因感染苏云金杆菌致死变黑的虫体收集起，用纱布包住在水中揉搓，每亩用 50 克虫体兑水 50 千克喷雾。

③ 撒施　主要用于防治玉米螟，在喇叭口期用药。每亩用 100 亿活芽孢/克苏云金杆菌可湿性粉剂 150～200 克，拌细土均匀撒施于心叶。

（2）复配剂应用　苏云金杆菌混剂主要是与化学农药（包括阿维菌素）、病毒杀虫剂复配的制剂。

① 与氟铃脲复配。每亩用 1.5%氟铃·50 亿活芽孢/克苏可湿性粉剂 80～120 克兑水 30～45 千克喷雾，用于防治蔬菜的甜菜夜蛾。

② 与高效氯氰菊酯复配。每亩用 2.5%高氯·苏可湿性粉剂 40～75 克兑水 30～45 千克喷雾，防治蔬菜小菜蛾。

③ 与阿维菌素复配。如 0.05%阿维·100 亿活芽孢/克苏可湿性粉剂、0.1%阿维·100 亿活芽孢/克苏可湿性粉剂、0.15%阿维·100 亿活芽孢/克苏可湿性粉剂、0.2%阿维·100 亿活芽孢/克苏可湿性粉剂，0.1%阿维·70 亿活芽孢/克苏可湿性粉剂，1.5%阿维·苏可湿性粉剂、2%阿维·苏可湿性粉剂，主要用于防治蔬菜小菜蛾和菜青虫。

④ 与虫酰肼复配。防治十字花科蔬菜甜菜夜蛾、小菜蛾、菜青虫，

每亩用 3.6%苏云·虫酰肼可湿性粉剂 80～100 毫升兑水 30～45 千克喷雾。

⑤ 与病毒制剂复配。如与棉铃虫核型多角体病毒复配。每亩用 1000 万 PIB/毫升棉核·2000IU/微升苏悬浮剂 200～400 毫升兑水 30～45 千克喷雾，可用于防治棉铃虫。

⑥ 与苜蓿银纹夜蛾核型多角体病毒复配。每亩用 1000 万 PIB/毫升苜银夜核·2000IU/微升苏悬浮剂兑水 30～45 千克喷雾，防治菜青虫。

⑦ 与甜菜夜蛾核型多角体病毒复配。每亩用 16000IU/毫克苏·10000PIB/毫克甜核可湿性粉剂 75～100 克兑水 30～45 千克喷雾，防治甜菜夜蛾。

⑧ 与小菜蛾颗粒体病毒复配。每亩用 1 亿 PIB/克小颗·1.9%苏可湿性粉剂 50～75 克兑水 30～45 千克喷雾，防治小菜蛾。

⑨ 与菜青虫颗粒体病毒复配。如每亩用 1000 万 PIB/毫升菜青虫颗粒体病毒·2000IU/毫升苏云金杆菌悬浮剂 200～220 毫升兑水 30～45 千克喷雾，防治菜青虫。或每亩用 10000PIB/毫克菜青虫颗粒体病毒·16000IU/毫克苏可湿性粉剂 50～75 克兑水 30～45 千克喷雾，防治菜青虫。或每亩用 1 亿 PIB/克菜颗·16000IU/毫克苏可湿性粉剂 50～60 克兑水 30～45 千克喷雾，防治菜青虫。

⑩ 防治十字花科蔬菜菜青虫。在幼虫 3 龄前，每亩用 16000IU/毫克苏云金杆菌和 10000PIB/毫克菜青虫颗粒体病毒复配的可湿性粉剂 50～75 克兑水 30～45 千克均匀喷雾；或用 45%的杀虫单和 1%的苏云金杆菌复配的可湿性粉剂 14～28 克兑水 30～45 千克均匀喷雾。

⑪ 防治蔬菜小菜蛾。每亩用 4000IU/毫克苏云金杆菌和 0.5%甲氨基阿维菌素苯甲酸盐复配的悬浮剂 30～40 克兑水 30～45 千克均匀喷雾；或用 100 亿活芽孢/克苏云金杆菌和 0.1%阿维菌素复配的可湿性粉剂 75～100 兑水均匀喷雾；或用 45%的杀虫单和 1%的苏云金杆菌复配的可湿性粉剂 14～28 克兑水 30～45 千克均匀喷雾。

⑫ 防治蔬菜甜菜夜蛾。每亩用 16000IU/毫克苏云金杆菌和 10000PIB/毫克甜菜夜蛾核型多角体病毒复配的可湿性粉剂 75～100 克兑水 30～45 千克均匀喷雾；或用 2000IU/微升苏云金杆菌悬浮剂和 $1×10^7$PIB/毫升苜蓿银纹夜蛾核型多角体病毒复配的悬浮剂 75～100 毫升兑水 30～45 千

克均匀喷雾；或用 2.0%苏云金杆菌和 1.6%虫酰肼复配的可湿性粉剂 2.88～3.6 克兑水 30～45 千克均匀喷雾；或用 50 亿活孢子/克苏云金杆菌和 1.5%氟铃脲复配的可湿性粉剂 80～12 克兑水 30～45 千克均匀喷雾。

● **注意事项**

（1）在蔬菜收获前 1～2 天停用。药液应随配随用，不宜久放，从稀释到使用，一般不能超过 2 小时。

（2）苏云金杆菌制剂杀虫的速效性较差，使用时一般以害虫在一龄、二龄时防治效果好，对取食量大的老熟幼虫往往比对取食量较小的幼虫作用更好，甚至老熟幼虫化蛹前摄食菌剂后可使蛹畸形，或使害虫在化蛹后死亡。所以当田间虫口密度较小或害虫发育进度不一致，世代重叠或虫龄较小时，可推迟施菌日期以便减少施菌次数，节约投资。对生活习惯隐蔽又没有转株危害特点的害虫，必须在害虫蛀孔、卷叶隐蔽前施用菌剂。

（3）对瓜类、莴苣苗期敏感，施药时应避免药液飘移到上述作物上，以防产生药害。

（4）施用时要注意气候条件。因苏云金杆菌对紫外线敏感，故最好在阴天或晴天下午 4～5 时后喷施。需在气温 18℃以上使用，气温在 30℃左右时，防治效果最好，害虫死亡速度较快。18℃以下或 30℃以上使用都无效。在有雾的早上喷药或喷药 30 分钟前给蔬菜淋水则效果较好。

（5）加黏着剂和肥皂可加强效果。如果不下雨（下雨 15～20 毫米则要及时补施），喷施 1 次，有效期为 5～7 天，5～7 天后再喷施，连续几次即可。

（6）只能防治鳞翅目害虫，如有其他种类害虫发生需要与其他杀虫剂一起喷施。喷施苏云金杆菌后，再喷施菊酯类杀虫剂能增强杀虫效果。不能与有机磷杀虫剂或者杀细菌的药剂（如多菌灵、甲基硫菌灵等）一起喷施。喷过杀菌剂的喷雾器也要冲洗干净，否则杀菌剂会把部分苏云金杆菌杀死，从而影响杀虫效果。

（7）购买苏云金杆菌制剂时，要看质量是否过关，可采用"嗅"的方法来检验，正常的苏云金杆菌产品中都有一定的含菌量，开盖时应没有臭味，有时还会有香味（培养料发出的），而过期或假的产品则常产生异味或没有气味。要特别注意产品的有效期，最好购买刚生产不久的新产品，否则影响效果。

（8）对蜜蜂和家蚕有毒，施药期间应避免对周围蜂群的影响，避开蜜源作物花期，蚕室和桑园附近禁用。

（9）对鱼类等水生生物有毒，应远离水产养殖区施药，禁止在河塘等水体中清洗施药器具。

（10）应保存在低于 25℃的干燥阴凉仓库中，防止曝晒和潮湿，以免变质，有效期 2 年。由于苏云金杆菌的质量好坏以其毒力大小为依据，存放时间太长或方式不合适则会降低其毒力，因此，应对产品做必要的生物测定。

（11）一般作物安全间隔期为 7 天，每季作物最多使用 3 次。

苦皮藤素（*Celastrus angulatus*）

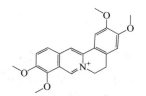

$C_{21}H_{22}NO_4$，352.4

● **其他名称**　菜虫净。

● **主要剂型**　90%可湿性粉剂，0.2%、1%、20%乳油，0.2%、0.3%、1%水乳剂，0.15%微乳剂，0.5%烟剂。

● **毒性**　低毒。

● **产品特点**

（1）苦皮藤素是一种具有胃毒作用的植物源低毒杀虫剂，对害虫具有较强胃毒、拒食、驱避和触杀作用，无熏蒸作用，主要用于防治部分鳞翅目、直翅目及鞘翅目害虫。

（2）苦皮藤素原药是从卫矛科野生灌木苦皮藤根皮和种子中提取的，属倍半萜类化合物。其有效杀虫成分不是单个物质，而是一系列具有二氢沉香呋喃多元酯结构的化合物，其中活性最高的是毒杀成分苦皮藤素

Ⅳ和麻醉成分苦皮藤素Ⅴ。苦皮藤素Ⅴ主要作用于昆虫的消化系统，可能和中肠细胞质膜上的特异型受体相结合，从而破坏了膜的结构，造成肠穿孔，致使昆虫大量失水而死亡。苦皮藤素Ⅳ既作用于神经与肌肉接点也作用于肌细胞。对昆虫飞行肌和体壁肌有强烈毒性，明显破坏肌细胞的质膜和内膜系统（如线粒体膜、肌质网膜和核膜）以及肌原纤丝。质膜的断裂和消解影响动作电位的产生与传导；线粒体结构的破坏导致肌肉收缩缺乏能量供应；肌质网的破坏直接影响钙离子释放与回收；肌原纤维的破坏导致肌肉不能正常收缩。苦皮藤素Ⅳ损伤肌细胞结构并最终麻痹昆虫，主要表现为虫体软瘫麻痹，对外界刺激无反应。

（3）该药作用机理独特，不易产生抗药性，对高等动物安全，对鸟类、水生动物、蜜蜂及主要天敌安全。田间施用持效期长，可达 10～14 天；对鳞翅目幼虫杀虫活性高，速效性好，有效成分用量仅为 7.5～10.5 克/公顷，对菜青虫药后 1 天就可达到 90%以上的防效，对蚜虫也具有较高活性；作用方式多样，具有较强的胃毒、拒食、驱避、触杀作用。

● **应用** 主要用于防治甘蓝、花椰菜、白菜等蔬菜上的菜青虫；瓜类作物上的黄守瓜。

防治菜青虫、小菜蛾等鳞翅目幼虫，应在 3 龄前施药，用 90%苦皮藤素可湿性粉剂 150 倍液，或 20%苦皮藤素提取物乳油 500～600 倍液，或每亩用 1%苦皮藤素乳油 50～70 毫升兑水 60～75 千克均匀喷雾，防治效果可达 80%以上。

防治甘蓝甜菜夜蛾，在甜菜夜蛾低龄幼虫盛发期，每亩用 1%苦皮藤素水乳剂 90～120 毫升兑水 30～50 千克均匀喷雾。

防治甘蓝黄曲条跳甲，在黄曲条跳甲发生初盛期，每亩用 0.3%苦皮藤素水乳剂 100～120 毫升兑水 30～50 千克均匀喷雾。

防治甘蓝菜青虫，在菜青虫低龄幼虫发生期，每亩用 1%苦皮藤素水乳剂 50～70 毫升兑水 30～50 千克均匀喷雾。安全间隔期 10 天，每季最多施用 2 次。

防治十字花科蔬菜菜青虫，在菜青虫低龄幼虫盛发期，每亩用 1%苦皮藤素乳油 50～70 克兑水 30～50 千克均匀喷雾。

防治韭菜根蛆。在根蛆发生初盛期，每亩用 0.3%苦皮藤素水乳剂 90～120 毫升兑水 30～50 千克灌根。

防治芹菜甜菜夜蛾，在甜菜夜蛾低龄幼虫发生期，每亩用 1%苦皮藤素水乳剂 90～120 毫升兑水 30～50 千克均匀喷雾,安全间隔期 10 天，每季最多施用 2 次。

防治豇豆斜纹夜蛾，在斜纹夜蛾低龄幼虫发生期，每亩用 1%苦皮藤素水乳剂 90～120 毫升兑水 30～50 千克均匀喷雾,安全间隔期 10 天，每季最多施用 2 次。

防治金龟子成虫，可于危害期用 0.2%苦皮藤素乳油 2000 倍喷雾。

防治马铃薯叶甲和二十八星瓢虫，可用 0.2%苦皮藤素乳油 500～1000 倍液均匀喷雾，但 1000 倍液对叶甲幼虫防效较差，需用较低的稀释倍数如 500 倍防治幼虫。

● **注意事项**

（1）田间喷雾要均匀。

（2）苦皮藤素具有负温度效应，在温度较低时施药，防治效果会更理想。

（3）碱性条件下容易使有效成分水解，失去活性，应避免与碱性农药混用。

（4）苦皮藤素对大龄幼虫具有很好防效，但为了保证防效，尽量在害虫发生初期，虫龄较小时用药。

（5）该药作用较慢，一般 24 小时后生效，不要随意加大药量。

（6）应贮存在阴凉通风干燥处。

除虫菊素（pyrethrins）

$R_1 = -CH=CH_2; R = -CH_3（I）或-CO_2CH_3（II）$
除虫菊素 I，$C_{21}H_{28}O_3$（I），328.4；除虫菊素 II，$C_{22}H_{28}O_5$（II），372.4

● **其他名称** 除虫菊、除虫菊酯、扑得。

● **主要剂型** 0.5%、1.5%可湿性粉剂，0.5%粉剂，3%、5%、6%乳油，

3%、5%水乳剂，3%微胶囊悬浮剂。

- **毒性** 低毒。对鱼类等水生生物和蜜蜂有毒。
- **产品特点**

（1）高效广谱。几乎对所有农业害虫如蚜虫、蓟马、飞虱、叶蝉和菜青虫、猿叶虫、蟥等，以及卫生害虫如及蝇、蚊、跳蚤、蟑螂等有极强的触杀作用，迅速麻痹作用或击倒作用。

（2）作用机制。同时兼备驱避、击倒和毒杀三种不同作用，触杀活性强，可麻痹昆虫的神经，在数分钟内有效；昆虫中毒后，产生呕吐、下痢、身体前后蠕动等症状，继而麻痹，可致死亡。一般昆虫经麻痹醉倒后，害虫有可能通过自身的代谢酶降解除虫菊素，可在 24 小时内复苏，家蝇中毒后，在 10 分钟内全部麻痹，但死亡率仅 60%～70%。

（3）相对低毒。由于除虫菊素的杀虫毒力大，其在哺乳动物和害虫间的选择毒性大，用量少，在加工后的粉剂中含量在 1%左右，所以使用时非常安全。

（4）低残留。天然的除虫菊素在环境中见光后活性迅速降低，室外使用一两天即失去杀虫活力，一般在居室、仓库等室内用于卫生害虫或储粮害虫的防治。

（5）抗性发展慢。由于除虫菊素为多组分的混合物，不易诱使昆虫产生抗性。至今还未看到除虫菊素对昆虫产生抗药性的报告。

（6）环境安全性。对蜜蜂、家蚕、鱼类、蛙类有毒，对鸟类安全。

- **应用** 主要用于防治十字花科蔬菜害虫如蚜虫等。

（1）喷粉。防治棉蚜、菜蚜、蓟马、飞虱、叶蝉、菜青虫、猿叶虫等，每亩用 0.5%除虫菊素粉剂 2～4 千克，在无风的晴天喷撒。

（2）喷雾。可防治蚜虫、蓟马、猿叶虫、金花虫、椿象、叶蝉等多种蔬菜害虫。

防治蚜虫、蓟马等，在发生初期用 5%除虫菊素乳油 2000～2500 倍液，或 3%除虫菊素乳油 800～1200 倍液，或 3%除虫菊素微胶囊悬浮剂 800～1500 倍液，均匀喷雾。叶片正背面及茎秆均匀施药，以便药液能够充分接触到虫体。种群数量大时，可连续施药 2 次或以上，每次间隔 5～7 天。

防治小菜蛾，在低龄幼虫期，用 5%除虫菊素乳油 1000 倍液喷雾。

防治菜青虫、斜纹夜蛾、甜菜夜蛾、棉铃虫等鳞翅目幼虫，在低龄幼虫期，用5%除虫菊素乳油1500~2000倍液喷雾。根据害虫发生情况，隔5~7天再喷1次。

防治黄守瓜，在瓜苗移栽前后至5片真叶前及时喷洒5%天然除虫菊素（云菊）乳油1000倍液。

防治豆秆黑潜蝇，大豆初花期，喷洒5%除虫菊素乳油800~1200倍液。

● **注意事项**

（1）因除虫菊素为羧酸酯类化合物，在碱性条件下容易分解，故不宜与石硫合剂、波尔多液等碱性药剂混用。

（2）除虫菊素对害虫击倒力强，但常有复苏现象，特别是药剂浓度低时。故应防止浓度太低，降低药效。

（3）对蝗虫、介壳虫、螨类、地下害虫的药效较差，生产上尽量不用本剂来防治这些害虫，而选择其他药剂。

（4）低温时效果好，高温时效果差，夏季应避免在强光直射时使用，阴天或傍晚施用效果更好。

（5）除虫菊素无内吸作用，因此喷药要周到细致，一定要接触虫体才有效，因而多用于防治表皮柔嫩的害虫。

（6）除虫菊素对鱼、蛙、蛇等动物有毒麻作用，注意鱼池周围不能使用。

（7）使用除虫菊素要注意使用浓度、次数以及农药的轮用，以防出现害虫的抗药性。

（8）由于除虫菊素制剂的有效成分光稳定性较差，田间使用后持续时间较短，因此更适宜于卫生害虫和贮粮害虫的防治。

（9）应保存在阴凉、通风、干燥处。

（10）安全间隔期为2天，每季最多使用3次。

绿僵菌（*Metarhizium anisopliae*）

● **其他名称** 杀蝗绿僵菌、金龟子绿僵菌、黑僵菌、神威。

● **主要剂型** 23亿~28亿活孢子/克粉剂，10%颗粒剂，20%杀蝗绿僵菌油悬剂，100亿孢子/毫升油悬浮剂，100亿孢子/克、25亿孢子/克可湿性粉剂，5亿孢子/克饵剂。

● **毒性** 低毒。

● **产品特点**

（1）绿僵菌属半知菌类丛梗菌目丛梗霉科绿僵菌属，是一种广谱的昆虫病原菌，在国外应用其防治害虫的面积超过了白僵菌，防治效果可与白僵菌媲美。

（2）属低毒杀虫剂，对人畜和天敌昆虫安全，不污染环境，绿僵菌寄主范围广，可寄生8目30科200余种害虫。主要用于防治金龟子、象甲、金针虫、蛾蝶幼虫、蟓和蚜虫等害虫。绿僵菌有金龟绿僵菌和黄绿绿僵菌等变种，生产上主要用金龟绿僵菌变种的制剂来防治害虫。

（3）绿色环保，安全可靠。本品为真菌生物杀虫剂，绿僵菌对人、畜均无口服毒性问题，从此可断绝使用传统农药导致的田间中毒现象，从根本上解决了多年来化学农药，特别是有机磷农药带来的农药残留和食品安全问题。

（4）杀虫机理独特，不产生抗药性。绿僵菌是害虫的寄生性天敌，接触害虫后，分泌多种昆虫表皮降解酶，穿透害虫体壁进入体腔，在虫体内迅速繁殖；同时分泌大量绿僵菌毒素，破坏害虫的机体组织，最终使害虫因不能维持正常的生命活动而死亡。害虫对化学农药的抗性使得其杀虫效果逐年减退。绿僵菌通过在自然条件下与害虫的体壁接触感染致死，害虫不会对其产生任何抗性。连年使用，效果反而越来越好。

（5）反复侵染，长期持效，一次用药，整季无虫。适宜的土壤环境特别适合绿僵菌的生长与繁殖，绿僵菌可利用害虫体内的营养物质大量繁殖，产生大量孢子继续侵染其他害虫，具有很强的传染性。

（6）促进作物生长，增产增收。本品是将绿僵菌生产发酵过程中的培养基作为产品的载体加工而成的，载体富含经发酵而产生的大量氨基酸、多肽酶、微量元素等作物生长所必需的营养成分，促进作物生长，能有效提高作物产量和品质。

（7）高选择性。绿僵菌能主动回避对瓢虫、草蛉和食蚜蝇等益虫的侵染攻击，有效保护害虫天敌，从而提高整体田间防治效果。

● **应用** 主要用于防治大白菜甜菜夜蛾、小菜蛾、菜青虫、蛴螬等。防治蛴螬。包括东北大黑鳃金龟、暗黑金龟子、铜绿金龟子等的多种幼虫。采用菌土法施药，每亩用 23 亿～28 亿活孢子/克绿僵菌剂 2 千克，拌细土 50 千克，中耕时撒入土中。也可采取菌肥方式施用，用菌剂 2 千克，与 100 千克有机肥混合后，结合施肥撒入田中。据调查，防效达 64%～66%，以中耕时施药效果最好。

防治甜菜夜蛾。每亩用 100 亿孢子/克绿僵菌油悬浮剂 20～33 克兑水 30～50 千克均匀喷雾。

防治小菜蛾和菜青虫。将绿僵菌菌粉兑水稀释成每毫升含孢子 0.05 亿～0.1 亿个的菌液喷雾。

● **注意事项**

（1）部分化学杀虫剂对绿僵菌分生孢子萌发有抑制作用，药液浓度越高，抑制作用越强；绿僵菌虽然对环境相对湿度有较高要求，但其油剂在空气相对湿度达 35%时即可感染蝗虫致其死亡；田间应用时，应依据虫口密度适当调整施用量，在虫口密度大的地区可适当提高用量，如饵剂可提高到每亩 250～300 克，以迅速提高其前期防效。

（2）不可与呈碱性的农药等物质混合使用。

（3）禁止与杀菌剂混用，使用杀菌剂前后不要使用本剂。

（4）绿僵菌剂加水配成菌液，应随配随用，不可超过 2 小时，以免孢子发芽，降低感染力。

（5）绿僵菌与少量化学农药混合施用，有增效作用，掺和 3%敌百虫有增效作用。

（6）在养蚕区禁止使用绿僵菌制剂。

（7）遇大风和降雨天气，请勿施用本品。在阴天、雨后或早晚湿度大时，效果最好。害虫初发期和中耕翻田时施用效果好。

（8）避免本品污染水塘等水体，勿在水体中清洗施药器具。

四聚乙醛（metaldehyde）

$C_8H_{16}O_4$，176.21

- **其他名称**　密达、灭旱螺、灭蜗灵、蜗牛散、蜗牛敌、多聚乙醛。
- **主要剂型**　5%、6%、10%、12%、15%颗粒剂，80%可湿性粉剂，20%、40%悬浮剂。
- **毒性**　低毒（对鸟类中毒）。
- **作用机理**　四聚乙醛颗粒剂为蓝色或灰蓝色颗粒。是一种胃毒剂，对蜗牛和蛞蝓有一定的引诱作用，主要令螺体内乙酰胆碱酯酶大量释放，破坏螺体内特殊的黏液，从而导致螺类等害虫神经麻痹而死亡。植物体不吸收该药，因此不会在植物体内积累。
- **产品特点**　四聚乙醛是一种专对蜗牛、福寿螺等软体动物害虫有特效的农药，具有引诱和触杀之作用，害虫吸食或接触本品后，虫体内的乙酰胆碱酯酶大量释放，最终大量脱水死亡。

　　适用于十字花科蔬菜、甘蓝等多种作物及大棚温室等场所。

- **应用**　主要用于防治蜗牛、灰巴蜗牛、同型巴蜗牛、野蛞蝓、网纹蛞蝓、细钻螺、琥珀螺、椭圆萝卜螺、福寿螺等。

　　（1）单剂应用　用6%四聚乙醛颗粒剂喷雾。每亩用6%四聚乙醛颗粒剂250～500克，在蔬菜播种后或定植幼苗后，均匀把颗粒剂撒施于田间；也可采用条施或点施，药点（条）相距40～50厘米为宜。每亩用6%四聚乙醛颗粒剂250克，均匀撒于田间，防治小白菜上的蜗牛。田间要平整，并保持1～4厘米的浅水层，每亩用6%四聚乙醛颗粒剂1千克，与5千克泥沙拌匀，均匀撒入田中，药后1天不要灌水入田。防治水生蔬菜田中的福寿螺，如在施药后短期内遇降雨或涨潮，可酌情补充施药。

　　防治甘蓝蜗牛，在蜗牛发生期，每亩用6%四聚乙醛颗粒剂400～600克撒施，安全间隔期7天，每季最多施用2次。或用80%四聚乙醛可湿性粉剂45～50克兑水30～50千克均匀喷雾，安全间隔期7天，每季最多施用1次。

　　防治小白菜蜗牛，在蜗牛发生期，每亩用15%四聚乙醛颗粒剂200～260克撒施，或每亩用80%四聚乙醛可湿性粉剂45～50克兑水30～50千克均匀喷雾，安全间隔期7天，每季最多施用2次。

　　防治大白菜蜗牛，在蜗牛发生期，每亩用6%四聚乙醛颗粒剂600～700克撒施，安全间隔期7天，每季最多施用2次。

防治叶菜类蔬菜蜗牛，在蜗牛发生期，每亩用 6%四聚乙醛颗粒剂500～700 克撒施，安全间隔期 7 天，每季最多施用 2 次。

用 10%四聚乙醛颗粒剂撒施。防治灰巴蜗牛、同型巴蜗牛、野蛞蝓、网纹蛞蝓、细钻螺（在晴天傍晚撒施）等。每平方米用 10%四聚乙醛颗粒剂 1.5 克撒施。诱杀蜗牛，每亩用颗粒剂量，在发生轻年份用 850～1000 克，在发生重年份，用 1200～1500 克，撒于田间。

用 80%四聚乙醛可湿性粉剂喷施。防治福寿螺，在气温高于 20℃，于栽植前 1～3 天，每亩每次用 80%四聚乙醛可湿性粉剂 800 克，加水稀释后一次施用，保持 1～3 厘米深的田水约 7 天。防治琥珀螺、椭圆萝卜螺等，每亩用 80%四聚乙醛可湿性粉剂 300～400 克，兑水稀释为 2000倍液喷雾。

（2）复配剂应用　主要是甲萘威与四聚乙醛复配的混剂甲萘·四聚。有三种产品。

30%四聚乙醛·甲萘威（除蜗特）母粉。主要用于防治蜗牛（蛞蝓），每亩用 30%除蜗特母粉 250～500 克兑水喷雾。或亩用 30%除蜗特母粉250～500 克与 4.5 千克饵料配成毒饵，于傍晚时撒施。饵料可用玉米粉或豆饼。

6%醛·威（除蜗灵 2 号）毒饵，用于防治旱地作物田蜗牛，每亩用6%除蜗灵 2 号毒饵 650～700 克，地面撒施。

6%甲萘·四聚（蜗克星）颗粒剂，防治旱地作物田蜗牛，每亩用6%蜗克星颗粒剂 570～750 克，地面撒施。

● **注意事项**

（1）种苗地应在种子刚发芽时即撒施，移栽地应在移栽后即施药。施用本农药后，不要在田中践踏，以免影响药效。施药后如遇大雨，药粒可能被冲散或埋至土壤中，会降低药效，需补充施药；小雨对药效影响不大。

（2）在气温 25℃左右时施药防效好，低温（15℃以下）或高温（35℃以上），影响螺、蜗牛等取食与活动，防效不佳。使用时遇大雨、干旱会影响药效。

（3）对桑蚕有毒，勿在桑园附近使用。

（4）对瓜类敏感。

（5）不宜与化肥混施。

（6）使用本剂后应用肥皂水清洗双手及接触药物的皮肤。贮存和使用本剂过程中，应远离食物、饮料及饲料。不要让儿童及家禽接触或进入处理区。

（7）对水生动物虽然较安全，但仍应避免过量使用，污染水源，造成水生动物中毒。

（8）本品应存放于阴凉干燥处。在贮藏期间如保管不好，容易解聚。忌用有焊锡的铁器包装。

（9）在叶菜上安全间隔期为 7 天，一季最多使用 2 次。

鱼藤酮（rotenone）

$C_{23}H_{22}O_6$，394.4

● **其他名称**　鱼藤、毒鱼藤、鱼藤精、施绿宝、敌虫螨、绿易、欧美德、地利斯等。

● **主要剂型**　2.5%、4%、5%、7.5%乳油，3%、3.5%、4%高渗乳油，5%可溶液剂，5%、6%微乳剂，2.5%悬浮剂。

● **毒性**　低毒。

● **作用机理**　鱼藤酮在毒理学上是一种专属性很强的物质，早期的研究表明鱼藤酮的作用机制是抑制昆虫的呼吸作用，抑制谷氨酸脱氢酶的活性，和 NADH 脱氢酶与辅酶 Q 之间的某一成分发生作用，使害虫细胞线粒体呼吸链中电子传递链受到抑制，从而降低生物体内的能量载体ATP 水平，最终使害虫得不到能量供应，然后行动迟滞、麻痹而缓慢死亡。此外，还能破坏中肠和脂肪体细胞，造成昆虫局部变黑，影响中肠多功能氧化酶的活性，使药剂不易被分解而有效地到达靶标器官，从而使昆虫中毒致死。

● **产品特点**

（1）三大植物性杀虫剂之一，主要是触杀和胃毒作用，无内吸性，见光易分解，在作物上残留时间短。

（2）为广谱性、植物源、中等毒性杀虫剂，杀虫作用缓慢，但杀虫作用较持久，可维持 10 天左右。鱼藤酮可从鱼藤根的提取液中结晶得到，是一种历史较悠久的植物性杀虫剂，具有选择杀虫作用。

（3）杀虫谱广，可防治 800 种以上害虫，具有触杀与胃毒作用，但无内吸性。

（4）见光易分解，在空气中易氧化失效，持效期短，对环境无污染，对天敌安全。

（5）施用后容易分解，无残留，在农产品中也无不良气味残留，最宜于防治蔬菜害虫。

（6）可有效地防治蔬菜上发生的鳞翅目、半翅目、鞘翅目、双翅目、膜翅目、缨翅目、蜱螨亚目等多种害虫。

（7）鉴别方法。物理鉴别：鱼藤酮乳油制剂为浅黄色至棕黄色液体，相对密度 0.91，pH≤8.5，低温易析出结晶，高于 80℃易变质。加入水能形成很好的白色乳剂。

化学鉴别：将 2～3 滴药液放在试管内，加入浓硝酸 0.5 毫升，振荡 1 分钟后，再加入浓氨水 0.5 毫升，此时溶液呈蓝绿色。如有以上颜色变化则该药剂为鱼藤酮，没有以上颜色变化则不是鱼藤酮。

生物鉴别：取带有蚜虫的蔬菜菜叶数片，分别将 2.5%鱼藤酮乳油稀释 500 倍、4%鱼藤酮高渗乳油稀释 1000 倍，分别喷洒于有虫菜叶上，待后观察蚜虫是否死亡。若蚜虫死亡，则药剂质量合格，反之不合格。

● **应用**　主要用于防治蚜虫、猿叶甲、黄守瓜、二十八星瓢虫、黄曲条跳甲、菜青虫、螨类、介壳虫、胡萝卜微管蚜、柳二尾蚜、棕榈蓟马、黄蓟马、黄胸蓟马、色蓟马、印度裸蓟马。

（1）单剂应用　防治瓜类、茄果及叶菜类蔬菜蚜虫、菜青虫、害螨、瓜实蝇、甘蓝夜蛾、斜纹夜蛾、蓟马、黄曲条跳甲、黄守瓜、二十八星瓢虫等害虫，对蚜虫有特效。应在发生为害初期，用 2.5%鱼藤酮乳油

400～500 倍液，或 7.5%鱼藤酮乳油 1500 倍液，均匀喷雾 1 次。再交替使用其他相同作用的杀虫剂，对该药持久高效有利。

防治油菜上的黄条跳甲和斑潜蝇，每亩用 5%鱼藤酮乳油 7.5～10 克兑水 30 千克喷雾。

防治小菜蛾，每亩用 4%鱼藤酮乳油 80～160 毫升兑水 30 千克喷雾。

防治胡萝卜微管蚜、柳二尾蚜等，用 2.5%鱼藤酮乳油 600～800 倍液喷雾。

防治食用菌跳虫（烟灰虫）、木耳伪步行虫。可用 4%鱼藤酮粉剂500～800 倍液喷雾。

（2）复配剂应用　常与苦参碱、阿维菌素、氰戊菊酯等杀虫剂成分混配，生产复配杀虫剂。生产上常用的混剂有：18%藤酮·辛硫磷乳油，1.3%氰·鱼藤乳油、7.5%氰·鱼藤乳油，0.2%苦参碱水剂+1.8%鱼藤酮乳油（绿之宝，桶混剂），5%除虫菊素·鱼藤酮乳油，25%敌·鱼藤乳油，2%吡虫啉·鱼藤酮乳油，1.8%阿维·鱼藤乳油。

防治蔬菜上的蚜虫、猿叶甲、黄守瓜、二十八星瓢虫、黄曲条跳甲、菜青虫、小菜蛾等，可每亩用 1.3%氰·鱼藤乳油 100～120 毫升，或 2.5%氰·鱼藤乳油 80～120 毫升，或 7.5%氰·鱼藤乳油 38～75 毫升，或 1.8%阿维·鱼藤乳油 30～40 毫升，或 25%敌·鱼藤乳油 40～60 毫升，兑水30～45 千克喷雾。

藤酮·辛硫磷。由鱼藤酮与辛硫磷混配而成。防治十字花科蔬菜的斜纹夜蛾、菜青虫、蚜虫，从害虫发生为害初期开始喷药，每隔 7 天左右喷 1 次，根据害虫发生情况可连喷 2～3 次，每亩用 18%藤酮·辛硫磷乳油 80～120 毫升，兑水 30～45 千克均匀喷雾，注意喷洒叶片背面及植株基部。

防治茄果类蔬菜的斜纹夜蛾、蚜虫，从害虫发生为害初期开始喷药，每隔 7 天左右喷 1 次，连喷 2～3 次，用 18%藤酮·辛硫磷乳油 400～500倍液均匀喷雾。

● **注意事项**

（1）对人畜毒性中等，但进入血液则剧毒。对猪剧毒。

（2）遇强光、高温、空气、水和碱性物质会加速降解，失去药效，故不可与碱性物质混用。

（3）避免高温与光照下贮存失效。要现用药现配，以免水溶液分解失效。

（4）应密闭存放在阴凉、干燥、通风处。

（5）在作物上残留时间短，对环境无污染，对天敌安全，但鱼类对本剂极为敏感，不宜在水生作物上使用，不要使鱼塘、河流遭到污染。

（6）一般作物安全间隔期为3天。

第二章 »»»
蔬菜常用杀菌剂

甲霜灵（metalaxyl）

C₁₅H₂₁NO₄，279.35

$C_{15}H_{21}NO_4$，279.35

- **其他名称** 雷多米尔、阿普隆、瑞毒霉、甲霜安、灭达乐、瑞霉霜、氨丙灵等。
- **主要剂型** 35%种子处理干粉剂，25%种子处理悬浮剂，25%悬浮种衣剂，5%颗粒剂，25%、50%可湿性粉剂，30%粉剂等。
- **毒性** 低毒。
- **作用机理** 甲霜灵最初的作用方式是抑制 rRNA 生物合成。若甲霜灵作用靶标的 rRNA 聚合酶发生突变，靶标病原菌将对甲霜灵产生高水平的耐药性。不同的苯基酰胺类杀菌剂及具有抗菌活性的氯乙酰替苯胺类除草剂之间存在正交互耐药性。甲霜灵单独使用极易导致靶标病原菌产生耐药性，生产上除了单独处理土壤外，一般与其他杀虫剂和杀菌剂混用，或制成复配制剂。

● **产品特点**

（1）本品为内吸性杀菌剂，适用于由空气和土壤带菌导致的病害的预防和治疗，特别适合于防治各种条件下由霜霉目真菌引起的病害。如马铃薯晚疫病、莴苣霜霉病等。

（2）甲霜灵属苯基酰胺类内吸性特效杀菌剂，具有保护和治疗作用，对霜霉、疫霉、腐霉等病原真菌引起的蔬菜病害有良好的治疗和预防作用。

（3）喷洒后能被植株的根、茎、叶各部分吸收，在植株体内具有向顶性和向基性双向传导作用。

（4）在发病前和发病初期用药都能收到防病和治疗效果。

（5）持效期10～14天，土壤处理持效期可超过2个月。

（6）可用于叶面喷洒、种子处理和苗床土壤处理。

● **应用**　适用于黄瓜、甜瓜、西葫芦、番茄、辣椒、茄子、马铃薯、大豆等，可用于防治霜霉病菌、疫霉病菌和腐霉病菌引起的多种作物霜霉病，瓜果蔬菜类的疫霉病。如防治黄瓜霜霉病、辣椒疫病、番茄晚疫病、马铃薯晚疫病等。

（1）单剂应用

①　喷雾　防治白菜类的白锈病，小（大）白菜和菜心的绵腐病，可用25%甲霜灵可湿性粉剂800倍液喷雾。

防治油菜的霜霉病、黑斑病，青花菜和紫甘蓝的霜霉病，25%甲霜灵可湿性粉剂800～1000倍液喷雾，或用25%甲霜灵可湿性粉剂800倍液浸种60分钟，捞出用清水洗净催芽播种。也可用25%甲霜灵可湿性粉剂1000倍液灌根。

防治黄瓜疫病，可在播种前用25%甲霜灵可湿性粉剂800倍液，浸种30分钟后，捞出用清水洗净催芽播种；或每平方米苗床上用25%甲霜灵可湿性粉剂8克，与适量细土拌匀，制成药土，将药土均匀撒于苗床上；也可用25%甲霜灵可湿性粉剂750倍液，在定植前喷淋保护地地面。

防治马铃薯晚疫病，用25%甲霜灵可湿性粉剂600～800倍液喷雾，每隔15～20天喷1次，连喷2～3次。

防治茴香霜霉病、西洋参疫病，用25%甲霜灵可湿性粉剂600倍液喷雾。

防治芋疫病，用 25%甲霜灵可湿性粉剂 600～700 倍液喷雾。

② 拌种　防治萝卜黑腐病，可用 35%甲霜灵种子处理剂拌种，用药量为种子质量的 0.2%。

防治菜用大豆、蚕豆、大葱、洋葱等的霜霉病，菠菜白锈病，蕹菜白锈病，用 35%甲霜灵种子处理剂拌种，用药量为种子重量的 0.3%。

防治白菜类、甘蓝类、芥菜类、萝卜等的霜霉病，蕹菜的霜霉病、白锈病，用 25%甲霜灵可湿性粉剂拌种，用药量为种子重量的 0.3%。

防治马铃薯晚疫病，于播种前使用，用 25%甲霜灵悬浮种衣剂按药种比 1∶667～1∶800 拌种薯。

③ 浸种　防治黄瓜疫病，用 25%甲霜灵可湿性粉剂 800 倍液，浸种 30 分钟后，捞出洗净催芽播种。

防治辣椒疫病、菠菜霜霉病，用 25%甲霜灵可湿性粉剂 800 倍液，浸种 60 分钟。

④ 土壤处理　防治马铃薯晚疫病，用 25%甲霜灵可湿性粉剂 6 千克，与 150 千克干煤渣拌匀，制成颗粒剂，在马铃薯第二次培土时施入根部。

防治南瓜疫病，用 25%甲霜灵可湿性粉剂 1 千克与 500 千克细土混匀，制成药土，每株用 110 克药土，撒于根际。

防治蔬菜苗期猝倒病，用 25%甲霜灵可湿性粉剂 50～60 倍液，拌适量细沙，制成药沙，在发病重时或因天气不好不能喷药时，将药沙在苗床内均匀撒一层；或用 25%甲霜灵可湿性粉剂 300 倍液，喷洒病苗及根际土壤。

防治黄瓜、冬瓜、节瓜等的疫病，每平方米苗床上用 25%甲霜灵可湿性粉剂 8 克，与适量细土拌匀，制成药土，将药土均匀撒于苗床上；也可用 25%甲霜灵可湿性粉剂 750 倍液，在定植前喷淋保护地地面。

⑤ 灌根　防治蔬菜苗期猝倒病，用 25%甲霜灵可湿性粉剂 300 倍液，喷淋病苗及附近。

防治黄瓜疫病，可在发病初期用 25%甲霜灵可湿性粉剂 800 倍液灌根。

防治甜（辣）椒、韭菜等的疫病，用 25%甲霜灵可湿性粉剂 1000 倍液灌根。

⑥ 水培液灭菌　防治水培番茄根部病害，每升营养液中加 25%甲霜灵可湿性粉剂 10 毫克，每隔 21 天用药 1 次，连续用药 3 次。

防治水培草莓（疫霉菌）红心病，每升营养液中加入 25%甲霜灵可湿性粉剂 1.6 毫克，每隔 14 天用药 1 次，连续用药 3 次。

⑦ 精甲霜灵，又称高效甲霜灵，是甲霜灵两个异构体中的一个，也是甲霜灵的高效体，可用于种子处理、土壤处理及茎叶处理。在获得同等防病效果的情况下，只需甲霜灵用量的 1/2，在土壤中降解速度比甲霜灵更快，从而增加了对使用者和环境的安全性，适用范围和使用方法可参考甲霜灵。

（2）复配剂应用　与代森锰锌、三乙膦酸铝、琥胶肥酸铜、福美双、醚菌酯、噁霉灵、代森锌、百菌清、霜霉威、福美锌、波尔多液、王铜、霜脲氰、咪鲜胺、咪鲜胺锰盐、多菌灵、丙森锌、烯酰吗啉等有混配制剂。

① 甲霜·噁霉灵。由甲霜灵和噁霉灵复配而成。对腐霉菌、镰刀菌以及丝核菌等均有极显著的效果。为内吸性高效杀菌剂，通过根系吸收，除叶面喷雾外，还用来土壤处理和种子处理。

防治辣椒各种土传病害，播种前采用 30%甲霜·噁霉灵水剂 1500～2000 倍液进行拌种处理。

防治蔬菜叶部病害如霜霉病、疫病、疫腐病等，可于发病初期，用 30%甲霜·噁霉灵水剂 1500～2000 倍液喷雾。

防治瓜类蔬菜苗床的立枯病、猝倒病，播种后出苗前，每平方米用 3%甲霜·噁霉灵水剂 20～30 毫升，或 45%甲霜·噁霉灵可湿性粉剂 4～5 克，兑水 2 千克均匀喷淋苗床，出苗后，苗床初见病株时再次用上述药剂喷淋。

防治黄瓜、甜瓜、西瓜等瓜类枯萎病，从坐住瓜后或发病初期开始用药液灌根，用 3%甲霜·噁霉灵水剂 150～200 倍液，或 45%甲霜·噁霉灵可湿性粉剂 800～1000 倍液灌根，每株顺茎基部浇灌药液 250 毫升，半月左右 1 次，连灌 2～3 次。

② 甲霜·锰锌。由甲霜灵和代森锰锌复配而成。可防治霜霉病、疫病等低等真菌引起的病害，集保护、治疗于一体的内吸性杀菌剂，除叶面喷雾外，还可灌根处理。主要用来防治蔬菜霜霉病、疫病等。

防治白菜、莴苣、油菜、绿菜花、菜心、紫甘蓝、樱桃萝卜等的霜霉病，于发病初期，用58%甲霜·锰锌可湿性粉剂400～500倍液喷雾。

防治黄瓜、辣椒、韭菜疫病，可采取喷药、灌根相结合的方法。当发现中心病株时立即喷58%甲霜·锰锌可湿性粉剂500倍液，灌根每株（丛）用药液300～400毫升。对辣椒疫病，还可在定植前用药浸根10分钟，再每穴浇50～100毫升药水。

防治番茄晚疫病，番茄、茄子、辣椒等苗期猝倒病等，可于发病初期喷58%甲霜·锰锌可湿性粉剂500倍液，每隔7～10天喷1次，连喷2～3次。

防治甜菜软腐病、霜霉病，于发病初期，用58%甲霜·锰锌可湿性粉剂500倍液喷雾，每隔7～10天喷1次，连喷2～3次。

防治黄瓜霜霉病、甜瓜霜霉病等瓜类霜霉病，发病初期开始施药，每亩用58%甲霜·锰锌可湿性粉剂150～188克兑水45～60千克喷雾，每隔7～10天喷1次，连喷3～4次，安全间隔期为3天，每季最多使用3次。

防治茄子绵疫病。从雨季到来前或持续阴湿天气发生时开始喷药，用58%甲霜·锰锌可湿性粉剂500～600倍液，或72%甲霜·锰锌可湿性粉剂600～800倍液喷雾，每隔7天左右1次，连喷2次，重点喷洒植株中下部果实部位。

防治瓜类蔬菜茎基部疫病，田间初见病株则立即开始用药，用58%甲霜·锰锌可湿性粉剂400～500倍液，或72%甲霜·锰锌可湿性粉剂500～600倍液，顺茎基部喷淋，每隔10天左右喷淋1次，连续喷淋2次。

防治马铃薯晚疫病，从病害发生初期或株高25～30厘米时开始喷药，每亩用58%甲霜·锰锌可湿性粉剂120～180克，或72%甲霜·锰锌可湿性粉剂120～200克，兑水60～75千克均匀喷雾，每隔10天左右喷1次，连喷5～7次。

防治黄瓜猝倒病，每平方米苗床上用25%甲霜灵可湿性粉剂9克与70%代森锰锌可湿性粉剂1克混匀，再与4～5克过筛干细土混匀，制成药土，浇好底水后，先将1/3的药土撒于畦面，播种后，再将余下的2/3的药土盖于种子上。

防治豌豆黑根病，每平方米苗床施用 25%甲霜灵可湿性粉剂 9 克加 70%代森锰锌可湿性粉剂 1 克兑细土 4～5 千克拌匀，施药前先把苗床底水打好，且一次浇透，一般 17～20 厘米深，水渗下后，取 1/3 充分拌匀的药土撒在畦面上，播种后再把其余 2/3 药土覆盖在种子上面，即上覆下垫。

③ 甲霜·霜霉威。为由甲霜灵与霜霉威或霜霉威盐酸盐混合的低毒复合杀菌剂，具保护和治疗双重作用。

防治黄瓜霜霉病，从病害发生初期开始喷药，每亩用 25%甲霜·霜霉威可湿性粉剂 125～180 克兑水 45～75 千克喷雾，每隔 7～10 天喷 1 次，重点喷洒叶片背面，植株较小时适当降低用药量。

防治番茄晚疫病、辣椒霜霉病、辣椒疫病，从病害发生初期开始喷药，每亩用 25%甲霜·霜霉威可湿性粉剂 80～120 克兑水 45～60 千克均匀喷雾，每隔 7～10 天喷 1 次，连喷 3～4 次。

防治瓜果蔬菜苗期的猝倒病、苗疫病，从苗床初见病株时或遇持续阴天时立即开始用药，用 25%甲霜·霜霉威可湿性粉剂 600～700 倍液均匀喷淋，每隔 7 天左右喷淋 1 次，连续喷淋 2 次。

④ 甲霜·霜脲氰。由甲霜灵与霜脲氰混配的内吸治疗性低毒复合杀菌剂。

防治黄瓜、甜瓜等瓜类的霜霉病，番茄晚疫病，辣椒霜霉病，辣椒疫病等，从病害发生初期开始喷药，用 25%甲霜·霜脲氰可湿性粉剂 500～700 倍液喷雾，每隔 7～10 天喷 1 次，连喷 3～5 次，重点喷洒叶片背面。

⑤ 甲霜·百菌清。由甲霜灵与百菌清混配的低毒复合杀菌剂，具保护和治疗双重作用。

防治黄瓜、甜瓜、西瓜等瓜类的霜霉病、疫病。以防治霜霉病为主，兼治疫病即可，从移栽缓苗后开始喷药，每亩用 81%甲霜·百菌清可湿性粉剂 100～120 克，或 72%甲霜·百菌清可湿性粉剂 110～150 克，兑水 60～75 千克喷雾，每隔 10 天左右喷 1 次，重点喷洒叶片背面及茎基部，如果茎基部疫病开始发生，则用上述药液喷淋茎基部及其周围地表，7～10 天后再喷淋 1 次。

防治番茄晚疫病，茄子疫病、茄子绵疫病，辣椒霜霉病、辣椒疫病，马铃薯晚疫病，从病害发生初期开始喷药，每亩用 81%甲霜·百菌清可湿性粉剂 100～120 克，或 72%甲霜·百菌清可湿性粉剂 120～150 克，兑水 60～75 千克均匀喷雾，每隔 7～10 天喷 1 次，连喷 3～5 次。

防治莴苣、莴笋、白菜、甘蓝等叶菜类蔬菜霜霉病，从病害发生初期开始喷药，用 81%甲霜·百菌清可湿性粉剂 600～800 倍液，或 72%甲霜·百菌清可湿性粉剂 500～700 倍液喷雾，每隔 7～10 天喷 1 次，连喷 2 次左右，重点喷洒叶片背面。

⑥ 甲霜·福美双。由甲霜灵与福美双混配的低毒复合杀菌剂，具保护和治疗双重活性。防治黄瓜、辣椒、番茄、西瓜等瓜果类蔬菜苗床的立枯病、猝倒病，既可苗床撒药土，又可苗床喷淋药液，苗床撒施药土时，播种前每平方米用 3.3%甲霜·福美双粉剂 25～35 克，加干细土 1～1.5 千克，混匀后均匀撒施于苗床表面。苗床喷淋时，多在播种后或初见病株时立即开始用药，每隔 7 天左右喷淋 1 次，连用 2 次。每平方米用 38%甲霜·福美双可湿性粉剂 2～3 克，或 40%甲霜·福美双可湿性粉剂 1.5～2 克，兑水 1～2 千克均匀喷淋苗床，或用 35%甲霜·福美双可湿性粉剂 400～500 倍液，或 45%甲霜·福美双可湿性粉剂 400～600 倍液均匀喷淋苗床。

防治黄瓜霜霉病、番茄晚疫病，从病害发生初期或移栽缓苗后立即开始喷药，用 70%甲霜·福美双可湿性粉剂 700～900 倍液，或 58%甲霜·福美双可湿性粉剂 600～800 倍液，或 50%甲霜·福美双可湿性粉剂 500～600 倍液，或 45%甲霜·福美双可湿性粉剂 500～600 倍液喷雾，重点喷洒叶片背面，每隔 7～10 天喷 1 次。

防治马铃薯晚疫病，从病害发生初期或株高 25～30 厘米开始喷药，每亩用 70%甲霜·福美双可湿性粉剂 100～120 克，或 58%甲霜·福美双可湿性粉剂 120～150 克，或 50%甲霜·福美双可湿性粉剂 100～130 克，兑水 60～75 千克喷雾，每隔 10 天左右喷 1 次，连喷 5～7 次。

防治黄瓜疫病、茄子果实疫病，用 25%甲霜灵可湿性粉剂 800 倍液与 40%福美双可湿性粉剂 800 倍液混配后灌根。

⑦ 甲霜·福美锌。由甲霜灵与福美锌混配的广谱低毒复合杀菌剂，具保护和治疗双重作用。防治黄瓜霜霉病、番茄晚疫病等，从病害发生初期或定植缓苗后开始喷药，每亩用 58%甲霜·福美锌可湿性粉剂 125～

180 克兑水 60～75 千克喷雾，每隔 7～10 天喷 1 次，重点喷洒叶片背面。

⑧ 甲霜灵+琥胶肥酸铜。防治冬瓜疫病，黄瓜的霜霉病和细菌性角斑病，菜心黑斑病，青花菜和紫甘蓝的霜霉病，用 25%甲霜灵可湿性粉剂 800 倍液与 50%琥胶肥酸铜可湿性粉剂 500 倍液混配后，喷洒植株，每隔 7 天喷 1 次，连喷 2～3 次。

● **注意事项**

（1）可与保护性杀菌剂代森类、铜制剂混合使用。不能与石硫合剂或波尔多液等强碱性物质混用。

（2）该药使用常规药量不会产生药害，也不会影响果蔬等的风味品质。

（3）单一长期使用该药，病菌易产生抗性，应与其他杀菌剂混合使用。

（4）如施药后遇雨，应在雨后 3 天补充施药一次。

（5）对皮肤有刺激，使用时注意防护。对蜜蜂、鱼类等水生生物、家蚕有毒，施药期间应避免对周围蜂群的影响，开花作物盛花期、蚕室和桑园附近禁用。

（6）用药次数每季不得超过 3 次。

多菌灵（carbendazim）

$C_9H_9N_3O_2$，191.19

● **其他名称** 多菌灵、健农、金生、蓝多、赞歌、惠好、菌立怕、卡菌丹、大富生、双菌清、立复康、病菌杀星、保卫田、枯萎立克。

● **主要剂型**

（1）单剂 20%、25%、40%、50%、80%可湿性粉剂，22%增效可湿性粉剂，12.5%增效浓可溶剂，37%草酸盐可溶粉剂，50%磺酸盐可湿性粉剂（溶菌灵），60%盐酸盐可湿性粉剂，40%、50%、500 克/升悬浮剂，50%、75%、80%、90%水分散粒剂，40%可湿性超微粉剂，15%烟剂。

（2）混剂　30%、33%、36%、40%、47%、60%三唑酮·多可湿性粉剂，52.5%异菌脲·多菌灵可湿性粉剂。

● **毒性**　低毒。

● **作用机理**　多菌灵属苯并咪唑类、高效、低毒、内吸、广谱性杀菌剂，有预防和治疗作用，主要是干扰真菌细胞有丝分裂中纺锤体的形成，从而影响细胞分裂，导致病菌死亡。

● **产品特点**

（1）多菌灵为目前最常用的杀菌剂品种之一。除了可以喷雾使用以外，多菌灵还可以作拌种和灌根使用。对多种真菌性病害，尤其对枯萎病、黄萎病等土传病害有一定的防治效果，对蔬菜有刺激生长的作用。若长期使用不当，易诱发病原菌产生抗药性。

（2）多菌灵通过植物叶片和种子渗入到植物体内，耐雨水冲刷，持效期较长。其在植物体内的传导和分布与植物的蒸腾作用有关，蒸腾作用强，传导分布快；蒸腾作用弱，传导分布慢；在蒸腾作用较强的部位，如叶片，药剂的分布量较多；在蒸腾作用较弱的器官，如花、果，分布的药剂较少。酸性条件可以增加多菌灵的水溶性，提高药剂的渗透和输导能力。多菌灵在酸化后，透过植物表面角质层的移动力比未酸化时增大 4 倍。

（3）鉴别要点：纯品为白色结晶。几乎不溶于水，对大多数有机溶剂溶解度不好，可溶于稀无机酸和有机酸，并形成相应的盐。原药为浅棕色粉末，常温下可贮存两年。可湿性粉剂为褐色疏松粉末，40%悬浮剂为淡褐色黏稠可流动的悬浮液。选购时查看农药"三证"；产品应取得农药生产批准证书。

● **应用**

（1）单剂应用　主要用于防治蔬菜上常见的灰霉病、白粉病、菌核病、黑星病、立枯病、炭疽病、叶霉病、枯萎病、黄萎病以及大多数的叶斑类病害。除常规喷雾用药外，还可用于灌根、涂抹、浸泡、拌种、土壤消毒及放烟等。

① 喷雾　防治瓜类白粉病、番茄早疫病、豆类炭疽病、油菜菌核病，每亩用 50%多菌灵可湿性粉剂 100～200 克兑水 45～60 千克喷雾。

防治大葱、韭菜灰霉病，用 50%多菌灵可湿性粉剂 300 倍液喷雾。

防治茄子、黄瓜菌核病，瓜类及菜豆炭疽病，豌豆白粉病，用50%多菌灵可湿性粉剂500倍液喷雾。

防治十字花科蔬菜、番茄、莴苣、菜豆菌核病，番茄、黄瓜、菜豆灰霉病，用50%多菌灵可湿性粉剂600～800倍液喷雾。

防治十字花科蔬菜白斑病、豇豆煤霉病、芹菜早疫病（斑点病），用50%多菌灵可湿性粉剂700～800倍液喷雾。

以上喷雾均在发病初期第一次用药，每隔7～10天喷1次，连喷2～3次。

② 灌根　可于发病初期用50%多菌灵可湿性粉剂500倍液灌根，每株灌药液0.25～0.5千克，每隔7～10天灌1次，连灌3～5次。种植前每亩用50%多菌灵可湿性粉剂3～5千克拌细土40～60千克撒施、沟施或穴施，也可播种时将药土下垫上覆，或用50%多菌灵可湿性粉剂500倍液浇灌定植穴，每穴灌药液0.25千克，可防治土传病害、苗期病害（包括十字花科蔬菜黑根病或褐腐病）。

防治黄瓜、番茄枯萎病，茄子黄萎病，用50%多菌灵可湿性粉剂500倍液灌根，每株灌药0.3～0.5千克，发病重的地块间隔10天再灌第二次。

③ 拌种　播前用种子重量0.2%～0.3%的50%多菌灵可湿性粉剂拌种或用50%可湿性粉剂500倍液浸种20分钟后再用清水洗净催芽可防治苗期病害、种传病害。

防治番茄枯萎病，用50%多菌灵可湿性粉剂按种子重量的0.3%～0.5%拌种。

防治菜豆枯萎病，用50%多菌灵可湿性粉剂按种子重量的0.5%拌种，或用50%多菌灵可湿性粉剂60～120倍药液浸种12～24小时。

防治苗期立枯病、猝倒病，用50%多菌灵可湿性粉剂1份，均匀混入半干细土1000～1500份。播种时将药土撒入播种沟后覆土，每平方米用药土10～15千克。

④ 浸种　防治姜枯萎病，用50%多菌灵可湿性粉剂300～500倍液，浸姜种1～2小时后，捞出拌草木灰后下种。

防治马铃薯立枯丝核病，用50%多菌灵可湿性粉剂500倍液，浸种薯10分钟。

防治黄瓜、西葫芦、甜瓜等的黑星病，用 50%多菌灵可湿性粉剂 500 倍液，浸种 20 分钟。

防治冬瓜和节瓜的黑星病、灰斑病，芋枯萎病，用 50%多菌灵可湿性粉剂 500 倍液，浸种 30 分钟。

防治冬瓜和节瓜的枯萎病，茄子和番茄的黄萎病，甜（辣）椒炭疽病，马铃薯黄萎病，茄子的褐纹病、枯萎病，用 50%多菌灵可湿性粉剂 500 倍液，浸种 1 小时。

防治慈姑黑粉病，用 50%多菌灵可湿性粉剂 800 倍液，浸泡慈姑种球 1～3 小时。

防治西瓜枯萎病，用 50%多菌灵可湿性粉剂 1000 倍液（药液温度为 50～60℃），浸种 30～40 分钟。

防治荸荠灰霉病和秆枯病，用 25%多菌灵可湿性粉剂 250 倍液，将荸荠种球茎浸泡 18～24 小时后，按常规播种育苗，定植前，再将荸荠苗浸泡 18 小时。

防治贮藏期南瓜青霉病，用 40%多菌灵悬浮剂 500～1000 倍液，采后浸果。

防治黄瓜黑星病、黑斑病、枯萎病、根腐病，用 50%多菌灵可湿性粉剂 800 倍液与 50%异菌脲可湿性粉剂 800 倍液混配后，浸种 60 分钟。

⑤ 土壤处理　防治油菜褐腐病，每平方米苗床用 50%多菌灵可湿性粉剂 8 克，与 800～1600 克干细土混匀，制成药土，在油菜播种后，用药土盖种。

防治黄瓜、南瓜的枯萎病，每平方米苗床用 50%多菌灵可湿性粉剂 8 克，处理畦面。

防治番茄褐色根腐病。每平方米苗床用 50%多菌灵可湿性粉剂 8～10 克，与 4～5 千克干细土拌匀，制成药土，浇足底水后，先将 1/3 的药土撒于畦面，播种后，再把余下的 2/3 药土覆盖于种子上。

防治茄子褐纹病、赤星病、甜（辣）椒根腐病，每平方米苗床用 50%多菌灵可湿性粉剂 10 克，与 2 千克细土混匀，制成药土，浇足底水后，先将 1/3 的药土撒于畦面，播种后，再把余下的 2/3 药土覆盖于种子上。

防治冬瓜和节瓜的枯萎病，每平方米苗床用 50%多菌灵可湿性粉剂 10 克处理畦面，然后播种。

防治黄瓜、番茄、菜豆等蔬菜的根腐病，将50%多菌灵可湿性粉剂400倍液喷淋苗床。

防治番茄苗期白绢病，在发病初期，用50%多菌灵可湿性粉剂500倍液喷淋苗床，过7天再喷1次。

防治西葫芦曲霉病，用50%多菌灵可湿性粉剂1千克与50千克干细土拌匀，制成药土，将药土撒于植株根部。

防治菜豆根腐病，蚕豆枯萎病、根腐病、茎基腐病，每亩用50%多菌灵可湿性粉剂1.5千克与75千克干细土拌匀，制成药土，将药土撒于植株根部。或将药土穴（沟）施，可防治豇豆根腐病。

防治冬瓜和节瓜枯萎病，每亩用50%多菌灵可湿性粉剂3.5千克，与适量细土拌匀，制成药土，将药土穴施后定植。

防治番茄、茄子、辣椒、马铃薯、蚕豆黄萎病，每亩用50%多菌灵可湿性粉剂2千克，在定植前处理土壤。

防治茄子菌核病，每亩用50%多菌灵可湿性粉剂4～5千克，与适量细土拌匀，撒于畦面，耙入土中。

防治西瓜枯萎病，用50%多菌灵可湿性粉剂1千克加200千克细土与营养土拌匀后，撒于苗床或定植穴内，或用50%多菌灵可湿性粉剂1千克，与25～30千克细土（或已粉碎的饼肥）拌匀，撒于定植穴周围0.11平方米范围内，与土混匀，过2～3天后，再播种。

⑥ 涂抹　防治黄瓜蔓枯病，用50%多菌灵可湿性粉剂20～100倍液，涂抹于茎蔓上发病处。

⑦ 贮藏窖灭菌　防治南瓜贮藏期青霉病，将50%多菌灵可湿性粉剂200～400倍液，在贮前喷洒窖内。

防治番茄贮藏期青霉果腐病，将50%多菌灵可湿性粉剂300倍液，在贮前喷洒窖内。

（2）复配剂应用　多菌灵常与硫黄粉、三唑酮、三环唑、代森锰锌、井冈霉素、嘧霉胺、氟硅唑、腐霉利、三乙膦酸铝、乙霉威、异菌脲、溴菌腈、戊唑醇、丙森锌、硫酸铜钙、福美双、咪鲜胺、甲霜灵、烯唑醇等杀菌剂成分混配，生产复配杀菌剂。

① 多·福。由多菌灵与福美双复配而成。防治茄子立枯病，每平方米用30%多·福可湿性粉剂80～150克毒土处理。防治辣椒立枯病，按

每平方米用 30%多·福可湿性粉剂 10～15 克与细土 15～20 千克混匀，其中 1/3 的量撒于苗床底部，2/3 的量覆盖在种子上面，每季最多施用 1 次。防治茄子枯萎病，用 30%多·福可湿性粉剂 300～500 倍液灌根，安全间隔期 7 天，每季最多施用不超过 3 次。

② 五硝·多菌灵。由五氯硝基苯与多菌灵复配而成。防治西瓜枯萎病，发病前或发病初期，每株用 40%五硝·多菌灵可湿性粉剂 0.6～0.8 克兑水 200～250 毫升灌根，每隔 7 天灌 1 次，安全间隔期 14 天，每季最多施用 2 次。

③ 咪鲜·多菌灵。由咪鲜胺与多菌灵复配而成。防治西瓜炭疽病，发病初期，每亩用 50%咪鲜·多菌灵可湿性粉剂 500～1000 倍液喷雾，每隔 7～10 天喷 1 次，连喷 3 次，安全间隔期 14 天，每季最多施用 3 次。

④ 乙霉·多菌灵。由乙霉威与多菌灵复配而成。防治番茄灰霉病，发病初期，每亩用 60%乙霉·多菌灵可湿性粉剂 90～120 克兑水 30 千克喷雾，每隔 7～10 天喷 1 次，安全间隔期 1 天，每季最多施用 3 次。

⑤ 腐霉·多菌灵。由腐霉利和多菌灵复配而成。防治油菜菌核病，发病初期，每亩用 50%腐霉·多菌灵可湿性粉剂 80～100 克兑水 30～50 千克喷雾，安全间隔期 41 天，每季最多施用 2 次。对黄瓜、大豆、马铃薯敏感。

● 注意事项

（1）多菌灵化学性质稳定，可与一般杀菌剂或者生长调节剂、叶面肥混用，但与杀虫、杀螨剂混用时要随混随用，因为遇到碱性物质容易分解，所以不能与石硫合剂、波尔多液混用，也不能与铜制剂混用，以免降低药效或产生药害。稀释的药液暂不用，静置后会出现分层现象，需摇匀后使用。悬浮剂型有可能会有一些沉淀，摇匀后使用不影响药效。

（2）多菌灵属于特别容易产生抗性的杀菌剂之一，长期单一使用容易使病菌产生抗药性，应与其他杀菌剂轮换使用或混合使用。甲基硫菌灵、硫菌灵、苯菌灵与多菌灵属同一类药剂，所以不宜用其作为与多菌灵轮换使用的药剂。

（3）土壤处理时，有时会被土壤微生物分解，降低药效。如土壤处理效果不理想，可改用其他使用方法。

（4）露地作物在多雨季节喷用，间隔期不要超过 10 天。

（5）本品对蜜蜂、鱼类等生物、家蚕有影响。施药期间应避免对周围蜂群的影响，蜜源作物花期、蚕室和桑园附近禁用。远离水产养殖区施药，禁止在河塘等水体中清洗施药器具。

（6）对眼睛有轻微刺激作用，用药时注意安全保护，工作完毕后及时清洗手脸和可能被污染的部位；误服后尽快服用或注射阿托品，并送医院对症治疗。

（7）在韭菜上安全间隔期为 7 天，每季作物最多使用 3 次；黄瓜安全间隔期为 3～5 天，每季作物最多使用 3 次；西瓜安全间隔期为 14 天，每季作物最多使用 3 次；甜菜安全间隔期为 21 天，每季作物最多使用 3 次；芦笋安全间隔期为 14 天，每季作物最多使用 3 次。

甲基硫菌灵（thiophanate-methyl）

$C_{12}H_{14}N_4O_4S_2$，342.39

- **其他名称** 甲基托布津、杀灭尔、纳米欣、红日、瑞托。
- **主要剂型** 50%、70%、80%可湿性粉剂，40%、50%胶悬剂，10%、36%、48.5%、50%、500 克/升、56%悬浮剂，70%、75%、80%水分散粒剂，4%膏剂，3%、8%、70%、80%糊剂。
- **毒性** 低毒。
- **作用机理** 甲基硫菌灵属苯并咪唑类杀菌剂，主要通过强烈抑制麦角甾醇的生物合成，改变孢子的形态和细胞膜的结构，致使孢子细胞变形、菌丝膨大、分枝畸形，导致直接影响到细胞的渗透性，从而使病菌死亡或受抑制。在作物体内可转化成多菌灵，因此与多菌灵有交互抗性。

● 产品特点

（1）甲基硫菌灵为广谱、内吸杀菌剂，具有向植株顶部传导的功能，对多种蔬菜有较好的预防保护和治疗作用，对叶螨和病原线虫有抑制作用。

（2）该药混用性好，使用方便、安全、低毒、低残留，但连续使用易诱使病菌产生抗药性。悬浮剂相对加工颗粒微细、黏着性好、耐雨水冲刷、药效利用率高，使用方便、环保。

（3）鉴别要点：纯品为无色结晶，工业品为微黄色结晶。几乎不溶于水，可溶于大多数有机溶剂。甲基硫菌灵可湿性粉剂为灰棕色或灰紫色粉末，悬浮剂为淡褐色黏稠悬浊液体。可湿性粉剂应取得农药生产许可证（XK）；其他产品应取得农药生产批准证书（HNP）；选购时应注意识别该产品的农药登记证号、农药生产许可证号（农药生产批准证书号）、执行标准号。

● 应用

（1）单剂应用　可叶面喷雾、拌种、浸种、灌根等。

① 喷雾　防治炭疽病、灰霉病、菌核病、枯萎病、瓜类蔓枯病、白菜白斑病、茄子黄萎病，空心菜、草莓轮斑病，落葵、草莓蛇眼病，根甜菜、芦笋、罗勒、香椿、莲藕等特菜褐斑病，茭白胡麻叶斑病，小西葫芦根霉腐烂病，十字花科蔬菜褐腐病等。在发病初期用 70%甲基硫菌灵可湿性粉剂 800～1000 倍液喷雾，每隔 7～10 天喷 1 次，连喷 2～3 次。

防治番茄叶霉病，发病初期，每亩用 70%甲基硫菌灵可湿性粉剂 35～75 克兑水 30～50 千克均匀喷雾，安全间隔期为 7 天，每季最多施用 3 次，或每亩用 50%甲基硫菌灵悬浮剂 50～75 毫升兑水 30～50 千克均匀喷雾，安全间隔期 5 天，每季最多施用 3 次。

防治黄瓜白粉病，发病前或发病初期，每亩用 50%甲基硫菌灵可湿性粉剂 60～80 克兑水 40～60 千克均匀喷雾，根据病害发生情况可隔 7～10 天用药 1 次，安全间隔期 4 天，每季最多施用 3 次；或每亩用 70%甲基硫菌灵可湿性粉剂 28～40 克兑水 40～60 千克均匀喷雾，每隔 7～10 天喷 1 次，安全间隔期为 5 天，每季最多施用 2 次；或每亩用 50%甲基硫菌灵悬浮剂 60~80 克兑水 40~60 千克均匀喷雾，安全间隔期 3 天，每季最多施用 2 次。

防治瓜类白粉病，发病初期，每亩用 50%甲基硫菌灵可湿性粉剂 45~67.5 克兑水 40~60 千克均匀喷雾，每季最多施用 2 次；或每亩用 70%甲基硫菌灵可湿性粉剂 32~48 克兑水 40~60 千克均匀喷雾，每隔 7~10 天喷 1 次，每季最多施用 2 次。

防治西瓜炭疽病，在发病初期或发病之前开始用药，每亩用 70%甲基硫菌灵可湿性粉剂 55~80 克或 75%甲基硫菌灵水分散粒剂 40~80 克，兑水 40~60 千克均匀喷雾，每隔 7~10 天喷 1 次，安全间隔期为 14 天，每季最多施用 3 次。

防治马铃薯环腐病。发病初期开始施药，用 36%甲基硫菌灵悬浮剂 800~1200 倍液叶面喷雾，视病情发生情况，每隔 10 天左右喷 1 次，连喷 2~3 次。

防治芦笋茎枯病，在发病初期或之前开始用药，每亩用 70%甲基硫菌可湿性粉剂 60~75 克兑水 30~50 千克均匀喷雾，每隔 7~10 天喷 1 次，每季最多施用 3 次，安全间隔期 7 天。

② 拌种　防治菜用大豆灰斑病、四棱豆叶斑病，用 50%甲基硫菌灵可湿性粉剂拌种，用药量为种子重量的 0.2%。

防治豌豆细菌性叶斑病，用 50%甲基硫菌灵可湿性粉剂拌种，用药量为种子重量的 0.5%~1%。

防治大蒜白腐病，用 50%甲基硫菌灵可湿性粉剂拌种，用药量为蒜种重量的 0.4%。

防治豌豆的白粉病、凋萎病，用 70%甲基硫菌灵可湿性粉剂拌种，用药量为种子重量的 0.3%，再密闭 48~72 小时后播种。

防治十字花科蔬菜褐腐病、落葵蛇眼病，除喷雾外，播前可用种子重量的 0.3%的 70%甲基硫菌灵可湿性粉剂拌种。

③ 涂抹　防治西葫芦蔓枯病，将 70%甲基硫菌灵可湿性粉剂兑水稀释成 50 倍液，在病茎上刮掉病层的病斑处涂抹，过 5 天后再涂 1 次。

防治芦笋茎枯病，将 70%甲基硫菌灵可湿性粉剂兑水稀释成 30~50 倍液，在芦笋芽出土后，涂芽 1 次，到嫩秆期，在茎秆基部 20~30 厘米处，涂药 1 次。

防治黄瓜、西葫芦等的菌核病，将 70%甲基硫菌灵可湿性粉剂 1 千克与 50%异菌脲可湿性粉剂 1.5 千克混匀后，兑水稀释成 50 倍液，涂抹于茎上发病处。

④ 土壤处理　防治西葫芦曲霉病，用 50%甲基硫菌灵可湿性粉剂 1 千克与 50 千克干细土拌匀，制成药土，将药土撒于瓜秧基部。

防治冬瓜和节瓜的枯萎病，每亩用 50%甲基硫菌灵可湿性粉剂 3.5 千克，与适量细土拌匀，在定植时施用。

防治黄瓜根腐病，将 50%甲基硫菌灵可湿性粉剂 500 倍液配成药土，撒于根茎部。

防治豇豆根腐病，用 70%甲基硫菌灵可湿性粉剂 1 份，与 50 份细土拌匀后，穴施或沟施，每亩用药剂 1.5 千克。

⑤ 灌根　防治番茄枯萎病、茄子黄萎病，可用 70%甲基硫菌灵可湿性粉剂 400～500 倍液灌根，每株灌药液 0.25～0.5 千克。

防治芦笋紫纹羽病，用 70%甲基硫菌灵可湿性粉剂 700 倍液灌根。

防治芦笋茎枯病，在芦笋幼芽萌动时，用 70%甲基硫菌灵可湿性粉剂 1000 倍液，浇灌根部。

防治西葫芦蔓枯病，在定植穴内、根瓜坐住及根瓜采收后 15 天，用 70%甲基硫菌灵可湿性粉剂 800 倍液各灌根 1 次。

防治豇豆根腐病，用 50%甲基硫菌灵悬浮剂 600～700 倍液灌根。

防治辣椒根腐病，扁豆立枯病，芦笋立枯病、冠腐病，用 50%甲基硫菌灵悬浮剂 600 倍液灌根。

防治苦瓜枯萎病，用 50%甲基硫菌灵悬浮剂 400 倍液灌根。

防治黄瓜枯萎病，用 50%甲基硫菌灵可湿性粉剂 400 倍液灌根。

防治黄瓜、冬瓜、节瓜、甜（辣）椒等的根腐病，南瓜和扁豆的枯萎病，用 50%甲基硫菌灵可湿性粉剂 500 倍液灌根。

⑥ 浸种（果、苗）　防治草莓褐斑病，用 70%甲基硫菌灵可湿性粉剂 500 倍液，浸苗 15～20 分钟，晾干后栽种。

防治荸荠灰霉病、秆枯病，用 50%甲基硫菌灵可湿性粉剂 800 倍液，浸种 18～24 小时，按常规播种球茎。定植时，再浸苗 18 小时。

防治南瓜青霉病，用 50%甲基硫菌灵可湿性粉剂 500～1000 倍液，采后浸果。

防治大蒜白腐病，用 50%甲基硫菌灵可湿性粉剂，用药量为种子重量的 0.2%，用水量为种子重量的 6%，将药剂溶于水中，搅匀后，再用该药拌种。

（2）复配剂应用　甲基硫菌灵常与硫黄粉、福美双、代森锰锌、乙霉威、腈菌唑、丙环唑等杀菌剂成分混配，生产复配杀菌剂。

① 甲硫·乙嘧酚。由甲基硫菌灵与乙嘧酚复配而成。防治甜瓜、豇豆等瓜豆类蔬菜白粉病，在坐果期至幼果膨大期，每亩用 70%甲硫·乙嘧酚可湿性粉剂 20 克兑水 15 千克均匀喷雾；防治辣椒、茄子等茄科类蔬菜白粉病，在坐果期至幼果膨大期，每亩用 70%甲硫·乙嘧酚可湿性粉剂 20 克兑水 15 千克均匀喷雾；防治草莓白粉病，幼果形成期至采收期，每亩用 70%甲硫·乙嘧酚可湿性粉剂 20 克兑水 15 千克均匀喷雾；注意喷湿喷透，发生严重时，可复配 26%苯甲·嘧菌酯悬浮剂（秀丽多）或 36%啶氧菌酯·二氰蒽醌悬浮剂一起使用，可同时防治炭疽、叶斑等病害。

② 甲硫·乙霉威。由甲基硫菌灵和乙霉威混配的一种复合型广谱低毒杀菌剂，具有治疗和保护作用。主要用于防治灰霉病，并对菌核病、褐腐病(灰星病)、花腐病、轮纹病、炭疽病、叶霉病、白粉病、叶斑病等多种真菌性病害具有很好的防治效果。可广泛用于番茄、辣椒、茄子、黄瓜、甜瓜、西葫芦、苦瓜、菜豆、豇豆、莴苣等多种蔬菜。在病害发生前开始用药，一般使用 65%甲硫·乙霉威可湿性粉剂 1000～1500 倍液喷雾。防治保护地蔬菜灰霉病时，一般应连续喷药 2～3 次。防治番茄灰霉病，发病前或发病初期，每亩用 65%甲硫·乙霉威可湿性粉剂 47～70 克兑水 30～50 千克喷雾，每隔 10 天喷 1 次，连续喷 3 次。发病重时，可使用批准登记高剂量。在番茄生产上的安全间隔期为 7 天，每季作物最多使用 3 次。

③ 甲硫·福美双。由甲基硫菌灵与福美双复配而成。防治西瓜枯萎病，在发病初期，用 40%甲硫·福美双可湿性粉剂 600～800 倍液喷雾，每隔 7 天 1 次，连喷 1～3 次，安全间隔期 21 天，每季最多施用 2 次。防治黄瓜枯萎病，在发病初期，用 70%甲硫·福美双可湿性粉剂 400～500 倍液灌根，每株灌 0.25 千克，每隔 7 天灌 1 次，连灌 2 次，安全间隔期 4 天，每季最多施用 2 次。

④ 苯醚·甲硫。由苯醚甲环唑与甲基硫菌灵复配而成。具有内吸、治疗作用，可防治炭疽病、白粉病、叶斑病、轮纹病等。防治黄瓜炭疽病，发病初期，每亩用 34%苯醚·甲硫悬浮剂 75～100 毫升兑水 30～50 千克喷雾，每隔 7 天喷 1 次，连喷 2 次，安全间隔期 4 天，每季最多施用 2 次。防治西瓜蔓枯病，发病初期，每亩用 34%苯醚·甲硫悬浮剂 20～25 毫升兑水 30～50 千克喷雾。防治黄瓜白粉病，发病初期，每亩用 34%苯醚·甲硫悬浮剂 20～30 毫升兑水 30～50 千克喷雾。

⑤ 甲硫·噁霉灵。由甲基硫菌灵和噁霉灵复配的杀菌剂，适用于防治番茄叶霉病，瓜类枯萎病、白粉病、炭疽病等，与其他杀菌剂复配可混性好、见效快。防病治病，壮苗增产。防治西瓜枯萎病，用 56%甲硫·噁霉灵可湿性粉剂 600～800 倍液灌根，安全间隔期 21 天，每季最多施用 1 次。防治瓜类枯萎病、白粉病、炭疽病，发病前或发病初期，用 56%甲硫·噁霉灵可湿性粉剂 500～800 倍液喷雾，每隔 7 天喷药 1 次，视病情连续喷施 2～3 次，或在发病前或发病初期，用药液灌根 3 次。

● **注意事项**

（1）不能与碱性、强酸性农药混用。也不宜与无机铜农药混用。

（2）连续使用易产生抗药性，甲基硫菌灵与多菌灵、苯菌灵等都属于苯并咪唑类杀菌剂，因此应注意与其他药剂轮用。

（3）不少地区用此药防治灰霉病、菌核病等已难奏效，需改用其他适合药剂防治。

（4）悬浮剂可能会有一些沉淀，摇匀后使用不影响药效。

（5）用药时，如药液溅入眼睛，应立即用清水或 2%苏打水冲洗；疼痛时，向眼睛结膜滴 1～2 滴 2%普鲁卡因液；若误食而引起急性中毒时，应立即催吐，症状严重的立即送医院诊治。

（6）对蜜蜂、鱼类等生物、家蚕有影响，施药期间应避免对周围蜂群的影响，蜜源作物花期、蚕室和桑园附近禁用。

（7）远离水产养殖区、河塘等水体施药，禁止在河塘等水体中清洗施药器具，虾、蟹套养稻田禁用，施药后的田水不得直接排入水体。

（8）在黄瓜上安全间隔期为 4 天，在番茄上安全间隔期为 7 天。每季作物最多使用 3 次。

氟吡菌胺（fluopicolide）

$C_{14}H_8Cl_3F_3N_2O$，383.58

● **主要剂型**　没有单剂产品，有复配制剂 70%、687.5 克/升氟菌·霜霉威悬浮剂和 71%乙铝·氟吡胺水分散粒剂。

● **毒性**　低毒。

● **作用机理**　氟吡菌胺主要作用于细胞膜和细胞骨架间的特异性蛋白——类血影蛋白，从而影响细胞的有丝分裂，进而达到对病原菌的各主要形态均有很好抑制活性的效果，而且具有很好的持效性。并在病菌生命周期的许多阶段都起作用，影响孢子的释放和芽孢的萌发。

● **产品特点**

（1）氟吡菌胺为酰胺类广谱杀菌剂，对卵菌纲真菌有很高的生物活性，具有保护和治疗作用。对幼芽处理后能够保护叶片不受病菌侵染。氟吡菌胺有较强的渗透性，在木质部有很好的移动性，能从叶片上表面向下面渗透，从叶基向叶尖方向传导。还能从根部沿植株木质部向整株作物分布，但不能沿韧皮部传导。对根部和叶柄进行施药，氟吡菌胺能迅速移向叶尖端。对未成熟的芽进行施药可以保护其生长中的叶子免受感染，具有非常好的内吸活性和保护治疗作用。

（2）在生产上，氟吡菌胺主要与霜霉威、烯酰吗啉、喹啉铜、氰霜唑、甲霜灵、精甲霜灵、吡唑醚菌酯、嘧霉胺、代森联等复配，生产复配杀菌剂。

（3）氟菌·霜霉威是由最新研制的治疗性杀菌剂氟吡菌胺和强内吸传导性杀菌剂霜霉威盐酸盐复配而成的新型混剂，两种有效成分增效作用显著。氟吡菌胺的杀菌机理与目前所有已知的卵菌纲杀菌剂完全不同，主要作用于病菌细胞膜和细胞间的特异性蛋白而表现杀菌作用，具有多个杀菌作用位点，病菌很难产生抗药性。霜霉威盐酸盐主要影响病菌细胞膜磷脂和脂肪酸的生物合成，进而抑制孢子囊和游动孢子的形成与萌发、抑制菌丝生长及扩散等。

（4）氟菌·霜霉威是德国拜耳公司研发的卵菌纲氟吡菌胺类杀菌剂，特别对辣椒疫病、番茄晚疫病、马铃薯晚疫病、黄瓜霜霉病有良好防效。杀菌见效快，预防、治疗效果好，耐雨水冲刷，持效期长且连续施用 3 次可以延长作物生育期，增加作物产量，提高作物品质。

（5）低毒安全。适合无公害和绿色蔬菜的生产，能在作物的任何生长时期使用，并且对作物还兼有刺激生长、增强作物活力、促进生根和开花的作用。

（6）杀菌独特。对病害控制快，耐雨水冲刷。氟菌·霜霉威对病菌的作用，一方面通过抑制病菌孢囊孢子和游动孢子的形成，抑制病菌菌丝生长和增殖扩散，影响病菌细胞膜磷脂和脂肪酸的合成来实现；另一方面它作用于细胞膜和细胞间的特异性蛋白而表现杀菌活性，属于多作用位点的杀菌剂。

（7）持效期长。一般持效期达 15～20 天。

● **应用**　防治辣椒疫病，辣椒苗用 687.5 克/升氟菌·霜霉威悬浮剂 800 倍液泼浇，每平方米药液量 2 升。发病前或少数病株出现时，用 687.5 克/升氟菌·霜霉威悬浮剂 800 倍液进行大田植株喷雾，每亩用药液量 60 升，每隔 7 天喷 1 次，连喷 3 次。

防治番茄晚疫病，发病初期，用 687.5 克/升氟菌·霜霉威悬浮剂 600～1000 倍液喷雾于茎叶，每隔 10 天喷 1 次，连喷 3 次。

防治黄瓜霜霉病，发病初期用 687.5 克/升氟菌·霜霉威悬浮剂 60～75 毫升兑水 40～60 千克均匀喷雾，每隔 7～8 天喷 1 次，连续 2～3 次，安全间隔期 2 天，每季最多用药 3 次。或用 71%乙铝·氟吡胺水分散粒剂 150～167 克兑水 40～60 千克均匀喷雾，每隔 7 天左右喷 1 次，连续用药 2～3 次，安全间隔期 3 天，每季最多用药 3 次。

防治白菜、萝卜等十字花科蔬菜霜霉病，从初见病斑时开始喷药，每亩用 687.5 克/升氟菌·霜霉威悬浮剂 50～60 毫升兑水 30～45 千克喷雾，每隔 7～10 天喷 1 次，连喷 2 次左右，重点喷洒叶片背面。

防治瓜果蔬菜的茎基部疫病，从田间初见病株时开始用药，用 687.5 克/升氟菌·霜霉威悬浮剂 500～600 倍液喷洒植株茎基部及其周围土壤，且喷洒药液量大些效果较好，7～10 天后再用 1 次。

防治瓜果蔬菜苗床的苗疫病、猝倒病，播种后出苗前或苗床初见病株时开始用药，用 687.5 克/升氟菌·霜霉威悬浮剂 500～600 倍液喷淋苗床。每隔 10 天左右喷淋 1 次，连续喷淋 2 次。

防治马铃薯晚疫病，从田间初见病斑时开始喷药，每亩用 687.5 克/升氟菌·霜霉威悬浮剂 60～80 毫升兑水 45～60 千克均匀喷雾。每隔 10 天左右喷 1 次，与不同类型药剂交替使用，连喷 5～7 次；割秧前喷施一次本剂对于预防薯块受害效果好。

田间应用表明，氟菌·霜霉威还对莴苣、辣椒、花椰菜等作物的霜霉病，茄科蔬菜及冬瓜的绵疫病和猝倒病，其他葫芦科蔬菜霜霉病和猝倒病，番茄腐霉根腐病等具有较好的治疗和保护作用。

● **注意事项**

（1）该药剂最好使用在发病初期。

（2）不要与液体化肥或植物生长调节剂混用，也不能与碱性药剂混用。

（3）为了防止病菌对氟菌·霜霉威产生抗药性，一个生长季节用药最多不超过 3 次，最好与霜霉威、丙森锌、吡唑醚菌酯·代森联、烯酰吗啉四种药剂轮换使用。

（4）对水生生物有极高毒性风险，药品及废液严禁污染各类水域、土壤等环境；水产养殖区、河塘等水体附近禁用；严禁在河塘清洗施药器械。

（5）对赤眼蜂有毒，赤眼蜂等天敌放飞区域禁用。

（6）一般作物安全间隔期为 3 天，每季作物最多使用 3 次。

嘧菌酯（azoxystrobin）

$C_{22}H_{17}N_3O_5$，403.39

● **其他名称** 阿米西达、阿米瑞特、艾嘧西达、龙灯垄优、多米尼西、西普达、阿米佳、优必佳、好为农、金嘧、卓旺、安灭达、绘绿。

● **主要剂型** 25%、250 克/升、30%、35%、50%悬浮剂，25%乳油，20%、25%、50%、60%、70%、80%水分散粒剂，20%、40%可湿性粉剂，10%微囊悬浮剂，5%超低容量液剂，10%、15%悬浮种衣剂，0.1%颗粒剂，25%胶悬剂。

● **毒性** 低毒。

● **作用机理** 嘧菌酯是以源于蘑菇的天然抗菌素为模板，通过人工仿生合成的一种全新的 β-甲氧基丙烯酸酯类杀菌剂，具有保护、治疗和铲除三重功效，但治疗效果属于中等。通过抑制细胞色素 b 向细胞色素 c_1 间电子转移而抑制线粒体的呼吸，破坏病菌的能量形成，最终导致病菌死亡。通过抑制孢子萌发、菌丝生长及孢子产生而发挥防病作用。对 14-脱甲基化酶抑制剂、苯甲酰胺类、二羧酰胺类和苯并咪唑类产生抗性的菌株有效。另外，该药在一定程度上还可诱导寄主植物产生免疫特性，防止病菌侵染。

● **产品特点** 嘧菌酯纯品为白色固体。嘧菌酯为甲氧基丙烯酸酯类杀菌剂的第一个产品，系线粒体呼吸抑制剂。杀菌活性高，抗菌谱广，与现有的所有杀菌剂之间不存在交互抗性。因为它是仿生合成的，所以低毒、低残留，是生产无公害食品的理想用药。世界上已在 80 多种作物病害上获得登记。

（1）杀菌谱广　嘧菌酯是一个防治真菌病害的药剂，能防治几乎所有的作物真菌病害，是目前防治病害种类最多的内吸性杀菌剂种类。

（2）持效期长　持效期 15 天，可减少用药次数。

（3）作用独特　嘧菌酯在发病全过程均有良好的杀菌作用，病害发生前阻止病菌的侵入，病菌侵入后可清除体内的病菌，发病后期可减少新孢子的产生，对作物提供全程的防护作用。

（4）改善品质　能够显著地改善番茄、辣（甜）椒、黄瓜、西瓜、冬瓜、丝瓜等果实品质，使用嘧菌酯能够促进植物叶片叶绿素的含量增加，作物叶面更绿、叶片更大，绿叶的保持时间更长，刺激作物对逆境的反应，延缓作物衰老，能够提高植物的抗寒和抗旱能力。这种综合的对植物的促壮作用，使得植物始终处于一个非常健康的状态，叶片能够制造更多养分，根系也能够吸收更多的养分供应植物形成更高的产量，是一个真正意义上的既能杀菌又能增产的新型多功能杀菌剂。

（5）嘧菌酯除了用于茎叶喷雾、种子处理，也可用于土壤处理。

● 应用

（1）单剂应用　在蔬菜上对各种霜霉病、晚疫病、早疫病、炭疽病、白粉病、叶霉病、立枯病、猝倒病、根腐病、锈病、灰霉病、菌核病、褐纹病、褐斑病等都有很好的效果，但对病毒病和细菌性病害没有效果。

防治番茄晚疫病，于发病前或发病初期用药，每亩用 250 克/升嘧菌酯悬浮剂 45～90 毫升兑水 30～50 千克均匀喷雾，每隔 7～10 天用药 1 次，安全间隔期 7 天，每季最多施用 3 次；或每亩用 50%嘧菌酯水分散粒剂 40～60 克兑水 30～50 千克均匀喷雾，每隔 7～14 天喷 1 次，安全间隔期 7 天，每季最多施用 3 次。

防治番茄早疫病，于发病初期开始用药，用 25%嘧菌酯悬浮剂 24～32 毫升，或 30%嘧菌酯悬浮剂 20～30 毫升，或 250 克/升嘧菌酯悬浮剂 24～32 毫升，兑水 30～50 千克均匀喷雾，每隔 7～10 天喷 1 次，安全间隔期 5 天，每季最多施用 3 次。

防治番茄叶霉病，发病前或发病初期，每亩用 250 克/升嘧菌酯悬浮剂 60～90 毫升兑水 30～50 千克均匀喷雾，每隔 7～10 天喷 1 次，安全间隔期 14 天，每季最多施用 3 次。

防治辣椒疫病，发病前或发病初期，每亩用 50%嘧菌酯水分散粒剂 20～36 克兑水 30～50 千克均匀喷雾，施药间隔期 7～10 天，安全间隔期 7 天，每季最多施用 3 次；或用 250 克/升嘧菌酯悬浮剂 40～72 毫升兑水 30～50 千克均匀喷雾，每隔 7～10 天喷 1 次，安全间隔期 5 天，每季最多施用 3 次。

防治辣椒炭疽病，在病害发生前或初见零星病斑时用药，每亩用 250 克/升嘧菌酯悬浮剂 33～48 毫升兑水 30～50 千克均匀喷雾，每隔 7～10 天喷 1 次，安全间隔期 5 天，每季最多施用 3 次。

防治茄子疫病、白粉病、炭疽病、褐斑病、黄萎病等，发病初期每亩用 25%嘧菌酯悬浮剂 32～48 毫升兑水 30～50 千克叶面喷雾，每隔 3～7 天喷 1 次，连喷 3 次。

防治黄瓜白粉病，发病前或发病初期，每亩用 250 克/升嘧菌酯悬浮剂 60～90 毫升兑水 40～60 千克均匀喷雾，每隔 7～10 天喷 1 次，安全间隔期 7 天，每季最多施用 2 次；或每亩用 50%嘧菌酯悬浮剂 30～45 毫升兑水 40～60 千克均匀喷雾，于发病前或初期第一次施药，每隔 7～10 天喷 1 次，安全间隔期 1 天；或每亩用 50%嘧菌酯水分散粒剂 24～45 克兑水 40～60 千克均匀喷雾，每隔 5～7 天喷 1 次，安全间隔期 5 天，每季最多施用 3 次。

防治黄瓜霜霉病，发病前或发病初期，每亩用 50%嘧菌酯水分散粒剂 16～24 克兑水 40～60 千克均匀喷雾，每隔 7～10 天喷 1 次，安全间隔期 3 天，每季最多施用 3 次；或每亩用 80%嘧菌酯水分散粒剂 10～15 克兑水 40～60 千克均匀喷雾，每隔 7 天喷 1 次，安全间隔期 5 天，每季最多施用 3 次；或用 25%嘧菌酯悬浮剂 40～90 毫升兑水 40～60 千克均匀喷雾，每隔 5～7 天喷 1 次，安全间隔期 3 天，每季最多施用 3 次。

防治黄瓜蔓枯病，在开花前、谢花后和幼果期用药，每亩用 250 克/升嘧菌酯悬浮剂 60～90 毫升兑水 40～60 千克均匀喷雾，安全间隔期 2 天，每季最多施用 3 次。

防治黄瓜黑星病，于病害发生前或初见零星时用药，每亩用 250 克/升嘧菌酯悬浮剂 60～90 毫升兑水 40～60 千克均匀喷雾，每隔 7～10 天喷 1 次，安全间隔期 1 天，每季最多施用 3 次。

防治西瓜（甜）炭疽病、疫病、猝倒病、叶斑病、枯萎病等，发病初期用 25%嘧菌酯悬浮剂 800～1600 倍液喷雾，每隔 3～7 天喷 1 次，连喷 3 次。

防治冬瓜霜霉病、炭疽病，于病害发生前或初见零星病斑时用药，每亩用 250 克/升嘧菌酯悬浮剂 48～90 毫升兑水 40～60 千克喷雾，每隔 7～10 天喷 1 次，安全间隔期 7 天，每季最多施用 2 次。

防治丝瓜霜霉病，在病害发生前或初见零星病斑时用药，每亩用 250 克/升嘧菌酯悬浮剂 48～90 毫升兑水 40～60 千克喷雾，每隔 7～10 天喷 1 次，安全间隔期 7 天，每季最多施用 2 次。

防治芋头疫病，发病初期，每亩用 250 克/升嘧菌酯悬浮剂 45～60 毫升或 30%嘧菌酯悬浮剂 37.5～50 毫升，兑水 30～50 千克喷雾，每隔 7～10 天喷 1 次，安全间隔期 45 天，每季最多施用 3 次。

防治菜豆锈病，每亩用 25%嘧菌酯悬浮剂 40～60 毫升喷雾。

防治豇豆炭疽病，发病初期，用 25%嘧菌酯悬浮剂 1000 倍液喷雾，每隔 10 天左右喷 1 次，连喷 2～3 次。

防治蚕豆轮纹病，发病初期，用250克/升嘧菌酯悬浮剂1000倍液喷雾，每隔10天左右喷1次，连喷1～2次。

防治扁豆绵疫病，发病初期，用250克/升嘧菌酯悬浮剂1000倍液喷雾。

防治花椰菜霜霉病，在病害发生前或初见零星病斑时用药，每亩用250克/升嘧菌酯悬浮剂40～72毫升兑水30～50千克均匀喷雾，每隔7～10天喷1次，安全间隔期14天，每季作物最多施用2次。

防治大白菜、白菜芸薹链格孢和芸薹生链格孢叶斑病，发现病株，用250克/升嘧菌酯悬浮剂1200倍液喷雾，每隔7天左右喷1次，连喷3～4次。

防治结球甘蓝、紫甘蓝炭疽病、白粉病，发病初期，用250克/升嘧菌酯水分散粒剂1000～1200倍液喷雾。

防治萝卜白锈病、炭疽病，发病初期开始，用250克/升嘧菌酯悬浮剂1000倍液喷雾。

防治芹菜斑枯病、茄子黄萎病等，用25%嘧菌酯悬浮剂2500倍液喷雾，每季最多使用3次。

防治菠菜霜霉病、炭疽病，发病初期，用250克/升嘧菌酯悬浮剂1500倍液喷雾，每隔7～10天左右喷1次，连喷2～3次。

防治蕹菜茄匍柄霉叶斑病、炭疽病、白锈病，发病初期，用250克/升嘧菌酯悬浮剂1000倍液，或32.5%苯甲·嘧菌酯悬浮剂1500倍液喷雾，每隔7～10天喷1次，连喷3～4次。

防治苋菜、彩苋炭疽病，发病初期，用250克/升嘧菌酯悬浮剂1000倍液，或32.5%苯甲·嘧菌酯悬浮剂1500倍液喷雾，每隔7～10天喷1次，连喷2～3次。

防治茼蒿炭疽病，发病初期，用250克/升嘧菌酯悬浮剂1000倍液，或32.5%苯甲·嘧菌酯悬浮剂1500倍液喷雾，每隔7～10天喷1次，连喷2～3次。

防治冬寒菜炭疽病，发病初期，用250克/升嘧菌酯悬浮剂1000倍液喷雾，每隔7～10天喷1次，连喷2～3次。

防治落葵叶点霉紫斑病，发病初期，用250克/升嘧菌酯悬浮剂1000倍液喷雾。

防治黄花菜炭疽病，发病初期，用 32.5%苯甲·嘧菌酯悬浮剂 1500倍液或 250 克/升嘧菌酯悬浮剂 1000 倍液喷雾，每隔 7～10 天喷 1 次，连喷 3～4 次。

防治黄花菜叶斑病，发病初期，用 250 克/升嘧菌酯悬浮剂 1000 倍液喷雾，每隔 7～10 天喷 1 次，连喷 2～3 次。

防治芦笋炭疽病，发病初期，用 32.5%苯甲·嘧菌酯悬浮剂 1500 倍液，或 250 克/升嘧菌酯悬浮剂 1000 倍液喷雾，每隔 10 天喷 1 次，连喷 2～3 次。

防治草莓蛇眼病，发病初期，喷淋 25%嘧菌酯悬浮剂 900 倍液，每隔 7～10 天喷 1 次，共喷 3 次。

防治草莓炭疽病，发病前或发病初期，每亩用 25%嘧菌酯悬浮剂 40～60 毫升兑水 30～50 千克喷雾，每隔 7～10 天喷 1 次，连喷 2～3 次。

防治水生蔬菜褐斑病、荸荠秆枯病，用 25%嘧菌酯乳油 1500 倍液喷雾。

防治莲藕炭疽病，发病初期，用 32.5%苯甲·嘧菌酯悬浮剂 1500 倍液或 250 克/升嘧菌酯悬浮剂 1000 倍液喷雾，每隔 7～10 天喷 1 次，连喷 2～3 次。

防治莲藕叶疫病，发病初期，用 250 克/升嘧菌酯悬浮剂 1000 倍液喷雾。

防治莲藕叶斑病，发病前或发病初期，用 250 克/升嘧菌酯悬浮剂 1500～2000 倍液，或 30%嘧菌酯悬浮剂 1800～2400 倍液喷雾，每隔 7～10 天喷 1 次，安全间隔期 21 天，每季最多施用 2 次。

防治姜炭疽病，发病初期，用 250 克/升嘧菌酯悬浮剂 1000 倍液喷雾，每隔 10～15 天喷 1 次，连喷 2～3 次，注意喷匀喷足。

防治芋炭疽病，在发病前，用 32.5%嘧菌酯悬浮剂 1500 倍液喷雾，每隔 7～10 天喷 1 次，连喷 2～3 次。

防治西瓜炭疽病，发病初期，用 50%嘧菌酯水分散粒剂 1667～3333 倍液喷雾，安全间隔期 7 天，每季最多施用 3 次；或用 25%嘧菌酯悬浮剂 600～1660 倍液喷雾，每隔 10 天左右喷 1 次，安全间隔期 10 天，每季最多施用 3 次。

防治马铃薯黑痣病，在马铃薯播种时，于播种沟土壤及种薯表面喷雾处理，每亩用 250 克/升嘧菌酯悬浮剂 48～60 毫升兑水 30～50 千克均匀喷雾或沟施，每季最多施用 1 次。

防治马铃薯晚疫病，发病前或发病初期，每亩用 250 克/升嘧菌酯悬浮剂 15～20 毫升兑水 30～50 千克喷雾，每隔 7～10 天喷 1 次，安全间隔期 14 天，每季最多施用 3 次；或用 50%嘧菌酯水分散粒剂 8.7～10 克兑水 30～50 千克喷雾，每隔 7～10 天喷 1 次，安全间隔期 11 天，每季最多施用 3 次；或用 60%嘧菌酯水分散粒剂 6.5～9 克兑水 30～50 千克喷雾，安全间隔期 10 天，每季最多施用 3 次。

防治马铃薯早疫病，在病害发生前或初见零星病斑时用药，每亩用 250 克/升嘧菌酯悬浮剂 40～50 毫升，或 50%嘧菌酯水分散粒剂 15～35 克，或 20%嘧菌酯水分散粒剂 45～60 克，兑水 30～50 千克喷雾，每隔 7～10 天喷 1 次，连喷 2～3 次，安全间隔期 14 天，每季最多施用 3 次。

防治马铃薯炭疽病，发病初期，用 250 克/升嘧菌酯悬浮剂 1000 倍液喷雾。

（2）复配剂应用　嘧菌酯可与百菌清、苯醚甲环唑、丙环唑、戊唑醇、烯酰吗啉、精甲霜灵、咪鲜胺、甲霜灵、甲基硫菌灵、霜脲氰、己唑醇、噻唑锌、噻霉酮、霜霉威盐酸盐、丙森锌、多菌灵、乙嘧酚、宁南霉素、四氟醚唑、几丁聚糖、氟环唑、噻呋酰胺、粉唑醇、氰霜唑、咯菌腈、氨基寡糖素、腐霉利、氟酰胺、吡唑萘菌胺等杀菌剂成分复配，用于生产复配杀菌剂。

① 苯甲·嘧菌酯。由苯醚甲环唑与嘧菌酯复配而成。属高效、低毒、低残留的环境友好型杀菌剂。具有杀菌、保护双重功效，特别适合于不良气候条件下、病害发生期使用。其杀菌范围极广，对作物的真菌病害几乎都有预防和治疗效果，尤其是对作物的霜霉病、炭疽病、蔓枯病、白粉病、叶霉病、疫病、叶斑病防效更为优异。活性强，可以迅速渗透叶、茎组织，阻止病菌细胞的呼吸而致病菌死亡。

防治西瓜蔓枯病、西瓜炭疽病，每亩用 32.5%苯甲·嘧菌酯（阿米妙收）悬浮剂 30～50 毫升兑水 30～50 千克喷雾，安全间隔期 14 天，每季最多施用 3 次。

防治西瓜白粉病，每亩用 40%苯甲·嘧菌酯悬浮剂 30～40 毫升兑水 30～50 千克喷雾，安全间隔期 14 天，每季最多施用 3 次。

防治辣椒炭疽病，每亩用 32.5%苯甲·嘧菌酯悬浮剂 20～50 毫升兑水 30～50 千克喷雾，安全间隔期 7 天，每季最多施用 3 次。防治豇豆炭疽病，每亩用 32.5%苯甲·嘧菌酯悬浮剂 30～50 毫升兑水 40～60 千克喷雾，安全间隔期 7 天，每季最多施用 3 次。

防治姜炭疽病，每亩用 32.5%苯甲·嘧菌酯悬浮剂 40～60 毫升兑水 30～50 千克喷雾，安全间隔期 14 天，每季最多施用 3 次。

防治大蒜锈病，每亩用 32.5%苯甲·嘧菌酯悬浮剂 20～40 毫升兑水 30～50 千克喷雾，每隔 10 天喷 1 次，安全间隔期 14 天，每季最多施用 2 次。

防治马铃薯黑痣病，每亩用 32.5%苯甲·嘧菌酯悬浮剂 70～110 毫升兑水 30～50 千克沟施。

② 嘧菌·百菌清。由嘧菌酯与百菌清复配而成。为广谱、保护性杀菌剂，在作物苗期和生长中后期发病前，或发病轻微时使用，可有效防治瓜类的霜霉病、叶枯病、白粉病、炭疽病、褐斑病等，以及茄果类蔬菜的早疫、晚疫、叶霉、白粉、灰霉病等。

防治番茄早疫病，发病前或发病初期，每亩用 560 克/升嘧菌·百菌清（阿米多彩）悬浮剂 75～120 毫升兑水 45 千克喷雾，每隔 7～10 天喷 1 次，安全间隔期 5 天，每季最多施用 3 次。

防治辣椒炭疽病，发病前或发病初期，每亩用 560 克/升嘧菌·百菌清悬浮剂 80～120 毫升兑水 45 千克喷雾，每隔 7～10 天喷 1 次，安全间隔期 5 天，每季最多施用 3 次。

防治西瓜蔓枯病，发病前或发病初期，每亩用 560 克/升嘧菌·百菌清悬浮剂 75～120 毫升兑水 45 千克喷雾，每隔 7～10 天喷 1 次，安全间隔期 14 天，每季最多施用 3 次。

防治黄瓜霜霉病，发病前或发病初期，每亩用 560 克/升嘧菌·百菌清悬浮剂 60～120 毫升兑水 45 千克喷雾，每隔 7～10 天喷 1 次，安全间隔期 3 天，每季最多施用 3 次。

③ 吡萘·嘧菌酯。由吡唑萘菌胺与嘧菌酯复配而成。可防治黄瓜白粉病、西瓜白粉病、番茄叶斑病等。

防治黄瓜白粉病，发病前或刚现零星病斑时，每亩用 20%吡萘·嘧菌酯悬浮剂（绿妃）30～50 毫升兑水 30～60 千克喷雾，每隔 7～10 天喷 1 次，安全间隔期 3 天，每季最多施用 3 次。

④ 嘧菌·噁霉灵。由嘧菌酯和噁霉灵复配而成。

防治马铃薯黑痣病，播种或移栽前沟施 1 次，每亩用 1% 嘧菌·噁霉灵颗粒剂 2.5～3 千克沟施。

防治番茄土传病害。在移栽时穴施，或一穗果期穴施，每亩用 1% 嘧菌·噁霉灵颗粒剂 5 千克与 20 千克土拌土穴施。

防治草莓土传病害。母苗繁殖时，每亩用 1% 嘧菌·噁霉灵颗粒剂 5～7.5 千克拌土 5～10 千克撒施（选择雨天撒施），8 月下旬～9 月初，每亩用 1% 嘧菌·噁霉灵颗粒剂 5～7.5 千克，在草莓定植后撒施 1 次，盖地膜前撒施 1 次。

防治芹菜土传病害。苗期冲施，每亩用 1% 嘧菌·噁霉灵颗粒剂 5 千克随水冲施，每隔 15 天冲 1 次。

防治芋头土传病害。苗期培土时，每亩用 1% 嘧菌·噁霉灵颗粒剂 5～7.5 千克拌复合肥穴施；成长期 5～6 个月，每亩用 1% 嘧菌·噁霉灵颗粒剂 5～7.5 千克拌 50 千克复合肥撒施。

⑤ 精甲·嘧菌酯。为精甲霜灵与嘧菌酯的复配剂。防治姜茎基腐病，播种前用 39% 精甲·嘧菌酯悬浮剂 3000～4000 倍液浸种 30 分钟左右，以浸透种姜为宜，晾干后种植。

防治马铃薯晚疫病，发病前或发病初期，每亩用 39% 精甲·嘧菌酯悬浮剂 13～17.5 千克兑水 30～50 千克喷雾，每隔 7 天喷 1 次，连喷 3 次，安全间隔期 3 天，每季最多施用 3 次。

防治草莓根腐病（疫霉根腐病、腐皮根腐病）、红中柱根腐病、猝倒病、立枯病及根茎部炭疽病等，一是可以用苗期蘸根，按 39% 精甲·嘧菌酯悬浮剂 15 毫升兑水 15 千克蘸根，每亩用药液 30～40 千克。二是灌根，移栽后 5～7 天，按 39% 精甲·嘧菌酯悬浮剂 15 毫升兑水 20 千克淋灌根，每亩用药液 2000 千克。三是灌淋第二次，7～10 天后，按 39% 精甲·嘧菌酯悬浮剂 15 毫升兑水 20 千克蘸根，每亩用药液 300 千克。四是随水浇灌（滴灌最好），15 天后，每亩用 39% 精甲·嘧菌酯悬浮剂 200 毫升随水滴灌。

⑥ 戊唑·嘧菌酯。由戊唑醇与嘧菌酯复配而成。内吸性杀菌剂，渗透性强，具保护和治疗双重作用，高效广谱，对多种粉、锈、斑类病害

均有较好预防和治疗效果，且持效期长。防治蔬菜白粉病、锈病、叶斑病，于病害发生初期，用 40%戊唑·嘧菌酯悬浮剂 1500～2000 倍液喷雾。防治瓜类蔓枯病，于病害发生初期，用 40%戊唑·嘧菌酯悬浮剂 1500～2000 倍液喷雾。

● **注意事项**

（1）一定要在发病前或发病初期使用　嘧菌酯是一个具有预防兼治疗作用的杀菌剂，但它最强的优势是预防保护作用，而不是它的治疗作用。它的预防保护效果是普通保护性杀菌剂的十几倍到 100 多倍，而它的治疗作用和普通的内吸治疗性杀菌剂没有多大差别。

（2）要有足够的喷水量　一个 50～60 米长的温室在成株期（番茄、黄瓜、茄子、甜椒）至少要喷 4 喷雾器水（60 千克）、80 米长的棚要喷 6～7 喷雾器水。使用浓度 1500 倍液（每喷雾器水加 1 包嘧菌酯），每隔 10～15 天喷 1 次，连喷 2～3 次。如果叶片被露水打湿而重新湿润，吸收将会增强，药后 2 小时降雨并不影响药效。

（3）不推荐与其他药剂混合使用　嘧菌酯化学性质是比较稳定的，在正常情况下与一般的农药现混现用都不会有问题，但不推荐嘧菌酯与其他药剂混合使用，特别是不要与一些低质量的药剂混用，以免降低药效或发生其他反应。需要混合时要提前做好试验，在确信不会发生反应后再正式混合使用。

（4）最好与其他药剂轮换使用　本药剂使用次数不可过多，不可连续用药，为防止病菌产生抗药性，要根据病害种类与其他药剂交替使用（如百菌清、苯醚甲环唑、精甲霜·锰锌、嘧霉胺、氢氧化铜等）。如气候特别有利于病害发生时，使用过嘧菌酯的蔬菜也会轻度发病，可选用其他杀菌剂进行针对性预防和治疗。

（5）要掌握好使用时期　不同的使用时期对作物的增产效果和防病效果差异很大。有试验表明：对于果菜类蔬菜（黄瓜、番茄、辣椒、茄子、甜瓜、西瓜、菜豆等），嘧菌酯的最佳使用时期是在开花结果初期。在叶类、根类蔬菜上，最佳的使用时期是在蔬菜快速生长期。例如芹菜、韭菜是在封行之前，白菜、花椰菜、莴笋、萝卜等是在团棵期。因此，嘧菌酯的使用时期不能像其他杀菌剂一样在病害发生以后才使用，而是按着蔬菜的生长期来确定。这也是充分发挥嘧菌酯既能增产又能防病作用的关键技术。

（6）在番茄上阴天禁止用药，应在晴天上午用药。

（7）对藻类、鱼类等水生生物有毒，应避免药液流入湖泊、河流或鱼塘中。鱼或虾、蟹套养稻田禁用，鸟类保护区、赤眼蜂天敌等放飞区禁用。清洗喷药器械或弃置废料时，切忌污染水源。应远离水产养殖区域用药。

醚菌酯（kresoxim-methyl）

$C_{18}H_{19}NO_4$，313.35

● **其他名称** 翠贝、苯氧菌酯、品劲、白粉速净、白粉克星、白大夫、隔日清、粉病康、护翠、豆粉锈、止白、百润、百美、粉翠。

● **主要剂型** 50%干悬浮剂，10%、250克/升、30%、40%、50%悬浮剂，10%微乳剂，10%水乳剂，30%、50%、60%、80%水分散粒剂，30%、50%可湿性粉剂，30%悬浮种衣剂。

● **毒性** 低毒。

● **作用机理** 醚菌酯属甲氧基丙烯酸酯类杀菌剂，其杀菌机理是通过抑制细胞色素 b 向细胞色素 c_1 间电子转移而抑制线粒体的呼吸，破坏病菌能量 ATP 的形成，最终导致病菌死亡。该药可作用于病害发生的各个过程，通过抑制孢子萌发、菌丝生长及孢子产生而发挥防病作用。对其他三唑类、苯甲酰胺类和苯并咪唑类产生抗性的病菌有效。具有保护、治疗、铲除、渗透、内吸活性。

● **产品特点** 醚菌酯原药为白色粉末结晶体，干悬浮剂为暗棕色颗粒，具轻微的硫黄气味。醚菌酯是一种由自然界提取的新型仿生杀菌剂，杀菌谱广，活性高，用量极低，持效时间长，作用机制独特，毒性低，对环境安全，可与其他杀菌剂混用或轮用。同时，该药在一定程度上还可诱导寄主植物产生免疫特性，防止病菌侵染。

（1）对真菌有很高的活性，杀菌谱广 对白粉病有特效，具治疗和铲除功能。同时对炭疽病、灰霉病、黑星病、叶斑病、霜霉病、疫病等病害高效。它与常规杀菌剂有着完全不同的杀菌机理，与常规杀菌剂无交互抗性。

（2）预防和治疗兼备　醚菌酯喷在作物体上，其有效成分醚菌酯以气态形式扩散，既可阻止叶片、果实表面的病菌孢子萌发、芽管伸长和侵入，起到预防保护作用，又能穿透蜡质层和表皮或通过气孔进入体内，抑制已入侵病菌生长，使菌丝萎缩，抑制产孢，使已产生的孢子不能萌发，达到治疗铲除作用，有效控制病害的发生为害。

（3）耐冲刷，持效期较长，使用方便　醚菌酯干悬浮剂型，在喷药后微小颗粒沉积于作物上，其有效成分可被叶片、果实脂质外表皮吸附，不易被雨水冲刷。有效成分以扩散的形式缓慢释放，持效期长达 10～14天。可按需要灵活掌握用药时机，药剂有层移性及叶面穿透功能，如果仅仅叶片的一面有药，有效成分可穿透叶片，几小时后对没被处理的叶片表面同样有效。

（4）毒性低残留量少　醚菌酯对真菌活性很高，但对动物、植物毒性极低，对鸟、蜜蜂及有益生物（天敌）无毒。但水生生物鱼和绿藻对其比较敏感，对它们而言有一定毒性。

（5）安全性好　在作物幼苗期、开花期、幼果期都能使用，在安全间隔期后，残留很低，使用安全。

（6）延缓衰老　醚菌酯能对作物产生积极的生理调节作用，它能抑制乙烯的产生，帮助作物有更长的时间储备生物能量确保成熟度。施用醚菌酯后的作物比对照蛋白质减少 65%，叶绿素分解减少 71%，可延长采收期 7～15 天。施用醚菌酯 2～3 天后的作物比对照叶色明显浓绿，光合作用能力增强。能显著提高作物硝化还原酶的活性，当作物受到病毒袭击时，它能快速抵抗病毒，抑制病毒中蛋白的形成。

（7）作用位点非常单一，抗性起得比较快，一个生长季最多使用 3次，不宜长期使用单剂作为治疗手段，最好混配其他杀菌剂使用或者使用复配剂。

- **应用**

（1）单剂应用　醚菌酯适用于多种瓜果蔬菜，对许多种真菌性病害具有很好的防治效果。目前生产中主要用于防治西瓜及甜瓜的炭疽病、白粉病，黄瓜的霜霉病、白粉病、黑星病、蔓枯病，丝瓜的霜霉病、白粉病、炭疽病，冬瓜的霜霉病、疫病、炭疽病，番茄的晚疫病、早疫病、叶霉病，辣椒的炭疽病、疫病、白粉病，十字花科蔬菜霜霉病、黑斑病，花椰菜霜霉病，菜豆、豌豆、豇豆等豆类蔬菜的白粉病、锈病，菜用大豆的锈病、霜霉病，马铃薯的晚疫病、早疫病、黑痣病，菜用花生的叶斑病、锈病等。

防治西瓜及甜瓜的炭疽病、白粉病，从病害发生初期或初见病斑时开始喷药，用 250 克/升醚菌酯悬浮剂 1000～1500 倍液，或 50%醚菌酯水分散粒剂 2000～3000 倍液均匀喷雾。每隔 10 天左右喷 1 次，与不同类型药剂交替使用，连喷 3～4 次。

防治草莓白粉病、灰霉病，从病害发生初期开始喷药，用 50%醚菌酯水分散粒剂 3000～4000 倍液，或 30%醚菌酯可湿性粉剂 2000～2500 倍液喷雾。每隔 10～15 天喷 1 次，连喷 2～3 次。

防治黄瓜霜霉病、白粉病、黑星病、蔓枯病，以防治霜霉病为主，兼防白粉病、黑星病、蔓枯病。从定植后 3～5 天或初见病斑时开始喷药，每亩用 250 克/升醚菌酯悬浮剂 60～90 毫升，或 50%醚菌酯水分散粒剂 30～45 克，兑水 60～90 千克均匀喷雾。植株小时用药量适当降低。每隔 7～10 天喷 1 次，与不同类型药剂交替使用，连续喷药。

防治丝瓜霜霉病、白粉病、炭疽病，从病害发生初期开始喷药，药剂使用量同"黄瓜霜霉病"。每隔 10 天左右喷 1 次，与不同类型药剂交替使用，连喷 2～4 次。

防治冬瓜霜霉病、疫病、炭疽病，从病害发生初期开始喷药，药剂使用量同"黄瓜霜霉病"。每隔 7～10 天喷 1 次，与不同类型药剂交替使用，连喷 3～4 次。

防治番茄晚疫病、早疫病、叶霉病，前期以防治晚疫病为主，兼防早疫病，从初见病斑时开始喷药，每隔 7～10 天喷 1 次，与不同类型药剂交替使用，连喷 3～5 次；后期以防治叶霉病为主，兼防晚疫病、早疫病，从初见病斑时开始喷药，每隔 10 天左右喷 1 次，连喷 2～3 次，重点喷洒叶片背面。药剂使用量同"黄瓜霜霉病"。

防治番茄白粉病，发病初期叶片上出现白粉时，用 50%醚菌酯水分散粒剂 2000 倍液（已产生抗药性的用 600 倍液）喷雾。

防治辣椒炭疽病、疫病、白粉病，从病害发生初期或初见病斑时开始喷药，每亩用 250 克/升醚菌酯悬浮剂 50～70 毫升，或 50%醚菌酯水分散粒剂 25～35 克，兑水 60～75 千克均匀喷雾。每隔 10 天左右喷 1 次，与不同类型药剂交替使用，连喷 3～4 次。

防治十字花科蔬菜霜霉病、黑斑病，从病害发生初期开始喷药，每亩用 250 克/升醚菌酯悬浮剂 40～60 毫升，或 50%醚菌酯水分散粒剂 20～30 克，兑水 45～60 千克均匀喷雾。每隔 10 天左右喷 1 次，连喷 1～2 次。

防治大白菜白粉病，发病初期，用 50%醚菌酯水分散粒剂 1500 倍液喷雾，每隔 7～10 天喷 1 次，防治 1～2 次。

防治结球甘蓝、紫甘蓝炭疽病，发病初期，用 50%醚菌酯水分散粒剂 1500 倍液喷雾。

防治花椰菜霜霉病，从初见病斑时开始喷药，药剂使用量同"十字花科蔬菜霜霉病"。每隔 7～10 天喷 1 次，连喷 2 次左右。

防治菜豆、豌豆、豇豆等豆类蔬菜的白粉病、锈病，从病害发生初期开始喷药，用 250 克/升醚菌酯悬浮剂 1000～1200 倍液，或 50%醚菌酯水分散粒剂 2000～2500 倍液均匀喷雾。每隔 10 天左右喷 1 次，与不同类型药剂交替使用，连喷 2～4 次。

防治菜豆炭腐病，喷洒 50%醚菌酯水分散粒剂 1000 倍液。

防治菜用大豆锈病、霜霉病，从病害发生初期开始喷药，每亩用 250 克/升醚菌酯悬浮剂 40～60 毫升，或 50%醚菌酯水分散粒剂 20～30 克，兑水 45～60 千克均匀喷雾。每隔 10 天左右喷 1 次，连喷 1～2 次。

防治马铃薯晚疫病、早疫病、黑痣病，防治晚疫病、早疫病时，从初见病斑时开始喷药，每亩用 250 克/升醚菌酯悬浮剂 60～80 毫升，或 50%醚菌酯水分散粒剂 30～40 克，兑水 60～75 千克均匀喷雾，每隔 10 天左右喷 1 次，与不同类型药剂交替使用，连喷 4～7 次。防治黑痣病时，在播种时于播种沟内喷药，每亩用 250 克/升醚菌酯悬浮剂 40～60 毫升，或 50%醚菌酯水分散粒剂 20～30 克，兑水 30～45 千克喷雾。

防治芹菜猝倒病，发病初期，用 30%醚菌酯可湿性粉剂 1200～1500 倍液喷雾。

防治莴苣炭疽病，发病初期，用 50%醚菌酯水分散粒剂 1500 倍液喷雾。

防治莴苣、结球莴苣白粉病，发病初期，用 30%醚菌酯水剂 1500 倍液喷洒，每隔 10～20 天喷 1 次，连喷 1～2 次。

防治蕹菜链格孢叶斑病，发病前，用 50%醚菌酯水分散粒剂 1200 倍液喷雾。

防治苋菜、彩苋炭疽病，发病初期，用 50%醚菌酯水分散粒剂 1200 倍液喷雾，每隔 7～10 天喷 1 次，连喷 2～3 次。

防治落葵链格孢叶斑病，发病初期，用 30%醚菌酯可湿性粉剂 1500 倍液喷雾，每隔 7～15 天喷 1 次，连喷 2～3 次。

防治紫背天葵炭疽病，发病初期，用 30%醚菌酯可湿性粉剂 1200 倍液喷雾，每隔 7～10 天喷 1 次，连喷 2～3 次。

防治马铃薯早疫病、南瓜疫病，每亩用 50%醚菌酯水分散粒剂 13.3～53.3 克兑水 30～45 千克喷雾。

防治菜用花生叶斑病、锈病，从病害发生初期开始喷药，每亩用 250 克/升醚菌酯悬浮剂 40～60 毫升，或 50%醚菌酯水分散粒剂 20～30 克，兑水 30～45 千克均匀喷雾。每隔 10 天左右喷 1 次，连喷 2 次左右。

防治香椿白粉病，春季子囊孢子飞散时，用 50%醚菌酯水分散粒剂 1000 倍液喷雾。

防治食用菊花白粉病，发病初期，用 50%醚菌酯水分散粒剂 1000 倍液喷雾。

（2）复配剂应用　醚菌酯常与苯醚甲环唑、乙嘧酚、百菌清、甲霜灵、氟硅唑、咪鲜胺、烯酰吗啉、己唑醇、戊唑醇、多菌灵、甲基硫菌灵、氟环唑、氟菌唑、丙森锌、啶酰菌胺、腈菌唑、丙环唑等杀菌成分复配。如与乙嘧酚复配而成的高活性、内吸性药剂，对多种作物的白粉病、黑星病、霜霉病、炭疽病、锈病、疫病、叶斑病等效果显著。

① 醚菌·啶酰菌。由醚菌酯与啶酰菌胺复配而成，具预防和治疗作用。防治黄瓜、甜瓜、西瓜、冬瓜、南瓜、西葫芦、苦瓜等瓜类白粉病，豇豆白粉病，茄子白粉病等，一般从病害发生初期见粉斑时开始喷药，每隔 7～10 天喷 1 次，连喷 2～3 次，每亩用 300 克/升醚菌·啶酰菌悬浮剂 45～60 毫升，兑水 45～60 千克均匀喷雾。

防治黄瓜白粉病，发病前或发病初期，每亩用 300 克/升醚菌·啶酰菌悬浮剂45～60毫升兑水 45～60 千克喷雾，每隔 7～14 天喷 1 次，连喷 3 次，安全间隔期 2 天，每季最多施用 3 次。

防治甜瓜白粉病，发病前或发病初期，每亩用 300 克/升醚菌·啶酰菌悬浮剂45～60毫升兑水 45～60 千克喷雾，每隔 7～14 天喷 1 次，连喷 3 次，安全间隔期 3 天，每季最多施用 3 次。

防治草莓白粉病，发病前或发病初期，每亩用 300 克/升醚菌·啶酰菌悬浮剂25～50毫升兑水 45～60 千克喷雾，每隔 7～14 天喷 1 次，连喷 3～4 次，安全间隔期 7 天，每季最多施用 3 次。

② 醚菌·乙嘧酚。由醚菌酯与乙嘧酚复配而成。二者混配增效显著，既可很好杀灭已侵入植物体内的菌丝，又可阻止病原菌对未发病部位的侵入，起到极好的治疗和保护作用，对白粉病具较好的防治效果。防治黄瓜白粉病，在发病前或发病初期，每亩用40%醚菌·乙嘧酚悬浮剂40～60 毫升兑水 45～60 千克喷雾，每隔 7～10 天喷 1 次，连喷 1～2 次，安全间隔期 3 天，每季最多施用 2 次。

③ 四氟·醚菌酯。由四氟醚唑与醚菌酯复配而成。具内吸传导、预防保护、治疗和铲除作用，在正常使用技术条件下，有效防治各个发育阶段白粉病，同时在作物体表具有沉积作用，较耐雨水冲刷，对作物和环境安全。防治草莓白粉病，在发病前或发病初期，每亩用 20%四氟·醚菌酯悬浮剂 40～50 毫升兑水 45～60 千克喷雾，在病害发生严重时，使用登记高剂量，每隔 7～10 天喷 1 次，安全间隔期 7 天，每季最多施用 3 次。

④ 苯甲·醚菌酯。由苯醚甲环唑与醚菌酯复配而成。二者合理混配对黄瓜白粉病有较好的防治效果，具有药效明显、稳定性较好、用药量少等特点。防治黄瓜白粉病，在发病初期，每亩用 30%苯甲·醚菌酯悬浮剂 30～40 毫升兑水 45～60 千克喷雾，安全间隔期 3 天，每季最多施用 2 次。

● **注意事项**

（1）主要应用于喷雾，在病害发生前或发生初期开始用药，能充分发挥药效、保证防治效果，且喷药应及时均匀周到。

（2）可在湿的叶片上使用，提倡与其他杀菌剂轮用和混用，不要连续使用，每季作物在连续使用 2 次后，应更换其他不同类型的杀菌剂。

（3）可与其他杀虫剂、杀菌剂、杀螨剂、植物生长调节剂和叶面肥混合使用，避免与乳油混用。不能与碱性药剂混用。

（4）防治白粉病效果非常好，由于白粉病菌容易产生抗药性，用醚菌酯防治白粉病时，需与甲基硫菌灵或硫黄混用，也可与三唑类药剂轮换使用。

（5）果实成熟采收前，用药尽量选择干悬剂（或水分散粒剂），不要选择可湿性粉剂，以免污染果实，影响外观。

（6）苗期注意减少用量，以免对新叶产生危害。

（7）本品对蜜蜂、鱼类等水生生物、家蚕有毒。施药期间应避免对周围蜂群的影响，禁止在开花植物花期、蚕室和桑园附近使用。远离水产养殖区、河塘等水域施药，鱼、虾、蟹套养稻田禁用，施药后的药水禁止排入水体。赤眼蜂等天敌放飞区域禁用。

（8）包衣后的种子不得食用和不得作为饲料。

（9）播种时不能用手直接接触有毒种子。

（10）包衣后的种子不得摊晾在阳光下曝晒，以免发生光解而影响药效。

（11）一般作物安全间隔期为 4 天，每季作物最多施药 3～4 次。

肟菌酯（trifloxystrobin）

$C_{20}H_{19}F_3N_2O_4$，408.4

● **其他名称**　肟草酯，三氟敏。

● **主要剂型**　25%、30%、40%、50%、60%悬浮剂，7.5%、12.5%乳油，45%干悬浮剂，45%、50%可湿性粉剂，50%、60%、75%水分散粒剂。

● **毒性**　低毒，对鱼类和水生生物高毒。

● **作用机理** 肟菌酯是一种呼吸抑制剂，通过抑制细胞色素 b 与 c_1 之间的电子传递而阻止细胞 ATP 合成，从而抑制其线粒体呼吸而发挥抑菌作用。本品为具有化学动力学特性的杀菌剂，它能被植物蜡质层强烈吸附，对植物表面提供优异的保护活性。

● **产品特点** 肟菌酯属于甲氧基丙烯酸酯类杀菌剂，这类杀菌剂包括我们常见的吡唑醚菌酯、醚菌酯、嘧菌酯，肟菌酯集合了众多甲氧基丙烯酸酯类杀菌剂的优点，具体如下。

（1）肟菌酯对几乎所有真菌（子囊菌亚门、担子菌亚门、鞭毛菌亚门卵菌纲和半知菌亚门）病害如白粉病、锈病、颖枯病、网斑病、霜霉病、叶斑病、立枯病等有良好的活性。

（2）其特点具有高效、广谱、保护、治疗、铲除、渗透、内吸活性外，还具有杰出的横向传输性、耐雨水冲刷性、持效期长和表面蒸发再分配等特性，因此被认为是第二代甲氧基丙烯酸酯类杀菌剂。

（3）具有杀菌高效性及良好的作物选择性，使其可以有效防治温带和亚热带作物上的病害，不会对非靶标组织造成不良影响，并在土壤和地下水中分解很快，属于易降解农药，生态风险小。

（4）肟菌酯主要用于茎叶处理，保护性优异，具有一定的治疗活性，且活性不受环境影响，应用最佳期为孢子萌发和发病初期阶段，对黑星病各个时期均有活性。

（5）与同类甲氧基丙烯酸酯类杀菌剂产品相比，肟菌酯活性和杀菌谱稍低于吡唑醚菌酯和嘧菌酯，但与醚菌酯相当。其内吸性和抗紫外线能力稍低于嘧菌酯和醚菌酯，但稍优于吡唑醚菌酯。肟菌酯同时还具有熏蒸活性，特别是在温室等设施栽培的小气候条件下，有利于熏蒸作用的发挥，故药效要好于无熏蒸使用的嘧菌酯和吡唑醚菌酯。

（6）肟菌酯对作物安全，不容易产生药害，因其在土壤中可快速降解，对环境安全。

（7）肟菌酯不仅有优良的杀菌活性，据相关研究表明，肟菌酯还能提高植物的抗倒伏性，同时还具有一定的杀虫活性。

（8）持效期长，肟菌酯的内吸性非常好，它不仅有治疗作用，还有预防作用。既有吡唑醚菌酯的保护效果，又有嘧菌酯的治疗效果。

吡唑醚菌酯是很好的广谱杀菌剂，但因使用时间较长，大多数病菌对其已产生抗性，鉴于肟菌酯有以上特点，业内人士认为肟菌酯是广谱杀菌剂中代替吡唑醚菌酯的产品。

● **应用**

（1）单剂应用　肟菌酯具有广谱的杀菌活性。除对白粉病、叶斑病有特效外，对锈病、霜霉病、立枯病亦有很好的活性。

肟菌酯主要用于茎叶处理，根据不同作物、不同的病害类型，使用剂量也不尽相同，通常使用量为 3.3～9.3 克（有效成分）/亩即可有效防治蔬菜各类病害，还可与多种杀菌剂混用如与霜脲氰混配，可有效地防治霜霉病。

防治黄瓜霜霉病，发病初期，每亩用 25%肟菌酯悬浮剂 30～50 毫升兑水 40～50 千克喷雾。

防治番茄早疫病，发病前或发病初期，每亩用 50%肟菌酯悬浮剂 8～10 毫升兑水 30～50 千克均匀喷雾，安全间隔期 2 天，每季最多施用 3 次。

防治辣椒炭疽病，发病初期，每亩用 30%肟菌酯悬浮剂 25～37.5 毫升兑水 30～50 千克均匀喷雾，安全间隔期 7 天，每季最多施用 3 次。

防治马铃薯晚疫病，发病前或发病初期，每亩用 30%肟菌酯悬浮剂 25～37.5 毫升或 50%肟菌酯悬浮剂 16～22 毫升，兑水 30～50 千克均匀喷雾，一般用药 2～3 次，每隔 7 天喷 1 次，安全间隔期 7 天，每季最多施用 3 次。

（2）复配剂应用　复配性好，肟菌酯相关的复配制剂越来越多，如肟菌·戊唑醇、氟菌·肟菌酯、氰霜唑·肟菌酯等，复配以后，治病效果更好更专一。此外，复配剂还有 45%肟菌酯·己唑醇水分散粒剂、40%和 50%苯甲·肟菌酯水分散粒剂、50%啶酰·肟菌酯水分散粒剂、70%肟菌酯·代森联水分散粒剂、75%肟菌酯·霜脲氰水分散粒剂、75%氟环·肟菌酯水分散粒剂、28%寡糖·肟菌酯悬浮剂、32%和 40%苯甲·肟菌酯悬浮剂、40%噻呋·肟菌酯悬浮剂、40%肟菌·咪鲜胺水乳剂、50%肟菌·丙环唑微乳剂、20%四氟·肟菌酯水乳剂等。

① 肟菌·戊唑醇。由于植物病害种类多、危害重、难防治，所以选择广谱高效能针对大多数病害的杀菌剂显得尤为重要。肟菌·戊唑醇能防治几十种真菌性病害，被当作"包治百病"的配方药来"以一挡百"，

对几乎所有真菌引起的几十种真菌性病害都能很好地治疗和铲除，同时还能调节作物的生长发育，提高作物品质，尤其对无法准确识别的病害，用该配方防治，可快速控制病害的蔓延。

防治黄瓜白粉病、炭疽病，病害发生前或发生初期进行叶面喷雾处理，每亩用 75%肟菌·戊唑醇（拿敌稳）水分散粒剂 10～15 克兑水30～50 千克喷雾，每隔 7～10 天喷 1 次，安全间隔期 3 天，每季最多施用 3 次。

防治黄瓜蔓枯病，发病初期，用 75%肟菌·戊唑醇水分散粒剂 3000倍液喷雾，或用 50～100 倍液涂抹病部。

防治大白菜炭疽病，病害发生初期进行叶面喷雾处理，每亩用 75%肟菌·戊唑醇水分散粒剂 10～15 克兑水 30～50 千克喷雾。安全间隔期14 天，每季最多施用 3 次。

防治番茄早疫病、白粉病，病害发生前或发生初期开始施药，每亩用 75%肟菌·戊唑醇水分散粒剂 10～15 克兑水 30～50 千克喷雾。或 75%肟菌·戊唑醇水分散粒剂 3000 倍液混加 70%丙森锌可湿性粉剂 600 倍液，每隔 7～10 天喷 1 次，安全间隔期 5 天，每季最多施用3 次。

防治番茄灰叶斑病，一旦发病，喷洒 75%肟菌·戊唑醇水分散粒剂3000 倍液加 50%异菌脲 800 倍液混 27.12%碱式硫酸铜 500 倍液。

防治茄子煤斑病，发现病株或点片发生时，喷洒 75%肟菌·戊唑醇水分散粒剂 3000 倍液，每隔 10 天喷 1 次，连喷 2 次。

防治辣椒匍柄霉叶斑病，发病初期，喷洒 75%肟菌·戊唑醇水分散粒剂 2500 倍液混 27.12%碱式硫酸铜 600 倍液，每隔 10～15 天喷 1 次，连喷 2～3 次。

防治辣椒炭疽病、白粉病、黑霉病、立枯病，发病初期，喷洒 75%肟菌·戊唑醇水分散粒剂 3000 倍液混加 70%丙森锌 600 倍液，每隔 7～10 天喷 1 次，连喷 2～3 次。

防治莴苣、结球莴苣匍柄霉叶斑病、炭疽病、菌核病，发病初期喷洒 75%肟菌·戊唑醇水分散粒剂 3000 倍液，每隔 10 天左右喷 1 次，连喷 2～3 次。

防治蕹菜茄匍柄霉叶斑病，发病初期，用 75%肟菌·戊唑醇水分散粒剂 3000 倍液喷雾，每隔 7～10 天喷 1 次，连喷 3～4 次。

防治落葵匍柄霉蛇眼病，用 75%肟菌·戊唑醇水分散粒剂 3000 倍液喷雾，每隔 7 天喷 1 次，连喷 3～4 次。

防治茭白纹枯病，发病初期，用 75%肟菌·戊唑醇水分散粒剂 3000 倍液喷雾，每隔 10～15 天喷 1 次，连喷 2～3 次。

防治菱角纹枯病，病害始发期，用 75%肟菌·戊唑醇水分散粒剂 3000 倍液喷雾，每隔 7～10 天喷 1 次，连喷 2～3 次。

防治扁豆尾孢叶斑病，发病初期，用 75%肟菌·戊唑醇水分散粒剂 3000 倍液喷雾，每隔 7～10 天喷 1 次，连喷 2～3 次。

防治黄花菜匍柄霉叶枯病，发病初期，用 75%肟菌·戊唑醇水分散粒剂 3000 倍液喷雾，每隔 7～10 天喷 1 次，连喷 3～4 次。

防治芦笋匍柄霉叶枯病，结合防治茎枯病，在发病初期，用 75%肟菌·戊唑醇水分散粒剂 3000 倍液喷雾。

防治香椿炭疽病，发病初期，用 75%肟菌·戊唑醇水分散粒剂 3000 倍液喷雾。

防治魔芋炭疽病，发病初期，用 75%肟菌·戊唑醇水分散粒剂 3000 倍液喷雾。

防治玉米大叶斑病、小叶斑病、灰斑病等病害，每亩用 30%肟菌·戊唑醇悬浮剂 36～45 毫升兑水 30～50 千克，在玉米大喇叭口期和灌浆期各喷 1 次，可防治以上病害的发生和蔓延。

② 氟菌·肟菌酯。由氟吡菌酰胺与肟菌酯复配而成。该配方治疗效果好，主要用于防治早疫病、白粉病、灰霉病、炭疽病、靶斑病等，适用于经济作物。

防治草莓白粉病，每亩用 43%氟菌·肟菌酯悬浮剂 15～30 毫升；防治草莓灰霉病，每亩用 43%氟菌·肟菌酯悬浮剂 20～30 毫升，根据作物大小决定用水量，按每亩建议用量施用。

防治番茄灰霉病，每亩用 43%氟菌·肟菌酯悬浮剂 30～45 毫升；防治番茄叶霉病，每亩用 43%氟菌·肟菌酯悬浮剂 20～30 毫升；防治番茄早疫病，每亩用 43%氟菌·肟菌酯悬浮剂 15～25 毫升，根据作物大小决定用水量，按每亩建议用量施用。

防治黄瓜靶斑病，每亩用 43%氟菌·肟菌酯悬浮剂 15～25 毫升；

防治黄瓜白粉病，每亩用 43%氟菌·肟菌酯悬浮剂 5～10 毫升；防治黄瓜炭疽病，每亩用 43%氟菌·肟菌酯悬浮剂 15～25 毫升。根据作物大小决定用水量，按每亩建议用量施用。

防治辣椒炭疽病，每亩用 43%氟菌·肟菌酯悬浮剂 20～30 毫升，根据作物大小决定用水量，按每亩建议用量施用。

防治西瓜蔓枯病，每亩用 43%氟菌·肟菌酯悬浮剂 15～25 毫升，根据作物大小决定用水量，按每亩建议用量施用。

以上病害防治，在病害发生初期喷雾，每隔 7～10 天喷 1 次，安全间隔期黄瓜 3 天，番茄、辣椒、西瓜为 5 天，每季最多施用 2 次。

③ 肟菌·乙嘧酚。由肟菌酯与乙嘧酚复配而成。防治黄瓜白粉病，发病前或发病初期，每亩用 40～60 克 30%肟菌·乙嘧酚悬浮剂兑水 30～50 千克喷雾，每隔 7～10 天喷 1 次，安全间隔期 3 天，每季最多施用 3 次。防治豆类蔬菜白粉病、茄子白粉病，发病初期，用 30%肟菌·乙嘧酚悬浮剂 750 倍液喷雾。

④ 四氟·肟菌酯。由四氟醚唑与肟菌酯复配而成。具有杀菌谱广、内吸传导作用，对草莓白粉病具良好防效，作用迅速，持效期长。防治草莓白粉病，每亩用 20%四氟·肟菌酯水乳剂 13～16 毫升兑水 30～50 千克喷雾，每隔 5～7 天喷 1 次，安全间隔期 7 天，每季最多施用 3 次。

● **注意事项**

（1）建议与其他产品轮用或与不同作用机制的产品混用，减少每季施用次数。

（2）肟菌酯效果虽好，但因有比较强的渗透性，在使用时最好不要和渗透性强的药剂混用，比如乳油类药剂、有机硅植物油等渗透剂，避免发生药害。在使用时不要高温使用。

（3）对鸟类、蜜蜂、家蚕、蚯蚓均为低毒。对鱼类、藻类高毒，对溞类剧毒。使用时勿将药剂及废液弃于池塘、河流、湖泊中。药液及其废液不得污染各类水域、土壤等环境。远离水产养殖区，禁止在河塘等水域清洗施药器具。

（4）在病害严重发生情况下，建议使用高剂量（剂量上限）。

吡唑醚菌酯（pyraclostrobin）

$C_{19}H_{18}ClN_3O_4$，387.82

● **其他名称** 凯润、唑菌胺酯、吡亚菌平、百克敏。

● **主要剂型** 20%、25%、250 克/升、30%乳油，10%、15%、25%微乳剂，20%、25%、30%、50%水分散粒剂，9%、15%、25%、30%、40%悬浮剂，20%、25%可湿性粉剂，9%、20%、25%微囊悬浮剂，18%悬浮种衣剂。

● **毒性** 低毒。

● **作用机理** 吡唑醚菌酯主要通过抑制病原细胞线粒体呼吸作用中的细胞色素 b 和细胞色素 c_1 间电子传递，使线粒体不能正常提供细胞代谢所需能量，从而达到杀菌效果。此外，吡唑醚菌酯还是一种激素型杀菌剂，具有诱导作物尤其是谷物的生理变化作用，如能增强硝酸盐（硝化）还原酶的活性，提高对氮的吸收，降低乙烯的生物合成，延缓作物衰老，当作物受到病毒袭击时，它还能快速抵抗，抑制病毒蛋白的形成，促进作物生长。

● **产品特点** 吡唑醚菌酯属甲氧基丙烯酸酯类杀菌剂，为新型、高效、广谱杀菌剂，具有保护、治疗、叶片渗透传导作用。比其他同类杀菌剂活性更高，可有效防治瓜果蔬菜的白粉病、霜霉病、叶斑病等。

（1）作用快速、药效持久。用药后几分钟就起作用，渗入叶内，并在上表皮蜡质层形成沉降药膜，预防作用非常好。吡唑醚菌酯在叶片上形成的沉降药膜与蜡质层粘连紧密，可显著减少有效成分因水分蒸发和雨水冲刷而造成的流失，用药一次有效期达 12～15 天。持效期是常规杀菌剂的 2 倍，并具有免疫功能。

（2）强效可靠、杀菌谱广。能阻止病菌侵入，防止病菌扩散和清除体内病菌，具有治疗和预防效果，能有效控制子囊菌、担子菌、半知菌和卵菌中的多种真菌病害。杀菌范围广，在60多种作物上体现出广谱特性，适合蔬菜、瓜果等多种作物上多种真菌病害的防治。并对病毒病和细菌性病害有预防和抵制作用。

（3）改善作物生理机能、增强抗逆性。使作物生理活性提高，延缓衰老，可通过改善氮的作用增加产量，在瓜类施用后可多结一茬瓜，延长采收期10～15天，增产15%左右，增收10%～20%。在干旱条件下，可以抵制乙烯的产生，防止作物早熟，确保最佳成熟度。

（4）低生物毒性。由于该药具有特异的作用机制，同时具备较高的选择性，只对靶标生物有效，无论对药剂使用者还是用药环境均表现安全友好状态。

（5）使用方便。不仅可制成液体剂型，还可以制成水性药剂，如悬浮剂、膏剂、可湿性粉剂等多种药型，同时还可与其他种类的杀菌剂混配使用。

● **应用**

（1）单剂应用　吡唑醚菌酯适用作物很广，对许多种真菌性病害均具有很好的防治效果，在蔬菜生产上主要用于防治黄瓜白粉病、霜霉病、炭疽病，西瓜、甜瓜的炭疽病，十字花科蔬菜炭疽病等。

防治黄瓜蔓枯病、白粉病、霜霉病，发病初期用25%吡唑醚菌酯乳油2000～3000倍液等喷雾。防治黄瓜枯萎病，发病初期用25%吡唑醚菌酯乳油3000倍液灌根，每株灌0.25千克药液，每隔5～7天灌1次，连灌2～3次。

防治西瓜蔓枯病、炭疽病，发病初期用25%吡唑醚菌酯乳油1800～2000倍液喷雾，每隔3～4天喷1次，连喷2～3次。

防治甜瓜叶枯病、霜霉病，发现病株后用25%吡唑醚菌酯乳油3000倍液喷雾。

防治辣椒疫病，可用25%吡唑醚菌酯乳油4000倍液灌根，每株灌0.1千克药水，缓苗后灌第二次，以后每隔7～10天灌1次，或视病情发展而定，连灌2～3次。

防治番茄猝倒病，苗床一旦发现病苗，及时拔除，然后用25%吡唑醚菌酯乳油3000倍液喷雾或浇灌，每平方米用药液2～3升，视病情隔7～10天用药1次，连喷2～3次。用药剂喷雾或灌根以后，撒些草木灰和细干土，降湿保温。

防治白菜炭疽病，从病害发生初期开始喷药，每亩使用 25%吡唑醚菌酯乳油 30～40 升兑水 30～45 千克均匀喷雾。每隔 7～10 天喷 1 次，连喷 2 次左右。

防治菜豆锈病，用 25%吡唑醚菌酯乳油 2000 倍液喷雾，防效好且安全。

防治菠菜炭疽病，发病初期，用 250 克/升吡唑醚菌酯乳油 1500 倍液喷雾，每隔 7～10 天喷 1 次，连喷 3～4 次。

防治莴苣、结球莴苣霜霉病、尾孢叶斑病、灰霉病，初见病斑时，用 250 克/升吡唑醚菌酯乳油 1500 倍液喷雾。

防治大葱、洋葱霜霉病，发病初期，用 25%吡唑醚菌酯乳油 1000 倍液喷雾，每隔 7～10 天喷 1 次，连喷 2～3 次。

防治芦笋茎枯病，可用 25%吡唑醚菌酯乳油 3000 倍液喷雾保护，遇雨适当增加次数，雨后及时补喷。重病区尤其要抓住幼嫩期及时防治，培土前或采收结束扒土后 2～3 天晒根盘时喷药保护，收获前 15 天停止用药。

防治草莓蛇眼病，发病初期用 25%吡唑醚菌酯乳油 3000 倍液喷雾，对病害能进行治疗和铲除，一般使用 2 次，每 15 千克药液加 2 克芸苔素内酯，可快速促进植株生长和恢复病害对植株影响。草莓白粉病、灰霉病、炭疽病均极易产生抗药性，生产中应交替用药，可用 25%吡唑醚菌酯乳油 3000 倍液喷雾，每一季使用次数不超过 3 次。

防治胡萝卜黑斑病，发病初期用 25%吡唑醚菌酯乳油 3000 倍液喷雾防治。可与"天达 2116"混配使用，每隔 7～10 天喷 1 次，连喷 2～3 次，效果更佳。

防治菜豆锈病，用 25%吡唑醚菌酯乳油 2000 倍液喷雾，防效好且安全。

防治菜豆白粉病、菜豆炭疽病，用 250 克/升吡唑醚菌酯乳油 1000～1500 倍液喷雾。

防治马铃薯晚疫病，发现中心病株，用 25%吡唑醚菌酯乳油 3000 倍液喷雾防治。与"天达 2116"混配使用效果更好。

防治黄秋葵尾孢叶斑病，发病初期，用 25%吡唑醚菌酯乳油 1500

倍液喷雾。

防治莲藕叶疫病，发病初期，用 25%吡唑醚菌酯乳油 1000 倍液喷雾。

（2）复配剂应用　吡唑嘧菌酯的抗性是一种非可逆性的，它抗性水平的发生不像三唑类杀菌剂是 5 倍、10 倍发生，吡唑醚菌酯的抗性一旦发生，抗性水平直接是 1000 倍。所以当抗性出现，再增加用量是没有意义的。解决抗性的一个主要方法是药剂混配，如与代森联、丙森锌、苯醚甲环唑、烯酰吗啉、喹啉铜、啶酰菌胺、氟环唑、氟唑菌酰胺等混配。

① 唑醚·代森联。由吡唑醚菌酯与代森联复配而成的广谱低毒复合杀菌剂，以保护作用为主。防治黄瓜霜霉病、黄瓜疫病、黄瓜炭疽病、黄瓜黑星病、黄瓜靶斑病、西瓜疫病、西瓜炭疽病、辣椒疫病、辣椒炭疽病、番茄早疫病、番茄晚疫病，以防治霜霉病为主，兼防其他病害。从定植缓苗后或初见病斑时开始喷药，每亩用 60%唑醚·代森联水分散粒剂 60～100 克兑水 45～75 千克喷雾，每隔 7～10 天喷 1 次。

防治甜瓜霜霉病、甜瓜炭疽病，从病害发生初期开始喷药，每亩用 60%唑醚·代森联水分散粒剂 100～120 克兑水 60～75 千克喷雾，每隔 7～10 天喷 1 次，连喷 3～4 次。

防治洋葱紫斑病，从病害发生初期开始喷药，每亩用 60%唑醚·代森联水分散粒剂 40～60 克兑水 30～45 千克喷雾，每隔 10 天喷 1 次，连喷 2～3 次。

② 唑醚·戊唑醇。由吡唑醚菌酯与戊唑醇复配而成。被称为"杀菌霸主"，能防多种病害。对几乎所有真菌（子囊菌亚门、担子菌亚门、鞭毛菌亚门卵菌纲和半知菌亚门）病害都显示出很好的活性，如霜霉病、疫病等，对疫病的防治效果更好。防治番茄、辣椒、西瓜等作物的炭疽病、褐斑病、蔓枯病等病害，可每亩用 45%唑醚·戊唑醇悬浮剂 20～25 毫升，或 43%戊唑醇 6～8 毫升+25%吡唑醚菌酯悬浮剂 40～60 毫升，兑水 30～50 千克均匀喷雾，可快速控制病害的发展和蔓延。

③ 唑醚·丙森锌。由吡唑醚菌酯与丙森锌复配而成。防治黄瓜霜霉病，发病前或发病初期，每亩用 65%唑醚·丙森锌水分散粒剂 46～55 克兑水 30～50 千克喷雾，每隔 7～10 天喷 1 次，安全间隔期 3 天，每季最多施用 2 次。防治黄瓜靶斑病，发病前或发病初期，每亩用 70%唑醚·丙森锌可湿性粉剂 50～60 克兑水 30～50 千克喷雾，每隔 7～10 天喷 1 次，

安全间隔期 3 天，每季最多施用 3 次。

④ 唑醚·喹啉铜。由吡唑醚菌酯与喹啉铜复配而成。防治马铃薯晚疫病，发病前或发病初期，每亩用 50%唑醚·喹啉铜水分散粒剂 12～24 克兑水 30～50 千克喷雾，每隔 7～10 天喷 1 次，安全间隔期 3 天，每季最多施用 3 次。

防治辣椒疫病，发病前或发病初期，每亩用 50%唑醚·喹啉铜水分散粒剂 18～24 克兑水 30～50 千克喷雾，每隔 7～10 天喷 1 次，安全间隔期 3 天，每季最多施用 3 次。

⑤ 唑醚·氟酰胺。由吡唑醚菌酯和氟唑菌酰胺复配而成。

防治草莓白粉病，发病初期，每亩用 42.4%唑醚·氟酰胺悬浮剂 10～20 毫升兑水 30～50 千克喷雾。防治草莓灰霉病，发病初期，每亩用 42.4%唑醚·氟酰胺悬浮剂 20～30 毫升兑水 30～50 千克喷雾，每隔 7～10 天喷 1 次，安全间隔期 7 天，每季最多施用 3 次。

防治番茄灰霉病，发病前或发病初期，每亩用 42.4%唑醚·氟酰胺悬浮剂 20～30 毫升兑水 30～50 千克喷雾。防治番茄叶霉病，发病前或发病初期，每亩用 42.4%唑醚·氟酰胺悬浮剂 20～30 毫升兑水 30～50 千克喷雾，每隔 7～14 天喷 1 次，安全间隔期 3 天，每季最多施用 3 次。

防治黄瓜白粉病，发病初期或始见病害时，每亩用 42.4%唑醚·氟酰胺悬浮剂 10～20 毫升兑水 30～50 千克喷雾。防治黄瓜灰霉病，发病前或发病初期，每亩用 42.4%唑醚·氟酰胺悬浮剂 20～30 毫升兑水 30～50 千克喷雾，每隔 7～10 天喷 1 次，安全间隔期 3 天，每季最多施用 3 次。

防治辣椒炭疽病，发病初期，每亩用 42.4%唑醚·氟酰胺悬浮剂 20～26.7 毫升兑水 30～50 千克喷雾，每隔 7～10 天喷 1 次，安全间隔期 3 天，每季最多施用 3 次。

防治马铃薯黑痣病，播种时，每亩用 42.4%唑醚·氟酰胺悬浮剂 30～40 毫升兑水 30～50 千克喷雾在薯块上和播种沟内，每季最多施用 1 次。防治马铃薯早疫病，发病前或始见病害时，每亩用 42.4%唑醚·氟酰胺悬浮剂 10～20 毫升兑水 30～50 千克喷雾，每隔 7～10 天喷 1 次，安全间隔期 7 天，每季最多施用 3 次。

● **注意事项**

（1）必须掌握在发病前或发病初期使用，在病害已经大发生后，建议搭配其他药剂一块用，否则可能会因治不住病而导致病害蔓延，加剧损失。每季作物从病害症状开始出现到采收，最多使用3次。

（2）对黄瓜安全，未见药害发生。

（3）发病轻或作为预防处理时使用低剂量，发病重或作为治疗处理时使用高剂量。生长季节需要多次用药时，应与其他种类杀菌剂轮换使用。近些年，吡唑醚菌酯的使用量及频率都非常高，病害的抗性严重，药效也在逐渐下降。为确保药效、延缓抗性产生，最好不要单独使用，应根据作物具体情况选择复配成分，如吡唑醚菌酯+戊唑醇、吡唑醚菌酯+喹啉铜、吡唑醚菌酯+氟环唑、吡唑醚菌酯+丙森锌、吡唑醚菌酯+烯酰吗啉、吡唑醚菌酯+苯醚甲环唑、吡唑醚菌酯+二氰蒽醌、吡唑醚菌酯+乙嘧酚等，实践应用后效果都非常好。

（4）吡唑醚菌酯有非常好的渗透性，所以不宜与乳油类、碱性药剂和有机硅混用，更易出现药害。

（5）喷雾时雾滴要细，水量要足，最好早晚用药，夏天高温不要在中午用药，喷雾要仔细、周到，作物的叶片、果实、主干都要喷到，防止漏喷。

（6）对有些未注明可以使用的作物喷药时，尤其在真叶期，要先小范围试验，待取得效果后再大面积推广应用。

（7）吡唑醚菌酯有促进作物生长的作用，一般不需要加叶面肥。吡唑醚菌酯可以和磷酸二氢钾、芸苔素内酯、复硝酚钠及其他一些植物生长调节剂混用，混配时的浓度一定要根据作物的生长周期确定，前期一定要低浓度剂量使用，中后期可以适当放大。吡唑醚菌酯还可以和三唑类杀菌剂及其他杀菌剂混配使用，这样可以提高防病效果，还可以延缓抗性的产生。

（8）本品对蜜蜂、鱼类等水生生物、家蚕有毒，施药期间应避免对周围蜂群的影响；周围开花植物花期、蚕室和桑园附近禁用。远离水产养殖区、河塘等水体施药，禁止在河塘等水体中清洗施药器具。赤眼蜂等天敌放飞区禁用。禁止在养殖鱼、虾、蟹的稻田使用。

（9）一般作物安全间隔期为7～14天，每季作物最多使用3～4次。

啶氧菌酯（picoxystrobin）

C₁₈H₁₆F₃NO₄，367.32

● **其他名称**　杜邦阿砣，Acanto。

● **主要剂型**　22.5%、25%悬浮剂。

● **毒性**　低毒。

● **作用机理**　啶氧菌酯为线粒体呼吸抑制剂，其作用机理是同线粒体的细胞色素 b 结合，阻碍细胞色素 b 和细胞色素 c 之间的电子传递来抑制真菌细胞的呼吸作用；作用方式是药剂通过在叶面蜡质层扩散后的渗透作用及传导作用迅速被植物吸收，阻断植物病原菌细胞的呼吸作用，抑制病菌孢子萌发和菌丝生长。

● **应用**

（1）单剂应用　啶氧菌酯对卵菌、子囊菌和担子菌引起的作物病害均有良好的防治作用，如黄瓜霜霉病、辣椒炭疽病、西瓜蔓枯病、西瓜炭疽病等。

防治西瓜炭疽病和蔓枯病，发病前或发病初期开始施药，每亩用22.5%啶氧菌酯悬浮剂 40～50 毫升兑水 40～60 千克喷雾，每隔 7～10天喷 1 次，连喷 2～3 次。

防治黄瓜霜霉病，发病前或发病初期使用，茎叶均匀喷雾覆盖全株，每亩用 22.5%啶氧菌酯悬浮剂 30～40 毫升，或 50%啶氧菌酯水分散粒剂15～18 克，或 70%啶氧菌酯水分散粒剂 14～16 克，兑水 40～60 千克均匀喷雾，每隔 7 天喷 1 次，安全间隔期 3 天，每季最多施用 2 次。

防治黄瓜灰霉病，发病初期，每亩用 22.5%啶氧菌酯悬浮剂 26～36毫升兑水 40～60 千克均匀喷雾，安全间隔期 3 天，每季最多施用 2 次。

防治番茄灰霉病，发病初期，每亩用 22.5%啶氧菌酯悬浮剂 26～

36 毫升兑水 30～50 千克均匀喷雾，安全间隔期 5 天，每季最多施用 3 次。

防治辣椒炭疽病，发病前或发病初期使用，茎叶均匀喷雾覆盖全株，每亩用 22.5%啶氧菌酯悬浮剂 20～30 毫升兑水 30～50 千克均匀喷雾，安全间隔期 7 天，每季最多施用 3 次。

（2）复配剂应用

① 啶氧菌酯·溴菌腈。由啶氧菌酯与溴菌腈复配而成。防治西瓜炭疽病，每亩用 30%啶氧菌酯·溴菌腈水乳剂 60～80 毫升兑水 30～50 千克喷雾。

② 苯甲·啶氧。由苯醚甲环唑和啶氧菌酯复配而成。防治西瓜炭疽病，每亩用 40%苯甲·啶氧悬浮剂 30～40 毫升兑水 30～50 千克喷雾，安全间隔期 14 天，每季最多施用 3 次。

防治玉米大斑病，每亩用 40%苯甲·啶氧悬浮剂 30～40 毫升兑水 30～50 千克喷雾。

防治草莓白粉病，每亩用 40%苯甲·啶氧悬浮剂 20～40 毫升兑水 30～50 千克喷雾。

③ 啶氧菌酯·二氰蒽醌。由啶氧菌酯与二氰蒽醌复配而成。具有清洁果面、亮果提质作用，使用后抗逆更增产，兼具治疗与保护效果。以下为推荐使用：

防治西瓜等瓜类蔬菜的炭疽病、叶斑病、蔓枯病等，瓜蔓 1 米以后采收期，每亩用 36%啶氧菌酯·二氰蒽醌悬浮剂 20～30 克兑水 30 千克喷雾。

防治辣椒、番茄炭疽病兼霜霉病，每亩用 36%啶氧菌酯·二氰蒽醌悬浮剂 20～30 克兑水 30 千克喷雾，4 片真叶后使用，提高坐果率，连续使用 2 次，可延长采收期。

防治豇豆炭疽病，每亩用 36%啶氧菌酯·二氰蒽醌悬浮剂 20～30 克兑水 30 千克喷雾，菜豆谨慎使用。

● **注意事项**

（1）避免与强酸、强碱性农药混用。

（2）注意与不同类型的药剂轮换使用。

（3）不推荐与有机硅等表面活性剂及其他产品桶混使用。

（4）对鱼、溞类、藻类毒性高，水产养殖区、河塘等水体附近禁用，禁止在河塘等水体中清洗施药器具。周围开花植物花期禁用，蚕室及桑园附近禁用，赤眼蜂等天敌放飞区禁用。

（5）温室大棚环境复杂，不建议在温室大棚使用本品。

氟啶胺（fluazinam）

$C_{13}H_4Cl_2F_6N_4O_4$，465.1

● **其他名称**　福帅得、福将得。

● **主要剂型**　40%、50%、500 克/升悬浮剂，50%可湿性粉剂，70%水分散粒剂。

● **毒性**　低毒。

● **作用机理**　氟啶胺在较低的浓度下，通过作用于 ATP 合成酶的多个特异性位点，在呼吸链的尾端解除氧化与磷酸化的关联，最大程度消耗电子传递积累的电化学势能，阻断病菌能量（ATP）的形成，从而使病菌死亡。作用于植物病原菌从孢子萌发到孢子形成的各个生长阶段，阻止孢子萌发及侵入器官的形成。

● **产品特点**

（1）氟啶胺属吡啶类广谱性杀菌剂，其效果优于常规保护性杀菌剂。例如对交链孢属、葡萄孢属、疫霉属、单轴霉属、核盘菌属和黑星菌属菌非常有效，对抗苯并咪唑类和二羧酰亚胺类杀菌剂的灰葡萄孢也有良好效果。对辣椒、马铃薯疫病和块茎腐烂有特效，并对多种蔬菜的根肿病、霜霉病、炭疽病、猝倒病、疮痂病、灰霉病、黑星病、轮纹病、菌核病等具有较好防治效果。其中，对疫病、根肿病和灰霉病特效，但对白粉菌、锈菌的活性较弱。

（2）对各种病害的各个生育阶段都能发挥很好的抑制作用，对作物实行全面保护，不易产生抗性，提前预防能确保蔬菜品质好。

（3）作用机理独特，抗性风险极低，与其他药剂无交互抗性，对产生抗药性的病菌有良好的防除效果。

（4）活性高，速效性好，低剂量下有优良和稳定的防效，持效期长达 10～14 天，可减少用药次数，省时、省力。

（5）对天敌低风险，受气候影响小，对人、畜、天敌和环境安全，为环境友好型药剂。

● **应用**

（1）单剂应用　氟啶胺既可以作杀菌剂（主要用来防治马铃薯晚疫病、辣椒疫病、白菜根肿病等病害），还具有一定的杀螨作用。氟啶胺尤其对防治马铃薯晚疫病、辣椒疫病以及十字花科根肿病表现不俗。氟啶胺对红蜘蛛的成虫和卵都有防效，触杀效果较强，抗性较低。

氟啶胺可以叶面喷施，也可以用于土壤处理。氟啶胺具有非常好的土壤稳定性，施到土壤后，还能够保持较高的活性。所以，氟啶胺除了用于防治各种叶部病害以外，对于各种土传性根腐病也有非常好的防效。

防治辣椒疫病，发病初期用 50%氟啶胺悬浮剂 1500 倍液喷雾，每隔 7～10 天喷 1 次，连喷 2～3 次，病害大流行时，5～7 天喷 1 次。

防治辣椒晚疫病，发病初期，每亩用 50%氟啶胺悬浮剂 25～35 毫升兑水 50～70 千克喷雾，每隔 10 天喷 1 次，连喷 3 次。或与氰霜唑连续轮换用药，节约防治成本。

防治辣椒炭疽病，病害发生前或发生初期，每亩用 500 克/升氟啶胺悬浮剂 25～33 毫升兑水 30～50 千克均匀喷雾。

防治马铃薯晚疫病，发病初期，每亩用 500 克/升氟啶胺悬浮剂 20～40 毫升，或 50%氟啶胺水分散粒剂 27～33 克，或 50%氟啶胺悬浮剂 25～35 毫升，兑水 30～50 千克均匀喷雾，每隔 7～10 天喷 1 次，连喷 2～3 次，安全间隔期 14 天，每季最多施用 3 次；或每亩用 40%氟啶胺悬浮剂 35～40 毫升兑水灌穴，安全间隔期 7 天，每季最多施用 3 次。在晚疫病流行年份，发病严重地块可提前割除地上部分植株，及时运出田外，减少薯块感染率。

防治马铃薯早疫病，发病初期，每亩用 500 克/升氟啶胺悬浮剂 25～35 毫升兑水 30～50 千克均匀喷雾。

防治马铃薯疮痂病，发病初期喷淋 500 克/升氟啶胺悬浮剂 1500～

2000 倍液，兼治粉痂病、灰霉病、白绢病。

防治白菜、甘蓝等十字花科蔬菜根肿病。氟啶胺是目前蔬菜大田防治根肿病的首选药剂之一，氟啶胺不宜用于灌根等进行集中式施药，也不宜在苗期使用，其适宜在移栽大田用于对土壤喷雾后混土处理。其方法是：先对大田翻耕整地（深度 15～20 厘米），把土粒整碎，每亩用 50%氟啶胺悬浮剂 300 毫升左右兑水 50～70 千克，喷雾土壤表面，或对种植穴内的土壤进行喷雾，待土壤风干后用专用工具或人工把土壤上下混匀（深度 15 厘米左右），使药剂在上下 15 厘米的土壤中均匀分布，使土壤中的根肿病菌与药剂接触，同时让药剂与长出的蔬菜根系接触，混土愈均匀土粒愈细防治效果愈好，然后把经过氰霜唑悬浮剂处理过的菜苗移栽定植，基本能控制移栽大田中的菜苗在生育期内不会受到根肿病的危害。每季大白菜仅施药 1 次。

防治番茄灰霉病，用 50%氟啶胺悬浮剂 2500 倍液喷雾，每隔 7 天左右喷 1 次，连喷 2～3 次，注意与其他药剂交替使用，叶片正反两面都要喷到。

防治番茄晚疫病，露地番茄进入雨季后及时喷洒 500 克/升氟啶胺悬浮剂 1500～2000 倍液。

防治番茄菌核病，于发病初期或大棚地面上长出子囊盘时及时喷洒 500 克/升氟啶胺悬浮剂 1500～2000 倍液。

防治露地番茄斑枯病，发病初期，用 500 克/升氟啶胺悬浮剂 1800 倍液喷雾。

防治菜豆菌核病，发病初期，用 500 克/升氟啶胺悬浮剂 1500 倍液喷雾。

防治豇豆灰霉病，发病初期，用 500 克/升氟啶胺悬浮剂 1500～2000 倍液灌根，每隔 10 天左右灌 1 次，连灌 2～3 次。

防治大白菜菌核病，发病初期，用 500 克/升氟啶胺悬浮剂 1500～2000 倍液喷雾。

防治菠菜霜霉病，发病初期，用 500 克/升氟啶胺悬浮剂 1800 倍液喷雾，每隔 7～10 天左右喷 1 次，连喷 2～3 次。

防治芹菜壳针孢叶斑病，用 500 克/升氟啶胺悬浮剂 1500～2000 倍液喷雾，每隔 7～10 天喷 1 次，连喷 2～3 次。

防治莴苣、结球莴苣灰霉病、菌核病，露地于发病初期喷洒 500 克/升氟啶胺悬浮剂 1500～2000 倍液，每隔 7～10 天喷 1 次，连喷 3～4 次。

防治韭菜茎枯病，发病初期，用 500 克/升氟啶胺悬浮剂 1500～2000 倍液喷雾。

防治大葱、洋葱霜霉病，发病初期，用 500 克/升氟啶胺悬浮剂 1500～2000 倍液喷雾，每隔 7～10 天喷 1 次，连喷 2～3 次。

防治芦笋茎枯病，发病初期，用 500 克/升氟啶胺悬浮剂 1500 倍液喷洒或涂抹。

防治芦笋尾孢叶斑病、斑点病，用 500 克/升氟啶胺悬浮剂 1500 倍液喷雾。

防治食用百合灰霉病，每亩用 500 克/升氟啶胺悬浮剂 25～30 毫升兑水 30～45 升喷雾。

防治食用菊花灰霉病，发病初期，用 500 克/升氟啶胺悬浮剂 1800 倍液喷雾。

防治芋疫病，及早喷药预防，可用 500 克/升氟啶胺悬浮剂 1500～2000 倍液灌根，隔 10～15 天再灌 1 次。

（2）复配剂应用　主要是与烯酰吗啉、氰霜唑、嘧菌酯的复配，除此之外还有与阿维菌素、异菌脲、霜脲氰、霜霉威盐酸盐、精甲霜灵、噁唑菌酮、吡唑醚菌酯等的复配，但是比较少。

① 异菌·氟啶胺。由异菌脲和氟啶胺复配而成。主要防治根腐病、枯萎病、菌核病等。

防治百合根腐病，用 40%异菌·氟啶胺悬浮剂 1000～1500 倍液喷淋。

防治油菜菌核病，发病初期，每亩用 40%异菌·氟啶胺悬浮剂 40～50 毫升兑水 30～45 千克喷雾，每隔 7～10 天喷 1 次，连喷 1～2 次，安全间隔期 20 天，每季最多施用 2 次。

防治番茄灰霉病，发病初期，每亩用 45%异菌·氟啶胺悬浮剂 40～50 毫升兑水 30～45 千克喷雾，安全间隔期 7 天，每季最多施用 2 次。

防治辣椒、茄子、姜、蒜等蔬菜的根腐病、茎基腐病，用 40%异菌·氟啶胺悬浮剂 1000～1500 倍液（每亩 50～75 克）滴灌根或喷淋。

防治十字花科蔬菜根肿病，用 40%异菌·氟啶胺悬浮剂 1000～1500 倍液（每亩 300～450 克）灌根或喷淋根。

防治豇豆炭疽病、晚疫病、叶斑病，用 40%异菌·氟啶胺悬浮剂 1000～1500 倍液喷雾。

防治马铃薯粉痂病、黑痣病、黄萎病、干腐病兼细菌性疮痂病，每亩用 40%异菌·氟啶胺悬浮剂 200～500 克（兑 20 千克水）沟施，粉痂病发生的地块用中、高量，其他病害用低量。

防治马铃薯早疫病、晚疫病，每亩用 40%异菌·氟啶胺悬浮剂 30～40 克兑水 30～45 千克喷雾。

防治辣椒早疫病、疫病、叶斑病、炭疽病，用 40%异菌·氟啶胺悬浮剂 750～1000 倍液喷雾。

防治番茄灰霉病、早疫病、晚疫病、叶霉病，用 40%异菌·氟啶胺悬浮剂 750～1000 倍液喷雾（淋根）。

防治茄子绵疫病、叶斑病、灰霉病，用 40%异菌·氟啶胺悬浮剂 750～1000 倍液喷雾。

防治草莓根腐病、灰霉病、炭疽病、红根病，每亩用 40%异菌·氟啶胺悬浮剂 30～50 克兑水 30～45 千克灌根或喷雾。

防治大葱、洋葱等的干尖病、紫斑病、灰霉病、霜霉病、叶斑病，用 40%异菌·氟啶胺悬浮剂 750～1000 倍液喷雾。

防治芦笋茎枯病、斑点病，用 40%异菌·氟啶胺悬浮剂 750～1000 倍液喷雾。

② 氟啶·霜脲氰。由氟啶胺和霜脲氰复配而成。具保护和治疗作用，可通过植物的叶片和根系吸收，并在体内传导。防治番茄晚疫病，发病初期，每亩用 50%氟啶·霜脲氰水分散粒剂 40～50 克兑水 30～45 千克喷雾，每隔 7 天喷 1 次，连喷 2～3 次，安全间隔期 14 天，每季作物最多施用 3 次。

防治马铃薯晚疫病，发病初期，每亩用 50%氟啶·霜脲氰水分散粒剂 30～50 克兑水 30～45 千克喷雾，每隔 7 天喷 1 次，连喷 2～3 次，安全间隔期 14 天，每季作物最多施用 3 次。

③ 氟胺·氰霜唑。由氟啶胺和氰霜唑复配而成。防治马铃薯晚疫病，发病前或初见零星病斑时，每亩用 30%氟胺·氰霜唑悬浮剂 10～20 毫升兑水 30～45 千克喷雾，每隔 7～10 天喷 1 次，连喷 2～3 次，安全间隔期 7 天，每季最多施用 4 次。

④ 烯酰·氟啶胺。由烯酰吗啉与氟啶胺复配而成。二者混配协同增效显著，具有较好的保护、防治效果。防治辣椒疫病，每亩用 35%烯酰·氟啶胺悬浮剂 60~70 毫升兑水 30~45 千克喷雾，每隔 7~10 天喷 1 次，连喷 2 次，安全间隔期 7 天，每季最多施用 3 次。

防治马铃薯晚疫病，发病初期，每亩用 35%烯酰·氟啶胺悬浮剂 60~70 毫升兑水 30~45 千克喷雾，每隔 7~10 天喷 1 次，连喷 2 次，安全间隔期 7 天，每季最多施用 3 次。

⑤ 氟吗·氟啶胺。由氟吗啉和氟啶胺复配而成。防治马铃薯晚疫病，发病初期，每亩用 20%氟吗·氟啶胺悬浮剂 90~120 毫升兑水 30~45 千克喷雾，每隔 7~10 天喷 1 次，连喷 2~3 次，安全间隔期 7 天，每季最多施用 3 次。

⑥ 霜霉·氟啶胺。由霜霉威盐酸盐与氟啶胺复配而成。具有内吸、触杀作用，保护治疗作用强，专业防治疫病、根腐病等病害。防治马铃薯晚疫病，发病初期，每亩用 50%霜霉·氟啶胺悬浮剂 50~60 毫升兑水 30~45 千克喷雾，每隔 7 天喷 1 次，连喷 2~3 次，安全间隔期 7 天，每季最多施用 3 次。

⑦ 氟啶胺·精甲霜灵。由氟啶胺与精甲霜灵复配而成。防治马铃薯晚疫病，发病初期，每亩用 36%氟啶胺·精甲霜灵悬浮剂 34~44 毫升兑水 30~45 千克喷雾，每隔 7~10 天喷 1 次，安全间隔期 7 天，每季最多施用 3 次。

⑧ 氟啶·嘧菌酯。由氟啶胺和嘧菌酯复配而成。防治辣椒炭疽病、辣椒疫病，发病初期，每亩用 40%氟啶·嘧菌酯悬浮剂 50~60 毫升兑水 30~45 千克喷雾，每隔 7 天喷 1 次，安全间隔期 14 天，每季最多施用 3 次。

防治马铃薯晚疫病，发病初期，每亩用 40%氟啶·嘧菌酯悬浮剂 50~60 毫升兑水 30~45 千克喷雾，每隔 7 天喷 1 次，安全间隔期 14 天，每季最多施用 3 次。

瓜田易产生药害，禁止使用。

◉ **注意事项**

（1）使用前要充分摇匀。为了保证药效，必须在发病前或发病初期使用。喷药时要将药液均匀地喷雾到植株全部叶片的正反面，以保证药效。

（2）对瓜类易产生药害，使用时注意勿将药液飞散到邻近瓜地。在大白菜土壤上喷施本品时应将大块土壤打碎以保证药效，并且不要施药于大白菜苗床上。本品不可与肥料、其他农药等混用。不宜在温室使用。建议将本品与其他不同作用机制杀菌剂轮换使用，以延缓抗药性产生。

（3）本品对水生生物和家蚕有毒，在蚕室和桑园附近禁用。远离水产养殖区施药，禁止在河塘等水体中清洗施药器具；赤眼蜂等害虫天敌放飞区域禁用。本品药液及其废液不得污染各类水域、土壤等环境。

（4）易导致皮肤过敏，具有过敏体质的人员不要进行施药作业；下雨时，不进行施药工作；剪枝、施肥、套袋等工作尽量在施药前完成；高温、高湿时避免长时间作业。

（5）本品在马铃薯上的使用安全间隔期为 14 天，一季最多使用 4 次；在大白菜上的使用安全间隔期为 15 天，一季最多使用 1 次；在辣椒上的使用安全间隔期为 15 天，一季最多使用 3 次。

啶酰菌胺（boscalid）

$C_{18}H_{12}Cl_2N_2O$，343.21

● **其他名称** 凯泽，cantus。

● **主要剂型** 50%水分散粒剂。

● **毒性** 低毒。

● **作用机理** 啶酰菌胺是新型烟碱酰胺类杀菌剂，属于线粒体呼吸链中琥珀酸辅酶 Q 还原酶抑制剂。通过叶面渗透在植物中转移，抑制线粒体琥珀酸酯脱氢酶，阻碍三羧酸循环，使氨基酸、糖缺乏，导致能量减少，干扰细胞的分裂和生长，对病害有神经活性，具有保护和治疗作用。抑制孢子萌发、细菌管延伸、菌丝生长和孢子母细胞形成等真菌生长和繁殖的主要阶段，杀菌作用由母体活性物质直接引起，没有相应代谢活性。对孢子的萌发有很强的抑制能力，杀菌谱较广，几乎对所有类型的真菌病害都有活性，可以有效防治对甾醇抑制剂、双酰亚胺类、苯并咪唑类、苯胺嘧啶类、苯基酰胺类和甲氧基丙烯酸酯类杀菌剂产生抗性的病害。

● **产品特点**

（1）该产品可以通过木质部向顶传输至植株的叶尖和叶缘；还具有垂直渗透作用，可以通过叶部组织，传递到叶的背面；不过，该产品在蒸汽下再分配作用很小。

（2）对防治白粉病、灰霉病、菌核病和各种腐烂病等非常有效，并且对其他药剂的抗性菌亦有效，与多菌灵、腐霉利等无交互抗性。

● **应用**

（1）单剂应用　对疫霉病、菌核病、黑斑病、黑星病和其他的病原体病害有良好的防治效果，在蔬菜上可防治的具体病害如黄瓜灰霉病、腐烂病、霜霉病、炭疽病、白粉病、茎部腐烂，番茄晚疫病等。

① 喷雾　防治草莓灰霉病，每亩用 50%啶酰菌胺水分散粒剂 30～45 克兑水 45～75 千克喷雾。做预防处理，发病前或发病初期用药，每隔 7～10 天喷 1 次，连喷 3 次。

防治辣椒灰霉病，发现病苗，及时喷洒 50%啶酰菌胺水分散粒剂 1000～1500 倍液。

防治辣椒菌核病，发病后或土面上长出子囊盘时，喷洒 50%啶酰菌胺水分散粒剂 1000～1500 倍液。

防治番茄灰霉病，每亩用 50%啶酰菌胺水分散粒剂 30～50 克兑水 45～75 千克喷雾。做预防处理，发病前或发病初期用药，连喷 3 次。

防治番茄早疫病，每亩用 50%啶酰菌胺水分散粒剂 20～30 克兑水 45～75 千克喷雾。做预防处理，发病前或发病初期用药，连喷 3 次。

防治番茄菌核病，于发病初期或大棚地面长出子囊盘时，用 50%啶酰菌胺水分散粒剂 1800 倍液喷雾。

防治番茄白绢病，发病初期，用 50%啶酰菌胺水分散粒剂 1500～2000 倍液喷雾。

防治茄灰霉病，初见病变时或连阴 2 天后，用 50%啶酰菌胺水分散粒剂 800～1000 倍液喷雾。

防治黄瓜灰霉病，发病初期，用 50%啶酰菌胺水分散粒剂 1200～1500 倍液喷雾。

防治西瓜灰霉病，初见病变或连阴 2 天后，用 50%啶酰菌胺水分散粒剂 1000～1500 倍液喷雾，每隔 10 天左右喷 1 次，连喷 2～3 次。

防治菜豆灰霉病，喷洒 50%啶酰菌胺水分散粒剂 1800 倍液，重点喷淋花器和老叶，每隔 10～15 天喷 1 次，连喷 3～4 次。

防治豌豆灰霉病，发现病株即开始喷洒 50%啶酰菌胺水分散粒剂 1500～2000 倍液。

防治扁豆白绢病，发病初期，用 50%啶酰菌胺水分散粒剂 1500～2000 倍液喷雾，每隔 10 天左右喷 1 次，连喷 1～2 次。

防治菜用大豆菌核病，发病初期，用 50%啶酰菌胺水分散粒剂 1500～2000 倍液喷雾，每隔 7～10 天喷 1 次，连喷 2～3 次。

防治大白菜菌核病，发病初期，用 50%啶酰菌胺水分散粒剂 1500 倍液喷雾。

防治芹菜菌核病，发病初期，浇水前 1 天喷洒 50%啶酰菌胺水分散粒剂 1500 倍液。

防治芹菜灰霉病，发病初期，用 50%啶酰菌胺水分散粒剂 1500～2000 倍液喷雾，每隔 7～10 天喷 1 次，连喷 3～4 次。

防治莴苣、结球莴苣灰霉病、菌核病，露地于发病初期喷洒 50%啶酰菌胺水分散粒剂 1500～2000 倍液，每隔 7～10 天喷 1 次，连喷 3～4 次。

防治韭菜灰霉病，春季韭菜第二茬割二三次时，于割后 6～8 天发病初期，用 50%啶酰菌胺水分散粒剂 1100 倍液喷雾，每隔 10 天左右喷 1 次，连喷 2～3 次。

防治大葱、洋葱灰霉病，发病初期，用 50%啶酰菌胺水分散粒剂 1500 倍液喷雾。

防治马铃薯早疫病，每亩用 50%啶酰菌胺水分散粒剂 20～30 克兑水 45～75 千克喷雾。发病前做预防处理时使用低剂量；发病后做治疗处理时使用高剂量。必要时，啶酰菌胺可与其他不同作用机制的杀菌剂轮换使用。

防治油菜菌核病，每亩用 50%啶酰菌胺水分散粒剂 30～50 克兑水

45～75 千克喷雾。发病前做预防处理时使用低剂量；发病后作治疗处理时使用高剂量。

防治食用菊花灰霉病，发病初期，用 50%啶酰菌胺水分散粒剂 1800 倍液喷雾，保护花和芽，防止侵染蔓延。

防治慈姑叶柄基腐病，发病初期，用 50%啶酰菌胺水分散粒剂 1800 倍液喷雾，每隔 10 天左右喷 1 次，连喷 2～3 次。

② 灌根　防治辣椒白绢病，田间发现病株，用 50%啶酰菌胺水分散粒剂 1000～1500 倍液在茎基部淋施，每穴淋药液 250 毫升，每隔 7～10 天淋 1 次，连淋 2～3 次。

防治豇豆菌核病，必要时用 50%啶酰菌胺水分散粒剂 1800 倍液喷雾，每隔 10 天左右喷 1 次，连喷 2～3 次。

防治食用百合灰霉病，喷灌 50%啶酰菌胺水分散粒剂 1500 倍液。

③ 蘸盘　防治豇豆灰霉病，采用穴盘育苗的在定植时进行药剂蘸根：先把 50%啶酰菌胺水分散粒剂 1500 倍液 15 千克置于长方形大容器中，再将穴盘整个浸入药液中把根部蘸湿即可。

必要时，啶酰菌胺可与其他不同作用机制的杀菌剂轮换使用。

（2）复配剂应用　二元复配制剂是由对病原菌具有不同作用机制的杀菌剂混配形成的，具多作用点位，具有内吸性，可影响细胞结构和功能、影响呼吸作用，如嘧霉·啶酰菌、啶酰·乙嘧酚、啶酰菌胺·氟菌唑、唑醚·啶酰菌、吡唑·啶酰菌、醚菌·啶酰菌、啶酰·嘧菌酯、啶酰·肟菌酯、啶酰菌胺·硫黄等。混用不仅协同、增效、速效作用优异，有效扩大杀菌谱，而且能显著延长施药适期和持效期，提高杀菌、抑制效果，降低对作物的药害，减少用药剂量和残留活性，延缓杀菌剂抗药性的发生与发展。

① 嘧霉·啶酰菌。由嘧霉胺和啶酰菌胺复配而成。防治黄瓜灰霉病，在发病初期，每亩 40%嘧霉·啶酰菌悬浮剂 117～133 毫升兑水 30～40 千克喷雾，每隔 5～7 天喷 1 次，连喷 2～3 次。发病前或发病初期，每亩用 50%嘧霉·啶酰菌悬浮剂 47～60 毫升兑水 30～40 千克喷雾。安全间隔期 3 天，每季最多施用 2 次。

② 啶酰·乙嘧酚。由啶酰菌胺和乙嘧酚复配而成。杀菌活性较高，内吸性较强，持效期较长，对黄瓜白粉病有良好的防治效果。防治黄瓜

白粉病，发病初期，每亩用 36%啶酰·乙嘧酚悬浮剂 40～50 毫升兑水 30～40 千克喷雾，安全间隔期 3 天，每季最多施用 3 次。

③ 唑醚·啶酰菌。由吡唑醚菌酯和啶酰菌胺复配而成。

防治草莓灰霉病，发病前或发病初期，每亩用 38%唑醚·啶酰菌悬浮剂 30～40 毫升兑水 30～40 千克喷雾，安全间隔期 3 天，每季最多施用 3 次。

防治黄瓜白粉病，发病初期，每亩用 38%唑醚·啶酰菌悬浮剂 30～40 毫升，或 40%唑醚·啶酰菌（露娜妃）水分散粒剂 30～40 克，兑水 30～40 千克喷雾，连喷 2～3 次，每隔 7～10 天喷 1 次，安全间隔期为 3 天，每季最多使用 3 次。

④ 醚菌·啶酰菌。由醚菌酯和啶酰菌胺复配而成。

防治黄瓜白粉病，每亩用 300 克/升醚菌·啶酰菌悬浮剂 45～60 克兑水 30～40 千克喷雾，每隔 7～14 天喷 1 次，安全间隔期 2 天，每季最多使用 3 次。

防治草莓白粉病，每亩用 300 克/升醚菌·啶酰菌悬浮剂 25～50 毫升兑水 30～40 千克喷雾，每隔 7～14 天喷 1 次，安全间隔期 7 天，每季最多使用 3 次。

防治甜瓜白粉病，每亩用 300 克/升醚菌·啶酰菌悬浮剂 45～60 毫升兑水 30～40 千克喷雾，每隔 7～14 天喷 1 次，安全间隔期 3 天，每季最多使用 3 次。

⑤ 啶酰·腐霉利。由啶酰菌胺与腐霉利复配而成。适期广，持效期长，防治谱广，对葡萄孢属、丛梗孢属、核盘菌属、链格孢属、长蠕孢属、丝核菌属、球腔菌属、尾孢属等引起的病害均有良好效果，可靠性好，不污染果实、叶面。防治番茄灰霉病，发病初期，每亩用 25%啶酰·腐霉利悬浮剂 100～200 毫升兑水 45～75 千克喷雾，每隔 7～10 天喷 1 次，连喷 2～3 次，安全间隔期 7 天，每季最多施用 3 次。或每亩用 65%啶酰·腐霉利水分散粒剂 60～80 克兑水 30～50 千克喷雾，安全间隔期 7 天，每季最多施用 2 次。其他如韭菜灰霉病、黄瓜灰霉病、草莓灰霉病、茄子灰霉病、莴笋灰霉病等可参考上述用药方法防治。

⑥ 啶酰·咯菌腈。由啶酰菌胺与咯菌腈复配而成。既具有保护作用

又具有治疗作用，杀菌活性较高，内吸性较强，持效期较长，对番茄灰霉病有良好的防治效果。防治番茄灰霉病，发病初期，每亩用 30%啶酰·咯菌腈悬浮剂 45～60 毫升兑水 30～50 千克喷雾，安全间隔期 5 天，每季最多施用 2 次。或每亩用 50%啶酰·咯菌腈悬浮剂 67～83 毫升兑水 30～50 千克喷雾，每隔 7～10 天喷 1 次，连喷 2～3 次，安全间隔期 5 天，每季最多施用 3 次。

⑦ 啶酰·氟菌唑。由啶酰菌胺和氟菌唑复配而成。可防治蔬菜作物的白粉病、灰霉病、叶霉病、靶斑病、早疫病等。防治黄瓜白粉病，发病初期，每亩用 35%啶酰·氟菌唑悬浮剂 24～48 毫升兑水 30～50 千克喷雾，每隔 7 天左右喷 1 次，安全间隔期 3 天，每季最多施用 3 次。病害严重时，建议使用高剂量。

⑧ 啶酰·异菌脲。由啶酰菌胺与异菌脲复配而成。具有抑制病原菌呼吸作用的机制，药剂可通过根系吸收发挥作用。防治番茄灰霉病，每亩用 40%啶酰·异菌脲悬浮剂 40～60 克兑水 30～50 千克喷雾，每隔 10～15 天喷 1 次，连喷 3 次，安全间隔期 5 天，每季最多施用 3 次。

防治黄瓜灰霉病，每亩用 65%啶酰·异菌脲水分散粒剂 21～24 克兑水 30～50 千克喷雾，每隔 7～10 天喷 1 次，连喷 2～3 次，安全间隔期 7 天，每季最多施用 3 次。

推荐在以下作物使用：防治叶菜灰霉病、菌核病，草莓灰霉病，瓜类蔬菜灰霉病，茄果类蔬菜灰霉病、叶霉病，葱类蔬菜灰霉病、菌核病等，均按 65%啶酰·异菌脲水分散粒剂 15 克兑水 15 千克喷雾。

● **注意事项**

（1）预防处理时使用低剂量；发病时使用高剂量；应与其他不同作用机制的药剂交替使用。

（2）啶酰菌胺在黄瓜上施药，应注意高温、干燥条件下易发生烧叶、烧果现象。

（3）该药不能与石硫合剂、波尔多液等碱性农药混用。

（4）使用本品时，避免吸入药剂气体、雾液或粉尘。

（5）对蜜蜂、家蚕以及鱼类等水生生物有毒，施药期间应避免对周围蜂群的影响，蜜源作物花期、蚕室和桑园附近禁用；远离水产养殖区施药，禁止在河塘等水体中清洗施药器具。

嘧霉胺（pyrimethanil）

$C_{12}H_{13}N_3$，199.25

- **其他名称** 施佳乐、灰佳宁、灰雄、灰捷、灰克、灰落、灰卡、灰劲特、灰标、嘧施立、标正灰典、沪联灰飞、菌萨、蓝潮。

- **主要剂型** 20%、30%、37%、40%、400 克/升悬浮剂，20%、25%、40%可湿性粉剂，12.5%、25%乳油，40%、70%、80%水分散粒剂，25%乳油。

- **毒性** 低毒。

- **作用机理** 嘧霉胺杀菌作用机理独特，通过抑制病菌侵染酶的分泌从而阻止病菌侵染，并杀死病菌。主要抑制灰葡萄孢霉的芽管伸长和菌丝生长，在一定的用药时间内对灰葡萄孢霉的孢子萌发也有一定抑制作用。

- **产品特点**

（1）嘧霉胺悬浮剂为灰棕色液体。嘧霉胺同三唑类、二硫代氨基甲酸酯类、苯并咪唑类及乙霉威等无交互抗性，对灰霉病有特效，可有效防治已产生抗药性的灰霉病菌。

（2）能迅速被植物吸收，内吸性好，也可作熏蒸使用。嘧霉胺对温度不敏感，在相对较低的温度下施用不影响药效。施药后能迅速到达植株的花、幼果等不易喷到的部位，杀死已侵染的病菌，药效更快、更稳定，具有铲除、治疗及保护三重作用。

（3）嘧霉胺专门用于防治各种蔬菜等的灰霉病，也可用于防治菌核病、褐腐病、黑星病、叶斑病等多种病害，有时与多菌灵、福美双等药剂混用，安全性好、黏着性好、持效期长、低毒、低残留、药效快，低温时用药效果也好。

- **应用**

（1）单剂应用 主要用于防治蔬菜灰霉病，也可用于防治早疫病、番茄叶霉病、黄瓜黑星病。

棚室消毒灭菌，苗棚或生产棚在种植前，用 40%嘧霉胺悬浮剂 1000～1500 倍液全方位喷洒。

防治番茄灰霉病，发病初期，每亩用 400 克/升嘧霉胺悬浮剂 63～94 毫升，或 70%嘧霉胺水分散粒剂 45～55 克，兑水 30～50 千克均匀喷雾，每隔 7～10 天喷 1 次，安全间隔期 3 天，每季最多施用 2 次；或每亩用 40%嘧霉胺可湿性粉剂 60～90 克兑水 30～50 千克均匀喷雾，或用 25%嘧霉胺乳油 800～1000 倍液喷雾，每隔 7～10 天喷 1 次，安全间隔期 3 天，每季最多施用 3 次。

防治黄瓜灰霉病，发病初期用药，每亩用 25%嘧霉胺可湿性粉剂 120～150 克兑水 40～60 千克喷雾，每隔 7～10 天喷 1 次，安全间隔期 7 天，每季最多施用 2 次；或用 400 克/升嘧霉胺悬浮剂 60～100 毫升兑水 40～60 千克喷雾，每隔 7～10 天喷 1 次，安全间隔期 3 天，每季最多施用 2 次；或用 40%嘧霉胺水分散粒剂 60～90 克兑水 40～60 千克喷雾，每隔 7～10 天喷 1 次，安全间隔期 2 天，每季最多施用 2 次；或用 80%嘧霉胺水分散粒剂 30～45 克兑水 40～60 千克喷雾，每隔 5～7 天喷 1 次，安全间隔期 1 天，每季最多施用 2 次。

防治黄瓜菌核病，可用 40%嘧霉胺悬浮剂 800 倍液喷雾，每隔 7～10 天喷 1 次，连喷 3～4 次。

防治黄瓜褐斑病，用 40%嘧霉胺悬浮剂 500 倍液喷雾。

防治辣椒灰霉病和菌核病，发病初期，用 40%嘧霉胺悬浮剂 1200 倍液喷雾，每隔 7～10 天喷 1 次，连喷 1～2 次。

防治西葫芦灰霉病，发病初期，用 40%嘧霉胺悬浮剂 1000 倍液喷雾，每隔 7～10 天喷 1 次，连喷 2～3 次。

防治大白菜芸薹链格孢和芸薹生链格孢叶斑病，发现病株，及时用 40%嘧霉胺悬浮剂 1000 倍液喷雾，每隔 7 天左右喷 1 次，连喷 3～4 次。

防治韭菜灰霉病、菌核病，春季韭菜第二茬割二三次时，于割后 6～8 天发病初期，用 40%嘧霉胺悬浮剂 1000 倍液喷雾，每隔 10 天左右喷 1 次，连喷 2～3 次。

防治大葱灰霉病，发病初期喷淋 40%嘧霉胺悬浮剂 1000 倍液。

防治菜豆菌核病，发病初期用 40%嘧霉胺悬浮剂 800 倍液喷雾，每隔 5～7 天喷 1 次，连喷 2～3 次。

防治蚕豆赤斑病，发病初期，用 400 克/升嘧霉胺悬浮剂 1000 倍液喷雾，每隔 10 天左右喷 1 次，连喷 2～3 次。

防治豌豆灰霉病，发现病株即开始喷洒 40%嘧霉胺悬浮剂 1000 倍液。

防治甜瓜灰霉病，发病初期，用 40%嘧霉胺悬浮剂 1000 倍液喷雾，每隔 7～10 天喷 1 次，连喷 2～3 次。

防治莴苣菌核病，用 30%嘧霉胺悬浮剂 1000～1500 倍液喷雾，每隔 5～7 天喷 1 次，连喷 3～4 次。

防治荸荠灰霉病，9 月中下旬荸荠从营养生长转生殖生长时期，是灰霉病主发期，可用 40%嘧霉胺悬浮剂 1000 倍液喷雾，每隔 7～10 天喷 1 次，连喷 2～3 次。

防治食用百合灰霉病，喷灌 40%嘧霉胺悬浮剂 1000 倍液。

防治草莓灰霉病，初花期、盛花期、末花期各喷药一次即可。每亩用 40%嘧霉胺悬浮剂或 400 克/升嘧霉胺悬浮剂 30～50 毫升，或 20%嘧霉胺可湿性粉剂 80～120 克，或 70%嘧霉胺水分散粒剂 25～35 克，兑水 30～45 千克均匀喷雾，安全间隔期 3 天，每季最多施用 3 次。

（2）复配剂应用　嘧霉胺常与多菌灵、福美双、百菌清、异菌脲、乙霉威、中生菌素、氨基寡糖素等杀菌剂成分混配，用于生产复配杀菌剂。

① 嘧霉·百菌清。由嘧霉胺与百菌清混配的低毒复合杀菌剂，以保护作用为主。防治瓜果豆类蔬菜的灰霉病、菌核病。防治灰霉病时，在连阴 2 天时（保护地瓜果豆类蔬菜尤为重要）或遇低温高湿环境条件持续发生时，或田间初见病斑时立即开始喷药，每隔 5～7 天喷 1 次，连喷 2～3 次。防治菌核病时，从病害发生初期开始喷药，每隔 7 天左右喷 1 次，连喷 2～3 次。每次喷药前将病残组织彻底摘出园外后再用药效果较好。每亩用 40%嘧霉·百菌清悬浮剂 300～400 毫升兑水 45～75 千克均匀喷雾。

防治草莓灰霉病，从病害发生初期，或连续阴天 2 天时立即开始喷药，用 40%嘧霉·百菌清悬浮剂 200～300 倍液均匀喷雾，每隔 7 天左右喷 1 次，连喷 2～3 次。

② 嘧霉·多菌灵。由嘧霉胺与多菌灵混配的低毒复合杀菌剂，具保护和治疗双重作用。防治瓜果豆类蔬菜的灰霉病、菌核病，防治灰霉病

时，在连阴 2 天时（保护地瓜果豆类蔬菜尤为重要）或遇低温高湿环境条件持续发生时，或田间初见病斑时立即开始喷药，每隔 5～7 天喷 1 次，连喷 2～3 次。防治菌核病时，从病害发生初期开始喷药，每隔 7 天左右喷 1 次，连喷 2～3 次。每次用药前将病残组织彻底摘除后再喷药效果较好。每亩用 40%嘧霉·多菌灵悬浮剂 150～200 毫升，或 30%嘧霉·多菌灵悬浮剂 200～300 毫升，兑水 45～75 千克均匀喷雾。

防治草莓灰霉病，从病害发生初期，或连续阴天 2 天时立即开始喷药，用 40%嘧霉·多菌灵悬浮剂 300～400 倍液，或 30%嘧霉·多菌灵悬浮剂 250～300 倍液喷雾，每隔 7 天左右喷 1 次，连喷 2～3 次。

③ 嘧霉·福美双。由嘧霉胺与福美双混配的低毒复合杀菌剂，以保护作用为主，兼有治疗效果。防治保护地瓜果豆类蔬菜的灰霉病时，在连阴 2 天时立即开始喷药，每隔 7 天左右喷 1 次，连喷 2～3 次；防治露地蔬菜的灰霉病或菌核病时，当遇低温高湿环境条件持续发生时，或田间初见病斑时立即开始喷药，每隔 7 天左右喷 1 次，连喷 2～3 次。每亩用 30%嘧霉·福美双悬浮剂 150～200 克，或 30%嘧霉·福美双悬浮剂 150～200 毫升，或 50%嘧霉·福美双可湿性粉剂 120～150 克，兑水 45～75 千克均匀喷雾。

防治黄瓜灰霉病，每亩用 30%嘧霉·福美双悬浮剂 133～200 毫升兑水 45～75 千克均匀喷雾。该药剂对茄子、豇豆等作物敏感，不建议使用。

④ 嘧霉·乙霉威。由嘧霉胺与乙霉威混配的低毒复合杀菌剂，专用于防治灰霉病类病害，具内吸、保护、治疗和熏蒸等多重作用，喷药后对作物各部位灰霉病菌有较好防治效果。防治灰霉病时，在连阴 2 天时（保护地瓜果豆类蔬菜尤为重要）或遇低温高湿环境条件持续发生时，或田间初见病斑时立即开始喷药，每隔 5～7 天喷 1 次，连喷 2～3 次。防治菌核病时，从病害发生初期立即开始喷药，每隔 7 天左右喷 1 次，连喷 2～3 次。每次喷药前将病残组织彻底摘出园外后再用药效果较好。每亩用 26%嘧霉·乙霉威水分散粒剂 150～200 克兑水 45～75 千克均匀喷雾。

防治草莓灰霉病，从病害发生初期，或连续阴天 2 天时立即开始喷药，每隔 7 天左右喷 1 次，连喷 2～3 次，用 26%嘧霉·乙霉威水分散粒剂 300～400 倍液均匀喷雾。

防治黄瓜灰霉病，发病初期，每亩用 26%嘧霉·乙霉威水分散粒剂 96～144 克兑水 45～75 千克喷雾。

⑤ 嘧霉·异菌脲。由嘧霉胺与异菌脲复配而成。防治番茄灰霉病，用 80%嘧霉·异菌脲可湿性粉剂 30～45 千克兑水 45～75 千克喷雾，安全间隔期 5 天，每季最多施用 3 次。防治黄瓜灰霉病，用 80%嘧霉胺·异菌脲水分散粒剂 3000～4000 倍液喷雾；防治草莓灰霉病，用 80%嘧霉胺·异菌脲水分散粒剂 2000～3000 倍液喷雾。

⑥ 中生·嘧霉胺。由中生菌素与嘧霉胺复配而成。防治黄瓜灰霉病，发病初期，每亩用 25%中生·嘧霉胺可湿性粉剂 100～120 克兑水 30 千克喷雾，安全间隔期 3 天，每季最多施用 2 次。

● **注意事项**

（1）嘧霉胺在推荐量下对黄瓜、辣椒、番茄等作物各生育期都很安全。露地黄瓜、番茄等蔬菜，施药一般应选早晚风小、气温低时进行，晴天上午 8 时至下午 5 时、空气相对湿度低于 65%、气温高于 28℃时停止施药。

越冬莴笋、油麦菜需慎用此药，喷施此药后叶缘普遍出现浅黄色晕圈，常被误认为是春季低温营养不良的缺肥症。

（2）在保护地内施药后，应通风，而且药量不能过高，否则部分作物叶片上会出现褐色斑块。若嘧霉胺使用不当，在茄子上易出现药害，叶片上会出现很多的黑褐色斑点，形状不规则或者是叶片发黄脱落。当出现药害斑点时，很多菜农还以为茄子发生"斑点落叶病"，结果再次用药而加重药害，因此，一定要分清嘧霉胺药害斑点和侵染性病害斑点的危害症状。嘧霉胺在豆类（菜豆、豇豆等）上的药害主要是造成叶片变黄、干枯、生成褐斑，甚至叶片脱落，造成花果脱落。豆类和茄子对嘧霉胺敏感并不是说不能用这种药，而是尽量不要用或者严格控制使用浓度。例如 40%的嘧霉胺·异菌脲悬浮剂（其中含嘧霉胺 15%），在豆类和茄子上每亩地最多只能用 40 克。如果出现嘧霉胺药害，可用 2～3 克 0.136%赤·吲乙·芸苔可湿性粉剂+叶面锌肥兑水 15 千克喷施，赤霉酸可有效补充受药害作物体内的赤霉酸含量，锌可促进生长素的合成，有助于进行光合作用，两者可有效缓解药害，同时还可以增强植物的抗逆性。

（3）在植株矮小时，用低药量和低水量，当植株高大时，用高药量和高水量。一个生长季节防治灰霉病需施药 4 次以上时，应与其他杀菌剂轮换使用，避免产生抗性。

（4）70%嘧霉胺水分散粒剂不可与呈强碱性或强酸性的农药物质、铜制剂、汞制剂混用或前后立即使用。

（5）对鱼类有毒，施药时应远离水产养殖区用药，禁止在河塘等水体中清洗施药器具，避免药液污染水源地。

（6）40%嘧霉胺悬浮剂在防治番茄、黄瓜灰霉病时，安全间隔期为 3 天，每季作物最多使用 2 次。

嘧菌环胺（cyprodinil）

$C_{14}H_{15}N_3$，225.3

- **其他名称** 和瑞、灰雷、瑞镇、环丙嘧菌胺。
- **主要剂型** 37%、50%水分散粒剂，30%、40%悬浮剂，50%可湿性粉剂。
- **毒性** 低毒。
- **作用机理** 嘧菌环胺属嘧啶胺类内吸性杀菌剂。主要作用于病原真菌的侵入期和菌丝生长期，通过抑制病原菌细胞中蛋氨酸的生物合成和水解酶活性，干扰真菌生命周期，抑制病原菌穿透，破坏植物体中菌丝体的生长。与三唑类、咪唑类、吗啉类、二羧酸亚胺类、苯基吡咯类杀菌剂均无交互抗性，对半知菌和子囊菌引起的灰霉病和斑点落叶病等有极佳的防治效果，非常适用于病害综合治理。
- **产品特点**

（1）具杀菌作用，兼具保护和治疗活性，具内吸传导性。可迅速被叶片吸收，可通过木质部进行传导，同时也有跨层传导，具有保护作用的活性成分分布于叶片中，高温下代谢速度加快，低温下叶片中的活性成分非常稳定，代谢物无生物学活性。耐雨水冲刷，药后 2 小时下雨不影响效果。

（2）低温高湿条件下，高湿提高吸收比例，低温阻止有效成分分解，保证叶表有效成分的持续吸收，植物代谢活动缓慢，速效性差但持效性佳。反之，高温低湿气候药效发挥快但持效期短。

（3）先进的剂型——水分散粒剂，对使用者和环境更安全，具有干燥、坚硬、耐压、无腐蚀性、高浓缩、无刺激性异味、不含溶剂、不可燃等特点。

● 应用

（1）单剂应用　防治草莓灰霉病，抓好早期预防，从初现幼果开始，视天气情况，用 50%嘧菌环胺水分散粒剂 1000 倍液喷雾，每隔 7～10 天喷 1 次，连喷 2～3 次。安全间隔期为 7 天，每季最多使用 3 次。

防治韭菜灰霉病、菌核病。每亩用 50%嘧菌环胺水分散粒剂 60～90 克兑水 30～45 千克喷雾。从发病前或发病初期开始施药，每隔 7～10 天喷 1 次。安全间隔期为 14 天，每季最多使用 3 次。

防治辣椒灰霉病，抓好早期预防，苗后真叶期至开花前病害侵染初期开始第一次用药，视天气情况和病害发展，用 50%嘧菌环胺水分散粒剂 1000 倍液喷雾，每隔 7～10 天喷 1 次，连喷 2～3 次。

防治樱桃番茄灰霉病，在发病初期，用 50%嘧菌环胺可湿性粉剂 1000 倍液喷雾，每隔 7 天喷 1 次，连喷 2 次。

防治番茄菌核病，于发病初期或大棚地面上长出子囊盘时及时喷洒 50%嘧菌环胺水分散粒剂 800～1000 倍液。

防治油菜菌核病，用 50%嘧菌环胺水分散粒剂 800 倍液喷施植株中下部。由于带菌（有病）的花瓣是引起叶片、茎秆发病的主要原因，因此，应掌握在油菜主茎盛花期至第一分枝盛花期（最佳防治适期）用药，每隔 7～10 天喷 1 次，连喷 2～3 次。

当辣椒、茄子盛果期灰霉病严重时，茎杈部烂秆、纵裂，用 50%嘧菌环胺水分散粒剂用水调成糊状涂抹病害处，也可以用药土和成泥巴糊在病害处，都有很好的防效。

防治菜豆灰霉病，定植后发现零星病叶即喷洒 50%嘧菌环胺水分散粒剂 800 倍液。

防治豇豆菌核病，必要时用 50%嘧菌环胺水分散粒剂 900 倍液喷雾，每隔 10 天左右喷 1 次，连喷 2～3 次。

防治菠菜灰霉病，发病初期，用 50%嘧菌环胺水分散粒剂 800 倍液喷雾。

防治芹菜菌核病，发病初期，浇水前 1 天喷洒 50%嘧菌环胺水分散粒剂 1000 倍液。

防治芹菜灰霉病，发病初期，用 50%嘧菌环胺水分散粒剂 700～1000 倍液喷雾，每隔 7～10 天喷 1 次，连喷 3～4 次。

防治莴苣、结球莴苣灰霉病、菌核病、小核盘菌菌核病，露地于发病初期喷洒 50%嘧菌环胺水分散粒剂 800～1000 倍液，每隔 7～10 天喷 1 次，连喷 3～4 次。

防治大葱、洋葱灰霉病，发病初期，用 50%嘧菌环胺水分散粒剂 800 倍液喷雾。

防治菜用大豆菌核病，发病初期，用 50%嘧菌环胺水分散粒剂 800～1000 倍液喷雾，隔 7～10 天喷 1 次，连喷 2～3 次。

防治莲藕小菌核叶腐病，发病初期，用 50%嘧菌环胺水分散粒剂 900 倍液喷雾，每隔 10 天左右喷 1 次，连喷 2～3 次。

防治荸荠球茎灰霉病，田间发病初期，用 50%嘧菌环胺水分散粒剂 800 倍液喷雾，每隔 7～10 天喷 1 次，连喷 2～3 次。

（2）复配剂应用　嘧环·咯菌腈。由嘧菌环胺与咯菌腈复配而成。防治番茄的灰霉病，每亩用 62%嘧环·咯菌腈水分散粒剂 30～45 克兑水 30～50 千克喷雾，每隔 7 天喷 1 次，连喷 2 次，安全间隔期 5 天，每季最多施用 2 次。

● **注意事项**

（1）嘧菌环胺可与绝大多数杀菌剂和杀虫剂混用，为保证作物安全，建议在混用前进行相容性试验。但尽量不要和乳油类杀虫剂混用。

（2）一季使用 2 次时，含有嘧啶胺类的其他产品只能使用一次，当一种作物在一季内施药处理灰霉病超过 6 次时，嘧啶胺类的产品最多使用 2 次，一种作物在一季内施药处理灰霉病 7 次或超过 7 次时，嘧啶胺类的产品最多使用 3 次。

（3）建议与其他不同作用机制的杀菌剂轮换使用，以延缓抗药性产生。

（4）对蜜蜂、鱼类等水生生物、家蚕有毒，施药期间应避免对周围蜂群的影响，开花植物花期、蚕室和桑园附近禁用。远离水产养殖区施药，禁止在河塘等水体中清洗施药器具。

（5）过敏者禁用，使用中有任何不良反应请及时就医。

（6）对黄瓜不安全，容易产生药害。在温度高的情况下，对大棚番茄也有药害，应慎用。

腐霉利（procymidone）

$C_{13}H_{11}Cl_2NO_2$，284.14

● **其他名称** 速克灵、扑灭宁、必克灵、消霉灵、克霉宁、灰霉灭、灰霉星、齐秀、二甲菌核利、杀霉利、菌核酮。

● **主要剂型** 50%、80%可湿性粉剂，10%、15%烟剂，20%、25%、35%胶悬剂，80%水分散粒剂，20%、35%、43%悬浮剂，30%颗粒熏蒸剂。

● **毒性** 低毒（对蜜蜂、鱼类有毒）。

● **作用机理** 腐霉利具有保护和治疗双重作用，对孢子萌发抑制力强于对菌丝生长的抑制，表现为使孢子的芽管和菌丝膨大，甚至胀破，原生质流出，使菌丝畸形，从而阻止早期病斑形成和病斑扩大。

● **产品特点**

（1）腐霉利属有机杂环类杀菌剂，可湿性粉剂外观为浅棕色粉末，对人、畜、鸟类低毒，对眼、皮肤有刺激作用，对蜜蜂、鱼类有毒。

（2）腐霉利具有一定内吸性，能向新叶传导，具有保护和治疗作用。对病害具有接触型保护和治疗等杀菌作用。对灰霉病、菌核病有特效，对多菌灵、苯菌灵等苯并咪唑类农药产生抗药性的病菌，用腐霉利防治有很好的效果。

（3）连年单一使用腐霉利，易使灰霉病产生抗药性。

（4）15%腐霉利烟剂为灰霉病、菌核病、疫病杀菌剂，采用纳米分散杀灭技术，融合多种辅助增效成分，内吸性强，持效期长，防效是常规烟剂的二倍，并能释放二氧化碳等多种气体肥料，利于作物生长，改善品质。烟剂发烟不产生明火、烟浓、有冲力、成烟率高、药效好，超微杀菌分子充分发挥作用无损失，并且不增加棚内湿度，改善棚内作物生长环境，设计合理，使用方便，省工省时，降低生产成本。可防治保护地韭菜灰霉病，对黄瓜、番茄、辣椒、菜豆、草莓、葱类等蔬菜灰霉病、菌核病、早疫病、茎腐病等有特效。

（5）鉴别要点：纯品为白色片状结晶体，原药为白色或浅棕色结晶。溶于大多数有机溶剂，几乎不溶于水，腐霉利产品应取得农药生产批准证书。选购时应注意识别该产品的农药登记证号、农药生产批准证书号、执行标准号。

● **应用**　主要用于防治大白菜黑斑病、萝卜黑斑病、白菜类菌核病、芥菜类菌核病、乌塌菜菌核病、甘蓝类菌核病、甘蓝类灰霉病、甘蓝类黑斑病，青花菜灰霉病、青花菜褐斑病、紫甘蓝灰霉病、紫甘蓝褐斑病、茄子灰霉病、番茄苗期白绢病、番茄灰霉病、番茄菌核病、番茄早疫病、番茄叶霉病，甜（辣）椒灰霉病、甜（辣）椒菌核病等。

（1）单剂应用

① 喷雾。防治茄子灰霉病，用 50%腐霉利可湿性粉剂 750～1000 倍液喷雾。

防治番茄的苗期白绢病（喷淋苗床，7 天后再喷 1 次）、灰叶斑病，甜（辣）椒的菌核病、叶枯病，大白菜黑斑病，用 50%腐霉利可湿性粉剂 1000 倍液喷雾。

防治番茄灰霉病、早疫病，发病前或发病初期，每亩用 50%腐霉利可湿性粉剂 75～100 克，或 43%腐霉利悬浮剂 65～80 毫升，兑水 30～50 千克均匀喷雾，每隔 7～10 天喷 1 次，安全间隔期 7 天，每季最多施用 2 次；或每亩用 80%腐霉利水分散粒剂 32～50 克兑水 30～50 千克均匀喷雾，每隔 7 天喷 1 次，安全间隔期 7 天，每季最多施用 3 次。

防治保护地莴笋菌核病、灰霉病，芹菜的菌核病、灰霉病，莴苣、莴笋等的菌核病，用 50%腐霉利可湿性粉剂 1000～1500 倍液喷雾。

防治黄瓜、西葫芦、冬瓜等的菌核病，洋葱的褐斑病，莴苣和莴笋的（小核盘菌）软腐病，萝卜黑斑病，菠菜灰霉病，用 50%腐霉利可湿性粉剂 1500 倍液喷雾。

防治黄瓜灰霉病，在幼果残留花瓣初发病时开始施药，每亩用 50% 腐霉利可湿性粉剂 75～100 克，或 43% 腐霉利悬浮剂 75～100 毫升，兑水 40～60 千克均匀喷雾，每隔 7～10 天喷 1 次，安全间隔期 3 天，每季最多施用 2 次。

防治茄子、菜豆等的菌核病、灰霉病、茎腐病，番茄的菌核病、早疫病，白菜类灰霉病，用 50% 腐霉利可湿性粉剂 1500～2000 倍液喷雾。

防治白菜类、芥菜类、乌塌菜等的菌核病，甘蓝类的菌核病、灰霉病、黑斑病，青花菜和紫甘蓝的灰霉病、褐斑病，黄瓜、西葫芦、甜（辣）椒、莴苣、莴笋、胡萝卜等的灰霉病，洋葱颈腐病，用 50% 腐霉利可湿性粉剂 2000 倍液喷雾。

防治油菜菌核病。发病初期开始施药，每亩用 50% 腐霉利可湿性粉剂 40～80 克兑水 30～50 千克喷雾，轻病田在始花期喷 1 次，重病田于初花期和盛花期各喷药 1 次，安全间隔期 25 天，一季最多使用 2 次。

防治韭菜灰霉病，发病前或发病初期，每亩用 50% 腐霉利可湿性粉剂 40～60 克兑水 30～50 千克均匀喷雾，每隔 7～10 天喷 1 次，安全间隔期 30 天，每季最多施用 1 次；或每亩用 15% 腐霉利烟剂 200～333 克，在韭菜灰霉病发生初期用一次，以下午放帘前施药最好，施药后密封大棚 10～12 小时。揭棚半小时通风换气后方可入内工作，安全间隔期 30 天，每季最多施用 1 次。

② 熏蒸。防治黄瓜的灰霉病、菌核病，番茄的早疫病、灰霉病、菌核病、叶霉病，茄子灰霉病，甜（辣）椒的灰霉病、菌核病，芹菜菌核病。在发病初期，每亩大棚每次用 10% 腐霉利烟剂 200～300 克，在傍晚密闭棚室熏蒸 12～24 小时，每隔 7～10 天熏 1 次，酌情连熏 2～3 次。或每亩用 5% 腐霉利粉尘剂 1 千克喷粉效果更好，每隔 7 天左右喷 1 次，视病情决定防治次数。

③ 涂抹。防治黄瓜、西葫芦、冬瓜等的菌核病，用 50% 腐霉利可湿性粉剂 50 倍液，在茎蔓上病斑处涂抹药液。在配好的植物生长调节剂药液中（如对氯苯氧乙酸钠、2,4-滴），加入 0.1%～0.3% 的 50% 腐霉利可湿性粉剂，然后处理花朵，可防治番茄、茄子等的灰霉病。

④ 拌种。用 50% 腐霉利可湿性粉剂拌种，用药量因病而异。防治

乌塌菜菌核病，用药量为种子质量的 0.2%～0.5%；防治大白菜黑斑病，用药量为种子质量的 0.2%～0.3%。

⑤ 设施灭菌。用 50%腐霉利可湿性粉剂 600 倍液，喷洒保护地内墙壁、立柱、薄膜，土地表面（在翻地前），能降低莴苣灰霉病和菌核病的发病率。

（2）复配剂应用　腐霉利常与福美双、多菌灵、百菌清等杀菌剂成分混配，用于生产复配杀菌剂。

① 腐霉•百菌清。是腐霉利与百菌清复配的混剂。

防治黄瓜灰霉病，发病初期，每亩用 50%腐霉•百菌清可湿性粉剂 80～120 克兑水 30～50 千克喷雾，每隔 7～10 天喷 1 次，连喷 2～3 次，安全间隔期 7 天，每季最多施用 3 次。

防治保护地黄瓜霜霉病，发病前或发病初期，每亩用 20%腐霉•百菌清烟剂 175～200 克，每 60 平方米空间放置 1 个放烟点，关闭门窗点燃放烟 6 小时后开门窗通风，每隔 10 天熏 1 次，连熏 2～3 次。

防治番茄灰霉病，发病前或发病初期，每亩用 20%腐霉•百菌清烟剂 200～300 克，或 15%腐霉•百菌清烟剂 200～300 克，每亩设 4～6 个点，由里向外用明火逐个点燃发烟，然后关闭门窗 4 小时以上，安全间隔期 3 天，每季最多施用 2 次。

② 腐霉•福美双，是腐霉利与福美双复配的混剂。具有直接杀菌、内渗的作用，主要用于对灰霉病的预防和菌核病的防治，尤其是针对番茄常见的灰霉病和油菜常见的菌核病，效果更佳。防治番茄灰霉病，发病前或发病初期，于花期喷药，可防灰霉病菌侵染作物的花朵造成烂花，每亩用 50%腐霉•福美双可湿性粉剂 80～120 克，或 25%腐霉•福美双可湿性粉剂 60～80 克，兑水 45～75 千克常规喷雾，每隔 7 天喷 1 次，连喷 2 次，安全间隔期 7 天，每季最多施用 2 次。

③ 腐霉•多菌灵。由腐霉利与多菌灵混配。防治瓜果蔬菜灰霉病、菌核病，防治灰霉病时，多在连续阴天 2 天后立即用药，每隔 7 天左右施用 1 次，连用 2 次。每亩用 50%腐霉•多菌灵可湿性粉剂 80～120 克兑水 45～75 千克喷雾，重点喷洒花器部位及果实部位；保护地栽培的也可熏烟，每亩用 15%腐霉•多菌灵烟剂 350～400 克，均匀分散多点，从内向外依次点燃，然后密闭熏烟，在番茄上安全间隔期 7 天，每季最

多施用 2 次。

　　另外，保护设施内栽培需要激素处理花器的，可在处理液中加入 0.1%的 50%腐霉·多菌灵可湿性粉剂，一定程度上具有防止花器组织受害的作用。防治菌核病时，多从病害初期开始用药，每隔 7～10 天施药 1 次，连用 2 次，药剂使用量及方法同上，只是喷雾用药时应重点喷洒植株中下部。

● **注意事项**

　　（1）不能与强碱性药物如波尔多液、石硫合剂混用，也不要与有机磷农药混配。建议与其他机制的农药轮换使用，以延缓抗药性的产生。

　　（2）药液应随配随用，不宜久存。防治病害应尽早用药，最好在发病前，最迟也要在发病初期使用。

　　（3）在白菜、萝卜上慎用。在幼苗期、弱苗或高温下，使用浓度不宜过高（即稀释倍数不宜偏低）。

　　（4）不宜长期单一使用，在无明显抗药性地区应与其他杀菌剂轮换使用，但不能与结构相似的异菌脲、乙烯菌核利轮换，已产生抗性地区应暂停腐霉利使用，用硫菌·霉威或多·霉威代替。

　　（5）对蜜蜂、鱼类等水生生物、家蚕有毒，施药期间应避免对周围蜂群的影响，禁止在植物开花期、蚕室和桑园附近使用。远离水产养殖区、河塘等水域施药，鱼、虾、蟹套养稻田禁用，施药后的药水禁止排入水体（水田）。

　　（6）赤眼蜂等天敌放飞区禁用。

咯菌腈（fludioxonil）

$C_{12}H_6F_2N_2O_2$，248.2

● **其他名称**　适乐时、卉友、氟咯菌腈。

● **主要剂型**　0.5%、2.5%、25 克/升、10%悬浮种衣剂，20%、30%、40%悬浮剂，10%水分散粒剂，50%可湿性粉剂。

● **毒性**　低毒。

● **作用机理**　主要是通过抑制菌体葡萄糖磷酰化有关的转移，并抑制真菌菌丝体的生长，导致病菌死亡。

● **产品特点**

（1）咯菌腈是一种新型吡咯类非内吸性广谱杀菌剂。作为种子处理杀菌剂，悬浮种衣剂能够防治很多种病害。应用结果表明，咯菌腈灌根或土壤处理对各种作物的立枯病、根腐病、枯萎病、蔓枯病等许多根部病害都有非常好的效果。另外，咯菌腈还可以用于喷雾防治各种作物的灰霉病和菌核病。

（2）有效成分对子囊菌、担子菌、半知菌的许多病原菌有非常好的防效。当处理种子时，有效成分在处理时及种子发芽时只有很少量内吸，但却可以杀死种子表面及种皮内的病菌。与现行的所有杀菌剂没有交互抗性。

（3）咯菌腈用于种子处理成膜快、不脱落，有效成分在土壤中不移动，因而在种子周围形成一个稳定而持久的保护圈。持效期长达 4 个月以上，既可供农户简易拌种使用，又可供种子行业批量机械化拌种处理。

（4）对作物种子安全性极好，不影响种子出苗，并能促进种子提前出苗，出苗齐，长势壮。对人和动物非常安全，是化学合成的仿生制剂，其毒性比食盐还低，非常适合无公害蔬菜的生产。

● **应用**

（1）单剂应用

① 拌种　药剂用量：马铃薯每 100 千克种子用 2.5%咯菌腈悬浮种衣剂 100～200 毫升或 10%咯菌腈悬浮种衣剂 25～50 毫升拌种。

其他蔬菜种子，按每 100 千克种子用 2.5%咯菌腈悬浮种衣剂 400～800 毫升或 10%咯菌腈悬浮种衣剂 100～200 毫升拌种。

防治玉米茎基腐病，用 2.5%咯菌腈悬浮种衣剂 4～6 克/100 千克种子包衣；防治玉米苗枯病，按每 5 千克种子用 2.5%咯菌腈悬浮种衣剂 10 克，兑水 100 克，进行拌种。

防治西瓜枯萎病，用 2.5%咯菌腈悬浮种衣剂 10～15 克/100 千克种子包衣。

防治黄瓜蔓枯病，干种子用 2.5%咯菌腈悬浮种衣剂包衣，剂量为干种子重量的 0.45%，包衣后晾干播种。

防治豇豆苗期根腐病，每 50 千克种子用 10%咯菌腈悬浮种衣剂 50 毫升，先以 0.25～0.5 千克水稀释后均匀拌和种子，晾干后即可播种，对镰刀菌根腐病防效优异。

防治菜用大豆根腐病，每 50 千克种子用 2.5%咯菌腈悬浮种衣剂 100～200 毫升，先用 0.3～0.5 升水稀释药液，而后均匀拌和种子。

手工拌种：准备好桶或塑料袋，将咯菌腈悬浮种衣剂用水稀释（一般稀释到 1～2 升/100 千克种子），充分混匀后倒入种子上，快速搅拌或摇晃，直到药液均匀分布到每粒种子上（根据颜色判断）。若地下害虫严重可加常用拌种剂如辛硫磷等混匀后拌种。

机械拌种：根据所采用的拌种机械性能及作物种子，按不同的比例把咯菌腈悬浮种衣剂加水稀释好即可拌种，例如国产拌种机一般药种比为 1∶60，可将咯菌腈悬浮种衣剂加水稀释至 1660 毫升/100 千克；若采用进口拌种机，一般药种比为 1∶（80～120），将咯菌腈悬浮种衣剂加水调配至 800～1250 毫升/100 千克种子的程度即可开机拌种。

② 点花　用 2.5%咯菌腈悬浮剂 200 倍液（10 毫升兑 2 千克水）与保花保果的激素混用，防治蔬菜灰霉病效果佳，可较长时间保持花瓣新鲜，预防茄子、番茄等蔬菜烂果。

③ 灌根　用 2.5%咯菌腈悬浮剂 800～1500 倍液可有效防治各种作物的枯萎病。

防治草莓根腐病，用 2.5%咯菌腈悬浮剂 1500 倍液灌根。

防治豆类蔬菜根腐病，用 2.5%咯菌腈悬浮剂包衣或灌根，防治豆类蔬菜立枯病，用 2.5%咯菌腈悬浮剂 2500 倍液包衣或灌根。

防治菜豆枯萎病、菜豆红根病，采用穴盘育苗的于定植时用 2.5%咯菌腈悬浮剂 1200 倍液蘸根。

防治辣椒枯萎病，用 2.5%咯菌腈悬浮剂 2000 倍液包衣、灌根。

防治辣椒镰孢根腐病、辣椒疫病，辣椒定植后，先把 2.5%咯菌腈悬浮剂 1000 倍液配好，取 15 千克放入比穴盘大的容器内，再将穴盘整个浸入药液中把根部蘸湿，半月后，还可灌根 1～2 次，每株灌 250 毫升。田间出现中心病株时马上灌根，可用 2.5%咯菌腈悬浮剂 1000 倍液混加 68%精甲霜·锰锌水分散粒剂 600 倍液，每隔 10 天左右灌 1 次，连灌 1～2 次。

防治番茄疫霉根腐病、番茄茄腐镰孢根腐病，定植时先把 2.5%咯菌腈悬浮剂 1000 倍液配好，取 15 千克药液放在长方形大容器中，然后把穴盘整个浸入药液中，蘸湿即可。

防治黄瓜镰孢枯萎病，定植时先把 2.5%咯菌腈悬浮剂 1000 倍液配好，取 15 千克药液放入长方形容器内，再将育好黄瓜苗的穴盘整个浸入药液中，把根部蘸湿灭菌。发病初期单用 2.5%咯菌腈悬浮剂 1000 倍液灌根，对枯萎病防效高。

防治西瓜枯萎病，发病初期单用 2.5%咯菌腈悬浮剂 1000 倍液灌根，对枯萎病防效高，还可兼治根腐病。

防治黄花菜根腐病，发病初期，用 2.5%咯菌腈悬浮剂 1000 倍液浇灌。

防治食用菊花枯萎病，发病初期，用 50%咯菌腈可湿性粉剂 5000 倍液灌根，每株灌兑好的药液 0.4～0.5 升，视病情连灌 2～3 次。

防治马铃薯枯萎病，发病初期，用 50%咯菌腈可湿性粉剂 5000 倍液浇灌。

防治豆薯根腐病，发病初期，用 2.5%咯菌腈悬浮剂 1000 倍液喷淋或浇灌。

④ 苗床土壤处理　用 2.5%咯菌腈悬浮剂 2500 倍液，采用种子包衣或苗床土壤处理，可防治立枯病。

⑤ 喷雾　防治草莓灰霉病，发病初期，用 2.5%咯菌腈悬浮剂 3000 倍液喷雾。

防治草莓褐腐病，发病初期，用 2.5%咯菌腈悬浮剂 1200 倍液喷雾。

防治辣椒早疫病、番茄早疫病，发病初期，用 2.5%咯菌腈悬浮剂 2500 倍液喷雾。

防治辣椒炭疽病、番茄炭疽病，发病初期，用 2.5%咯菌腈悬浮剂 1200 倍液喷雾。

防治番茄灰霉病，发病前或发病初期，每亩用 30%咯菌腈悬浮剂 9～12 毫升兑水 30～50 千克对茎叶均匀喷雾，可视发病情况每隔 7～14 天喷 1 次，连喷 1～2 次，安全间隔期 7 天，每季最多施用 3 次。

防治黄瓜蔓枯病，发病初期，用 2.5%咯菌腈悬浮剂 3000 倍液喷雾。或用 50～100 倍液涂抹病部。

防治菜豆灰霉病，定植后发现零星病叶即喷洒 50%咯菌腈可湿性粉剂 5000 倍液。

防治蚕豆赤斑病、枯萎病，发病初期，用 50%咯菌腈可湿性粉剂 5000 倍液喷雾，每隔 10 天左右喷 1 次，连喷 2～3 次。

防治豌豆灰霉病，发现病株即开始喷洒 50%咯菌腈可湿性粉剂 5000 倍液。

防治豌豆镰孢枯萎病、根腐病，发病初期，用 50%咯菌腈可湿性粉剂 5000 倍液喷洒或浇灌。

防治扁豆斑点病，发病初期，用 2.5%咯菌腈悬浮剂 1000 倍液喷雾，每隔 10 天左右喷 1 次，连喷 2～3 次。

防治菜用大豆根腐病，发病初期，用 2.5%咯菌腈悬浮剂 1000 倍液喷雾。

防治大白菜立枯病和褐腐病，发病初期，用 2.5%咯菌腈悬浮剂 1000 倍液喷雾。

防治菠菜炭疽病，发病初期，用 2.5%咯菌腈悬浮剂 1200 倍液喷雾，每隔 7～10 天喷 1 次，连喷 3～4 次。

防治芹菜猝倒病，发病初期，用 2.5%咯菌腈悬浮剂 1000 倍液喷雾。

防治莴苣灰霉病，露地于发病初期喷洒 50%咯菌腈可湿性粉剂 5000 倍液，每隔 7～10 天喷 1 次，连喷 3～4 次。

防治蕹菜猝倒病，发病初期，用 2.5%咯菌腈悬浮剂 1000 倍液喷雾。

防治蕹菜链格孢叶斑病，发病前，用 50%咯菌腈可湿性粉剂 5000 倍液喷雾。

防治黄花菜褐斑病，在花茎抽出 2～3 厘米时，用 2.5%咯菌腈悬浮剂 1000 倍液喷雾，每隔 10～14 天喷 1 次，连喷 2～3 次。

防治黄花菜叶斑病，发病初期，用 2.5%咯菌腈悬浮剂 1000 倍液喷雾，每隔 7～10 天喷 1 次，连喷 2～3 次。

防治黄秋葵轮纹病，发病初期，用 2.5%咯菌腈悬浮剂 1000 倍液喷雾，每隔 10 天左右喷 1 次，连喷 2～3 次。

防治莲藕假尾孢叶斑病，结合防治莲藕腐败病，用 2.5%咯菌腈悬浮剂 1000 倍液喷雾。

防治慈姑黑粉病，发病初期，用 2.5%咯菌腈悬浮剂 1000 倍液喷雾，每隔 10 天喷 1 次，连喷 2～3 次。

防治马铃薯早疫病，发病初期，用 50%咯菌腈可湿性粉剂 5000 倍液喷雾。

防治姜眼斑病，重病地或田块，用 2.5%咯菌腈悬浮剂 1200 倍液喷雾。

（2）复配剂应用

① 精甲·咯·嘧菌酯。由精甲霜灵、咯菌腈、嘧菌酯复配而成。用于防治马铃薯根腐病、猝倒病、立枯病等病害，用 11%精甲·咯·嘧菌酯种子处理悬浮剂 100 克兑水 1000 克左右拌种 100～150 千克。用于防治草莓、番茄、姜等作物根腐病、茎基腐病、立枯病等土传病害，每亩用 11%精甲·咯·嘧菌酯种子处理悬浮剂 100～500 克冲施、滴灌、淋根，或移栽时蘸根。

② 精甲·咯菌腈。由精甲霜灵和咯菌腈复配而成。防治根部病害，具保护和治疗作用。防治马铃薯病害，用 62.5 克/升精甲·咯菌腈悬浮种衣剂 100 克兑水 1000 克左右拌种 100～150 千克。用于草莓、番茄、姜等作物冲施、滴灌、淋根（每亩用 100～500 克），或移栽时蘸根，防治根腐病、茎基腐病、立枯病等土传病害。

防治大豆根腐病，用 62.5 克/升精甲·咯菌腈悬浮种衣剂 300～400 毫升拌种 100 千克种子。

防治玉米茎基腐病，用 35 克/升咯菌·精甲霜悬浮种衣剂，用 1∶（500～1000）（药种比）进行种子包衣，按推荐用药量，用水稀释到 1～2 升，将药浆与种子充分搅拌，直到药液均匀分布到种子表面，晾干后即可。

③ 苯醚·咯·噻虫。由苯醚甲环唑、咯菌腈、噻虫嗪三元复配而成。大蒜拌种，用 38%苯醚·咯·噻虫悬浮种衣剂 50 克兑水 1500 毫升，可拌 1 亩地大蒜种子（约 100 千克大蒜种子）。

玉米拌种，用 38%苯醚·咯·噻虫悬浮种衣剂 50 克兑水 100 毫升，可拌 4～6 千克种子。

④ 抑霉·咯菌腈。由抑霉唑与咯菌腈复配而成。防治草莓灰霉病，用 25%抑霉·咯菌腈悬浮剂 1000～1200 倍液喷雾，安全间隔期 3 天，每季最多施用 2 次。

● **注意事项**

（1）对水生生物有毒，勿把剩余药物倒入池塘、河流。对蜜蜂、家蚕有毒，周围开花植物花期禁用，施药期间应密切关注对附近蜂群的影响，桑园及蚕室附近禁用。鸟类保护区附近禁用。播后必须盖土，严禁畜禽进入。

（2）农药泼洒在地，立即用沙、锯末、干土吸附，把吸附物集中深埋，曾经泼洒的地方用大量清水冲洗。

（3）回收药物不得再用；用于处理的种子应达到国家良种标准。

（4）配制好的药液应在 24 小时内使用。

（5）经处理的种子绝对不得用来喂禽畜，绝对不得用来加工饲料或食品。

（6）用剩种子可以贮放 3 年，但若已过时失效，绝对不可把种子洗净作饲料及食品。

（7）在作物上新品种大面积应用前，必须先进行小范围的安全性试验。

霜霉威（propamocarb）

$C_9H_{20}N_2O_2$，188.27

● **其他名称** 普力克、霜威、普生、疫霜净、蓝霜、霜剪、破霜、霜杰、上宝、双泰、霜霉普克、丙酰胺、霜疫克星、霜灵、再生、菜霉双达、免劳露、霜敏、扑霉特。

● **主要剂型** 30%、35%、36%、40%、66.5%、66.6%、72.2%、722克/升水剂，30%高渗水剂，50%热雾剂。

● **毒性** 低毒。

● **作用机理** 霜霉威为具有局部内吸作用的高效杀菌剂，主要抑制病菌细胞膜成分的磷脂和脂肪酸的生物合成，抑制菌丝生长、孢子囊的形成和萌发。

● **产品特点**

（1）霜霉威是一种新型氨基甲酸酯类农药，具超强内吸治疗性的卵菌纲杀菌剂，低毒、低残留，使用安全，不污染环境。霜霉威不会淋溶渗入地下水，未被植物吸收的霜霉威也会很快被土壤微生物分解，是种植无公害蔬菜的理想药剂。

（2）适用于黄瓜、番茄、甜（辣）椒、莴苣、空心菜、洋葱、马铃薯等多种蔬菜。可有效防治霜霉病、猝倒病、疫病、晚疫病、黑胫病等病害。对防治藻状菌引起的病害、十字花科蔬菜白锈病和黑星病等也较理想。与其他杀菌剂无交互抗性，尤其对抗性病菌效果更好，可与非碱性杀菌剂混用，以扩大杀菌谱。

（3）具有施药灵活的特点，可采用苗床浇灌处理防治黄瓜等蔬菜的苗期猝倒病、疫病；叶面喷雾防治霜霉病、疫病等，能很快被叶片吸收并分布在叶片中，在 30 分钟内就能起到保护作用，有良好的预防保护和治疗效果。用于土壤处理时，能很快被根吸收并向上输送到整个植株。该药还可用于无土栽培、浸泡块茎和球茎、制作种衣剂等。

（4）质量鉴别

① 物理鉴别　制剂为淡黄色、无味水溶液，相对密度 1.08～1.09。

② 生物鉴别　选取两片感染霜霉病病菌的黄瓜叶片，用 77.2%霜霉威水剂 500 倍稀释液直接喷雾其中一片，数小时后在显微镜下观察喷药叶片上病菌孢子情况并对照观察未喷药叶片上病菌孢子的变化情况。若喷药叶片上病菌孢子活动明显受阻且有致死孢子，则该药品质量合格，否则为不合格或伪劣产品。

● 应用

（1）单剂应用　主要用于防治青花菜花球黑心病、青花菜霜霉病，白菜类霜霉病，甘蓝类霜霉病，芥菜类霜霉病，萝卜霜霉病，紫甘蓝霜霉病，茄子果实疫病、茄子绵疫病，甜（辣）椒疫病，番茄晚疫病、番茄茎基腐病、番茄根腐病、番茄绵疫病，马铃薯晚疫病，茄科蔬菜幼苗猝倒病等。主要用于喷雾，也可用于苗床浇灌。

在黄瓜上使用，可防治苗期猝倒病和疫病，并且具有健苗、壮苗等作用。播种前或播种后以及移栽前可采用苗床浇灌方法，每平方米用72.2%霜霉威水剂 5～7 毫升兑水 2～3 升苗床浇灌，或发病前期及初期喷药，每隔 7～10 天喷 1 次，整个育苗期喷施 1～2 次，可基本抑制病害的发生发展，对施药区植株的生长有明显的促进作用。在其他蔬菜的苗床消毒上效果也较好。

在大田上应用，可防治黄瓜霜霉病、黄瓜疫病，在霜霉病发生之前或者刚开始发病时，用 72.2%霜霉威水剂 600～1000 倍液叶面喷雾，每隔 7～10 天喷 1 次，连喷 2～3 次。

防治辣（甜）椒疫病，种子消毒可用 72.2%霜霉威水剂浸 12 小时，洗净后晾干催芽。也可用 72.2%霜霉威水剂 400～600 倍液，移栽后 7 天灌根处理，或 600～900 倍液叶面喷雾，并尽可能使喷洒的药液沿着茎基部流渗到根周围的土壤里。每隔 7～10 天喷 1 次，连喷 2～3 次。

防治番茄根腐病，可用 72.2%霜霉威水剂 400～600 倍液浇灌苗床（每平方米用药液量 2～3 千克）；或在移栽前用 72.2%霜霉威水剂 400～600 倍液浸苗根，也可于移栽后用 72.2%霜霉威水剂 400～600 倍液灌根。防治番茄晚疫病，可用 72.2%霜霉威水剂 600～800 倍喷雾防治。

防治空心菜白锈病，发病初期用 72.2%霜霉威水剂 800 倍液喷雾，每隔 7～10 天喷 1 次即可。

防治洋葱苗期猝倒病，苗床播种及移栽前 5 天，用 72.2%霜霉威水剂 500 倍液各喷淋 1 次，每平方米用 4 升药液。

防治西葫芦霜霉病，发现中心病株后用 72.2%霜霉威水剂 800 倍液喷雾，每隔 7～10 天喷 1 次，视病情发展确定用药次数。

防治莴苣霜霉病、十字花科蔬菜霜霉病，从病害发生初期开始喷药，每亩用 72.2%霜霉威水剂或 722 克/升霜霉威水剂 60～90 毫升，或 66.5%霜霉威水剂 70～100 毫升，或 35%霜霉威水剂 120～180 毫升，兑水 30～45 千克喷雾。每隔 7～10 天喷 1 次，连喷 2 次左右，重点喷洒叶片背面。

防治马铃薯晚疫病，从田间初见病斑时开始喷药，每亩用 72.2%霜霉威水剂或 722 克/升霜霉威水剂 70～110 毫升，或 66.5%霜霉威水剂 80～120 毫升，或 35%霜霉威水剂 150～220 毫升，兑水 45～75 千克均匀喷雾。每隔 7～10 天喷 1 次，与不同类型药剂交替使用，连喷 5～7 次。

防治菜豆猝倒病，发病初期喷洒 72.2%霜霉威水剂 400 倍液，主要喷幼苗茎基部及地面，也可于发病初期用 72.2%霜霉威水剂 400 倍液喷雾。每隔 7～10 天喷 1 次，连喷 2～3 次。

（2）复配剂应用

① 霜霉·络氨铜。由霜霉威与络氨铜混配的低毒复合杀菌剂，对土

壤传播的低等真菌性病害具有很好的防治效果。

防治辣椒疫病，从田间初见病斑时开始喷药，每隔 7～10 天喷 1 次，连喷 2～3 次，用 48%霜霉·络氨铜水剂 800～1000 倍液喷雾，重点喷洒植株中下部及茎基部周围土壤。

防治黄瓜、甜瓜、西葫芦等瓜类的茎基部疫病，从田间初见病株时立即开始用药，每隔 7～10 天喷 1 次，连喷 2 次。用 48%霜霉·络氨铜水剂 600～800 倍液喷淋植株茎基部及周围土壤。

防治瓜果蔬菜苗床的猝倒病、立枯病，苗床初见病株立即开始用药，每隔 7 天左右喷 1 次，连喷 2 次，用 48%霜霉·络氨铜水剂 1000～1200 倍液均匀喷淋苗床，将苗床土壤表层淋湿即可。

② 霜霉·辛菌胺。为霜霉威盐酸盐与辛菌胺醋酸盐混配的低毒复合杀菌剂，具有内吸治疗和预防保护双重作用。

防治黄瓜霜霉病，甜瓜及西瓜的霜霉病，番茄晚疫病，辣椒霜霉病、辣椒疫病等。从定植缓苗后或病害发生初期开始喷药，每隔 7～10 天喷 1 次，连喷 3～4 次，每亩用 16.8%霜霉·辛菌胺水剂 150～200 毫升兑水 45～75 千克喷雾，重点喷洒叶片背面。植株较小时适当降低用药量。

防治马铃薯晚疫病，从株高 25～30 厘米时或田间初见病斑时开始喷药，每隔 7～10 天喷 1 次，连喷 5～7 次，每亩用 16.8%霜霉·辛菌胺水剂 150～200 毫升兑水 60～75 千克喷雾。

③ 霜霉·精甲霜。由霜霉威与精甲霜灵复配而成。防治番茄晚疫病，每亩用 60%霜霉·精甲霜水剂 45～60 毫升兑水 60～75 千克喷雾，每隔 7～10 天喷 1 次，连喷 2～3 次，安全间隔期 5 天，每季最多施用 3 次。防治黄瓜、马铃薯霜霉病、晚疫病，推荐用 60%霜霉·精甲霜水剂 500～750 倍液喷雾；防治香芋疫病，推荐用 60%霜霉·精甲霜水剂 500～1000 倍液喷雾。

④ 霜霉·噁霉灵。由霜霉威与噁霉灵复配而成。是一种内吸性杀菌剂，安全性高，作物幼苗期使用安全，无药害风险。杀菌面广，对腐霉菌、镰刀菌、丝囊菌、霜霉、疫霉等土壤真菌引起的猝倒病、立枯病、根腐病、茎腐病、枯萎病等土传病害防治效果佳。防治辣椒猝倒病，用 30%霜霉·噁霉灵水剂 300～400 倍液浸种。

苗床消毒：在播种前，推荐用 30%霜霉·噁霉灵水剂 300～500 倍液细致喷洒苗床土壤，每平方米喷洒药液 6 克，可预防苗期猝倒病、立枯病、根腐病、茎腐病、枯萎病等土传病害发生。

幼苗定植期，推荐用 30%霜霉·噁霉灵水剂 300～500 倍喷洒，每隔 7 天喷 1 次，可预防猝倒病、立枯病、根腐病、茎腐病、枯萎病等土传病害，还可促进秧苗根系发达，植株健壮。

⑤ 春雷·霜霉威。由春雷霉素和霜霉威复配而成。防治番茄叶霉病，发病初期，每亩用 30%春雷·霜霉威水剂 90～150 毫升兑水 30～50 千克喷雾，每隔 7 天喷 1 次，连喷 2～3 次，安全间隔期 7 天，每季最多施用 3 次。

● **注意事项**

（1）在生产中发现，霜霉威水剂在防治黄瓜霜霉病时，如果使用次数过多，比如连续使用 2～3 次，黄瓜易出现药害，其症状是叶片皱缩、发厚发硬，生理机能急速恶化，而且较难恢复，受害严重的温室，其恢复期可长达 1～2 个月，产量比用其他农药（乙膦·锰锌）防治的减产50%以上。

（2）霜霉威可与大多数非碱性农药混配，但不能与液体化肥或植物生长调节剂一起混用。

（3）注意与不同类型药剂轮换使用，以延缓病菌产生抗药性。

（4）在配制药液时，要搅拌均匀。喷淋土壤时，药液量要足，喷药后，土壤要保持湿润。

（5）应在原包装内密封好，在干燥、阴凉处贮存。可与福美双混用。

（6）远离水产养殖区施药，禁止在河塘等水体中清洗施药器具，避免污染水源。

（7）在黄瓜上安全间隔期为 3 天，每季喷洒次数最多 3 次。

三唑酮（triadimefon）

$C_{14}H_{16}ClN_3O_2$，293.75

● **其他名称**　粉锈宁、粉锈清、粉锈通、粉菌特、优特克、唑菌酮、农家旺、剑福、立菌克、代世高、去锈、菌灭清、菌克灵、丰收乐。

● **主要剂型**　5%、8%、10%、15%、25%可湿性粉剂，10%、15%、20%、25%、250 克/升乳油，8%、25%、44%悬浮剂，8%、10%、12%高渗乳油，8%高渗可湿性粉剂，12%增效乳油，20%糊剂，25%胶悬剂，0.5%、1%、10%粉剂，15%烟雾剂。

● **毒性**　低毒。

● **作用机理**　主要是抑制菌体麦角甾醇的生物合成，因而抑制或干扰菌体附着胞及吸器的发育、菌丝的生长和孢子的形成。三唑酮对某些病菌在活体中活性很强，但离体效果很差。对菌丝的活性比对孢子强。

● **产品特点**

（1）三唑酮属三唑类内吸治疗性杀菌剂。对人、畜低毒。对病害具有内吸、预防、铲除、治疗、熏蒸等杀菌作用。被植物的各部分吸收后，能在植物体内传导。对锈病和白粉病有较好防效。在低剂量下就能达到明显的药效，且持效期较长。可用作喷雾、拌种和土壤处理。

（2）三唑酮可以与许多杀菌剂、杀虫剂、除草剂等现混现用。

（3）在病菌体内还原成"三唑醇"而增加了毒力。对卵菌纲的疫霉（不产生麦角甾醇）无效。

（4）鉴别要点：纯品为无色结晶体，原药为白色至淡黄色固体。难溶于水，易溶于大多数有机溶剂。一般应送样品至法定质检机构进行鉴别，采用红外、质谱、气相色谱等均可以。有效成分含量采用气相色谱法测定。三唑酮可湿性粉剂为白色至浅黄色粉末；乳油为黄棕色油状液体。

● **应用**

（1）**单剂应用**　主要用于防治白菜类白粉病、茄子白粉病、马铃薯癌肿病、番茄白粉病、甜椒炭疽病。

① **喷雾**　防治莴苣和莴笋的白粉病，用 15%三唑酮可湿性粉剂 800～1000 倍液喷雾。

防治胡萝卜白绢病，用 15%三唑酮可湿性粉剂 1000 倍液喷雾。

防治黄瓜白粉病、黄瓜炭疽病，茄子白粉病，菜豆锈病，用 15%三唑酮可湿性粉剂 1000～1500 倍液喷雾。

防治黄瓜菌核病，用 25%三唑酮可湿性粉剂 3000 倍液喷雾。

防治黄瓜、南瓜、番茄、洋葱等的白粉病，用 15%三唑酮可湿性粉剂 1500 倍液喷雾。

防治黄瓜、南瓜等的白粉病，马铃薯癌肿病，用 20%三唑酮乳油 1500~2000 倍液喷雾。

防治白菜类白粉病，洋葱锈病，用 15%三唑酮可湿性粉剂 2000~2500 倍液喷雾。

防治白菜类白粉病、番茄白粉病，用 20%三唑酮乳油 2000~2500 倍液喷雾。

防治菜豆炭疽病、豌豆白粉病，用 15%三唑酮可湿性粉剂 1000 倍液喷雾，连喷 2~3 次即可。

防治茄子绒菌斑病，菜豆等锈病，用 25%三唑酮可湿性粉剂 2000 倍液喷雾。

防治菜豆炭疽病、豌豆白粉病、蚕豆锈病，用 25%三唑酮可湿性粉剂 2000~3000 倍液喷雾，每隔 15~20 天喷 1 次，连喷 2~3 次。

防治西葫芦、冬瓜、甜（辣）椒、茄子、菜豆等的白粉病，用 20%三唑酮乳油 2000 倍液喷雾。

防治大葱和洋葱锈病，发病初期，用 25%三唑酮可湿性粉剂 2000~2500 倍液喷雾。

防治食用百合白绢病，发病初期，用 20%三唑酮乳油 2000 倍液喷雾。

防治魔芋白绢病，发病初期，用 25%三唑酮乳油 2000 倍液喷雾。

防治慈姑黑粉病，发病初期，用 20%三唑酮乳油 1200 倍液喷雾，每隔 10 天喷 1 次，连喷 2~3 次。

防治荸荠秆腐病，生长期及时检查，发现病株，用 25%三唑酮乳油 2000 倍液喷雾，每隔 7~15 天喷 1 次，连喷 2~3 次，雨后补喷，才能有效地控制该病。

防治荸荠秆枯病，发病初期，用 25%三唑酮乳油 1500 倍液喷雾，每隔 10 天左右喷 1 次，重点保护新生荠秆免遭病菌侵染，雨后及时补喷。

② 拌种　防治胡萝卜斑枯病，用 15%三唑酮可湿性粉剂拌种，用药量为种子质量的 0.3%。

防治大蒜白腐病，用 15%三唑酮可湿性粉剂拌种，用药量为种蒜重量的 0.2%。

防治豌豆根腐病、蚕豆根腐病，用 20%三唑酮乳油拌种，用药量为种子重量的 0.25%。

③ 灌根或撒施　防治蔬菜白粉病，温室土壤每立方米用 15%三唑酮可湿性粉剂 12 克拌和。

防治黄瓜、南瓜、扁豆等的白绢病，用 15%三唑酮可湿性粉剂 1 份，与细土 100～200 份混匀，制成药土，将药土撒于病株根茎部。

防治番茄白绢病，用 25%三唑酮可湿性粉剂 2000 倍液浇灌根部，每隔 10～15 天灌 1 次，连灌 2 次。

防治温室、大棚等保护地内蔬菜白粉病，每平方米耕作层土壤用 15%三唑酮可湿性粉剂 12 克拌和，作栽培土，持效期可达 2 个月左右。

防治黄花菜白绢病，发病初期，用 25%三唑酮乳油 2000 倍液浇灌。

（2）复配剂应用　三唑酮可以与许多杀菌剂、杀虫剂、除草剂等现混现用。常与硫黄、多菌灵、吡虫啉、代森锰锌、噻嗪酮、腈菌唑、辛硫磷、三环唑、氰戊菊酯、咪鲜胺、福美双、烯唑醇、戊唑醇、百菌清、乙蒜素、井冈霉素等杀菌成分混配，生产复配杀菌剂，也常与一些内吸性杀虫剂混配，生产复合拌种剂。

① 硫黄·三唑酮。防治菜豆、豌豆白粉病，于发病初期，每亩用 50%硫黄·三唑酮悬浮剂 75～80 毫升兑水 70～75 升均匀喷雾。安全间隔期 20 天，每季最多施用 2 次。

② 唑酮·乙蒜素。由三唑酮与乙蒜素混配的广谱中毒复合杀菌剂，具保护和治疗作用。

防治黄瓜、西瓜、甜瓜等瓜类的枯萎病，首先在定植时浇灌定植药液；然后从定植后 1～1.5 个月或田间初显病株时开始用药液灌根，半个月 1 次，连灌 2～3 次，用 32%唑酮·乙蒜素乳油 300～400 倍液，或 16%唑酮·乙蒜素可湿性粉剂 150～200 倍液浇灌，每次每株浇灌药液 250～300 毫升。

防治茄子黄萎病，首先在定植时浇灌定植药液，然后从门茄似鸡蛋大小时或田间初显病株时开始用药液灌根，半月左右 1 次，连灌 2～4 次。药剂使用倍数及浇灌药液量同瓜类枯萎病。

防治甜椒炭疽病，在盛花期用 32%唑酮·乙蒜素乳油 700 倍液喷雾。

● **注意事项**

（1）可与许多非碱性的杀菌剂、杀虫剂、除草剂混用。

（2）对作物有抑制或促进作用。要按规定用药量使用，否则作物易受药害。使用不当会抑制茎、叶、芽的生长。用于拌种时，应严格掌握用量和充分拌匀，以防药害。持效期长，叶菜类应在收获前10～15天停止使用。

（3）不宜长期单一使用本剂，应注意与不同类型杀菌剂混合或交替使用，以避免产生抗药性。若用于种子处理，有时会延迟出苗1～2天，但不影响出苗率及后期生长。

（4）该药已使用多年，一些地区抗药性较重，用药时不要随意加大药量，以避免药害。出现药害后常表现植株生长缓慢、叶片变小、颜色深绿或生长停滞等，遇到药害要停止用药，并加强肥水管理。

（5）连续阴雨或湿度较大的环境中，或者当病情较重的情况下，建议使用较高剂量。避免在极端温度和湿度下，或作物长势较弱的情况下使用本品。

（6）不要在水产养殖区施用本品，禁止在河塘等水体中清洗施药器具。药液及废液不得污染各类水域、土壤等环境。本品对家蚕有风险，蚕室及桑园附近禁止使用。

（7）15%三唑酮可湿性粉剂用于黄瓜安全间隔期为5天，每季最多施用2次；在甜瓜上安全间隔期不少于5天，每季最多施用2次。

（8）使用不当引起中毒或误服时，无特殊解毒药剂，应立即送医院对症治疗。

（9）对蜜蜂、家蚕有毒，花期蜜源作物周围禁用，施药期间应密切注意对附近蜂群的影响，蚕室及桑园附近禁用；对鱼类等水生生物有毒，远离水产养殖区施药，禁止在河塘等水域内清洗施药器具。

丙环唑（propiconazol）

$C_{15}H_{17}Cl_2N_3O_2$，342.22

● **其他名称**　敌力脱、必扑尔、赛纳松、敌速净、科惠、绿株、绿苗、盛唐、康露、赛纳松、施力科、叶显秀、斑无敌、世尊、斑锈、斑圣、快杰、金士力、秀特。

● **主要剂型**　156 克/升、25%、250 克/升、50%、62%、70%乳油，25%可湿性粉剂，20%、40%、45%、48%、50%、55%微乳剂，30%、40%悬浮剂，25%、40%、45%、50%水乳剂。

● **毒性**　低毒。

● **作用机理**　影响甾醇的生物合成，使病原菌的细胞膜功能受到破坏，最终导致细胞死亡，从而起到杀菌、防病和治病的功效。是一种具有保护和治疗作用的内吸性三唑类杀菌剂，可被根、茎、叶吸收，并能很快地在植株体内向上传导，防治子囊菌、担子菌和半知菌引起的病害，但对卵菌病害无效。

● **产品特点**

（1）杀菌活性高，对多种作物上由高等真菌引发的病害疗效好，可以防治蔬菜白粉病、炭疽病、锈病、根腐病等，对西瓜蔓枯病、草莓白粉病有特效。但对霜霉病、疫病无效。

（2）既可以对地上植物部分进行喷雾使用，也可以作为种子处理剂防治种传病害、土传病害。

（3）内吸性强，具有双向传导性能，施药 2 小时后即可将入侵的病原体杀死，1～2 天即可控制病情扩展，阻止病害的流行发生，渗透力及附着力极强，特别适合在雨季使用。

（4）具有极高的杀菌活性，持效期长达 15～35 天，比常规药剂节省 2～3 次用药。

（5）独有的"气相活性"，即使喷药不均匀，药液也会在作物的叶片组织中均匀分布，起到理想的防治效果。

（6）耐药性风险较低，耐药性群体形成和发展速度慢；同时，耐药性菌株通常繁殖率下降，适应度降低。

（7）具有渗透性和内吸性，对环境友好，对作物安全。

（8）采收后，保鲜作用明显，卖相好，果品货价期长。

（9）鉴别要点：原药为淡黄色黏稠液体，易溶于有机溶剂。丙环唑乳油产品应取得农药生产批准证书（HNP），选购时应注意识别该产品的农药登记证号、农药生产批准证书号、执行标准号。

（10）可与苯醚甲环唑、三环唑、福美双、咪鲜胺、嘧菌酯、戊唑醇、多菌灵、井冈霉素等复配。

● **应用**　主要用于防治茄子茎基腐病、茄科蔬菜白粉病、番茄早疫病、番茄白粉病、辣椒褐斑病、辣椒叶枯病等。

防治草莓、番茄、洋葱、莴笋、芫荽、苦瓜白粉病，大葱、洋葱、韭菜、大蒜、黄花菜、扁豆、蚕豆、豇豆、茭白等锈病，大蒜紫斑病，发病初期用 25%丙环唑乳油 3000 倍液喷雾，连防 2～3 次。

防治番茄炭疽病、辣椒叶斑病，发病初期，用 25%丙环唑乳油 2500 倍液喷雾。

防治番茄早疫病，发病初期，用 25%丙环唑乳油 2000～3000 倍液喷雾。

防治辣椒褐斑病、叶枯病，田间初见病斑时应立即施药，每亩用 25%丙环唑乳油 40 毫升兑水 45～60 千克喷雾，15～20 天后再喷 1 次。

防治茄子茎基腐病，用 25%丙环唑乳油 2500 倍液灌根，每株灌 250毫升药液，连灌 2～3 次。

防治南瓜枯萎病，发病初期用 25%丙环唑乳油 1500 倍液喷雾。

防治黄瓜炭疽病、白粉病，辣椒白粉病，发病初期，用 25%丙环唑乳油 4000 倍液喷雾。

防治苦瓜、甜瓜炭疽病，发病初期，用 25%丙环唑乳油 1000 倍液喷雾。

防治西瓜蔓枯病，在西瓜膨大期，用 25%丙环唑乳油 5000 倍喷雾，或用 25%丙环唑乳油 2500 倍液灌根，每株灌 250 毫升药液，连灌 2～3 次。

防治菜豆白粉病，发病初期，用 20%丙环唑微乳剂 1500 倍液喷雾。

防治芹菜叶斑病，发病初期，用 25%丙环唑乳油 800 倍液喷雾。

防治韭菜锈病、白绢病，发病初期，用 25%丙环唑乳油 2200 倍液，或 30%苯甲·丙环唑乳油 2000 倍液喷雾，每隔 10 天左右喷 1 次，连喷 1～2 次。

防治瓜类白粉病，发现病斑立即施药，用 20%丙环唑乳油 2500 倍液，每隔 20 天左右喷 1 次，连喷 1～2 次。

防治草莓白粉病、草莓褐斑病，发病初期，用 25%丙环唑乳油 4000 倍液喷雾，每隔 14 天喷 1 次，连喷 2～3 次。

防治莲藕褐斑病，用 25%丙环唑乳油 1 份，与 1000 份土拌匀，制成药土，用手捏紧药土，塞到莲藕处，从发病初期开始，每隔 7 天塞 1 次，连塞 3 次。

防治莲藕腐败病，及时拔除病株后喷洒 25%丙环唑乳油 1500～2000 倍液，也可采用针剂注射法，针剂注射药量尽可能与喷雾一致，可用 25%丙环唑乳油，正常使用商品量为每亩 24 毫升，施药时按 1∶80 的兑水量配成 2 千克注射药液，如每根叶柄注射 4 毫升，可注射 570 根叶柄。要求在子莲始花期发病前开始，注射器用医用的，针头用兽用的，注 3～4 次。

防治荸荠秆枯病，发病初期，用 25%丙环唑乳油 2000 倍液喷雾，每隔 10 天左右喷 1 次，重点保护新生荠秆免遭病菌侵染，雨后及时补喷。

防治茭白锈病，发病初期，及时用 25%丙环唑乳油 2000 倍液，或 30%苯甲·丙环唑乳油 2000 倍液喷雾。

防治茭白胡麻叶斑病，发病初期，每亩用 250 克/升丙环唑乳油 15～20 毫升兑水 30～50 千克均匀喷雾，孕茭期不宜施药，安全间隔期 21 天，每季最多施药 3 次。

防治食用菊花白粉病，发病初期，用 25%丙环唑乳油 2000 倍液喷雾。

● **注意事项**

（1）由于丙环唑具有很明显的抑制生长作用，因此，在使用中必须严格注意。丙环唑易在农作物的花期、苗期、幼果期、嫩梢期产生药害，使用时应注意不能随意加大使用浓度，并在植保技术人员的指导下使用。丙环唑叶面喷雾常见的药害症状是幼嫩组织硬化、发脆、易折，叶片变厚，叶色变深，植株生长滞缓（一般不会造成生长停止）、矮化、组织坏死、褪绿、穿孔等，心叶、嫩叶出现坏死斑。种子处理会延缓种子萌发。在苗期使用易使幼苗僵化，抑制生长，花期和幼果期影响最大，灼伤幼果，尽量在蔬菜生长中后期使用。要注意选择喷药时期，不要在果实膨大期喷施。

（2）丙环唑残效期在 1 个月左右，注意不要连续施用。丙环唑高温下不稳定，使用温度最好不要超过 28℃。

（3）大风或预计 1 小时内降雨，不宜施药。连续喷药时，注意与不同类型药剂交替使用。有些作物可能对该药敏感，高浓度下抑制植株生长，用药时应严格控制好用药量。

（4）能与多种杀菌剂、杀虫剂、杀螨剂混用，可在病害不同时期使用。

（5）应在通风干燥、阴凉安全处贮存，防止潮湿、日晒，不得与食物、种子、饲料混放。贮存温度不得超过 35℃。

（6）应避免药剂接触皮肤和眼睛，不要直接接触被药剂污染的衣物，不要吸入药剂气体和雾滴。如误服，应对症治疗，误食立即催吐、洗胃，并及时携标签送医院。

（7）对鱼和水生生物有毒，勿将制剂及其废液弃于池塘、沟渠和湖泊等，以免污染水源。禁止在河塘等水域清洗施药器具。

（8）对蜜蜂高毒、家蚕高毒，对天敌赤眼蜂具极高风险性，施药期间应避免对周围蜂群的影响，蜜源作物花期、蚕室和桑园附近及天敌赤眼蜂等放飞区域禁用。

（9）一般作物安全间隔期为 10 天，每季最多施用 3～4 次。

咪鲜胺（prochloraz）

$C_{15}H_{16}Cl_3N_3O_2$，376.67

● **其他名称**　施保克、扑霉灵、扑菌唑、使百克、百使特、果鲜灵、果鲜宝、保禾利、天立、金雨、采杰、扑霉唑、胜炭、丙灭菌、咪鲜安、扑克拉、斑炭宁。

● **主要剂型**　25%、41.5%、45%、250 克/升、445%、50 克/升乳油，10%、250 克/升、450 克/升、50%悬浮剂，30%微囊悬浮剂，50%可溶液剂，10%、20%、24%、25%、40%、45%、450 克/升水乳剂，10%、15%、20%、25%、45%微乳剂，0.05%、45%水剂，25%、50%、60%可湿性粉

剂，0.5%、1.5%水乳种衣剂，0.5%悬浮种衣剂。

● **毒性**　低毒。

● **作用机理**　咪鲜胺是一种咪唑类广谱高效杀菌剂，具有向顶性传导活性，其作用机理是通过抑制麦角甾醇的生物合成，从而使菌体细胞膜功能受破坏而起作用，在植物体内有一定的内吸传导作用，对子囊菌和半知菌引起的多种病害防效极佳。

● **产品特点**

（1）咪鲜胺对病害具有内吸性传导、预防、治疗、铲除等杀菌作用。内吸性强，速效性好，持效期长。常用于防治瓜果蔬菜炭疽病、叶斑病。

（2）咪鲜胺在土壤中主要降解为易挥发的代谢产物，易被土壤颗粒吸附，不易被雨水冲刷，对土壤生物低毒，但对某些土壤真菌有抑制作用。对人、畜、鸟类低毒，对鱼类中等毒性。

（3）质量鉴别：制剂为黄棕色，有芳香味，可与水直接混合成乳白色液体，乳液稳定。

生物鉴别：摘取轻度感染炭疽病的柑橘、芒果病果，用 800 毫克/升浓度的咪鲜胺溶液浸果 1 分钟，捞起晾干，放置 1 天与没有浸药的病果对照，如有明显抑制炭疽病效果的则表明该药剂质量合格，否则质量不合格。也可利用咪鲜胺制剂防治甜菜褐斑病来判断质量优劣。

● **应用**

（1）单剂应用　咪鲜胺适用作物非常广泛，对许多真菌性病害特别是水果采后病害（防腐保鲜）均具有很好的防治效果，在蔬菜生产上主要用于防治茄黑枯病、番茄炭疽病、茄炭疽病、辣椒炭疽病等，使用方法因防治目的不同而异，既常用于浸果、浸种，又常用于叶面喷雾。

防治辣椒、西瓜、菜豆等蔬菜炭疽病，从病害发生初期开始喷药，每亩用 45%咪鲜胺乳油或 450 克/升咪鲜胺水乳剂 40～50 毫升，或 25%咪鲜胺乳油或 250 克/升咪鲜胺乳油 60～80 毫升，兑水 45～60 千克喷雾，使植物充分着药又不滴液为宜，每隔 10～15 天喷 1 次，连喷 3 次可获最佳防效。

防治辣椒灰霉病，于发病（侵染）初期施药，每亩用 50%咪鲜胺可湿性粉剂 30～40 克兑水 30～50 千克均匀喷雾，每隔 5～7 天喷 1 次，安全间隔期 12 天，每季最多施用 2 次。

防治辣椒白粉病，发病前或发病初期，每亩用 25%咪鲜胺乳油50～62.5 克兑水 30～50 千克均匀喷雾，安全间隔期 12 天，每季最多施用 2 次。

防治辣椒炭疽病，发病初期，每亩用 25%咪鲜胺乳油 72～106 克兑水 30～50 千克均匀喷药，每隔 7～10 天喷 1 次，每季最多施用 2 次，安全间隔期 12 天；或每亩用 50%咪鲜胺可湿性粉剂 37～74 克兑水 30～50千克喷雾，每隔 7～10 天喷 1 次，每季最多施用 2 次，安全间隔期 7 天。

防治莴苣菌核病，保护地莴笋的菌核病、灰霉病，用 25%咪鲜胺乳油 800～1000 倍液喷雾。

防治茄黑枯病，用 25%咪鲜胺乳油 1500 倍液喷雾。

防治黄瓜炭疽病，发病初期，每亩用 50%咪鲜胺可湿性粉剂 60～80克或 60%咪鲜胺可湿性粉剂 50～65 克，兑水 40～60 千克喷雾，每隔 7～10 天喷 1 次，安全间隔期 7 天，每季最多施用 2 次；或每亩用 50%咪鲜胺悬浮剂 60～80 毫升兑水 40～60 千克均匀喷雾，安全间隔期 5 天，每季最多施用 3 次。

防治黄瓜褐斑病，用 25%咪鲜胺乳油 750 倍液喷雾。

防治黄瓜镰孢枯萎病，发病初期，用 25%咪鲜胺乳油 1000 倍液灌根。

防治西瓜枯萎病，在瓜苗定植期、缓苗后和坐果初期或发病初期开始用药，用 25%咪鲜胺乳油 750～1000 倍液兑水喷雾，每隔 7～14 天喷1 次，连喷 2～3 次。

防治菜豆枯萎病，发病初期，喷淋 25%咪鲜胺乳油 1000 倍液。

防治豇豆炭疽病，发病初期，用 25%咪鲜胺乳油 500～1000 倍液喷雾，每隔 10 天左右喷 1 次，连喷 2～3 次。

防治蚕豆赤斑病，发病初期，用 25%咪鲜胺乳油 1000 倍液喷雾，每隔 10 天左右喷 1 次，连喷 2～3 次。

防治蚕豆根腐病、茎基腐病、炭疽病，在发病初期，用 450 克/升咪鲜胺水乳剂 1500 倍液喷雾，每隔 7～10 天喷 1 次，连喷 2～3 次。

防治豌豆根腐病，必要时喷淋 25%咪鲜胺乳油 1000 倍液，每隔 15 天喷淋 1 次，连喷 2～3 次。

防治蕹菜炭疽病，于苗床期、成株发病始期，用 25%咪鲜胺乳油

500～1000 倍液喷雾，每隔 10 天喷 1 次，连喷 2～3 次。

防治茼蒿炭疽病，发病初期，用 25%咪鲜胺可湿性粉剂 1000 倍液喷雾，每隔 7～10 天喷 1 次，连喷 2～3 次。

防治甜菜褐斑病，每亩用 25%咪鲜胺乳油 80 毫升兑水 25 升喷雾，每隔 10 天喷 1 次，连喷 2～3 次。

防治油菜菌核病，从病害发生初期开始喷药，每亩用 45%咪鲜胺乳油或 450 克/升咪鲜胺水乳剂 30～35 毫升，或 25%咪鲜胺乳油或 250 克/升咪鲜胺乳油 50～60 毫升，兑水 30～45 千克喷雾。每隔 10 天左右喷 1 次，连喷 2 次左右。

防治大蒜叶枯病，在蒜头迅速膨大期喷药一次即可，每亩用 45%咪鲜胺乳油或 450 克/升咪鲜胺水乳剂 30～35 毫升，或 25%咪鲜胺乳油或 250 克/升咪鲜胺乳油 50～60 毫升，兑水 30～45 千克喷雾。

防治结球甘蓝、紫甘蓝炭疽病，发病初期，用 25%咪鲜胺乳油 1000 倍液喷雾。

防治萝卜炭疽病，发病初期，用 25%咪鲜胺乳油 1000 倍液喷雾。

防治菠菜炭疽病，发病初期，用 25%咪鲜胺乳油 1000 倍液喷雾，每隔 7～10 天喷 1 次，连喷 3～4 次。

防治落葵炭疽病，发病初期，用 25%咪鲜胺乳油 1000 倍液喷雾，每隔 10 天左右喷 1 次，连喷 2～3 次。

防治紫背天葵炭疽病，发病初期，用 25%咪鲜胺乳油 500～1000 倍液喷雾。每隔 7～10 天喷 1 次，连喷 2～3 次。

防治葱、洋葱紫斑病、小粒菌核病，从病害发生初期开始喷药，每亩用 45%咪鲜胺乳油或 450 克/升咪鲜胺水乳剂 30～35 毫升，或 25%咪鲜胺乳油或 250 克/升咪鲜胺乳油 50～60 毫升，兑水 30～45 千克喷雾，每隔 10～15 天喷 1 次，连喷 1～2 次。

防治韭菜灰霉病，春季韭菜第二茬割二三次时，于割后 6～8 天发病初期，用 25%咪鲜胺乳油 1000 倍液喷雾，每隔 10 天左右喷 1 次，连喷 2～3 次。

防治芦笋炭疽病，发病初期，用 450 克/升咪鲜胺水乳剂 2500 倍液喷雾，每隔 10 天喷 1 次，连喷 2～3 次。

防治食用百合炭疽病，发病初期，用 450 克/升咪鲜胺水乳剂 1000～

1500 倍液喷雾。

防治香椿炭疽病，发病初期，用 25%咪鲜胺乳油 1500 倍液喷雾。

防治食用菊花菌核病，发病初期，用 25%咪鲜胺乳油 1000 倍液喷雾，每隔 7～10 天喷 1 次，连喷 2～3 次。

防治莲藕炭疽病，发病初期，用 450 克/升咪鲜胺可湿性粉剂 2000 倍液喷雾，每隔 7～10 天喷 1 次，连喷 2～3 次。

防治荸荠球茎灰霉病，贮藏期球茎用 25%咪鲜胺乳油 1500 倍液喷雾，喷淋前结合冷藏防病效果更好。

防治马铃薯枯萎病，发病初期，用 25%咪鲜胺乳油 1000 倍液浇灌。

防治马铃薯炭疽病，发病初期，用 25%咪鲜胺可湿性粉剂 1000 倍液喷雾。

防治茭白胡麻叶斑病，发病初期，每亩用 25%咪鲜胺乳油 50～80 毫升兑水 30～50 千克均匀喷雾。

防治姜炭疽病，发病初期，用 250 克/升咪鲜胺乳油 1000 倍液喷雾，每隔 10～15 天喷 1 次，连喷 2～3 次，注意喷匀喷足。

防治魔芋炭疽病，发病初期，用 25%咪鲜胺乳油 1000 倍液喷雾。

防治芹菜斑枯病，于发病始盛期用药，每亩用 25%咪鲜胺乳油 50～70 毫升兑水 30～50 千克均匀喷雾，每季最多施用 3 次，安全间隔期 10 天。

防治蒜薹灰霉病，用 25%咪鲜胺水乳剂 250～330 倍液浸蘸蒜薹薹梢，按推荐用药浓度以浸蘸方式浸蘸蒜薹薹梢 1～2 分钟后捞出晾干，用 0.04 毫米聚乙烯袋密封包装，放置于低温 0℃环境。

防治蒜薹贮藏期病害，用 25%咪鲜胺水乳剂 200～300 倍液浸蘸蒜薹薹梢，于蒜薹采收后，拣出受伤、开苞、褪色等不合格产品后，按照推荐剂量，浸渍薹梢 1 分钟，捞出晾干、贮藏。

防治蘑菇湿泡病，每平方米用 50%咪鲜胺可湿性粉剂 0.8～1.2 克兑水 1 升喷雾或拌于覆盖土或喷淋菇床，第一次施药在覆土后 5～9 天，每平方米菇床用制剂 0.8～1.2 克兑水 1 升，均匀喷在菇床上；第二次施药在第二潮菇转批后，每平方米菇床用制剂量 0.8～1.2 克兑水 1 升，均匀喷施于菇床上，喷雾每季最多施用 3 次，安全间隔期 14 天，拌土或喷淋每季最多使用 1 次，安全间隔期为 5 天。

防治蘑菇褐腐病，每平方米用 50%咪鲜胺可湿性粉剂 1.6～2.4 克兑水 1 升喷雾或拌土，每季最多施用 1 次，安全间隔期 7 天。

防治蘑菇白腐病，每平方米用 50%咪鲜胺可湿性粉剂 0.8～1.2 克拌于覆盖土或兑水 1 升喷淋菇床，每季最多施用 1 次，安全间隔期为 5 天。

（2）复配剂应用　咪鲜胺可以与大多数杀菌剂、杀虫剂、除草剂混用，均有较好的防治效果。咪鲜胺常与甲霜灵、异菌脲、三唑酮、三环唑、丙环唑、腈菌唑、苯醚甲环唑、抑霉唑、戊唑醇、稻瘟灵、嘧菌酯、噁霉灵、福美双、丙森锌、百菌清、溴菌腈、烯酰吗啉、己唑醇、甲基硫菌灵、几丁聚糖、井冈霉素、噻呋酰胺、杀螟丹、吡虫啉、腈菌唑、氟硅唑、多菌灵等复配。

咪鲜胺与氟硅唑按照一定科学比例混用，如 20%硅唑·咪鲜胺用于防治蔬菜的黑星病、白粉病、叶斑病、锈病、炭疽病、黑斑病、蔓枯病、斑枯病、赤星病等多种病害。

① 咪鲜·多菌灵。由咪鲜胺与多菌灵混配的广谱低毒复合杀菌剂，具保护和治疗双重作用。防治西瓜、黄瓜、甜瓜、苦瓜等瓜类炭疽病，豇豆炭疽病，从病害发生初期开始喷药，每亩用 25%咪鲜·多菌灵可湿性粉剂 80～100 克，或 50%咪鲜·多菌灵可湿性粉剂 80～100 克，兑水 45～60 千克喷雾，每隔 7～10 天喷 1 次，连喷 3～4 次。

防治西瓜炭疽病，用 50%咪鲜·多菌灵可湿性粉剂 500～1000 倍液喷雾，每隔 7～10 天喷 1 次，连喷 3 次，安全间隔期 14 天，每季最多施用 3 次。

② 咪鲜·甲硫灵。由咪鲜胺与甲基硫菌灵混配的广谱低毒复合杀菌剂，具保护、治疗和铲除多种活性。防治西瓜及甜瓜的炭疽病，从病害发生初期开始喷药，用 42%咪鲜·甲硫灵可湿性粉剂 300～500 倍液喷雾，每隔 7～10 天喷 1 次，连喷 3～4 次。

防治豇豆炭疽病，从病害发生初期开始喷药，每隔 7～10 天喷 1 次，连喷 3～4 次，用 42%咪鲜·甲硫灵可湿性粉剂 400～500 倍液均匀喷雾。

● **注意事项**

（1）可与多种农药混用，但不宜与强酸、强碱性农药混用。

（2）瓜类苗期减半用药，若喷施咪鲜胺产生了药害，解救的措施是：叶片喷施芸苔素内酯（云大 120 或硕丰 481）10 毫升，兑水 15 千克，最好加上细胞分裂素 25 克。也可以用 3 毫升复硝酚钠（爱多收）+甲壳素 20 克，兑水 15 千克喷雾。

（3）药物应于通风干燥、阴凉处贮存。

（4）对鱼、蜜蜂、蚕有毒，桑园及蚕室附近禁用，开花植物花期禁用，施药期间应密切注意对附近蜂群的影响；天敌赤眼蜂等放飞区域禁用。

（5）有水产养殖的稻田禁用，远离水产养殖区施药，禁止在河塘等水体中清洗施药器具。药液及其废液不得污染各类水域、土壤等环境。

（6）50%咪鲜胺可湿性粉剂在辣椒上安全间隔期为 12 天，一季最多使用 2 次。25%咪鲜胺乳油在大蒜上的安全间隔期为 25 天，每季最多使用 3 次。

戊唑醇（tebuconazole）

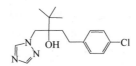

C$_{16}$H$_{22}$ClN$_3$O，307.82

● **其他名称**　好力克、立克秀、欧利思、菌力克、富力库、秀丰、益秀、奥宁、普果、得惠、科胜、翠好、戊康。

● **主要剂型**　3%、12.5%、25%、30%、43%、430 克/升、45%、50% 悬浮剂，1.5%、12.5%、25%、250 克/升、430 克/升水乳剂，25%、250 克/升乳油，12.5%、25%、40%、80%可湿性粉剂，30%、50%、70%、80%、85%水分散粒剂，0.2%、0.25%、2%、6%、60 克/升、80 克/升悬浮种衣剂，0.2%、60 克/升、6%种子处理悬浮剂，6%、12.5%微乳剂，2%干拌种剂，2%湿拌种剂，2%种子处理可分散粉剂，5%悬浮拌种剂，1%糊剂，6%胶悬剂等。

● **毒性**　低毒。

● **作用机理**　可迅速通过植物的叶片和根系吸收，并在体内传导和进行均匀分布，主要通过抑制病原真菌体内麦角甾醇的脱甲基化，导致生物膜的形成受阻发挥杀菌活性。

● **产品特点**

（1）戊唑醇是新型高效、广谱内吸性三唑类杀菌剂。快速渗透、吸收和传导，不留药渍。

（2）兼具保护、治疗和铲除作用，活性高、用量低，持效期长，耐雨水冲刷。

（3）不仅具有杀菌活性，还可调节作物生长，使之根系发达、叶色浓绿、植株健壮、有效分蘖增加，从而提高产量。

（4）用于叶面喷雾、种子处理。适用于防治多种真菌病害，对黑斑病、黑星病、轮纹病、白粉病、褐斑病、早疫病、多种叶斑病、炭疽病、菌核病、锈病等均有较好防效。能达到一次用药兼治多种病害的效果。

● **应用**

（1）单剂应用　戊唑醇主要通过喷雾防治植物病害，有时也可用于种子包衣或拌种。喷雾防治病害时，单一连续多次使用易诱发病菌产生抗药性，应与不同类型药剂交替使用。

防治番茄叶霉病、叶斑病，发病初期，用 43%戊唑醇悬浮剂 3000～4000 倍液喷雾，每隔 10 天左右喷 1 次，连喷 2 次左右。

防治黄瓜白粉病，在发病初期用药，每亩用 250 克/升戊唑醇水乳剂 24～30 克兑水 40～60 千克喷雾，每隔 5～7 天喷 1 次，每季最多施用 3 次，安全间隔期 3 天；或用 430 克/升戊唑醇悬浮剂 15～22 毫升兑水 40～60 千克喷雾，每隔 7～10 天喷 1 次，每季最多施用 3 次，安全间隔期 5 天。

防治黄瓜黑星病，发病初期，每亩用 45%戊唑醇悬浮剂 16～20 毫升兑水 40～60 千克均匀喷雾，每季最多施用 3 次，安全间隔期 3 天。

防治黄瓜枯萎病，发病初期，用 43%戊唑醇悬浮剂 3000 倍液灌根，每株灌 0.25 千克药液，每隔 5～7 天灌 1 次，连灌 2～3 次，必须掌握在发病初期施用，否则效果差。

防治冬瓜蔓枯病、冬瓜白粉病、冬瓜炭疽病，用 43%戊唑醇悬浮剂 3000 倍液喷雾。

防治苦瓜白粉病，发病初期，每亩用 250 克/升戊唑醇水乳剂 20～30 毫升兑水 40～60 千克喷雾，每隔 7 天左右施药 1 次，每季最多施用 3

次，安全间隔期 35 天；或每亩用 430 克/升戊唑醇悬浮剂 12～18 毫升兑水 40～60 千克喷雾，每隔 10～15 天喷 1 次，每季最多施用 3 次，安全间隔期 5 天。

防治南瓜白粉病，发病初期，用 43%戊唑醇悬浮剂 4000 倍液喷雾。

防治西瓜蔓枯病，发病初期，用 43%戊唑醇悬浮剂 5000 倍液＋芸苔素内酯（云大-120）1500 倍液喷雾。

防治豇豆锈病，发病初期，用 43%戊唑醇悬浮剂 4000～6000 倍液喷雾。

防治豇豆白粉病，发病初期，用 430 克/升戊唑醇悬浮剂 2500 倍液喷雾。

防治菜豆锈病，发病初期，用 43%戊唑醇悬浮剂 3000～4000 倍喷雾。

防治菜豆白粉病，发病初期，用 25%戊唑醇乳油 2000 倍液喷雾。

防治大豆锈病，发病初期，每亩用 43%戊唑醇悬浮剂 16～20 毫升兑水 40～60 千克喷雾，每隔 7～10 天喷 1 次，连喷 2～3 次。

防治蚕豆轮纹病，发病初期，用 430 克/升戊唑醇悬浮剂 3500 倍液喷雾，每隔 10 天左右喷 1 次，连喷 1～2 次。

防治大荚豌豆白粉病、锈病，发病初期，用 43%戊唑醇悬浮剂 4000～5000 倍液。

防治豌豆褐纹病、锈病、黑斑病，发病初期，用 430 克/升戊唑醇悬浮剂 3500 倍液喷雾，每隔 7～10 天喷 1 次，连喷 2～3 次。

防治扁豆角斑病、轮纹斑病，发病初期，用 430 克/升戊唑醇悬浮剂 3500 倍液喷雾。

防治萝卜黑腐病，发病初期，用 43%戊唑醇悬浮剂 5000 倍液喷雾。

防治白菜黑斑病，发病前或发病初期，用 43%戊唑醇悬浮剂 2500～4000 倍液喷雾。可与大多数杀虫剂或杀菌剂混用。

防治大白菜黑斑病，发病初期，每亩用 25%戊唑醇悬浮剂 20～25 毫升兑水 40～50 千克喷雾。

防治十字花科蔬菜黑斑病、白斑病，发病初期，用 43%戊唑醇悬浮剂 3000～4000 倍液，或 25%戊唑醇乳油或 25%戊唑醇水乳剂或 25%戊唑醇可湿性粉剂 2000～2500 倍液均匀喷雾。可以和不同类型的杀菌剂交替使用，每隔 10 天喷 1 次，连喷 3～4 次。

防治莴苣菌核病、生菜菌核病，发病初期，用43%戊唑醇悬浮剂2000倍液喷雾。

防治茼蒿尾孢叶斑病，发病初期，用18%戊唑醇微乳剂1500倍液喷雾，每隔7～10天喷1次，连喷1～2次。

防治生姜叶枯病，发病初期，用43%戊唑醇悬浮剂3000倍液喷雾，与"天达2116"混配交替使用，每隔7～10天喷1次，连喷2～3次，效果更佳。

防治韭菜白绢病，发病初期，用430克/升戊唑醇乳油3500倍液喷雾。

防治大葱紫斑病，发病初期，用43%戊唑醇悬浮剂3000～4000倍液喷雾或灌根。

防治草莓炭疽病，在发病前或初出现病斑时用药，每亩用25%戊唑醇水乳剂20～28毫升兑水30～50千克喷雾，每隔7天用药1次，安全间隔期5天，每季最多施用3次，或每亩用430克/升戊唑醇悬浮剂10～16毫升兑水30～50千克喷雾，每隔7～10天喷1次，连喷2～3次。

防治茭白黑粉病，发病初期，用18%戊唑醇微乳剂1000倍液喷雾。

防治菱角白绢病，发病初期，用430克/升戊唑醇悬浮剂3500倍液喷雾。

防治草莓白粉病，发病初期，用43%戊唑醇悬浮剂4000～5000倍液喷雾。草莓不同生育期对药剂的敏感度也有差异，一般在生长前期，特别在扣棚初期最为敏感，应用低限浓度施药，随着时间的推迟，其敏感度逐渐降低，可采用高浓度施药。

防治草莓灰霉病，发病初期，每亩用25%戊唑醇水乳剂25～30毫升兑水40～50千克喷雾。

防治黄花菜匍柄霉叶枯病，发病初期，用75%肟菌·戊唑醇水分散粒剂3000倍液，或43%戊唑醇悬浮剂3000倍液混加33.5%喹啉铜悬浮剂750倍液喷雾，每隔7～10天喷1次，连喷3～4次。

防治芦笋茎枯病、芦笋锈病，发病初期，用43%戊唑醇悬浮剂2500～3000倍液，或25%戊唑醇可湿性粉剂1500～2000倍液均匀喷雾，每隔7～10天喷1次，连喷2～3次，重点喷洒植株中下部。

防治芦笋匍柄霉叶枯病，结合防治茎枯病，在发病初期，用75%肟菌·戊唑醇水分散粒剂3000倍液，或43%戊唑醇悬浮剂3000倍液混加

33.5%喹啉铜悬浮剂750倍液喷雾。

防治魔芋白绢病，发病初期，用430克/升戊唑醇悬浮剂3500倍液喷雾。

（2）复配剂应用　因戊唑醇最近几年大量使用，目前很多作物对戊唑醇的抗药性已很明显，对多作物病害效果下降，因此，尽量不要单用，复配使用能够降低植物病害抗性的产生速度，如戊唑醇和咪鲜胺、吡唑醚菌酯等搭配。戊唑醇可以与其他一些杀菌剂如抑霉唑、福美双等制成杀菌剂混剂使用，也可以与一些杀虫剂如辛硫磷等混用，制成包衣剂拌种用于防治地上、地下害虫和土传、种传病害。

① 戊唑·丙森锌。由戊唑醇与丙森锌混配的广谱低毒复合杀菌剂，具保护和治疗双重作用。防治西瓜及甜瓜的炭疽病、叶斑病，辣椒炭疽病，从病害发生初期开始喷药，用65%戊唑·丙森锌可湿性粉剂600～800倍液喷雾，每隔10天左右喷1次，连喷3～4次。

② 戊唑·多菌灵。由戊唑醇与多菌灵混配的广谱低毒复合杀菌剂，具保护和治疗双重作用。防治瓜类的炭疽病、蔓枯病、白粉病，番茄早疫病、番茄叶霉病、番茄叶斑病，辣椒炭疽病、辣椒叶斑病，豆类蔬菜的叶斑病、白粉病、锈病、炭疽病，坐住瓜（果）后开始使用，从病害发生初期开始喷药，用30%戊唑·多菌灵悬浮剂800～1000倍液，或30%戊唑·多菌灵可湿性粉剂800～1000倍液喷雾，每隔10天左右喷1次，连喷3～4次。

防治葱及洋葱的紫斑病，从病害发生初期开始喷药，用30%戊唑·多菌灵可湿性粉剂600～800倍液，或30%戊唑·多菌灵悬浮剂800～1000倍液喷雾，每隔10天左右喷1次，连喷2～3次。

防治芦笋茎枯病，从病害发生初期开始喷药，用30%戊唑·多菌灵悬浮剂600～800倍液喷雾，每隔7～10天喷1次。重点喷洒植株中下部。

③ 戊唑·咪鲜胺。由戊唑醇与咪鲜胺混配的广谱低毒复合杀菌剂，具预防保护和内吸治疗双重作用。防治西瓜炭疽病，坐住瓜后开始使用，从病害发生初期开始喷药，用400克/升戊唑·咪鲜胺水乳剂1200～1500倍液喷雾，每隔10天左右喷1次，连喷3～4次。

防治洋葱紫斑病，从病害发生初期开始喷药，用400克/升戊唑·咪鲜胺水乳剂1000～1200倍液喷雾，每隔10天左右喷1次，连喷2次。

④ 唑醚•戊唑醇。由吡唑醚菌酯和戊唑醇复配而成的一种杀菌剂。能有效防治对由子囊菌亚门、担子菌亚门、半知菌亚门和鞭毛菌亚门卵菌纲等真菌病原体引起的霜霉病、疫病、早疫病、白粉病、锈病、炭疽病、黑星病、叶斑病、斑点落叶病、纹枯病、根腐病、黑腐病等 100 种病害。具有很强的渗透性和内吸传导性，能被植物的根茎叶吸收，并通过渗透传导作用，将药剂传输到植株的各个部位，对病害具有预防、治疗和铲除作用。

防治玉米大、小斑病。每亩用 30%唑醚•戊唑醇悬浮剂 34～46 克兑水 30～50 千克喷雾。

防治西瓜、甜瓜蔓枯病、霜霉病、炭疽病、白粉病。每亩用 30%唑醚•戊唑醇悬浮剂 30～40 克兑水 30～50 千克喷雾。

防治十字花科作物炭疽病、菌核病。每亩用 30%唑醚•戊唑醇悬浮剂 30～40 克兑水 30～50 千克喷雾。

防治马铃薯、番茄、茄子、辣椒、黄瓜炭疽病、叶霉病、早疫病，预防晚疫病。每亩用 30%唑醚•戊唑醇悬浮剂 30～50 克兑水 30～50 千克喷雾。

⑤ 烯肟•戊唑醇。由烯肟菌酯和戊唑醇复配而成的内吸性杀菌剂，具有预防和治疗作用。防治黄瓜白粉病，发病前或发病初期，每亩用 20%烯肟•戊唑醇悬浮剂 33～50 克兑水 45～60 千克喷雾，每隔 7～10 天喷 1 次。

⑥ 克菌•戊唑醇。由克菌丹与戊唑醇复配而成。复配具有双重作用，保护兼杀菌，杀菌谱广，渗透性强，可增强抗性、提升品质。防治番茄叶霉病，发病初期，每亩用 400 克/升克菌•戊唑醇悬浮剂 40～60 毫升兑水 45～60 千克喷雾，每隔 7～10 天喷 1 次，安全间隔期 3 天，每季最多施用 2 次。

● **注意事项**

（1）应在病害发生初期使用，每隔 10～15 天施药 1 次。使用 43%戊唑醇悬浮剂时应避开作物的花期及幼果期等敏感期，以免造成药害。

（2）戊唑醇有一定的抗旺作用，控旺抑制植物生长，改变养分的流动过程，使更多养分向开花坐果处运输。高剂量下对植物有明显的抑制生长作用，在果实膨大期谨慎使用。

一是在豇豆等作物上使用时要注意使用时间和用量，不然可能存在缩果的风险。

二是对于苗期作物要慎用，因苗期作物体内生长素合成旺盛，但是戊唑醇会抑制生长素的合成，而影响生长。

三是对处于花芽分化关键时期的作物慎用，即使施用也需注意控制戊唑醇的用量和使用次数，特别该时期若遇低温或者光照不足，会导致光合作用效率下降、代谢功能减弱、作物授粉不良等情况出现。尤其是此时正处于生殖生长的花期，可能会导致"花而不实"等不可逆的后果。

（3）拌种处理过的种子播种深度以 2～5 厘米为宜。

（4）建议与其他作用机制不同的杀菌剂轮换使用。

（5）应避免药剂接触皮肤和眼睛，若药液溅入眼睛或沾到皮肤上，立即用清水冲洗；如误服，不可引吐或服用麻黄碱等药物，应立即送医院对症治疗，本剂无特殊解毒药剂。不要直接接触被药剂污染的衣物。

（6）该药剂对鱼类等水生生物有毒，应远离水产养殖区施药，禁止在河塘等水体中清洗施药器具。

（7）在大白菜上安全间隔期为 14 天，每季作物最多使用 2 次；在大豆上安全间隔期为 21 天，每季最多使用 4 次；在黄瓜上安全间隔期为 3 天，每季最多使用 3 次。

苯醚甲环唑（difenoconazole）

$C_{19}H_{17}Cl_2N_3O_3$，406.30

● **其他名称**　世高、世鬼、世浩、世冠、世佳、世亮、世泽、世典、世标、世爵、世鹰、势克、蓝仓、双苯环唑、噁醚唑、敌萎丹、高翠、瀚生更胜、禾欣、厚泽、华丹。

● **主要剂型**　10%、15%、20%、30%、37%、60%水分散粒剂，10%、20%、25%、30%微乳剂，5%、10%、20%、25%水乳剂，3%、30 克/升悬浮种衣剂，25%、250 克/升、30%乳油，3%、10%、15%、25%、

30%、40%、45%悬浮剂，10%、12%、30%可湿性粉剂，5%超低容量液剂，10%热雾剂。

● **毒性** 低毒（对鱼及水生生物有毒）。

● **作用机理** 苯醚甲环唑对植物病原菌的孢子形成具有强烈抑制作用，并能抑制分生孢子成熟，从而控制病情进一步发展。苯醚甲环唑的作用方式是通过干扰病原菌细胞的 C14 脱甲基化作用，抑制麦角甾醇的生物合成，从而使甾醇滞留于细胞膜内，损坏了膜的生理作用，导致真菌死亡。

● **产品特点**

（1）内吸传导，杀菌谱广。苯醚甲环唑属三唑类杀菌剂，是一种高效、安全、低毒、广谱性杀菌剂，可被植物内吸，渗透作用强，施药后2 小时内，即被作物吸收，并有向上传导的特性，可使新生的幼叶、花、果免受病菌为害。能一药多治，对子囊菌亚门、担子菌亚门和包括链格孢属、壳二孢属、尾孢霉属、刺盘孢属、球座菌属、茎点霉属、柱隔孢属、壳针孢属、黑星菌属在内的半知菌、白粉菌科、锈菌目及某些种传病原菌有持久的保护和治疗作用。能有效防治褐斑病、锈病、叶斑病、白粉病，兼具预防和治疗作用。

（2）耐雨水冲刷、药效持久。黏着在叶面的药剂耐雨水冲刷，从叶片挥发极少，即使在高温条件下也表现较持久的杀菌活性，比一般杀菌剂持效期长 3～4 天。

（3）剂型先进，作物安全。水分散粒剂由有效成分、分散剂、湿润剂、崩解剂、消泡剂、黏合剂、防结块剂等，通过微细化、喷雾干燥等工艺造粒。投入水中可迅速崩解分散，形成高悬浮分散体系，无粉尘影响，对使用者及环境安全。不含有机溶剂，对推荐作物安全。

（4）在土壤中移动性小，缓慢降解，持效期长。

（5）苯醚甲环唑叶面处理或种子处理可提高作物的产量，保证品质。

● **应用**

（1）单剂应用 苯醚甲环唑对许多高等真菌性病害均具有良好的防治效果。主要用于防治白粉病、黑星病、叶霉病等病害。防治马铃薯早疫病，每亩用 10%苯醚甲环唑水分散粒剂 50～80 克兑水 60～75 千克喷雾，持效期 7～14 天。

防治菜豆、豇豆等豆类蔬菜叶斑病、锈病、炭疽病、白粉病，每亩用 10%苯醚甲环唑水分散粒剂 50～80 克兑水 60～75 千克喷雾，持效期 7～14 天，防治炭疽病最好和代森锰锌或百菌清混用。

防治辣椒炭疽病，番茄叶霉病、番茄叶斑病、番茄白粉病、番茄早疫病、番茄炭疽病等，从初见病斑时开始喷药，每亩用 10%苯醚甲环唑水分散粒剂 60～80 克，或 37%苯醚甲环唑水分散粒剂 18～22 克，或 250 克/升苯醚甲环唑乳油或 25%苯醚甲环唑乳油 25～30 毫升，兑水 60～75 千克喷雾。每隔 10 天左右喷 1 次，连喷 2～4 次。

防治茄子褐纹病、叶斑病、白粉病，从初见病斑时开始喷药，用 10%苯醚甲环唑水分散粒剂 60～80 克，或 37%苯醚甲环唑水分散粒剂 18～22 克，或 250 克/升苯醚甲环唑乳油或 25%苯醚甲环唑乳油 25～30 毫升，兑水 60～75 千克喷雾。每隔 10 天左右喷 1 次，连喷 2～3 次。

防治茄子绵疫病，用 10%苯醚甲环唑水分散粒剂 600 倍液，从茄子坐果后或进入雨季开始喷药，每隔 10 天左右喷 1 次，连喷 2～3 次。

防治茄子黄褐钉孢叶霉病，发病初期，用 25%苯醚甲环唑乳油 1000 倍液喷雾。

防治番茄早疫病，发病初期，用 10%苯醚甲环唑水分散粒剂 800～1200 倍液，或每亩用 10%苯醚甲环唑水分散粒剂 40～60 克兑水 60～75 千克喷雾。

防治番茄斑枯病，发病初期，用 10%苯醚甲环唑水分散粒剂 600 倍液喷雾。

防治番茄白粉病，发病初期叶片上出现白粉时，用 10%苯醚甲环唑水分散粒剂 600 倍液喷雾。

防治黄瓜、苦瓜等瓜类蔬菜白粉病、炭疽病、蔓割病，用 10%苯醚甲环唑水分散粒剂 1000～1500 倍液，发病前或初期叶面喷雾，持效期 7～14 天。

防治黄瓜棒孢叶斑病，发病前，用 10%苯醚甲环唑水分散粒剂 600 倍液预防。

防治西瓜蔓枯病，每亩用 10%苯醚甲环唑水分散粒剂 50～80 克兑水 60～75 千克喷雾。

防治西瓜炭疽病，发病前或发病初期，每亩用 40%苯醚甲环唑悬浮剂 15～20 毫升，或 37%苯醚甲环唑水分散粒剂 20～25 克，或 10%苯醚甲环唑水分散粒剂 50～75 克，兑水 40～60 千克喷雾均匀，每隔 7～10 天喷 1 次，安全间隔期为 14 天，每季最多施用 3 次。

防治大蒜、洋葱早疫病、锈病、紫斑病、黑斑病，每亩用 10%苯醚甲环唑水分散粒剂 80 克兑水 60～75 千克喷雾，持效期 7～14 天。

防治芹菜叶斑病，从病害发生初期开始喷药，每亩用 10%苯醚甲环唑水分散粒剂 40～50 克，或 37%苯醚甲环唑水分散粒剂 10～13 克，或 250 克/升苯醚甲环唑乳油或 25%苯醚甲环唑乳油 15～20 毫升，兑水 60～75 千克喷雾，每隔 7～10 天喷 1 次，连喷 2～4 次。

防治芹菜斑枯病，发病前或发病初期，每亩用 10%苯醚甲环唑水分散粒剂 30～45 克兑水 30～50 千克均匀喷雾，安全间隔期为 5 天，每季最多施用 3 次。或用 37%苯醚甲环唑水分散粒剂 9.5～12 克兑水 30～50 千克均匀喷雾，安全间隔期为 14 天，每季最多施用 3 次。

防治莴苣、结球莴苣匍柄霉叶斑病，发病初期喷洒 10%苯醚甲环唑水分散粒剂 900 倍液，每隔 10 天左右喷 1 次，连喷 2～3 次。

防治蕹菜茄匍柄霉叶斑病、贝克假小尾孢叶斑病，发病初期，用 10%苯醚甲环唑水分散粒剂 900 倍液喷雾，每隔 7～10 天喷 1 次，连喷 3～4 次。

防治大葱、洋葱枝孢叶枯病，发病初期，用 10%苯醚甲环唑微乳剂 1500 倍液喷雾，每隔 10 天左右喷 1 次，连喷 1～3 次。

防治茼蒿尾孢叶斑病，发病初期，用 18%苯醚甲环唑微乳剂 1500 倍液喷雾，每隔 7～10 天喷 1 次，连喷 1～2 次。

防治蚕豆轮纹病，发病初期，用 10%苯醚甲环唑微乳剂 1000 倍液喷雾，每隔 10 天左右喷 1 次，连喷 1～2 次。

防治豌豆黑根病，发病初期，用 10%苯醚甲环唑水分散粒剂 900 倍液喷雾。

防治豌豆褐纹病，发病初期，用 10%苯醚甲环唑水分散粒剂 600 倍液喷雾，每隔 7～10 天喷 1 次，连喷 2～3 次。

防治扁豆轮纹斑病，发病初期，用 10%苯醚甲环唑水分散粒剂 600 倍液喷雾，每隔 7～10 天喷 1 次，连喷 2～3 次。

防治大白菜等十字花科蔬菜黑斑病，从病害发生初期开始喷药，用

10%苯醚甲环唑水分散粒剂 40～50 克，或 37%苯醚甲环唑水分散粒剂 10～13 克，或 250 克/升苯醚甲环唑乳油或 25%苯醚甲环唑乳油 15～20 毫升，兑水 60～75 千克喷雾。每隔 10 天左右喷 1 次，连喷 2 次左右。

防治结球甘蓝、紫甘蓝白粉病，发病初期，用 10%苯醚甲环唑水分散粒剂 900 倍液喷雾。

防治大蒜、洋葱早疫病、锈病、黑斑病，每亩用 10%苯醚甲环唑水分散粒剂 80 克兑水 60～75 千克喷雾，持效期 7～14 天。

防治大蒜叶枯病，在病害发生初期喷 1 次即可。每亩用 10%苯醚甲环唑水分散粒剂 40～50 克，或 37%苯醚甲环唑水分散粒剂 10～13 克，或 250 克/升苯醚甲环唑乳油或 25%苯醚甲环唑乳油 15～20 毫升，兑水 60～75 千克喷雾。

防治葱、洋葱紫斑病，从病害发生初期开始喷药，每亩用 10%苯醚甲环唑水分散粒剂 40～50 克，或 37%苯醚甲环唑水分散粒剂 10～13 克，或 250 克/升苯醚甲环唑乳油或 25%苯醚甲环唑乳油 15～20 毫升，兑水 60～75 千克喷雾，每隔 10～15 天喷 1 次，连喷 2 次左右。

防治菠菜褐点病，发病初期，用 10%苯醚甲环唑水分散粒剂 900 倍液喷雾。

防治茭白锈病，发病初期，用 10%苯醚甲环唑微乳剂 1000 倍液喷雾。

防治茭白黑粉病，发病初期，用 10%苯醚甲环唑水分散粒剂 900 倍液喷雾。

防治姜叶枯病，发病初期，每亩用 60%苯醚甲环唑水分散粒剂 5～10 克，或 37%苯醚甲环唑水分散粒剂 8～16 克，或 10%苯醚甲环唑水分散粒剂 30～60 克，兑水 30～50 千克均匀喷雾，每季最多施用 2 次，安全间隔期为 14 天。

防治草莓白粉病、轮纹病、叶斑病和黑斑病，兼治其他病害时，用 10%苯醚甲环唑水分散粒剂 2000～2500 倍液喷雾；防治草莓炭疽病、褐斑病，兼治其他病害时，用 10%苯醚甲环唑水分散粒剂 1500～2000 倍液喷雾；防治草莓灰霉病为主，兼治其他病害时，用 10%苯醚甲环唑水分散粒剂 1000～1500 倍液喷雾。药液用量，根据草莓植株大小而异，每亩用药液 40～66 升。用药适期和间隔天数：育苗期于 6～9 月，喷药 2 次，每隔 10～14 天喷 1 次；大田期在覆膜前，喷药 1 次；花果期在大棚内喷药 1～2 次，每隔 10～14 天喷 1 次。

防治芦笋茎枯病，从病害发生初期开始喷药，用 37%苯醚甲环唑水分散粒剂 4000～5000 倍液，或 250 克/升乳油或 25%苯醚甲环唑乳油 2500～3000 倍液，或 10%苯醚甲环唑水分散粒剂 1000～1500 倍液喷雾，每隔 10 天左右喷 1 次，连喷 2～4 次，重点喷洒植株基部。

防治黄花菜茎枯病（黄叶病），发病初期，用 10%苯醚甲环唑微乳剂 900 倍液喷洒或涂抹。

防治食用百合叶尖干枯病，发病初期，用 10%苯醚甲环唑微乳剂 1000 倍液喷雾，每隔 10 天左右喷 1 次，连喷 2～3 次。

防治芋软腐病，发现病株开始腐烂或水中出现发酵情况时，要及时排水晒田，然后用 10%苯醚甲环唑微乳剂 1000 倍液喷雾，每隔 10 天左右喷 1 次，连喷 2～3 次。

防治香椿假尾孢叶斑病、尾孢叶斑病，发病初期，用 10%苯醚甲环唑微乳剂 1000 倍液喷雾。

（2）复配剂应用 苯醚甲环唑可与丙环唑、嘧菌酯、多菌灵、甲基硫菌灵、咯菌腈、醚菌酯、咪鲜胺、氟环唑、精甲霜灵、己唑醇、代森锰锌、抑霉唑、霜霉威盐酸盐、丙森锌、吡唑醚菌酯、多抗霉素、中生菌素、井冈霉素、噻霉酮、噻呋酰胺、戊唑醇、嘧啶核苷类抗生素、福美双、吡虫啉、溴菌腈、噻虫嗪等复配。

① 苯甲·丙环唑。由苯醚甲环唑与丙环唑复混。对多种蔬菜上由子囊菌、担子菌和半知菌引发的病害有特效，为内吸治疗性杀菌剂，可被根、茎、叶部吸收，持效期达 20 天以上。对由真菌引起的各种斑点病具有较高的预防和治疗效果，是防治蔬菜叶斑病、炭疽病、靶斑病、斑枯病、褐斑病等病害的理想药剂，尤其对叶斑病、炭疽病有特效。

防治瓜类白粉病、叶斑病、炭疽病、蔓枯病，用 30%苯甲·丙环唑悬浮剂或 30%苯甲·丙环唑微乳剂 2000～2500 倍液，或 500 克/升苯甲·丙环唑乳油 3000～4000 倍液均匀喷雾。

防治叶菜类褐斑病、黑斑病、白粉病、炭疽病，用 30%苯甲·丙环唑水剂 4000～5000 倍液喷雾。

防治果菜类炭疽病、早疫病，用 30%苯甲·丙环唑乳油或 30%苯甲·丙环唑水剂 3000～4000 倍液喷雾。

防治豆类白粉病、锈病、褐斑病、叶斑病、炭疽病等，用 30%苯甲·丙环唑悬浮剂或 30%苯甲·丙环唑微乳剂 4000～5000 倍液喷雾。

防治蚕豆轮纹病，发病初期，用 30%苯甲·丙环唑乳油 2000 倍液喷雾，每隔 10 天左右喷 1 次，连喷 1～2 次。

防治豌豆黑根病，发病初期，用 30%苯甲·丙环唑乳油 2000 倍液喷雾。

防治茭白锈病，发病初期，用 30%苯甲·丙环唑乳油 2000 倍液喷雾。

防治食用百合茎溃疡病，发病初期，用 30%苯甲·丙环唑乳油 2000 倍液喷淋，隔 10 天左右再喷淋 1 次。

防治大葱、洋葱紫斑病，从病害发生初期开始喷药，每亩用 300 克/升苯甲·丙环唑乳油 20～30 毫升，或 500 克/升苯甲·丙环唑乳油 15～20 毫升，兑水 30～45 千克均匀喷雾。每隔 7～10 天喷 1 次，连喷 2 次。

② 苯甲·嘧菌酯。由苯醚甲环唑和嘧菌酯复配。具有内吸性，可治疗由子囊菌、担子菌、半知菌、卵菌等真菌引起的大多数病害，持效期长，高效、广谱，耐雨性好。可用于防治炭疽病、蔓枯病、枯萎病、锈病、黑星病、早疫病、斑点落叶病、疮痂病等。特别对西瓜炭疽病、蔓枯病有特效。

防治番茄早疫病、炭疽病，用 32.5%苯甲·嘧菌酯悬浮剂 1200～1500 倍液喷雾。

防治辣椒炭疽病，用 32.5%苯甲·嘧菌酯悬浮剂 1200～2000 倍液喷雾。

防治大蒜叶枯病，用 32.5%苯甲·嘧菌酯悬浮剂 1200～2000 倍液喷雾。

防治西瓜、甜瓜炭疽病、蔓枯病，从病害发生初期或初见病斑时开始喷药，每亩用 325 克/升苯甲·嘧菌酯悬浮剂 30～50 毫升兑水 30～45 千克喷雾，每隔 7～10 天喷 1 次，连喷 2～4 次。

防治蕹菜茄匍柄霉叶斑病、贝克假小尾孢叶斑病，发病初期，用 32.5%苯甲·嘧菌酯悬浮剂 1500 倍液喷雾，每隔 7～10 天喷 1 次，连喷 3～4 次。

防治莴苣、结球莴苣匍柄霉叶斑病，发病初期，用 32.5%苯甲·嘧菌酯悬浮剂 1500 倍液喷雾，每隔 10 天左右喷 1 次，连喷 2～3 次。

防治黄瓜棒孢叶斑病，发病后用 32.5%苯甲·嘧菌酯悬浮剂 1500 倍液混加 27.12%碱式硫酸铜悬浮剂 500 倍液，或 32.5%苯甲·嘧菌酯悬浮剂 1500 倍液混加 27.12%碱式硫酸铜 500 倍液混加 68%精甲霜·锰锌 500 倍液喷雾。

防治豆类蔬菜的炭疽病、锈病、白粉病，从病害发生初期或初见病斑时开始喷药，每亩用 325 克/升苯甲·嘧菌酯悬浮剂 40～60 毫升兑水 45～60 千克喷雾，每隔 7～10 天喷 1 次，连喷 2～4 次。

防治大葱、洋葱紫斑病，从田间初见病斑时开始用药。每亩用 325 克/升苯甲·嘧菌酯悬浮剂 30～50 升兑水 30～45 千克均匀喷雾，每隔 7～10 天喷 1 次，连喷 2～3 次，在药液中混加有机硅类或石蜡油类农药助剂效果更好。

防治芹菜叶斑病，从病害发生初期开始喷药，用 325 克/升苯甲·嘧菌酯悬浮剂 1000～1500 倍液喷雾，每隔 7～10 天喷 1 次。

③ 苯甲·吡唑酯。由苯醚甲环唑与吡唑醚菌酯复配而成。是一种内吸传导性杀菌剂，具有预防保护、治疗和铲除作用。具有很强的渗透性和内吸传导性，不但持效期长，速效性也很好，药剂喷施后，能被作物茎叶快速吸收，并从叶片渗透到叶片背面，快速杀灭各个部位的病菌。

防治西瓜、辣椒、茄子等作物上的炭疽病、褐斑病、蔓枯病等病害，每亩用 30%苯甲·吡唑酯悬浮剂 20～25 毫升兑水 30 千克均匀喷雾。

防治黄瓜、西瓜上的白粉病、叶斑病，每亩用 40%苯甲·吡唑酯水分散粒剂 20～30 克兑水 30 千克均匀喷雾。

④ 苯甲·咪鲜胺。由苯醚甲环唑与咪鲜胺复配而成。防治黄瓜蔓枯病、靶斑病、炭疽病、黑星病，每亩用 30%苯甲·咪鲜胺悬浮剂 60～80 毫升兑水 30 千克喷雾。

⑤ 苯甲·肟菌酯。由苯醚甲环唑与肟菌酯复配而成。可通过植物叶片和根系吸收并在体内传导，杀菌活性高，内吸性强，持效期长，耐雨水冲刷，具有保护、治疗、铲除、渗透、内吸作用，对西瓜炭疽病防效明显，可增加作物抗逆性，全面提高作物品质，每亩用 50%苯甲·肟菌酯水分散粒剂 15～25 克兑水 30～50 千克喷雾，每隔 7 天喷 1 次，可连续用药 2～3 次，安全间隔期 7 天，每季最多施用 3 次。

⑥ 苯甲·氟酰胺。由苯醚甲环唑与氟唑菌酰胺复配而成。新一代广谱性杀菌剂，对叶部斑点病、白粉病、早疫病等防效突出。药效持久，兼具预防及早期治疗。

防治菜豆锈病，发病初期，每亩用 12%苯甲·氟酰胺悬浮剂 40～60 毫升兑水 30～50 千克喷雾，每隔 10～14 天喷 1 次，连喷 2 次，安全间隔期 7 天，每季最多施用 2 次。

防治番茄叶斑病、番茄叶霉病，发病初期，每亩用 12%苯甲·氟酰胺悬浮剂 40～67 毫升兑水 30～50 千克喷雾，每隔 7～14 天喷 1 次，连喷 2 次，安全间隔期 5 天，每季最多施用 2 次。

防治番茄早疫病，发病初期，每亩用 12%苯甲·氟酰胺悬浮剂 56～60 毫升兑水 30～50 千克喷雾，每隔 7～14 天喷 1 次，连喷 2 次，安全间隔期 5 天，每季最多施用 2 次。

防治黄瓜靶斑病，发病初期，每亩用 12%苯甲·氟酰胺悬浮剂 53～67 毫升兑水 30～50 千克喷雾，每隔 7～14 天喷 1 次，连喷 2 次，安全间隔期 3 天，每季最多施用 2 次。

防治黄瓜白粉病，发病初期，每亩用 12%苯甲·氟酰胺悬浮剂 40～60 毫升兑水 56～70 千克喷雾，每隔 7～14 天喷 1 次，连喷 2 次，安全间隔期 3 天，每季最多施用 2 次。

防治辣椒白粉病，发病初期，每亩用 12%苯甲·氟酰胺悬浮剂 40～67 毫升兑水 30～50 千克喷雾，每隔 7～14 天喷 1 次，连喷 2 次，安全间隔期 5 天，每季最多施用 2 次。

防治西瓜蔓枯病、西瓜叶枯病，发病前或发病初期，每亩用 12%苯甲·氟酰胺悬浮剂 40～67 毫升兑水 30～50 千克喷雾，每隔 7～10 天喷 1 次，连喷 2～3 次，安全间隔期 10 天，每季最多施用 3 次。

⑦ 苯甲·溴菌腈。由苯醚甲环唑与溴菌腈复配而成。两种不同杀菌机理的原药复配后，有增效作用，并可有效延缓抗性的产生，对西瓜炭疽病有较好防效。防治西瓜炭疽病，发病前或发病初期，每亩用 25%苯甲·溴菌腈可湿性粉剂 60～80 克兑水 30～50 千克喷雾，安全间隔期 7 天，每季最多施用 2 次。

● **注意事项**

（1）对刚刚侵染植株的病菌防治效果特别好。因此，在降雨后及时喷施苯醚甲环唑，能够铲除初发菌源，最大限度地发挥苯醚甲环唑的杀菌特点。这对生长后期病害的发展将起到很好的控制作用。

（2）不能与含铜药剂混用，如果确需混用，则苯醚甲环唑使用量要增加 10%。可以和大多数杀虫剂、杀菌剂等混合施用，但必须在施用前做混配试验，以免出现负面反应或发生药害。与"天达 2116"混用，可提高药效，减少药害发生。

（3）为防止病菌对苯醚甲环唑产生抗药性，建议每个生长季节喷施苯醚甲环唑的次数不应超过 4 次。应与其他农药交替使用。

（4）发病初期，用低剂量，间隔期长；病重时，用高剂量，间隔期短；植株生长茂盛、温度适宜、湿度高、雨水多的流行期，可用高剂量，间隔期短，增加用药次数，保证防病增产效果。对蔬菜没有抑制生长作用。

（5）农户拌种：用塑料袋或桶盛好要处理的种子，将 3%苯醚甲环唑悬浮种衣剂用水稀释，一般每 100 千克种子用稀释液 1～1.6 升，充分混匀后倒在种子上，快速搅拌或摇晃，直至药液均匀分布在每粒种子上（根据颜色判断）。

机械拌种：根据所采用的包衣机性能及作物种子使用剂量，按不同加水比例将 3%苯醚甲环唑悬浮种衣剂稀释成浆状，即可开机。

（6）对蜜蜂、鸟类、家蚕、天敌赤眼蜂等有毒，勿污染水源。施药时应远离蜂群，避免蜜源作物花期使用，桑园和蚕室附近禁用，鸟类放飞区禁用，赤眼蜂等天敌放飞区域禁用。

（7）本品对鱼类、水蚤、藻类等有毒。施药时应远离水产养殖区和河塘等水域；禁止在河塘等水体中清洗施药器具；鱼或虾蟹套养稻田禁用；施药后的田水不得直接排入水体，禁止将残液倒入湖泊、河流或池塘等，以免污染水源。

（8）避免在低于 10℃和高于 30℃条件下贮存。

（9）用药时注意安全保护，如药液溅到眼睛，立即用清水冲洗眼睛至少 10 分钟；如误服，立即送医院对症治疗，本药无专用解毒剂。剩余药液及洗涤废水不能污染鱼塘、水池及水源。

（10）在西瓜上安全间隔期为 14 天，每季最多使用次数 3 次；在番茄上安全间隔为 7 天，一季最多使用 2 次；在辣椒上安全间隔期为 3

天，一季最多使用 3 次；在菜豆上安全间隔期为 7 天，一季最多使用 3 次；在大白菜上安全间隔期为 28 天，一季最多使用 3 次；在黄瓜上安全间隔期为 3 天，一季最多使用 3 次；在芹菜上安全间隔期为 14 天，一季最多使用 3 次；在洋葱上安全间隔期为 10 天，一季最多使用 3 次；在芦笋上安全间隔期为 10 天，一季最多使用 2 次。

代森锰锌（mancozeb）

$$[C_4H_6MnN_2S_4]_xZn_y$$

● **其他名称**　大生 M-45、喷克、太盛、必得利、猛杀生、比克、大富生、大丰、山德生、新万生、速克净。

● **主要剂型**　50%、70%、80%、85%可湿性粉剂，30%、40%、420克/升、43%、430 克/升、48%悬浮剂，70%、75%、80%水分散粒剂，80%粉剂，75%干悬浮剂。

● **毒性**　低毒（对鱼类中等毒性）。

● **作用机理**　主要通过金属离子杀菌。其杀菌机理是抑制病菌代谢过程中丙酮酸的氧化，从而导致病菌死亡，该抑制过程具有六个作用位点，故病菌极难产生抗药性。

● **产品特点**

（1）目前市场上代森锰锌类产品分为两类：一类为全络合态结构，另一类为不是全络合态结构（又称"普通代森锰锌"）。全络合态产品主要为 80%代森锰锌可湿性粉剂和 75%代森锰锌水分散粒剂，该类产品使用安全，防病效果稳定，并具有促进果面亮洁、提高果品质量的作用。非全络合态结构的产品，防病效果不稳定，使用不安全，使用不当经常造成不同程度的药害，严重影响产品质量。

（2）杀菌谱广。代森锰锌属有机硫类、广谱性、保护型杀菌剂，具有高效、低毒、病菌不易产生抗性等特点，且对作物的缺锰、缺锌症有治疗作用。从低等真菌到高等真菌，对大多数病原菌都有效果，可用于防治 400 多种病害，对多种作物的霜霉病，茄果类蔬菜的早疫病、晚疫病、叶斑病、疫病等均有很好的预防效果，是对多种病菌具有有效预防作用的广谱性杀菌剂之一，对病菌没有治疗作用，必须在病菌侵害寄主植物前喷施才能获得理想的防治效果。

（3）不易产生抗性。代森锰锌是一款保护性杀菌剂产品，而现有的杀菌剂中保护性杀菌剂数量并不很多。代森锰锌可作用于病原菌细胞上的多个位点，使病原菌难以产生遗传性适应能力，所以它的抗药性风险较低。

（4）混配性好。常被用作许多复配剂的主要成分。可与多种农药、化肥混用，如与硫黄粉、多菌灵、甲基硫菌灵、福美双、三乙膦酸铝、甲霜灵、霜脲氰、噁霜灵、烯酰吗啉、噁唑菌酮、腈菌唑、氟吗啉等杀菌成分混配，生产复配杀菌剂。与内吸性杀菌成分混配时，可以延缓病菌对内吸成分抗药性的产生。

（5）补充微量元素。作物的生长过程中所必需的营养元素有 16 种，其中包含锌和锰元素，而代森锰锌本身就含有大量的锌和锰离子。使用代森锰锌防治病害的同时，也相当于为作物补充了锌元素和锰元素，其中锌元素有利于幼芽和嫩叶的发育，锰元素可以促进叶片的光合作用。

（6）耐雨水冲刷，价格相对比较实惠，性价比高。

● 应用

（1）喷雾　防治茄子和马铃薯的疫病、炭疽病、叶斑病，发病初期用 80%代森锰锌可湿性粉剂 400～600 倍液喷雾，连喷 3～5 次。

防治辣（甜）椒炭疽病、疫病、叶斑类病害，发病前或发病初期，用 70%或 80%代森锰锌可湿性粉剂 500～700 倍液喷雾。防治辣椒猝倒病时，要注意茎基部及其周围地面也需喷雾。

防治番茄早疫病、晚疫病、炭疽病、灰霉病、叶霉病、斑枯病，可于发病初期，每亩用 80%代森锰锌可湿性粉剂或 80%代森锰锌水分散粒剂 150～200 克，或 50%代森锰锌可湿性粉剂 246～316 克，或 70%代森锰锌可湿性粉剂 175～225 克，或 30%代森锰锌悬浮剂 240～320 克，兑水 45～60 千克均匀喷雾，视病害发生情况，每隔 7 天喷 1 次，连喷 2～3 次，采收前 5 天停止用药。防治早疫病还可结合涂茎，用旧毛笔或小棉球蘸取 80%代森锰锌可湿性粉剂 100 倍的药液，在病部刷 1 次。

防治黄瓜霜霉病、黑斑病、角斑病、炭疽病、褐斑病，于发病初期或爬蔓时开始，每亩用 80%代森锰锌可湿性粉剂 150～250 克，或 75%代森锰锌水分散粒剂 140～180 克，或 420 克/升代森锰锌悬浮剂 130～200 克，兑水 45～60 千克喷雾，也可用 70%代森锰锌可湿性粉剂 500～600 倍液喷雾。每隔 7～10 天喷 1 次，连喷 2～3 次，采收前 5 天停止用药。

防治西瓜炭疽病，每亩用 80%代森锰锌可湿性粉剂 166～250 克，于发病前或初见病斑时兑水 45～60 千克均匀喷雾，每隔 7～10 天喷 1 次，连喷 3 次。

防治甜瓜炭疽病、霜霉病、疫病、蔓枯病等，于发病前或初见病斑时，每亩用 80%代森锰锌可湿性粉剂 150～200 克兑水 45～60 千克喷雾，每隔 7～10 天喷 1 次，连喷 3～6 次。采摘前 5 天停止用药。

防治莴笋、白菜、甘蓝霜霉病，茄子绵疫病、褐斑病，芹菜疫病、斑枯病，以及十字花科蔬菜炭疽病，发病初期用 70%代森锰锌可湿性粉剂 500～600 倍液喷雾，每隔 7～10 天喷 1 次，连喷 3～5 次。

防治菜豆炭疽病、锈病、赤斑病，用 80%代森锰锌可湿性粉剂 400～700 倍液喷雾，每隔 7～10 天喷 1 次，连喷 2～3 次。

防治马铃薯晚疫病、早疫病，发病初期，每亩用 80%代森锰锌可湿性粉剂 120～180 克兑水 45～60 千克均匀喷雾。

防治芦笋茎枯病，发病前或发病初期开始用药，每亩用 80%代森锰锌可湿性粉剂 85～100 克兑水 30～50 千克均匀喷雾，每隔 7 天喷 1 次，连喷 3 次，安全间隔期 7 天，每季最多使用 3 次。

防治黄瓜、西瓜、辣椒、番茄等移栽蔬菜上的病害，最好于移栽前（苗床期）喷 1 次，以减少菌源。移栽后，在发病前或发病初期（初见病斑时）开始喷药，每亩用 80%代森锰锌可湿性粉剂 120～180 克兑水 45～60 千克均匀喷雾，每隔 5～7 天喷 1 次。大田蔬菜每隔 7～10 天喷 1 次，连喷 2～3 次。

（2）拌种　防治白菜类猝倒病，用 70%代森锰锌可湿性粉剂（或干悬浮剂）拌种，用药量为种子重量的 0.2%～0.3%。

防治胡萝卜黑斑病、黑腐病、斑点病，用 70%代森锰锌可湿性粉剂（或干悬浮剂）拌种，用药量为种子重量的 0.3%。

防治十字花科蔬菜黑斑病，用 70%代森锰锌可湿性粉剂（或干悬浮剂）拌种，用药量为种子重量的 0.4%。

防治蔬菜苗期立枯病、猝倒病，用 80%代森锰锌可湿性粉剂，按种子重量的 0.1%～0.5%拌种。

（3）浸种　防治山药枯萎病，用 70%代森锰锌可湿性粉剂 1000 倍液，浸泡山药尾子 10～20 分钟后播种。

（4）灌根　防治甜瓜蔓枯病（在幼苗三叶期）、山药枯萎病，用 70%代森锰锌可湿性粉剂 500 倍液灌根。防治黄瓜枯萎病，用 80%代森锰锌可湿性粉剂 400 倍液灌根。

（5）土壤处理　防治黄瓜苗期猝倒病、豌豆苗黑根病，每平方米苗床用 70%代森锰锌可湿性粉剂 1 克和 25%甲霜灵可湿性粉剂 9 克，再与 4～5 千克过筛干细土混匀，制成药土；浇好苗床底水后，先把 1/3 的药土撒在苗床上，播种后，再把 2/3 的药土覆盖在种子上。

● **注意事项**

（1）为提高防治效果，可与多种农药、化肥混合使用，但不可与含铜或碱性农药、化肥混用。由于其中含有锰、锌等离子，要避免与碱性农药及含铜等重金属化合物混用，也不能与磷酸二氢钾混用。如果混用不当会发生化学反应，产生气体或絮头沉淀，影响药效甚至发生危害。与喷施波尔多液的间隔期至少应为 15 天。

（2）使用时避开强光和高温。代森锰锌在高温和强光照下，活性成分转化过快，容易导致药害发生，所以在超过 35℃的强光照天气要慎用。

（3）避开敏感作物及作物敏感时期。代森锰锌使用过程中，因施药时间、施药剂量、施药次数不当都容易产生药害，比如造成作物叶片损伤、形成药斑、果面粗糙、产生果锈等，所以在蔬菜作物的幼叶、花期、幼果期等敏感期使用时，应控制使用量和使用次数，以免发生药害，生产优质高档农产品需特别注意。

（4）重在预防，混配使用。代森锰锌是保护性药剂，它的主要作用是预防病害的发生，所以要想它发挥最佳防治效果，在使用时一是要提前使用，二是最好与其他药剂，特别是内吸性的杀菌剂混配使用，这样才能达到更好的防治效果。

（5）施药时注意个人保护，避免将药液溅及眼睛和皮肤，如有误食，请立即催吐、洗胃和导泻，并送医院对症诊治。

（6）对鱼类等水生生物有中等毒性，施药期间应远离养殖区施药，禁止在河塘等水体中清洗施药器具。本品对蜜蜂、家蚕有毒，施药时应注意避免对其的影响，蜜源作物花期、蚕室和桑园附近禁用。贮藏时，应注意防止高温，并要保持干燥，以免在高温、潮湿条件下使药剂分解，降低药效。

（7）在西瓜上安全间隔期为 21 天，每季作物最多使用 3 次；番茄上安全间隔期为 15 天，每季作物最多使用 3 次。

代森联（metiram）

$$(C_{16}H_{33}N_{11}S_{16}Zn_3)_x, (1088.6)_x$$

● **其他名称**　品润。

● **主要剂型**　70%、85%、90%可湿性粉剂，60%、70%水分散粒剂，70%干悬浮剂。

● **毒性**　低毒。

● **作用机理**　为硫代氨基甲酸酯类杀菌剂。作用机理为预防真菌孢子萌发，干扰芽管的发育伸长。

● **产品特点**

（1）杀菌谱广，是一种多效络合的触杀性杀菌剂，可以有效地防治多种病害；种子处理可以防治猝倒病、根部腐烂等种子和根部病害。

（2）有营养作用，含18%的锌，有利于叶绿素的合成，增加光合作用，可改善果蔬的色泽，使水果蔬菜色泽更鲜亮，叶菜更嫩绿。

（3）提高作物产量，改善品质；与各类代森锰锌相比，对瓜类霜霉病的防效突出，并可减少对有益捕食性螨的杀灭作用。

（4）不易产生抗性，该药为多酶抑制剂，干扰病菌细胞的多个酶作用点，因而不易产生抗性。

（5）安全性好，适用范围广，适用于大部分作物的各个时期，许多作物花期也可使用。

（6）剂型先进，干悬剂型在水中颗粒更细微、悬浮率更高、溶液更稳定，从而表现出更好的安全性和效果，利用率也更高。

（7）对作物的主要病害如霜霉病、早疫病、晚疫病、疮痂病、炭疽病、锈病、叶斑病等病害具有预防作用。

● **应用**

（1）单剂应用　防治黄瓜、甜瓜霜霉病，每亩用70%代森联干悬浮剂133～167克，兑水50～80升喷雾，每隔7～10天喷1次，每季使用3～4次。最好是在发病前施药保护，在发病高峰期，特别是大棚黄瓜后期使用时，代森联应与烯酰吗啉·锰锌混用，代森联在与其他药剂混用时应现混现用，另外，应喷雾均匀，药剂应覆盖全部叶片的正反面。

防治马铃薯早疫病、晚疫病，用70%代森联干悬浮剂600～800倍液，早夏初显症时开始用药，间隔7～14天，快速增长期加大用药浓度及用水量以覆盖整个叶片，雨后不久，叶面干燥后即喷药。

防治马铃薯炭疽病，发病初期，用70%代森联水分散粒剂600倍液喷雾。

防治番茄、辣椒、叶菜等多种蔬菜的霜霉病、炭疽病、黑星病、叶斑病等，用70%代森联干悬浮剂600～800倍液，喷透全部叶片。如果病菌侵染是在24小时以内，代森联还有一定的治疗作用。

防治菠菜叶点病，发病初期，用70%代森联水分散粒剂600倍液喷雾。

防治莴苣炭疽病，发病初期，用70%代森联水分散粒剂3000倍液喷雾。

防治芹菜叶斑病、斑枯病、锈病，发病初期，用70%代森联干悬浮剂600～800倍液喷雾。

防治芹菜猝倒病、叶点霉叶斑病，发病初期，用70%代森联水分散粒剂500～600倍液喷雾。

防治苋菜、彩苋炭疽病，发病初期，用70%代森联水分散粒剂600倍液喷雾，每隔7～10天喷1次，连喷2～3次。

防治茼蒿叶斑病，发病初期，用70%代森联可湿性粉剂600倍液喷雾，每隔 7～10 天喷 1 次，连喷 2～3 次。

防治落葵炭疽病，发病初期，用 70%代森联水分散粒剂 600 倍液喷雾，每隔 10 天左右喷 1 次，连喷 2～3 次。

防治瓜类霜霉病、炭疽病、褐斑病，用 80%代森联可湿性粉剂 400～500 倍液喷雾，每隔 10 天左右喷 1 次，连喷 3～5 次。

防治蔬菜苗期立枯病、猝倒病，用 80%代森联可湿性粉剂，按种子质量的 0.1%～0.5%拌种。

防治白菜、甘蓝霜霉病，用 80%代森联可湿性粉剂 500～600 倍液喷雾。

防治草莓叶斑病、炭疽病、叶枯病，用 70%代森联干悬浮剂 600～800 倍液喷雾，病害出现时用药，每隔 10～14 天喷 1 次，病害严重时用 70%代森联干悬浮剂 400～500 倍液喷雾。

防治菜豆炭腐病，必要时用 70%代森联水分散粒剂 600 倍液喷雾。

防治芋炭疽病，在发病前，用 70%代森联水分散粒剂 550 倍液喷雾，每隔 7～10 天喷 1 次，连喷 2～3 次。

防治菊芋尾孢叶斑病，发病初期，用 70%代森联水分散粒剂 550 倍液喷雾。

（2）复配剂应用　代森联常与吡唑醚菌酯、霜脲氰、戊唑醇、苯醚甲环唑、烯酰吗啉、噁唑菌酮、肟菌酯、嘧菌酯、啶氧菌酯等杀菌药剂进行复配，用于生产复配杀菌剂。

● **注意事项**

（1）代森联遇碱性物质或铜制剂时易分解放出二硫化碳而减效，在与其他农药混配使用过程中，不能与碱性农药、肥料及含铜的药剂混用。与其他作用机制不同的杀菌剂轮换使用。

（2）于作物发病前预防处理，施药最晚不可超过作物病状初现期。

（3）施药全面周到是保证药效的关键，每亩兑水量为 50～80 千克。随作物生长状况增加用药量及喷液量，确保药剂覆盖整个作物表面。

（4）防治霜霉病、疫病时，建议与烯酰·锰锌混用。

（5）本剂对光、热、潮湿不稳定，贮藏时应注意防止高温，并保持干燥。

（6）对鱼类有毒，剩余药液及洗涤药械的废液严禁污染水源。

（7）用药时做好安全防护，避免药液接触皮肤和眼睛，用药后用清水及肥皂彻底清洗脸及其他裸露部位。

（8）在黄瓜上安全间隔期为 3 天，一季最多使用 4 次。

丙森锌（propineb）

$(C_5H_8N_2S_4Zn)_x$

● **其他名称**　安泰生、泰生、甲基代森锌、法纳拉、惠盛、连冠、赛通、施蓝得、爽星、替若增、益林、战疫、真好。

● **主要剂型**　60%、70%、75%、80%可湿性粉剂，70%、80%水分散粒剂。

● **毒性**　低毒（对鱼类中等毒）。

● **作用机理**　抑制病原菌体内丙酮酸的氧化，可抑制孢子的侵染和萌发，同时能抑制菌丝体的生长，导致其变形、死亡。

● **产品特点**　丙森锌是一种富锌、速效、长效、广谱的保护性杀菌剂。

（1）二硫代氨基甲酸盐类杀菌剂，对多种真菌病害有良好的防效，广泛用于防治蔬菜的霜霉病、早疫病、晚疫病、白粉病、斑点病等常见真菌性病害。

（2）防治蔬菜病害不易产生抗性，可减少施药次数，降低生产成本，减少环境污染，是目前代森类杀菌剂的优秀换代产品。

（3）高效补锌。锌在作物中能够促进光合作用，促进愈伤组织形成，促进花芽分化、花粉管伸长、授粉受精和增加单果重，锌还能够提高作物抗旱、抗病与抗寒能力，增强作物抗病毒病的能力。丙森锌含锌量为15.8%，比代森锰锌类杀菌剂的含锌量高 8 倍，而且丙森锌提供的有机锌极易被作物通过叶面吸收和利用，锌元素渗入植株的效率比无机锌（如硫酸锌）高 10 倍，可快速消除缺锌症状（在土壤偏碱性、磷肥充足的情况下，作物会出现缺锌症状，造成叶片黄化），防病和治疗效果兼备。

（4）安全性好。我国果蔬出口常遇代森锰锌含量超标，主要原因是其中的"锰离子"含量超标。"锰离子"在人体中不易分解，含量过高会发生累积中毒；而且"锰离子"对作物的安全性也不太好，在花期使用可能容易产生药害。而丙森锌不含锰，对许多作物更安全，因此，针对富含"锰离子"的农药以及相关的复配药剂，可选用丙森锌替换代森锰锌防治炭疽病等。此外，丙森锌毒性低，无不良异味，对使用者安全；对蜜蜂也无害，可在花期用药；田间观察表明，多次使用可抑制螨类、介壳虫的发生危害。按推荐浓度使用对作物无残留污染。

（5）剂型优异。独特的白色粉末具备超微磨细度，该剂型拥有特殊助剂及加工工艺。这些使得丙森锌制剂具有湿润迅速、悬浮率高、黏着性强、耐雨水冲刷、持效期长、药效稳定等特点。

● **应用**

（1）单剂应用　主要用于防治番茄晚疫病、早疫病，蔬菜霜霉病，还可用于防治蔬菜白粉病、锈病、灰霉病等并可抑制螨类为害。

防治黄瓜霜霉病，在黄瓜定植后，平均气温升到15℃，相对湿度达80%以上，早晚大量结雾时准备用药，特别是在雨后要喷药1次，用70%丙森锌可湿性粉剂500～700倍液，发现病叶后摘除病叶并喷药，每隔5～7天喷1次，连喷2～3次（注：高峰期和黄瓜采收期建议每亩用68.75%氟菌·霜霉威悬浮剂50～75毫升兑水40～60千克喷雾）。田间应用表明，对辣椒、番茄、圆葱等霜霉病，发病初期用70%丙森锌可湿性粉剂500～700倍液效果更佳。

防治番茄早疫病，结果初期用70%丙森锌可湿性粉剂400～600倍液喷雾，每隔5～7天喷药1次，连喷2～3次。

防治番茄晚疫病，发现中心病株时立即用药，在施药前先摘除病株，再用70%丙森锌可湿性粉剂500～700倍液喷雾，每隔5～7天喷1次，连喷2～3次。

防治番茄斑枯病，发病初期，用70%丙森锌可湿性粉剂600倍液喷雾。

防治大白菜等十字花科蔬菜霜霉病、黑斑病，发病初期或发现中心病株时喷药保护，特别在北方大白菜霜霉病流行阶段的两个高峰前，即9月中旬和10月上旬必须喷药防治，每亩用70%丙森锌可湿性粉剂150～215克兑水40～60千克喷雾，每隔5～7天喷1次，连喷3次。

防治结球甘蓝、紫甘蓝枝孢叶斑病，发病初期，用 70%丙森锌可湿性粉剂 500 倍液喷雾，隔 10～15 天喷 1 次，连喷 2～3 次。

防治西瓜蔓枯病，保护叶片和蔓部的喷药在西瓜分叉后就应开始，用 70%丙森锌可湿性粉剂 600 倍液喷雾，对已发病的瓜棚，可加入 43%戊唑醇悬浮剂 7500 倍液或 10%苯醚甲环唑水分散粒剂 3000 倍液或 40%氟硅唑乳油 16000 倍液（注：戊唑醇、苯醚甲环唑、氟硅唑均为三唑类药剂，在西瓜苗期应使用比正常用药稀一倍的浓度，以免造成西瓜缩头）。

防治西瓜疫病，发病前或发病初期用药，每亩用 70%丙森锌可湿性粉剂 150～200 克兑水 40～60 千克喷雾，每隔 7～10 天喷 1 次，连喷 2～3 次。

防治甜瓜白粉病，发病前至发病初期，用 70%丙森锌可湿性粉剂 700 倍液喷雾。

防治马铃薯早疫病、晚疫病、褐腐病，从初见病斑时开始喷药，用 70%丙森锌可湿性粉剂 600～800 倍液喷雾。

防治大葱紫斑病，用 70%丙森锌可湿性粉剂 600 倍液喷雾或灌根，每隔 7 天喷 1 次，连喷 3～4 次。

防治大葱、洋葱霜霉病，发病初期，用 70%丙森锌可湿性粉剂 600 倍液喷雾，每隔 7～10 天喷 1 次，连喷 2～3 次。

防治菜豆炭疽病，用 70%丙森锌可湿性粉剂 500 倍液喷雾。

防治豇豆尾孢叶斑病，发病初期，用 70%丙森锌可湿性粉剂 600 倍液喷雾，每隔 7～10 天喷 1 次，连喷 2～3 次。

防治扁豆角斑病，发病初期，用 70%丙森锌可湿性粉剂 500 倍液喷雾。

防治菠菜叶点病，发病初期，用 70%丙森锌可湿性粉剂 600 倍液喷雾。

防治芹菜尾孢叶斑病、叶点霉叶斑病，发病初期，用 70%丙森锌可湿性粉剂 500 倍液喷雾。

防治莴苣、结球莴苣尾孢叶斑病，从初见病斑时，用 70%丙森锌可湿性粉剂 500 倍液喷雾，每隔 10～15 天喷 1 次，连喷 2～3 次。

防治蕹菜轮斑病，发病初期，用 70%丙森锌可湿性粉剂 550 倍液喷雾，每隔 7～10 天喷 1 次，连喷 2～3 次。

防治冬寒菜炭疽病，发病初期，用 70%丙森锌可湿性粉剂 600 倍液喷雾，每隔 7～10 天喷 1 次，连喷 2～3 次。

防治落葵炭疽病，发病初期，用 70%丙森锌可湿性粉剂 500 倍液喷雾，每隔 10 天左右喷 1 次，连喷 2～3 次。

防治芦笋茎腐病，发病初期结合防治茎枯病，用 70%丙森锌可湿性粉剂 600 倍液喷洒或浇灌。

防治黄秋葵轮纹病，发病初期，用 70%丙森锌可湿性粉剂 600 倍液喷雾，每隔 10 天左右喷 1 次，连喷 2～3 次。

防治香椿炭疽病，发病初期，用 70%丙森锌可湿性粉剂 600 倍液喷雾。

防治莲藕链格孢叶斑病，发病初期，用 70%丙森锌可湿性粉剂 600 倍液喷雾，每隔 10 天左右喷 1 次，连喷 2～3 次。

（2）复配剂应用　丙森锌可与苯醚甲环唑、戊唑醇、多抗霉素、嘧菌酯、缬霉威、霜脲氰、烯酰吗啉、咪鲜胺锰盐、醚菌酯、己唑醇、腈菌唑、甲霜灵、多菌灵、三乙膦酸铝等进行混配。

① 丙森·缬霉威（霉多克）。由丙森锌与缬霉威复配而成，对多种作物的霜霉病、疫病有好的防治效果。本混剂主要用于防治霜霉病，防治黄瓜、甜瓜等瓜类蔬菜的霜霉病、番茄晚疫病、辣椒霜霉病等，于发病期开始，每亩用 66.5%丙森·缬霉威可湿性粉剂 100～130 克兑水 60～75 千克喷雾，每隔 7～8 天喷 1 次。

防治马铃薯晚疫病，从田间初见病斑时或株高 25～30 厘米时开始喷药，每亩用 66.8%丙森·缬霉威可湿性粉剂 100～130 克兑水 60～75 千克喷雾，每隔 10 天左右喷 1 次，连喷 5～7 次。

② 丙森·多菌灵。由丙森锌与多菌灵复配而成，具保护和治疗双重作用。

防治番茄早疫病、辣椒炭疽病、茄子褐纹病、茄子炭疽病，从病害发生初期开始喷药，每亩用 70%丙森·多菌灵可湿性粉剂 150～200 克兑水 45～60 千克喷雾，每隔 7～10 天喷 1 次，连喷 3 次。

防治西瓜、甜瓜的炭疽病、蔓枯病，豆类蔬菜炭疽病，芹菜叶斑病，芦笋茎枯病等，从田间初见病斑时或病害发生初期开始喷药，用 70%丙森·多菌灵可湿性粉剂 600～800 倍液喷雾，每隔 7～10 天喷 1 次，连喷 2～3 次。

防治马铃薯早疫病、炭疽病，首先在植株高 15～20 厘米时喷药 1 次，然后再从田间初见病斑时开始喷药，每亩用 70%丙森·多菌灵可湿性粉剂 150～200 克兑水 40～60 千克喷雾，每隔 10 天左右喷 1 次，连喷 2～3 次。

③ 丙森·霜脲氰。由丙森锌与霜脲氰混配。主要用于防治低等真菌性病害，具有预防和治疗双重作用。

防治黄瓜、甜瓜等瓜类的霜霉病，番茄晚疫病，辣椒霜霉病，辣椒疫病，马铃薯晚疫病等，从病害发生初期或定植缓苗后（保护地）开始喷药，每亩用 60%丙森·霜脲氰可湿性粉剂 80～100 克，或 76%丙森·霜脲氰可湿性粉剂 150～200 克，兑水 60～75 千克喷雾，每隔 7～10 天喷 1 次。

防治瓜类蔬菜苗期的苗疫病、猝倒病，在播种后出苗前至幼苗期遇低温阴湿天气时，或苗床初见病株时开始苗床喷淋药液，用 60%丙森·霜脲氰可湿性粉剂 600～800 倍液，或 76%丙森·霜脲氰可湿性粉剂 400～500 倍液喷淋，每隔 7 天左右喷淋 1 次，连续喷淋 2 次，将苗床表层土壤淋湿即可。

防治香椿疫病，发病初期，用 75%丙森·霜脲氰水分散粒剂 700 倍液喷雾。

④ 烯酰·丙森锌。由烯酰吗啉与丙森锌混配的具有保护和治疗双重作用的杀菌剂。防治黄瓜霜霉病、甜瓜霜霉病、冬瓜霜霉病等瓜类的霜霉病以及番茄晚疫病、辣椒霜霉病、马铃薯晚疫病。从田间初见病斑时开始喷药，每亩用 72%烯酰·丙森锌可湿性粉剂 120～150 克兑水 60～75 千克喷雾，每隔 7～10 天喷 1 次，连喷 4～5 次。

⑤ 精甲·丙森锌。由精甲霜灵与丙森锌复配而成。防治瓜类、叶菜霜霉病、疫病等，发病前期，按 50%精甲·丙森锌可湿性粉剂 20～30 克兑水 15 千克喷雾，以每次喷湿植株茎叶为度。

防治黄瓜霜霉病，发病前期，按 50%精甲·丙森锌可湿性粉剂 20～30 克兑水 15 千克喷雾，以每次喷湿植株茎叶为度，安全间隔期 3 天，每季最多施用 3 次。

防治番茄、马铃薯、芋头晚疫病、早疫病，发病前期，按 50%精甲·丙森锌可湿性粉剂 30～40 克兑水 15 千克喷雾，以每次喷湿植株茎叶为度。

防治辣椒疫病，发病前期，按 50%精甲·丙森锌可湿性粉剂 30～40 克兑水 15 千克喷雾，以每次喷湿植株茎叶为度。

● **注意事项**

（1）丙森锌主要起预防保护作用，必须在病害发生前或始发期喷施，且应喷药均匀周到，使叶片正面、背面、果实表面都要着药。

（2）不能和含铜制剂或碱性农药混用。若先喷了这两类农药，须过 7 天后，才能喷施丙森锌。如与其他杀菌剂混用，必须先进行少量混用试验，以避免药害和混合后药物发生分解作用。

（3）注意与其他杀菌剂轮换使用，以延缓产生抗药性。

（4）在施药过程中，注意个人安全防护，若使用不当引起不适，要立即离开施药现场，脱去被污染的衣服，用药皂和清水洗手、脸和暴露的皮肤，并根据症状就医治疗。

（5）应在通风干燥、安全处贮存。

（6）本品对鱼等水生生物、蜜蜂、家蚕有毒，施药期间应避免对周围蜂群的影响，开花植物花期、蚕室和桑园附近禁用。远离水产养殖区施药，禁止在河塘等水体中清洗施药器具。药液及其废液不得污染各类水域、土壤等环境。赤眼蜂等天敌放飞区禁用。

（7）在番茄上安全间隔期为 3 天，每季最多施用 3 次。在黄瓜上安全间隔期为 3 天，每季最多施用 3 次；在大白菜上安全间隔期为 21 天，每季最多施用 3 次。

百菌清（chlorothalonil）

$C_8Cl_4N_2$, 265.91

● **其他名称** 达科宁、菌乃安、多清、耐尔、泰顺、圣克、川乐、立治、喜源、大克灵、打克尼尔、四氯异苯腈、克劳优、霉必清、桑瓦特、顺天星一号等。

● **主要剂型** 5%、40%、50%、60%、70%、75%可湿性粉剂，40%、50%、720 克/升悬浮剂，2.5%、10%、20%、28%、30%、40%、45%烟剂，5%粉尘剂，5%粉剂，75%、83%、90%水分散粒剂，10%油剂。

● **毒性** 低毒（对鱼类毒性大）。

● **作用机理** 百菌清能与真菌细胞中的三磷酸甘油醛脱氢酶发生作用，与该酶中含有半胱氨酸的蛋白质相结合，从而破坏该酶活性，使真菌细胞的新陈代谢受破坏而失去生命力。

● **产品特点**

（1）百菌清为有机氯类、非内吸性、广谱、保护型杀菌剂，对多种真菌具有预防作用，主要防止植物受到真菌的侵染。

（2）百菌清在植物表面有良好黏着性，不易受雨水冲刷，药效持效期较长，在常规用量下，一般药效期为7～10天。

（3）百菌清属于多作用位点杀菌剂，因此，长期使用也不会出现抗药性问题，对多种作物真菌病害具有预防作用。

（4）百菌清没有内吸传导作用，不会从喷药部位及植物的根系被吸收。因此，在植物已受到病菌侵害，病菌进入植物体内后，百菌清的杀菌作用很小，因此可用于多种蔬菜的真菌性病害预防，必须在病菌侵染寄主植物前用药才能获得理想的防病效果，连续使用病菌不易产生抗药性。

（5）鉴别要点：纯品为白色无味晶体。工业品含量97%，略有刺激性气味。可湿性粉剂为白色至灰色疏松粉末。百菌清其他产品应取得农药生产批准证书号（HNP），选购时应注意识别该产品的农药登记证号、农药生产许可证（农药生产批准证书号）、执行标准号。

● **应用**

（1）单剂应用 可用于喷雾、浸（拌）种、土壤处理、灌根、涂抹、熏蒸、喷施粉尘剂等。

① 喷雾 防治番茄早疫病、晚疫病、灰霉病、叶霉病等。在病害发生前，开始喷药，每亩75%百菌清可湿性粉剂100～150 克兑水60～

75 千克喷雾，每隔 7～10 天喷 1 次，共喷 2～3 次。

防治辣椒炭疽病、早疫病、黑斑病及其他叶斑类病害，于发病前或发病初期，喷 75%百菌清可湿性粉剂 500～700 倍液，每隔 7～10 天喷 1 次，连喷 2～4 次。

防治黄瓜霜霉病，在病害发生前，开始喷药，每亩用 75%百菌清可湿性粉剂 100～150 克兑水 50～75 千克喷雾，每隔 7～10 天喷 1 次，连喷 2～3 次。对保护地黄瓜，可于病害发生前或发病初期，用 10%、20%、28%、30%、45%百菌清烟剂按照有效成分每亩 50～80 克，点燃放烟，封闭棚室 4 小时以上，每隔 7～10 天用药 1 次，安全间隔期为 3 天，每季最多施用 4 次。

防治黄瓜白粉病，在病害发生前或病害初发期开始喷药，每亩用 75%百菌清可湿性粉剂 150～200 克兑水 40～60 千克均匀喷雾，每隔 7～10 天喷 1 次，连喷 2～3 次。安全间隔期为 10 天，每季最多施用 3 次。

防治黄瓜炭疽病，喷 75%百菌清可湿性粉剂 500～600 倍液。

防治苦瓜霜霉病，在病害发生前或病害初发期开始喷药，每亩用 75%百菌清可湿性粉剂 100～200 克兑水 40～60 千克均匀喷雾，每隔 7～10 天喷 1 次，连喷 2～3 次，安全间隔期 5 天，每季最多施用 3 次。

防治甘蓝黑胫病，发病初期，喷 75%百菌清可湿性粉剂 600 倍液，每隔 7 天左右喷 1 次，连喷 3～4 次。

防治草莓灰霉病、叶枯病、叶焦病及白粉病，在发病初期喷药 1 次，每亩用 75%百菌清可湿性粉剂 100 克兑水 50～75 千克喷雾，每隔 7～10 天喷 1 次，连喷 2～3 次。

防治豆类炭疽病和锈病。在发病初期开始喷药，每亩用 75%百菌清可湿性粉剂 113.3～206.7 克兑水 50～60 千克喷雾，每隔 7～10 天喷 1 次，安全间隔期为 7 天，每季最多施用 2 次。

防治大白菜等叶类蔬菜霜霉病和白粉病。发病前或发病初期，每亩用 75%百菌清可湿性粉剂 113～154 克兑水 40～60 千克喷雾。安全间隔期 7 天，每季最多施用 2 次。

防治瓜类蔬菜霜霉病和白粉病。发病前或发病初期，每亩用 75%百菌清可湿性粉剂 107～147 克兑水 40～60 千克喷雾。安全间隔期为 21 天，每季最多施用 6 次。

防治芹菜叶斑病，在芹菜移栽后，在病害开始发生时，每亩用 75%百菌清可湿性粉剂 80～120 克兑水 50～60 千克喷雾，每隔 7 天喷 1 次，连喷 2～3 次。

防治特种蔬菜，如山药炭疽病，石刁柏茎枯病、灰霉病、锈病，黄花菜叶斑病、叶枯病，姜白星病、炭疽病等，于发病初期及时喷 75%百菌清可湿性粉剂 600～800 倍液，每隔 7～10 天喷 1 次，连喷 2～4 次。

防治莲藕腐败病，可用 75%百菌清可湿性粉剂 800 倍液喷种藕，闷种 24 小时，晾干后种植。在莲始花期或发病初期，拔除病株，每亩用 75%百菌清可湿性粉剂 500 克，拌细土 25～30 千克，撒施于浅水层藕田，或兑水 20～30 千克，加中性洗衣粉 40～60 克，喷洒莲茎秆，每隔 3～5 天喷 1 次，连喷 2～3 次。防治莲藕褐斑病、黑斑病，发病初期喷 75%百菌清可湿性粉剂 500～800 倍液，每隔 7～10 天喷 1 次，连喷 2～3 次。

防治慈姑褐斑病、黑粉病，发病初期，用 75%百菌清可湿性粉剂 800～1000 倍液喷雾，每隔 7～10 天喷 1 次，连喷 2～3 次。

防治芋污斑病、叶斑病，水芹斑枯病，于发病初期，用 75%百菌清可湿性粉剂 600～800 倍液喷雾，每隔 7～10 天喷 1 次，连喷 2～4 次。在药液中加 0.2%中性洗衣粉，防效会更好。

防治马铃薯早疫病、晚疫病，每亩用 75%百菌清可湿性粉剂 100～150 克，或 720 克/升百菌清悬浮剂 80～100 毫升，或 40%百菌清悬浮剂 120～150 毫升，兑水 45～60 千克均匀喷雾，从初见病斑时开始喷药，每隔 7～10 天喷 1 次，连喷 4～7 次。

② 拌种　防治豌豆、蚕豆等的根腐病，用 75%百菌清可湿性粉剂拌种，用药量为种子重量的 0.2%。

防治白菜类猝倒病，用 75%百菌清可湿性粉剂拌种，用药量为种子重量的 0.2%～0.3%。

防治甜瓜叶枯病，大蒜白腐病，胡萝卜黑斑病、黑腐病、斑点病，用 75%百菌清可湿性粉剂拌种，用药量为种子重量的 0.3%。

防治白菜类的霜霉病，萝卜黑斑病、假黑斑病，用 75%百菌清可湿性粉剂拌种，用药量为种子重量的 0.4%。

③ 浸种　防治西瓜叶枯病，用 75%百菌清可湿性粉剂 1000 倍液浸种 2 小时，洗净催芽。

防治苦苣褐斑病，用 75%百菌清可湿性粉剂 1000 倍液浸种 20～30 分钟。

④ 土壤处理　防治西葫芦曲霉病，用 75%百菌清可湿性粉剂 1 千克与干细土 50 千克拌匀，制成药土，撒药土于瓜秧基部。

防治蔬菜苗期猝倒病，用 75%百菌清可湿性粉剂 50～60 倍液与适量细沙拌匀，在发病重时或因天阴而不能喷药时，可在苗床内均匀撒一层药沙。

⑤ 灌根　防治西葫芦蔓枯病，用 75%百菌清可湿性粉剂 600 倍液灌根，在定植穴内，于根瓜坐住时及根瓜采后 15 天时，各灌 1 次药液，每株灌 250 毫升。

防治甜瓜猝倒病，用 75%百菌清可湿性粉剂 600 倍液灌根，每平方米苗床上浇 3 升药液。

防治蔬菜苗期猝倒病，用 75%百菌清可湿性粉剂 600 倍液喷淋病苗及附近植株。

⑥ 涂抹　防治西葫芦蔓枯病，先刮去西葫芦茎蔓上病斑表层，再用 75%百菌清可湿性粉剂 50 倍液涂抹病斑处，过 5 天后再涂抹 1 次。

⑦ 熏蒸　防治番茄早疫病、晚疫病、叶霉病、白粉病、灰霉病、菌核病，茄子灰霉病、菌核病，辣椒灰霉病、疫病、菌核病，黄瓜霜霉病、黑星病、灰霉病、炭疽病、白粉病、叶斑病，韭菜灰霉病、菌核病，芹菜叶斑病、斑枯病。在保护地栽培中，每亩用 45%百菌清烟剂 150～180 克，或 30%百菌清烟剂 200～250 克熏烟，在发病前或发病初期进行，熏烟在傍晚进行，将棚室关闭封严，药剂均匀分几份堆放在棚室内，用暗火点燃，次日清晨通风。

⑧ 喷粉尘剂　防治莴苣、青花菜、芥蓝等的霜霉病，在保护地栽培中，每亩用 5%百菌清粉尘剂 1～1.5 千克喷施。每隔 7～10 天喷 1 次，连喷 3～4 次。喷粉时，棚室关闭 1 小时后再通风，若早春或晚秋喷粉，在傍晚进行，次日再打开门窗、通风口等。

根据百菌清预防保护作用为主的特点及保护地特定环境，在天气适合发病条件下或关键时期，保护地若提早于发病前采用百菌清烟剂熏烟或粉尘剂喷粉（喷粉效果更佳）进行保护，预防效果显著。

（2）复配剂应用　可与氰霜唑、腐霉利、霜脲氰、乙霉威、甲霜灵、精甲霜灵、双炔酰菌胺、嘧霉胺、戊唑醇、嘧菌酯、三乙膦酸铝、烯酰吗啉等药剂复配、混合或轮换使用。

① 霜脲·百菌清。由霜脲氰与百菌清复配而成。防治黄瓜霜霉病，发病前或发病初期，每亩用 18%霜脲·百菌清悬浮剂 150～187.4 克兑水 30～50 千克喷雾，每隔 7～10 天喷 1 次，连喷 3 次，安全间隔期 2 天，每季最多施用 3 次。或 36%霜脲·百菌清悬浮剂 75～100 克兑水 30～50 千克喷雾，每隔 7 天喷 1 次，连喷 2～3 次，安全间隔期 3 天，每季最多施用 3 次。防治保护地黄瓜霜霉病，发病前，每亩用 22%霜脲·百菌清烟剂 200～250 克，点燃熏烟，每隔 7～10 天熏 1 次，连熏 3 次，安全间隔期 4 天，每季作物最多施用 3 次。

防治番茄晚疫病，每亩用 36%霜脲·百菌清可湿性粉剂 100～117 克兑水 30～50 千克喷雾。

防治马铃薯晚疫病，发病初期，每亩用 36%霜脲·百菌清悬浮剂 120～200 克兑水 30～50 千克喷雾，每隔 7 天喷 1 次，连喷 2～3 次，安全间隔期 14 天，每季作物最多施用 3 次。

② 氰霜·百菌清。由氰霜唑与百菌清复配而成。防治黄瓜霜霉病，发病前或发病初期，每亩用 43%氰霜·百菌清悬浮剂 70～130 毫升兑水 30～50 千克喷雾，每隔 7 天喷 1 次，连喷 3 次，安全间隔期 3 天，每季作物最多施用 3 次。或用 39%氰霜·百菌清悬浮剂 74～92 毫升兑水 30～50 千克喷雾。

防治番茄晚疫病，每亩用 39%氰霜·百菌清悬浮剂 74～92 毫升兑水 30～50 千克喷雾。

③ 精甲·百菌清。由精甲霜灵与百菌清复配而成。防治番茄晚疫病，发病前或刚发病时，每亩用 440 克/升精甲·百菌清悬浮剂 97.5～120 毫升兑水 30～50 千克喷雾，每隔 7～10 天喷 1 次，连喷 2～3 次，安全间隔期 3 天，每季作物最多施用 3 次。

防治黄瓜霜霉病，发病前或刚发病时，每亩用 440 克/升精甲·百菌清悬浮剂 90～150 毫升兑水 30～50 千克喷雾，每隔 7～10 天喷 1 次，连喷 2～3 次，安全间隔期 2 天，每季作物最多施用 3 次。

防治辣椒疫病，发病前或刚发病时，每亩用 440 克/升精甲·百菌清悬浮剂 97.5～120 毫升兑水 30～50 千克喷雾，每隔 7～10 天喷 1 次，连喷 2～3 次，安全间隔期 3 天，每季作物最多施用 3 次。

防治西瓜疫病，发病前或刚发病时，每亩用 440 克/升精甲·百菌清悬浮剂 100～150 毫升兑水 30～50 千克喷雾，每隔 7～10 天喷 1 次，连喷 2～3 次，安全间隔期 7 天，每季作物最多施用 3 次。

④ 双炔·百菌清。由双炔酰菌胺与百菌清复配而成。防治黄瓜霜霉病，每亩用 440 克/升双炔·百菌清悬浮剂 100～150 毫升兑水 30～50 千克喷雾。

⑤ 嘧霉·百菌清。由嘧霉胺与百菌清复配而成。防治番茄灰霉病，每亩用 40%嘧霉·百菌清可湿性粉剂 100～133 克兑水 30～50 千克喷雾，每隔 7～10 天喷 1 次，连喷 2～3 次，安全间隔期 7 天，每季作物最多施用 3 次。

⑥ 苯甲·百菌清。由苯醚甲环唑与百菌清复配而成。为具有保护性作用，兼具触杀和内吸活性的广谱杀菌剂。防治番茄早疫病，发病前或刚见零星病斑时，每亩用 44%苯甲·百菌清悬浮剂 100～120 毫升兑水 30～60 千克喷雾，每隔 7～10 天喷 1 次，安全间隔期 7 天，每季最多使用 3 次。

防治马铃薯早疫病，发病前或刚见零星病斑时，每亩用 44%苯甲·百菌清悬浮剂 120～160 毫升兑水 30～60 千克喷雾，每隔 7～10 天喷 1 次，安全间隔期 7 天，每季最多使用 3 次。

防治黄瓜白粉病，发病前或刚见零星病斑时，每亩用 44%苯甲·百菌清悬浮剂 100～140 毫升兑水 30～60 千克喷雾，每隔 7～10 天喷 1 次，安全间隔期 3 天，每季最多使用次数 3 次。

⑦ 百菌清·多抗霉素。由百菌清与多抗霉素复配而成。防治辣椒炭疽病，每亩用 63%百菌清·多抗霉素可湿性粉剂 80～100 克兑水 30～60 千克喷雾。

此外，还有腐霉·百菌清、异菌·百菌清、嘧菌·百菌清、甲霜·百菌清等复配剂。

● **注意事项**

（1）百菌清化学性质稳定，是良好的伴药，除不能与石硫合剂、波尔多液等碱性农药混用外，几乎可以和其他所有的常用农药混用，不会出现化学反应降低药效等副作用。

（2）百菌清对蜜蜂、鸟类、鱼类等水生生物、家蚕有毒，施药期间应避免对周围蜂群和鸟类的影响，开花植物花期、蚕室和桑园附近禁用，远离水产养殖区施药，禁止在河塘等水体中清洗施药器具。

（3）悬浮剂可能会有一些沉淀，摇匀后使用不影响药效。

（4）使用时注意安全保护，如有药液溅到眼睛里，立即用大量清水冲洗 15 分钟，直到疼痛消失；误食后不要进行催吐，立即送医院对症治疗。

氢氧化铜（copper hydroxide）

$$Cu(OH)_2，97.56$$

- **其他名称**　可杀得、菌标、杀菌得、绿澳铜、蓝润、细高、细星、泉程、禾腾、冠菌铜、冠菌清、丰护安、库珀宝、蓝盾铜。
- **主要剂型**　53.8%、77%可湿性粉剂，38.5%、53.8%、61.4%干悬浮剂，57.6%干粒剂，38.5%、46.1%、53.8%、57.6%、77%水分散粒剂，53.8%可分散粒剂，7.1%、25%、37.5%悬浮剂。
- **毒性**　低毒。
- **作用机理**　氢氧化铜为多孔针形晶体，杀菌作用主要通过释放铜离子与真菌体内蛋白质中的—SH、—NH$_2$、—COOH、—OH 等基团起作用，形成铜的络合物，使蛋白质变性，进而阻碍和抑制病菌代谢，最终导致病菌死亡。但此作用仅限于阻止真菌孢子萌发，所以仅有保护作用。并对植物生长有刺激增产作用。尤其是杀细菌效果更好，病菌不易产生抗药性。在细菌病害与真菌病害混合发生时，施用本剂可以兼治，节省农药和劳力。
- **产品特点**

（1）氢氧化铜属矿物源、无机铜类、广谱、低毒、保护性杀菌剂，以保护作用为主，兼有治疗作用。主要用于防治蔬菜的霜霉病、疫病、炭疽病、叶斑病和细菌性病害等多种病害。溶于酸而不溶于水。氢氧化铜可湿性粉剂外观为蓝色粉末，对人、畜低毒，对鱼类、鸟类、蜜蜂有毒。

（2）对病害具有保护杀菌作用，药剂能均匀地黏附在植物表面，不易被水冲走，持效期长，使用方便，推荐剂量下无药害，是替代波尔多液的铜制剂之一。

（3）杀菌作用强，宜在发病前或发病初期使用。

（4）该药杀菌防病范围广，渗透性好，但没有内吸作用，且使用不当容易发生药害。喷施在植物表面后没有明显药斑残留。

● 应用

（1）单剂应用　氢氧化铜适用范围很广，既可用于防治多种真菌性病害，又可用于防治细菌性病害。在蔬菜生产上主要用于防治西瓜、甜瓜的炭疽病、枯萎病、细菌性果腐病，番茄的早疫病、晚疫病、溃疡病，黄瓜的霜霉病、细菌性叶斑病，辣椒的疫病、疮痂病、炭疽病，白菜软腐病，芹菜叶斑病，姜腐烂病、姜瘟病等。

① 喷雾　防治西瓜、甜瓜炭疽病，西瓜、甜瓜细菌性果腐病，西瓜、甜瓜枯萎病。防治炭疽病、细菌性果腐病时，发病初期，每亩用77%氢氧化铜可湿性粉剂100～120克，或53.8%氢氧化铜可湿性粉剂或53.8%氢氧化铜水分散粒剂或53.8%氢氧化铜干悬浮剂70～100克，兑水45～60千克均匀喷雾，每隔7～10天喷1次，连喷3～4次。

防治番茄早疫病、番茄晚疫病、番茄溃疡病。发病初期，每亩用77%氢氧化铜可湿性粉剂100～150克，或53.8%氢氧化铜可湿性粉剂或53.8%氢氧化铜水分散粒剂或53.8%氢氧化铜干悬浮剂70～100克，兑水60～75千克均匀喷雾，每隔10天左右喷1次，连喷4～6次。

防治番茄灰斑病、青枯病等，可用77%氢氧化铜可湿性粉剂400～500倍液喷雾。

防治黄瓜霜霉病、黄瓜细菌性角斑病、黄瓜细菌性叶斑病。发病初期，每亩用77%氢氧化铜可湿性粉剂100～150克，或53.8%氢氧化铜可湿性粉剂或53.8%氢氧化铜水分散粒剂或53.8%氢氧化铜干悬浮剂70～100克，兑水60～75千克均匀喷雾。每隔7～10天喷1次，与不同类型药剂交替使用，连续喷施，重点喷洒叶片背面。

防治辣椒疫病、辣椒疮痂病、辣椒炭疽病，发病初期，每亩用77%氢氧化铜可湿性粉剂100～120克，或53.8%氢氧化铜可湿性粉剂或53.8%氢氧化铜水分散粒剂或53.8%氢氧化铜干悬浮剂70～100克，兑水45～

60 千克均匀喷雾。每隔 7～10 天喷 1 次，连喷 3～4 次。

防治莴苣、结球莴苣尾孢叶斑病，从初见病斑时开始喷洒 77%氢氧化铜可湿性粉剂 600 倍液，每隔 10～15 天喷 1 次，连喷 2～3 次。

防治白菜软腐病。从莲座期开始喷药，每亩用 77%氢氧化铜可湿性粉剂 50～75 千克，或 53.8%氢氧化铜可湿性粉剂或 53.8%氢氧化铜水分散粒剂或 53.8%氢氧化铜干悬浮剂 40～50 克，兑水 30～45 千克均匀喷雾。每隔 7～10 天喷 1 次，连喷 2～3 次，重点喷洒植株的茎基部。

防治白菜霜霉病。发病初期，用 77%氢氧化铜可湿性粉剂 600 倍液喷雾。

防治芹菜叶斑病。发病初期，每亩用 77%氢氧化铜可湿性粉剂 50～75 千克，或 53.8%氢氧化铜可湿性粉剂或 53.8%氢氧化铜水分散粒剂或 53.8%氢氧化铜干悬浮剂 40～50 克，兑水 30～45 千克均匀喷雾，每隔 7～10 天喷 1 次，连喷 2～4 次。

防治西芹斑枯病，发病前，用 53.8%氢氧化铜干悬浮剂 1000～1200 倍液喷雾，每隔 7 天喷 1 次。

防治蚕豆叶烧病、蚕豆茎疫病，菜豆细菌性晕疫病，豆薯细菌性叶斑病，用 77%氢氧化铜可湿性粉剂 500～600 倍液喷雾。

防治菜豆斑点病、蕹菜炭疽病、姜眼斑病，用 77%氢氧化铜可湿性粉剂 600 倍液喷雾。

防治马铃薯晚疫病，于发病前进行保护性用药，每亩用 46%氢氧化铜水分散粒剂 25～30 克兑水 30～50 千克均匀喷雾茎叶直至覆盖全株，每隔 7～10 天喷 1 次，安全间隔期 7 天，每季最多施药 3 次。

防治大蒜叶枯病和病毒病，发病前用 25%氢氧化铜悬浮剂 300～500 倍液喷雾。

防治大葱、洋葱枝孢叶枯病，发病初期，用 77%氢氧化铜可湿性粉剂 700 倍液喷雾，每隔 10 天左右喷 1 次，连喷 1～3 次。

防治食用百合疫病，用 77%氢氧化铜可湿性粉剂 600 倍液喷洒植株，每隔 10 天喷 1 次，连喷 2～3 次。

防治香椿白点病，用 77%氢氧化铜可湿性粉剂 600 倍液喷雾。

防治食用菊花青枯病，发病初期，用 53.8%氢氧化铜水分散粒剂 400～600 倍液喷雾，每隔 7～10 天喷 1 次，连喷 2～3 次。

② 灌根　防治冬瓜和节瓜疫病，用 77%氢氧化铜可湿性粉剂 400 倍液灌根。

防治番茄和茄子的青枯病，芦笋的立枯病、根腐病，发病初期，用 77%氢氧化铜可湿性粉剂 400～500 倍液灌根，每株灌 0.3～0.5 升药液，每隔 10 天灌 1 次，连灌 2～3 次。

防治甜瓜猝倒病，用 77%氢氧化铜可湿性粉剂 500 倍液灌根，每平方米苗床面积浇 3 升药液。

防治西瓜枯萎病，从坐瓜后开始灌根，用 77%氢氧化铜可湿性粉剂 500～600 倍液，或 53.8%氢氧化铜可湿性粉剂或 53.8%氢氧化铜水分散粒剂或 53.8%氢氧化铜干悬浮剂 400～500 倍液灌根，每株灌药液 250～300 毫升，10～15 天后再灌 1 次。

防治姜瘟病，移栽后发病初期，用 46%氢氧化铜水分散粒剂 1000～1500 倍液顺茎基部均匀喷淋灌根，每株姜灌 200～300 毫升药液，保证药液浸透周围土壤，每隔 5 天灌 1 次，连续灌根 3 次，安全间隔期 28 天。

③ 浇灌　防治姜瘟病时，采用随水浇灌的方法进行用药。从病害发生前或病害发生初期开始，每亩随水浇灌 77%氢氧化铜可湿性粉剂 1～1.5 千克，或 53.8%可湿性粉剂 1.5～2 千克药剂，每隔 10～15 天灌 1 次，连灌 2 次。用药一定要均匀、周到。

防治草莓青枯病，发病初期开始，喷洒或灌 57.6%氢氧化铜水分散粒剂 500 倍液，每隔 7～10 天喷雾或灌 1 次，连续用药 2～3 次。

④ 浸种　防治马铃薯青枯病，用 77%氢氧化铜可湿性粉剂 500～600 倍液浸种。

（2）复配剂应用　氢氧化铜可与多菌灵、霜脲氰、代森锰锌混配，用于生产复配杀菌剂。

① 氢铜·多菌灵。由氢氧化铜与多菌灵混配的广谱低毒复合杀菌剂。防治西瓜、甜瓜、黄瓜等瓜类的枯萎病，茄黄萎病，首先在定植时浇灌定植药水，然后从坐住瓜后或田间初见病株时再次用药灌根。用 50%氢铜·多菌灵可湿性粉剂 400～600 倍液灌根，每株浇灌 250～300 毫升，每隔 10～15 天灌 1 次，连灌 2～3 次。

② 氢铜·福美锌。由氢氧化铜与福美锌混配的广谱低毒复合杀菌剂，

以保护作用为主。防治番茄早疫病，从病害发生初期开始喷药，每亩用64%氢铜·福美锌可湿性粉剂 100～120 克兑水 45～60 千克均匀喷雾，每隔 7～10 天喷 1 次，连喷 3 次。

防治马铃薯早疫病，首先在植株高 20 厘米左右时喷药 1 次，然后再从田间初见病斑时开始喷药，每隔 10 天左右喷 1 次，连喷 2 次，药剂使用量同番茄早疫病。

③ 氢铜·王铜。由氢氧化铜和王铜混配。防治黄瓜细菌性角斑病，发病前或发病初期，每亩用 34%氢铜·王铜悬浮剂 53～67 毫升兑水 45～60 千克喷雾，每隔 7～10 天喷 1 次，安全间隔期 3 天，每季作物最多施用 2 次。

● **注意事项**

（1）在作物病害发生前或发病初期施药，每隔 7～10 天喷药 1 次，并坚持连喷 2～3 次，以发挥其保护剂的特点。在发病重时应 5～7 天喷药 1 次，喷雾要求均匀周到，正反叶片均应喷到。

（2）不能与石硫合剂、松脂合剂、矿物油合剂、硫菌灵等药剂混用。避免与强酸或强碱性农药混用，禁止与三乙膦酸铝类农药混用。若与其他药剂混用时（应先小量试验），宜先将本剂溶于水，搅匀后，再加入其他药剂。

（3）蔬菜幼苗期注意喷施浓度。在对铜敏感的白菜、大豆等作物上，应先试后用。在高温、高湿条件下慎用。

（4）与春雷霉素的混剂对大豆和藕等作物的嫩叶敏感，因此一定要注意浓度，宜在下午 4 点后喷药。

（5）对眼黏膜有一定的刺激作用，施药时应注意对眼睛的防护；对鱼类及水生生物有毒，避免药液污染水源；应在阴凉、通风、干燥处贮存。

氧化亚铜（cuprous oxide）

$$Cu_2O$$

$$Cu_2O，143.1$$

● **其他名称**　靠山、氧化低铜、铜大师、神铜、大帮助。

● **主要剂型**　56%、86.2%水分散粒剂，86.2%可湿性粉剂或干悬浮剂。

● **毒性**　低毒。

● **作用机理**　主要通过解离出的铜离子，与病菌体内蛋白质中的—SH、—N$_2$H、—COOH、—OH 等基团起作用，使蛋白质变性，从而导致病菌死亡。

● **产品特点**

（1）氧化亚铜属矿物源、广谱性、无机铜类、保护性、低毒杀真菌剂。易被氧化成氧化铜，对铝有腐蚀性。水分散粒剂外观为红褐色微型颗粒，对人、畜、鱼类低毒，对眼和皮肤有轻微刺激作用，对蜜蜂、鸟类无明显不良作用。

（2）该药高度浓缩、颗粒细微、悬浮性好、覆盖率高、黏着性强，形成保护药膜后，极耐雨水冲刷，杀菌活性强。

（3）由于制剂中单价铜离子含量高，故使用量比其他铜制剂都少，但药剂持效期较短。

● **应用**　用于防治辣椒细菌性叶斑病、番茄早疫病、茄子细菌性褐斑病、番茄果腐病、茄子果腐病、番茄果实牛眼病、番茄斑点病、甜（辣）椒疫病、马铃薯晚疫病，也可用来杀灭蛞蝓和蜗牛。由于不同作物对铜离子的敏感性不同，所以氧化亚铜在不同作物上的用药量差异较大。在病害发生前或发生初期喷药效果好，且喷药应均匀周到。

防治番茄晚疫病、早疫病，从发病初期或初见病斑时开始喷药，每亩用86.2%氧化亚铜水分散粒剂或86.2%氧化亚铜可湿性粉剂80～100克，或56%氧化亚铜水分散粒剂120～150克，兑水 60～75 千克均匀喷雾。每隔 7～10 天喷 1 次，连喷 3～5 次。

防治黄瓜霜霉病、细菌性叶斑病，从初见病斑时开始喷药，每亩用86.2%氧化亚铜水分散粒剂或86.2%氧化亚铜可湿性粉剂80～100克，或56%氧化亚铜水分散粒剂120～150克，兑水 60～75 千克均匀喷雾。每隔 7～10 天喷 1 次，与其他不同类型药剂交替使用，连续喷施，重点喷洒叶片背面。

防治辣椒炭疽病、疮痂病、疫病，从病害发生初期开始喷药，每亩用86.2%氧化亚铜水分散粒剂或86.2%氧化亚铜可湿性粉剂80～100克，或56%氧化亚铜水分散粒剂120～150克，兑水 60～75 千克均匀喷雾。

每隔 7～10 天喷 1 次，连喷 3～4 次。

防治甜椒疫病，发病前或发病初期，每亩用 86.2%氧化亚铜可湿性粉剂 139～186 克兑水 30～50 千克均匀喷雾，安全间隔期 10 天，每季最多施用 4 次。

防治西瓜炭疽病、细菌性果腐病，从病害发生初期开始喷药，每亩用 86.2%氧化亚铜水分散粒剂或 86.2%氧化亚铜可湿性粉剂 60～80 克，或 56%氧化亚铜水分散粒剂 100～120 克，兑水 45～60 千克均匀喷雾。每隔 7～10 天喷 1 次，连喷 3～4 次。

防治马铃薯晚疫病，从初见病斑时开始喷药，每亩用 86.2%氧化亚铜水分散粒剂或 86.2%氧化亚铜可湿性粉剂 60～80 克，或 56%氧化亚铜水分散粒剂 100～120 克，兑水 45～60 千克均匀喷雾。每隔 10 天左右喷 1 次，与不同类型药剂交替使用，连喷 4～6 次。

防治芹菜斑枯病，发病前至发病初期，用 86.2%氧化亚铜水分散粒剂 1000 倍液喷雾，每隔 10 天喷 1 次，连续喷 2～3 次。

防治黄秋葵细菌角斑病，发病初期，用 86.2%氧化亚铜可湿性粉剂 900 倍液喷雾。

防治慈姑褐斑病、斑纹病，苗期病害始发后开始喷洒 86.2%氧化亚铜可湿性粉剂 1000 倍液，可加入 0.2%洗衣粉以增加展着性。每隔 7～10 天喷 1 次，连喷 2～3 次。

防治魔芋软腐病，发现中心病株立即挖除，并用 86.2%氧化亚铜可湿性粉剂 800 倍液，灌淋病穴及周围植株 2 次，每株每次 0.5 升。

● **注意事项**

（1）氧化亚铜属保护性杀真菌剂，喷雾要均匀周到，保证覆盖植物和果实表面，以起到杀菌作用。

（2）不得与强碱、强酸类农用化学品混用，不得与含有锰、锌、铝、矾和砷等矿物源成分的农药混用。

（3）不宜在早上有露水、阴雨天气或刚下过雨后施药，低温潮湿气候条件下慎用。对铜离子敏感作物，如荸荠等，未全面掌握应用技术前不得使用本品。

（4）该药安全性较低，必须严格按照使用说明用药，以免产生药害。高温季节在保护地蔬菜上最好在早、晚喷施，在黄瓜、菜豆等作物上使用时不能直接喷洒在生长点及幼茎上，以免产生药害。

（5）对眼睛有刺激，用药时注意安全保护，如误服中毒，立即催吐、洗胃，并送医院对症治疗。

（6）对鱼类等水生生物有毒，应远离水产养殖区施药，禁止在河塘等水体中清洗施药器具，不要在蜜蜂采蜜期施药。

（7）在黄瓜、辣椒、番茄上的安全间隔期为3天，每季最多使用4次。

春雷霉素（kasugamycin）

$C_{14}H_{25}N_3O_9$，379.4

● **其他名称**　春日霉素、旺野、雷爽、艾雷、靓星、宇好、田翔、冲胜、加收米、爱诺春雷、烯霉唑、嘉赐霉素。

● **主要剂型**　2%液剂、可溶液剂，2%水剂，2%、4%、6%可湿性粉剂。

● **毒性**　低毒。对鱼、虾毒性低，对鸟类毒性低，对蜜蜂有一定毒性。

● **作用机理**　春雷霉素有效成分是小金色放线菌的代谢产物，属内吸性抗生素，兼有治疗和预防作用。杀菌机理是通过干扰病菌体内氨基酸代谢的酯酶系统，从而影响蛋白质的合成，抑制菌丝伸长和造成细胞颗粒化，最终导致病原体死亡或受到抑制，但对孢子萌发无影响。

● **产品特点**

（1）药剂纯品为白色结晶，商品制剂外观为棕色粉末，具有保护、治疗及较强的内吸性，易溶于水，在酸性和中性溶液中比较稳定。春雷霉素是防治多种细菌和真菌性病害的理想药剂，有预防、治疗、生长调节功能，其治疗效果更为显著。

（2）渗透性强，并能在植物体内移动，喷药后见效快，耐雨水冲刷，持效期长，且能使施药后的瓜类叶色浓绿并延长收获期。

（3）按规定剂量使用，对人畜、鱼类和环境都非常安全。

● **应用**

（1）单剂应用　适用作物为番茄、黄瓜、白菜、辣椒、芹菜、菜豆等。对多种真菌性和细菌性病害均具有很好的防治效果。春雷霉素还可以防治番茄叶霉病、西瓜细菌性角斑病、黄瓜枯萎病、甜椒褐斑病、辣椒疮痂病、菜豆褐枯病、芹菜早疫病、白菜软腐病、茭白胡麻叶斑病等病害。

① 喷雾　防治黄瓜炭疽病、黄瓜细菌性角斑病，用 2%春雷霉素水剂 400～750 倍液喷雾。

防治黄瓜枯萎病，于发病前或开始发病时，用 4%春雷霉素可湿性粉剂 100～200 倍液灌根、喷根颈部，或喷淋病部、涂抹病斑。

防治番茄叶霉病、番茄灰霉病、甘蓝黑腐病，从病害发生初期开始用药，每亩用 2%春雷霉素水剂（液剂）140～170 毫升，或 2%春雷霉素可湿性粉剂 140～170 克，或 4%春雷霉素可湿性粉剂 70～85 克，或 6%春雷霉素可湿性粉剂 45～55 克，兑水 45～60 千克均匀喷雾。每隔 7～10 天喷 1 次，连喷 3 次左右，重点喷洒叶片背面。

防治白菜软腐病，发病初期用 2%春雷霉素可湿性粉剂 400～500 倍液喷雾，每隔 7～8 天喷 1 次，连喷 3～4 次。

防治芹菜早疫病、辣椒细菌性疮痂病、菜豆晕枯病，发病初期，每亩用 2%春雷霉素液剂 100～130 毫升兑水 65～80 升喷雾。辣椒疮痂病需要每隔 7 天喷药 1 次，连喷 2～3 次。

防治茭白胡麻斑病，发病初期，用 4%春雷霉素可湿性粉剂 1000 倍液喷雾，每隔 7～10 天喷 1 次，连喷 3～5 次。

防治甜菜褐斑病，发病初期，用 2%春雷霉素水剂 300～400 倍液喷雾。

② 灌根　防治黄瓜、西瓜、甜瓜等瓜类蔬菜的枯萎病，从定植后 1 个月左右或田间初见病株时开始用药液浇灌植株根部，用 2%春雷霉素水剂（液剂、可湿性粉剂）200～300 倍液，或 4%春雷霉素可湿性粉剂 400～600 倍液，或 6%春雷霉素可湿性粉剂 600～800 倍液。15 天后再

浇灌 1 次，每株浇灌药液 250～300 毫升。

③ 浸种　防治马铃薯环腐病，用浓度为 25～40 毫克/升的春雷霉素药液，浸泡种薯 15～30 分钟。

（2）复配剂应用　春雷霉素常与王铜、溴菌腈、中生菌素、多菌灵、氯溴异氰尿酸、噻唑锌、喹啉铜、咪鲜胺锰盐、硫黄、稻瘟灵、三环唑、四氯苯酞混配，用于生产复配杀菌剂。

① 春雷·王铜。由春雷霉素和王铜 2 种有效成分按一定比例混配的一种低毒复合杀菌剂。

防治番茄青枯病、溃疡病，茄子叶霉病，用 47%春雷·王铜可湿性粉剂 500 倍液喷雾。

防治黄瓜霜霉病、白粉病、细菌性角斑病、灰色疫病，南瓜蔓枯病，番茄叶霉病，青花菜黑腐病，芥蓝细菌性叶斑病，用 47%春雷·王铜可湿性粉剂 600～800 倍液喷雾。

防治甜瓜霜霉病和果腐病，用 47%春雷·王铜可湿性粉剂 700～800 倍液喷雾。

防治西葫芦软腐病，西瓜细菌性果斑病，甜瓜细菌性软腐病，瓠瓜果斑病，番茄斑点病、果腐病，白菜、甘蓝、花椰菜等软腐病、黑腐病，豇豆细菌性疫病，豌豆细菌性叶斑病，莴苣和莴笋白粉病、轮斑病，百合细菌性软腐病、叶尖干枯病，草莓细菌性叶斑病，用 47%春雷·王铜可湿性粉剂 800 倍液喷雾。

防治冬瓜和节瓜的绵腐病、软腐病、细菌性角斑病，南瓜角斑病，西葫芦褐腐病，丝瓜绵腐病，苦瓜霜霉病，西瓜白粉病、西瓜细菌性斑点病，番茄早疫病、番茄晚疫病、番茄细菌性斑点病，茄子果腐病、茄子软腐病、茄子细菌性褐斑病，用 47%春雷·王铜可湿性粉剂 800～1000 倍液喷雾。

防治西葫芦果腐病，苦瓜细菌性角斑病，菠菜黑斑病，莴苣和莴笋的细菌性腐败病、软腐病，用 47%春雷·王铜可湿性粉剂 1000 倍液喷雾。

防治番茄青枯病、番茄溃疡病，可用 47%春雷·王铜可湿性粉剂 500 倍液灌根；防治黄瓜灰色疫病，用 47%春雷·王铜可湿性粉剂 600～800 倍液灌根；防治番茄果实牛眼腐病，可用 47%春雷·王铜可湿性粉剂

800～900倍液灌根。每株灌300毫升，每隔10天灌1次，连灌2～3次。

防治青花菜和芥蓝的黑腐病、细菌性叶斑病，用47%春雷·王铜可湿性粉剂拌种，用药量为种子重量的0.3%。

保护地防治黄瓜霜霉病、黄瓜炭疽病、黄瓜黑星病、番茄早疫病、番茄晚疫病，每亩用5%春雷·王铜粉尘剂1千克喷粉；保护地防治甜瓜霜霉病、甜瓜细菌性叶斑病，每亩用5%春雷·王铜粉尘剂0.75～1千克喷粉。

② 春雷·溴菌腈。由春雷霉素和溴菌腈复配而成。防治黄瓜细菌性角斑病、黄瓜炭疽病，发病初期，每亩用27%春雷·溴菌腈可湿性粉剂80～100克兑水30～50千克喷雾，每隔7～10天喷1次，连喷3次，安全间隔期3天，每季作物最多施用3次。

防治西瓜枯萎病，用27%春雷·溴菌腈可湿性粉剂300～500倍液灌根。

防治辣椒炭疽病，用27%春雷·溴菌腈可湿性粉剂1000～1500倍液喷雾，安全间隔期14天，每季最多施用2次。

③ 春雷·中生。由春雷霉素和中生菌素复配而成。可用于防治辣椒疮痂病、番茄叶霉病、黄瓜细菌性叶斑病、甜瓜细菌性叶斑病、芹菜叶斑病、瓜类枯萎病以及多种植物的炭疽病等真菌或细菌性病害。用于防治黄瓜细菌性角斑病，发病初期，每亩用4%春雷·中生可湿性粉剂140～180克兑水50千克喷雾，每隔7～10天喷1次，连喷2～3次，安全间隔期3天，每季最多施用3次。

④ 春雷·喹啉铜。由春雷霉素和喹啉铜复配而成。防治黄瓜细菌性角斑病，发病前或发病初期，每亩用33%春雷·喹啉铜悬浮剂40～50毫升兑水50千克喷雾，每隔7天喷1次，安全间隔期3天，每季最多施用3次。

防治西瓜细菌性角斑病，发病前，每亩用45%春雷·喹啉铜悬浮剂30～50毫升兑水50千克喷雾，安全间隔期7天，每季作物最多施用3次。

⑤ 春雷·噻唑锌。由春雷霉素和噻唑锌复配而成。防治黄瓜细菌性角斑病，发病初期，每亩用40%春雷·噻唑锌悬浮剂40～60毫升喷雾，每隔7天喷1次，安全间隔期3天，每季最多施用3次。

● **注意事项**

（1）可以与多种农药混用，可与多菌灵、代森锰锌、百菌清等药剂混用，但应先小面积试验，再大面积推广应用。不能与强碱性农药及含铜制剂混用。

（2）在病害发生初期或进行预防病害时使用，即用药宜早不宜迟才能保证保护和治疗效果。

（3）抗生素类杀菌剂抗性产生较快，尤其对黄瓜等生长周期长、细菌性病害较为严重的蔬菜作物，全生长期使用次数不得超过 3 次。另外，可使用春雷霉素+中生菌素、春雷霉素+王铜、春雷霉素+喹啉铜等混配制剂，延缓抗性产生并防效显著。

（4）叶面喷雾时，可加入适量中性洗衣粉，提高防效。喷药后 8 小时内遇雨，应补喷。

（5）药液应现配现用，一次用完，以防霉菌污染变质失效。不宜长期单一使用本剂。连续使用春雷霉素可能产生抗药性，为防止此现象的发生，最好和其他作用机制不同杀菌剂交替使用。

（6）菜豆、豌豆、大豆等豆类作物，以及莲藕等对春雷霉素敏感，使用时要慎重，应防止雾滴飘移，以免影响周边敏感植物。

喹啉铜（oxine-copper）

$C_{18}H_{12}CuN_2O_2$，351.9

● **其他名称**　必绿、净果精、千金。
● **主要剂型**　33.5%、40%悬浮剂，50%水分散粒剂，50%可湿性粉剂。
● **毒性**　低毒。
● **产品特点**

（1）喹啉铜是一种喹啉类保护性、低毒杀菌剂，属有机铜螯合物。

具有治疗和保护作用，对作物亲和力较强，较耐雨水冲刷，药效较稳定持久。喷于作物表面形成一层严密的保护膜，直接作用于膜内病原菌，防止再侵染发病。

（2）一般直接使用对植物安全，但对铜敏感的作物慎用。

● 应用

（1）单剂应用　防治番茄晚疫病，发病前或发病初期开始施药，每亩用 33.5%喹啉铜悬浮剂 30～37 毫升兑水喷雾，每隔 7 天左右喷 1 次，视病情发展情况可连续施药 3 次。

防治番茄棒孢靶斑病，发病初期喷洒 33.5%喹啉铜悬浮剂 1000 倍液。

防治番茄细菌性斑点病，定植时先把 33.5%喹啉铜悬浮剂 800 倍液配好，取 15 千克放在长方形大容器中，然后把穴盘整个浸入药液中蘸湿即可。

防治番茄溃疡病，整枝打杈前后各喷 1 次 33.5%喹啉铜悬浮剂 800 倍液。

防治茄子果腐病，在果腐病突出的地区或田块应在发病初期喷洒 33.5%喹啉铜悬浮剂 800 倍液。

防治茄子软腐病、细菌性褐斑病，雨前雨后及时喷洒 33.5%喹啉铜悬浮剂 800 倍液，每隔 10 天喷 1 次，连喷 2～3 次。

防治芹菜细菌叶斑病、细菌叶枯病，发病初期，用 33.5%喹啉铜悬浮剂 600 倍液喷雾，每隔 7～10 天喷 1 次，连喷 2～3 次。

防治蕹菜茄匍柄霉叶斑病，发病初期，用 33.5%喹啉铜悬浮剂 800 倍液喷雾，每隔 7～10 天喷 1 次，连喷 3～4 次。

防治黄瓜软腐病，用 33.5%喹啉铜悬浮剂 800 倍液喷雾。

防治黄瓜霜霉病，发病前或发病初期开始施药，每亩用 33.5%喹啉铜悬浮剂 60～80 毫升兑水 40～60 千克均匀喷雾，安全间隔期为 3 天，每季最多施用 3 次。

防治黄瓜细菌性角斑病，发病前或发病初期开始施药，每亩用 40%喹啉铜悬浮剂 50～70 毫升兑水 40～60 千克均匀喷雾，每隔 7～10 天喷 1 次，安全间隔期为 3 天，每季最多施用 3 次。

防治马铃薯早疫病，发病前或发病初期开始施药，每亩用 33.5%喹啉铜悬浮剂 60～75 毫升兑水 30～50 千克均匀喷雾。

防治菜豆细菌性疫病，发病初期，用 33.5%喹啉铜悬浮剂 800 倍液喷雾，每隔 7～10 天喷 1 次，连喷 2～3 次。

防治黄花菜匍柄霉叶枯病，发病初期，用 43%戊唑醇悬浮剂 3000 倍液混加 33.5%喹啉铜悬浮剂 750 倍液喷雾，每隔 7～10 天喷 1 次，连喷 3～4 次。

防治草莓青枯病，发病初期开始，喷洒或灌 33.5%喹啉铜悬浮剂 800 倍液，每隔 7～10 天喷 1 次，连喷 2～3 次。

防治黄秋葵细菌性角斑病，发病初期，用 12.5%喹啉铜可湿性粉剂 750 倍液喷雾。

（2）复配剂应用　可与多抗霉素复配，如 50%多抗·喹啉铜可湿性粉剂（宝果精）。防治西瓜炭疽病，发病前或发病初期，每亩用 50%多抗·喹啉铜可湿性粉剂 40～50 克兑水 30～50 千克均匀喷雾，每隔 5～7 天施 1 次，安全间隔期 7 天，每季最多施用 3 次。

防治番茄细菌性髓部坏死病，打完杈后浇灌 33.5%喹啉铜悬浮剂 800 倍液混 2%春雷霉素可湿性粉剂 400～500 倍液。或采用上述配方向茎内注射，10 天后再注射 1 次。

防治落葵匍柄霉蛇眼病，用 60%唑醚·代森联水分散粒剂 1500 倍液+33.5%喹啉铜悬浮剂 750 倍液，或 43%戊唑醇悬浮剂 3000 倍液+33.5%喹啉铜悬浮剂 750 倍液喷雾，每隔 7 天喷 1 次，连喷 3～4 次。

防治芦笋匍柄霉叶枯病、紫斑病，结合防治茎枯病，在发病初期，用 43%戊唑醇悬浮剂 3000 倍液混加 33.5%喹啉铜悬浮剂 750 倍液，或 60%唑醚·代森联水分散粒剂 1500 倍液混加 33.5%喹啉铜悬浮剂 750 倍液喷雾。

● **注意事项**

（1）不能与碱性物质混用。

（2）病害轻度发生或预处理时使用本品用低剂量，病害发生较重或发病后使用本品用高剂量。

（3）连续阴雨或湿度较大的环境中，或者当病情较重的情况下，建议使用较高剂量。避免在极端温度和湿度下，或作物长势较弱的情况下使用本品。

（4）对蜜蜂低毒，对鱼类等水生生物有一定的毒性，对家蚕高毒，施药期间避免对周围蜂群的影响，开花植物花期、蚕室和桑园附近禁用。远离水产养殖区、河塘等水体施药，禁止在河塘等水体中清洗施药器具。赤眼蜂等害虫天敌放飞区域禁用本品。

（5）建议与其他作用机制不同的杀菌剂轮换使用，以延缓抗性产生。

多抗霉素（polyoxin）

polyoxin B: R = —CH₂OH
polyoxorim: R = —CO₂H

多抗霉素 B（R = —CH$_2$OH）：C$_{17}$H$_{25}$N$_5$O$_{13}$，507.41；
多抗霉素 D（R = —COOH）：C$_{17}$H$_{23}$N$_5$O$_{14}$，521.41

● **其他名称**　多氧霉素、多效霉素、宝丽安、多氧清、多抗灵、科生霉素、保利霉素、禾康、兴农 606、灭腐灵、多克菌、多凯、金抗、宝抗、巧丹、高昂、秀康、良美、天恩、同丰。

● **主要剂型**　1.5%、2%、3%、5%、10%、20%可湿性粉剂，0.3%、1%、3%水剂，16%可溶粒剂。

● **毒性**　低毒。

● **作用机理**　干扰病菌细胞壁几丁质的生物合成，使菌体细胞壁不能进行生物合成导致病菌死亡。芽管和菌丝接触药剂后，局部膨大、破裂，溢出细胞内含物，抑制病菌产生孢子和病斑扩大，从而使病菌不能正常发育，进而死亡。因此还具有抑制病菌产孢和病斑扩大的作用。具体表现在：阻止孢子萌发、阻止孢子发育、阻止菌丝生长及病斑扩大。

● **产品特点**

（1）10%多抗霉素可湿性粉剂为浅棕黄色粉末；1.5%、2%、3%多抗霉素可湿性粉剂为灰褐色粉末。多抗霉素是由天然物质发酵的一种安全的绿色农药，属微生物源、广谱性、肽嘧啶核苷酸类抗生素杀菌剂。含有 A～N 14 种不同同系物的混合物。具有较好的内吸传导作用。

（2）低毒、安全　多抗霉素毒性低，对环境、人、畜、鸟和水生生物都非常安全，对作物安全，在土壤中能迅速分解。对有益生物如蜜蜂、蚯蚓等无不良反应，能迅速分解为二氧化碳、氢和在水及土壤中无残留的自然物质。迄今未发现对人畜有任何毒性，也不存在任何对环境的污染问题，是农药应用史上最安全的农药之一，更是各国生产各种绿色食品的专家推荐首选用药。

（3）广谱高效　多抗霉素的使用浓度为50～200毫克/千克，有效作用剂量低。具有高效性，是国内外公认的安全、高效、广谱的生物杀菌剂。与常规化学杀菌剂相比，它不会产生药害，作用效果迅速。

（4）药肥双效　多抗霉素属多氧嘧啶核苷酸类物质，本身具有促进生长的作用。同时作为生物发酵产物，其富含的氨基酸能明显改善作物营养并促进光合作用，具防病和加强营养的双重效果。

（5）稳定、速效　农用抗生素是在微生物代谢过程中产生的。由于农用抗生素是微生物在新陈代谢过程中的自然产物，因而又具有易降解、与环境友好等常规化学农药所不具备的优点。兼具生物农药与化学农药的优点。

（6）是杀菌剂中唯一的阻碍几丁质合成的药剂，和其他杀菌剂的作用点不同，故没有交叉产生抗性的风险，对苯并咪唑类、二甲酰亚胺类、甲氧基丙烯酸酯类产生抗性的病菌也有很好的效果。

（7）一药防多病　与其他杀菌剂混用，可起到增效和延长持效期的作用，是杀菌剂中的多面手。如在黄瓜、番茄和茄子等作物种植中，使用多抗霉素可以安全防治多种病害，由于这些作物边采收边开花、坐果，需要不间断用药，很多化学农药不能用，多抗霉素正好可以解决这些问题。

（8）对螨类、蓟马有抑制作用　可以影响螨类、蓟马等害虫细胞壁几丁质的生物合成，从而破坏这些害虫的表皮，抑制其种群的繁殖增长，从而减轻螨类和蓟马的为害。它对产卵和卵的孵化也有抑制效果，可阻碍若虫、幼虫蜕皮，对蛹和成虫无效。如在番茄、茄子、黄瓜等蔬菜，多抗霉素在防治白粉病、灰霉病、叶霉病和褐斑病的同时，也可抑制蓟马和茶黄螨的种群增长，减轻其为害。

● **应用**　主要用于防治番茄灰霉病，黄瓜霜霉病，丝核菌引起的叶菜和其他蔬菜腐烂病、猝倒病等，对细菌病害无效。可用于喷雾、灌根或浸种。

防治蔬菜苗期猝倒病，用 10%多抗霉素可湿性粉剂 1000 倍液进行土壤消毒。

防治番茄早疫病、晚疫病、灰霉病、叶霉病，草莓灰霉病，在发病前或发病初期，每亩用 10%多抗霉素可湿性粉剂 500～800 倍液喷雾，每周喷 1 次，连喷 3～4 次。

防治黄瓜霜霉病、白粉病、炭疽病、灰霉病，以防治霜霉病为主，从霜霉病发生初期开始喷药，每亩用 1.5%多抗霉素可湿性粉剂 800～1000 克，或 2%多抗霉素可湿性粉剂 600～750 克，或 3%多抗霉素水剂或 3%多抗霉素可湿性粉剂 400～500 克，或 10%多抗霉素可湿性粉剂 120～150 克，兑水 60～75 千克均匀喷雾。每隔 7～10 天喷 1 次，连喷 2～3 次，与不同类型药剂交替使用，连续喷施。

防治黄瓜枯萎病，用 0.3%多抗霉素水剂 60 倍液浸种 2～4 小时后播种，移栽时用 0.3%多抗霉素水剂 80～120 倍液蘸根或灌根，盛花期再用 0.3%多抗霉素水剂 80～120 倍液喷 1～2 次。也可于发病初期用 10%多抗霉素可湿性粉剂 400～500 倍液灌根，每株灌药液 250 毫升，每隔 7 天灌 1 次，连灌 3 次。

防治西瓜枯萎病，出现零星病株时，用 3%多抗霉素可湿性粉剂 600～900 倍液喷雾，或对病株灌根，每隔 7 天灌 1 次，连灌 2～3 次。

防治甜瓜炭疽病、白粉病，西瓜炭疽病。从病害发生初期开始喷药，每亩用 1.5%多抗霉素可湿性粉剂 300～400 克，或 2%多抗霉素可湿性粉剂 250～300 克，或 3%多抗霉素水剂或 3%多抗霉素可湿性粉剂 150～200 克，或 10%多抗霉素可湿性粉剂 50～60 克，兑水 45～60 千克均匀喷雾。每隔 7～10 天喷 1 次，连喷 3～4 次。

防治茄子和番茄叶霉病，用 2%多抗霉素可湿性粉剂 100 倍液喷雾。

防治甜菜立枯病、褐斑病，以 10%多抗霉素可湿性粉剂 600～800 倍液喷雾。

防治洋葱、大葱、大蒜紫斑病，发病初期用 3%多抗霉素可湿性粉剂 900～1200 倍液，或 2%多抗霉素可湿性粉剂 800～1000 倍液喷雾，每隔 7～10 天喷 1 次，连喷 2～3 次。

防治青花菜灰霉病，发病初期用 10%多抗霉素可湿性粉剂 600 倍液喷雾，对异菌脲、腐霉利产生抗性的病区，选用多抗霉素仍能取得良好防效。

防治芹菜叶斑病，从病害发生初期开始喷药，每亩用 1.5%多抗霉素可湿性粉剂 300～400 克，或 2%多抗霉素可湿性粉剂 250～300 克，或 3%多抗霉素水剂或 3%多抗霉素可湿性粉剂 150～200 克，或 10%多抗霉素可湿性粉剂 50～60 克，兑水 45～60 千克均匀喷雾。每隔 7～10 天喷 1 次，连喷 2～4 次。

防治白菜等十字花科蔬菜黑斑病，从病害发生初期开始喷药，每亩用 1.5%多抗霉素可湿性粉剂 300～400 克，或 2%多抗霉素可湿性粉剂 250～300 克，或 3%多抗霉素水剂或 3%多抗霉素可湿性粉剂 150～200 克，或 10%多抗霉素可湿性粉剂 50～60 克，兑水 45～60 千克均匀喷雾。每隔 7～10 天喷 1 次，连喷 1～2 次。

防治马铃薯早疫病、晚疫病，从病害发生初期开始喷药，每亩用 1.5%多抗霉素可湿性粉剂 300～400 克，或 2%多抗霉素可湿性粉剂 250～300 克，或 3%多抗霉素水剂或 3%多抗霉素可湿性粉剂 150～200 克，或 10%多抗霉素可湿性粉剂 50～60 克，兑水 45～60 千克均匀喷雾。每隔 10 天左右喷 1 次，与不同类型药剂交替使用，连喷 5～7 次。

防治草莓灰霉病，发病初期施药最佳，每亩用 16%多抗霉素可溶粒剂 20～25 克兑水 30～50 千克均匀喷雾。

● **注意事项**

（1）不同的厂家生产的产品中含有的多抗霉素种类有所不同，例如我国生产的产品大多数都是以多氧霉素 A 和多氧霉素 B 为主。不同的组分对不同病害的防治效果有一定的差异。因此，在选择多抗霉素防治病害时应该既要看药剂名称，还要看生产厂家。

（2）在一般情况下，在早上露水干后或傍晚喷施为好，尽量避开干热的条件下喷施。

（3）只能与中性农药混合使用，不能与碱性或酸性农药混用。

（4）宜与其他类型的杀菌剂（尤其是保护型杀菌剂）交替使用。

（5）在施药后 24 小时内遇雨，应及时补喷。

（6）多抗霉素虽属低毒药剂，使用时仍应按安全规则操作。

（7）一般作物安全间隔期 2～3 天，每季作物最多使用 3 次。

噁唑菌酮（famoxadone）

$$C_{22}H_{18}N_2O_4, \quad 374.4$$

噁唑菌酮是新型高效、广谱杀菌剂，主要用于防治蔬菜白粉病、锈病、霜霉病、晚疫病等。具有保护、治疗、铲除、渗透、内吸活性。喷施在作物叶片上后，易黏附，不被雨水冲刷。噁唑菌酮常和其他药剂混配形成新的制剂，更能达到有效防病的目的。

● **68.75%噁酮·锰锌（易保）水分散粒剂**　噁酮·锰锌为噁唑菌酮与代森锰锌按科学比例混配，美国杜邦公司研制生产，广谱、耐雨水冲刷的保护性杀菌剂。适于防治黄瓜、番茄、马铃薯等蔬菜的炭疽病、黑星病、黑斑病、叶斑病、霜霉病、早疫病、晚疫病、灰霉病、白粉病、茎枯病、疮痂病等。

（1）产品特点　有极强的耐雨水冲刷和雨后药膜再分布能力，保护更持久，主要成分噁唑菌酮具有很强的亲脂性，喷药后有效成分进入叶表皮的角蜡层和角质深层，不怕雨水淋溶，药效更持久。

在降雨情况下，药膜在水中还能够进行多次再分布，药膜变得更均匀致密，这使得噁酮·锰锌尤其适宜在湿度大的棚室内和多雨季节的大田里用药，发挥强力保护作用，不会因高湿和露水而缩短用药间隔期降低药效，保护期比常规保护剂长 3～5 天。

杀菌速度快，药后 15 秒对病原菌就开始发挥抑菌作用，更快地将病原菌杀死。

稳定性好，能与多种农药包括铜制剂混配使用，持效期长达 15～20 天。

含有锰、锌等多种微量元素，可以刺激作物生长，对作物安全、低残留，适合无公害产品生产需要。

剂型先进，水分散粒剂分散性好，用量低，活性高，不留药迹在果皮，能有效提高果品价值。

（2）应用　黄瓜：防治黄瓜霜霉病、炭疽病、黑星病、叶斑病、白粉病、靶斑病，以防治霜霉病为主，兼防炭疽病、黑星病、叶斑病、白粉病、靶斑病。多从黄瓜定植缓苗后开始喷药，每亩使用 68.75%噁酮·锰锌水分散粒剂 80～100 克兑水 60～75 千克喷雾，或使用 68.75%噁酮·锰锌水分散粒剂 800～1000 倍液喷雾。每隔 10 天左右喷 1 次，与相应治疗性药剂交替使用，连续喷药，直到生长后期，喷药时应均匀周到，特别是叶片背面一定喷到。

豇豆：防治豇豆煤霉病、锈病、炭疽病等，发病初期用 68.75%噁酮·锰锌水分散粒剂 1200～1500 倍液喷雾，既延长了豇豆的采收期，又提高了豇豆的品质。

菜心、白菜等十字花科蔬菜：在下雨前喷施 68.75%噁酮·锰锌水分散粒剂 1000～1500 倍液一次，可预防雨后发生的白斑病、霜霉病、黑斑病等。

韭菜：防治韭菜疫病、枯萎病，发病初期用 68.75%噁酮·锰锌水分散粒剂 1000～1200 倍液喷雾，或与 72%霜脲·锰锌可湿性粉剂 600～750 倍液、52.5%噁酮·霜脲氰水分散粒剂 2000 倍液、40%氟硅唑乳油8000 倍液等药交替应用，每隔 7～10 天喷 1 次，连喷 2～3 次。也可用上述药灌根，每墩灌药 250 克。

马铃薯：防治马铃薯晚疫病、早疫病等真菌性病害，发病初期用68.75%噁酮·锰锌水分散粒剂 1000～1500 倍液喷雾，可兼治叶斑病、疮痂病等部分细菌性病害。

番茄：防治番茄晚疫病、早疫病、叶霉病、灰叶斑病、炭疽病，从病害发生初期开始喷药，每亩用 68.75%噁酮·锰锌水分散粒剂 80～100克兑水 60～75 千克均匀喷雾。每隔 10 天左右喷 1 次，连喷 2～4 次。

西瓜：防治西瓜炭疽病、叶斑病、茎枯病等，用 68.75%噁酮·锰锌水分散粒剂 1000～1500 倍液喷雾。

草莓、辣椒、甜椒：防治草莓、辣椒、甜椒等疫病、炭疽病、白粉病，发病初期用 68.75%噁酮·锰锌水分散粒剂 1000～1500 倍液喷雾。

芹菜：防治芹菜叶斑病，从病害发生初期开始喷药，用 68.75%噁酮·锰锌水分散粒剂 800～1000 倍液均匀喷雾。每隔 10 天左右喷 1 次，连喷 2～4 次。

芦笋：防治芦笋茎枯病，从病害发生初期开始喷药，用 68.75%噁酮·锰锌水分散粒剂 800～1000 倍液喷雾，重点喷洒植株中下部。每隔 10 天左右喷 1 次，与不同类型药剂交替使用，连续喷施到生长中后期。

（3）注意事项　宜在病害发生初期使用，若病害发生后，与氟硅唑、霜脲·锰锌、腐霉利等药剂混用，效果更佳；不能与碱性农药及含铜制剂混用；喷药时，混药种类不能太多；在病害病斑出现前开始用药，叶片正反面及全株均要喷到，每隔 7～10 天喷 1 次，连喷 3～4 次，可取得良好的防治效果。对鱼类等水生生物有毒，严禁将剩余药液及洗涤药械的废液倒入河流、湖泊、池塘等水域。安全间隔期为 7～14 天。

双炔酰菌胺（mandipropamid）

C₂₃H₂₂ClNO₄，411.9

- **其他名称**　瑞凡。
- **主要剂型**　23.4%、25%悬浮剂。
- **毒性**　低毒。
- **作用机理**　作用机理与缬霉威、苯噻菌胺及烯酰吗啉的作用机理类似，通过干扰致病真菌的磷脂和细胞壁沉积物生物合成，达到抑制孢子萌发和菌丝体生长的目的,对处于潜伏期的植物病害有较强的治疗作用。

- **产品特点**

（1）双炔酰菌胺为新型卵菌纲病害杀菌剂，是一种高效的防治各种作物上霜霉病和晚疫病的杀菌剂，对病菌具有预防、治疗和降低病菌繁殖数量三大特点。其中最突出的是它具有稳定、持久的预防保护作用，比以前的杀菌剂有效期长 5～7 天,可大大减少喷药次数,减轻劳动强度。

（2）对霜霉属和疫霉属等卵菌纲致病真菌均有较好的活性，对西瓜疫病、辣椒疫病、马铃薯晚疫病等有特效。

（3）杀菌活性高，抗性风险小，在防治马铃薯晚疫病中，明显优于氰霜唑、氟啶胺、代森锰锌等药剂，马铃薯晚疫病菌中未发现稳定的抗性分离菌株。

（4）具有预防、治疗及抗产孢活性，具极好的预防活性，极低浓度下仍能表现很好的活性。

（5）双炔酰菌胺喷施到作物表面以后，可以在 1.5 小时后迅速渗透到叶片表面的蜡质层和叶肉细胞内，并可以进行跨层传导，渗透到叶片背面，大大提高了药剂的保护效果。由于很多药剂已渗透到蜡质层，所以抗耐雨水冲刷能力极好。因此，田间持效时间长。

● **应用**

（1）单剂应用　防治辣椒疫病，在作物谢花后或雨天来临前，每亩用 23.4%双炔酰菌胺悬浮剂 30～40 毫升兑水 30～50 千克均匀喷雾，每隔 7～10 天喷 1 次，每季最多施用 3 次，安全间隔期 3 天。

防治辣椒霜霉病，发病初期开始，每亩用 250 克/升双炔酰菌胺悬浮剂 30～40 毫升兑水 30～40 千克喷雾。

防治番茄晚疫病，在发病初期喷雾，或在作物谢花后或雨天来临前，每亩用 23.5%双炔酰菌胺悬浮剂 30～40 毫升兑水 30～50 千克均匀喷雾，每隔 7～10 天喷 1 次，每季最多施用 3 次，安全间隔期 5 天。

防治番茄疫霉根腐病，每亩用 250 克/升双炔酰菌胺悬浮剂 30～50 毫升兑水 45～75 千克，加 0.004%芸苔素内酯水剂 1500 倍液，均匀喷雾。

防治西瓜疫病，在作物谢花后或雨天之前，每亩用 23.4%双炔酰菌胺悬浮剂 30～40 毫升兑水 40～60 千克均匀喷雾，每隔 7～10 天喷 1 次，安全间隔期 5 天，每季最多施用 3 次。必要时还可灌根，每株灌兑好的药液 0.25～0.4 升，如能喷洒与灌根同时进行，防效明显提高。

防治马铃薯晚疫病，在作物谢花后或雨天来临前，每亩用 23.4%双炔酰菌胺悬浮剂 20～40 毫升兑水 30～50 千克均匀喷雾，每隔 7～14 天喷 1 次，安全间隔期 3 天，每季最多施用 3 次。

防治甜瓜霜霉病，用 25%双炔酰菌胺悬浮剂 2500 倍喷雾。

防治芋疫病，及早喷药预防，每亩用 250 克/升双炔酰菌胺悬浮剂 30～50 毫升兑水 45～75 千克灌根，隔 10～15 天再灌 1 次。

此外，还可防治甜瓜疫病、瓠瓜疫病等。

（2）复配剂应用　霜脲氰·双炔酰菌胺。由霜脲氰与双炔酰菌胺复配而成。防治马铃薯晚疫病，发病前或发病初期，每亩用 43% 霜脲氰·双炔酰菌胺水分散粒剂 30～60 克兑水 30 千克喷雾，每隔 7～10 天喷 1 次，连喷 2～3 次，安全间隔期 14 天，每季最多施用 3 次。

● **注意事项**

（1）为防止病菌对药剂产生抗性，一个生长季内双炔酰菌胺的使用次数最好不超过 3 次，建议与其他种类的杀菌剂轮换使用。

（2）在连续阴雨或湿度较大的环境中，或者当病情较重时，建议使用较高剂量。

（3）推荐在作物谢花后或坐果期使用本品。

（4）贮藏温度应避免低于−10℃或高于 35℃。应贮藏在避光、干燥、通风处。运输时应注意避光，防高温、雨淋。

（5）避免药液接触皮肤、眼睛和污染衣物，避免吸入雾滴。

氰霜唑（cyazofamid）

$$C_{13}H_{13}ClN_4O_2S, \ 324.8$$

● **其他名称**　科佳、氰唑磺菌胺。

● **主要剂型**　10% 悬浮剂，40% 颗粒剂。

● **毒性**　低毒。

● **作用机理**　氰霜唑是氰基咪唑类杀菌剂，对卵菌纲病原菌如疫霉菌、霜霉菌、假霜霉菌、腐霉菌等具有很高的活性，能阻碍病原菌在各个生育阶段的发育，属超级保护型杀菌剂。其作用机理是通过有效成分与植物病原菌细胞线粒体内膜的结合，阻碍膜内电子传递，干扰能量供应，从而起到杀灭病原菌的作用。

● **产品特点**

（1）针对性强，效果好　对黄瓜、甜瓜、菠菜等的霜霉病，番茄、马铃薯、辣椒、甘蓝的晚疫病，白菜、甘蓝等十字花科的根肿病有特效。

（2）用量低，持效期长，安全　持效期长达 10～14 天，可减少用药次数。喷施氰霜唑后未发现对蔬菜的嫩叶和幼果有任何副作用。对其他有益微生物、植物和高等动物无影响，对作物和环境高度安全。蔬菜上农药残留量低，符合无公害蔬菜生产的要求，值得在生产上大力推广应用。

（3）耐雨水冲刷，收益高　施药后 1 小时降雨，不影响药效。使用后，果菜表面不留药斑，可提高果菜品质，增加收益。

（4）超级保护性杀菌剂　在病原孢子的各个生育阶段，都能阻碍其萌发和形成，有效抑制病原菌基数，预防和控制病害的发生和蔓延。

（5）全新作用机理，无交互抗性　作用位点与其他杀菌剂不同，能有效防治对常用杀菌剂霜脲·锰锌、噁霜灵、甲霜灵等已产生抗性的病原菌，可与其他杀虫剂、杀菌剂等混用。

● 应用

（1）单剂应用　防治辣椒疫病，发病初期用 10%氰霜唑悬浮剂 2000～2500 倍液喷雾；防治辣椒炭疽病，发病初期用 10%氰霜唑悬浮剂 2000 倍液喷雾；防治辣椒晚疫病，在每年发病季节的雨后应立即喷药保护，每亩用 10%氰霜唑悬浮剂 40～50 毫升兑水 60～75 千克均匀喷雾。最好与氟啶胺等轮换用药，或与具有治疗作用的烯酰吗啉轮换，药液要喷到果实上，最好在摘除病果后再打药，每隔 7～10 天喷 1 次，连喷 2～3 次。病害大流行时每隔 5～7 天喷 1 次。

防治番茄晚疫病，发病初期用 10%氰霜唑悬浮剂 2000～2500 倍液喷雾，最适宜用于夏秋番茄（露地）及日照不足的大棚番茄（气温 20℃以下）。

防治黄瓜疫病，定植缓苗后用 10%氰霜唑悬浮剂 2000～2500 倍液喷雾，每隔 7～14 天喷 1 次，连喷 2 次，发病高峰期，用 10%氰霜唑悬浮剂 1000～1500 倍液喷雾；防治黄瓜霜霉病，发病初期，连续喷 10%氰霜唑悬浮剂 2000～2500 倍液 2～3 次，建议与烯酰·锰锌、霜脲·锰锌等药剂轮换使用，以延缓霜霉病菌抗药性产生。

防治西瓜疫病，发病前或发病初期，每亩用 10%氰霜唑悬浮剂 53.3 毫升兑水 50 千克（阴雨天多时药剂兑水量可适当减少为 25～35 千克）喷雾，每隔 7～10 天喷 1 次，连喷 3～4 次。

防治马铃薯晚疫病，拔除、烧毁或深埋病株，并用10%氰霜唑悬浮液3000倍液喷雾。

防治白菜等十字花科蔬菜根肿病，可进行种子消毒，在播种前用55℃的温水浸种15分钟，再用10%氰霜唑悬浮剂2000～3000倍液浸种10分钟。育苗床土壤消毒处理，可用10%氰霜唑悬浮剂1500～2000倍液充分淋土（淋土深度15厘米以上）。大田浇土灌根，可用经氰霜唑处理过的菜苗移栽定植，再用10%氰霜唑悬浮剂1500～2000倍液在移栽苗周围（直径15～20厘米内）浇土（淋水深度达到15厘米），每株250毫升。

防治莴苣、红菜薹等叶类蔬菜霜霉病，花椰菜霜霉病，甜瓜霜霉病，发病前或发病初期，用10%氰霜唑悬浮剂2000倍液喷雾。

防治大豆根腐病，用10%氰霜唑悬浮剂1000～2000倍液喷雾。

防治食用百合疫病，用10%氰霜唑悬浮剂2000倍液喷洒植株，每隔10天喷1次，连喷2～3次。

（2）复配剂应用

① 精甲霜·氰霜唑。由精甲霜灵与氰霜唑复配而成。具有用量较低、持效期较长、耐雨水冲刷等特点，防治西瓜疫病，发病前或发病初期，每亩用28%精甲霜·氰霜唑悬浮剂15～19毫升兑水30千克喷雾，安全间隔期7天，每季最多施用2次。

② 氟吡菌胺·氰霜唑。由氟吡菌胺与氰霜唑复配而成。具有保护、治疗和传导的作用。防治番茄晚疫病，每亩用30%氟吡菌胺·氰霜唑悬浮剂30～50毫升兑水30千克喷雾，每隔7～10天喷1次，连喷2～3次，安全间隔期7天，每季最多施用3次。

③ 烯酰·氰霜唑。由烯酰吗啉与氰霜唑复配而成。具有持效期长、耐雨水冲刷等特点，还具有一定的内吸和治疗活性，对霜霉病具有较好的防治效果。防治黄瓜、西瓜霜霉病，推荐每亩用40%烯酰·氰霜唑悬浮剂22～35毫升兑水30～50千克喷雾。防治番茄、辣椒疫病、绵疫病，推荐每亩用40%烯酰·氰霜唑悬浮剂20～30毫升兑水30～50千克喷雾。防治马铃薯、芋头晚疫病，推荐每亩用40%烯酰·氰霜唑悬浮剂20～30毫升兑水30～50千克喷雾。防治大蒜、洋葱霜霉病、晚疫病，推荐每亩用40%烯酰·氰霜唑悬浮剂22～35毫升兑水30～50千克喷雾。均

于发病前或发病初期喷雾，安全间隔期 14 天，每季最多施用 3 次。

此外，还有氰霜·百菌清、吡唑·氰霜唑等复配剂。

● **注意事项**

（1）必须在发病前或发病初期使用，施药间隔期 7～10 天。

（2）悬浮剂在使用前必须充分摇匀，并采用 2 次稀释法。

（3）本剂有一定的内吸性，但不能传导到新叶，施药时应均匀喷雾到植株全部叶片的正反面，喷药量应根据对象作物的生长情况、栽培密度等进行调整。

（4）对卵菌纲病菌以外的病害没有防效，如其他病害同时发生，要与其他药剂混合使用。

（5）为防止抗药性产生，建议与其他杀菌剂轮用。

（6）在黄瓜、番茄上的安全间隔期为 3 天，每季作物最多使用 3～4 次。

氟硅唑（flusilazole）

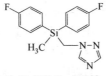

C$_{16}$H$_{15}$F$_2$N$_3$Si，315.39

● **其他名称**　福星、农星、新星、杜邦新星、世飞、克菌星、护矽得、帅星、稳歼菌。

● **主要剂型**　40%、400 克/升乳油，5%、8%、10%、20%、25%、30% 微乳剂，20% 可湿性粉剂，10%、15%、16%、20%、25% 水乳剂，2.5%、10% 水分散粒剂，2.5%、8% 热雾剂。

● **毒性**　低毒（对鱼类有毒）。

● **作用机理**　氟硅唑乳油为棕色液体。主要作用是破坏和阻止病原菌的细胞膜重要成分麦角甾醇的生物合成，导致细胞膜不能形成，使菌丝不能生长，从而达到杀菌作用。药剂喷到植物上后，能迅速被吸收，并进行双向传导，把已侵入的病原菌和孢子杀死，为具预防兼治疗作用的新型、高效、低毒、广谱内吸性杀菌剂。

● **产品特点**

（1）速效、药效期长　氟硅唑在病害的初发期使用效果非常突出，喷药后数小时就渗入植物体，且药剂的再分布性强，氟硅唑的迅速渗透性能避免雨水冲刷且达到全面保护杀菌效果，持效期可达 10～15 天。

（2）低毒、广谱　氟硅唑是一种高效、低毒、广谱、内吸性三唑类杀菌剂，对作物、人畜毒性低，对有益动物和昆虫较安全，对各种作物的疮痂病、炭疽病、立枯病、黑星病、白粉病、锈病、蔓枯病、叶斑病、根腐病、褐斑病、轮纹病等有优异防效，对作物的枯黄萎病也有强烈的抑菌效果。

（3）超低用量　氟硅唑在很低的有效浓度下就可以对病原微生物有很强的抑制作用，应用倍数为 6000～10000 倍，是一般药剂的 10～20 倍。

（4）增产提质　氟硅唑含有机硅，用该药处理的叶片浓绿，果实着色好，糖分提高，能减少生理落果。具有生长调节作用，可增加产量，提高作物品质。

（5）氟硅唑内吸双向传导，均匀分布，渗透力超强，杀菌快，对作物安全。

（6）氟硅唑一般采用喷雾的方法就可以达到最佳效果。

（7）质量鉴别

① 物理鉴别：40%乳油由有效成分、溶剂和乳化剂组成，外观为棕色液体，乳液稳定性符合要求，冷、热贮存稳定性良好，室温贮存稳定性为 4 年 10 个月，水分含量<0.1%，pH 6.37（5%的水溶液）。

② 生物鉴别：选择一棵感染黑星病的梨树，用 40%氟硅唑乳油 8000 倍液喷雾，隔 10 天喷 1 次药。其间观察黑星的变化，对已发病的病斑，在喷乳油稀释液后，其病斑上的霉层消失（分生孢子干死），只留下小干斑，且结出的果实果面光洁，表明该药剂质量可靠，否则药剂质量有问题。也可利用感染黑星病的黄瓜及感染白粉病的葡萄进行药效试验，用 40%氟硅唑乳油 8000 倍液喷雾，观察药效和质量判别。

● **应用**

（1）单剂应用　防治子囊菌亚门、担子菌亚门和半知菌亚门真菌引起的多种病害如白粉病等。主要用于防治白粉病、锈病、斑枯病、早疫病、黄瓜黑星病、番茄叶霉病、茭白胡麻叶斑病等。

防治番茄晚疫病，发病初期，用40%氟硅唑乳油8000倍液喷雾。

防治番茄斑枯病，发病初期，用40%氟硅唑乳油5000倍液喷雾。

防治番茄叶霉病、灰斑病，发病前或发病初期施药，每亩用10%氟硅唑水乳剂40～50毫升兑水45～60千克喷雾，或40%氟硅唑乳油7000～8000倍液喷雾，每隔7～10天喷1次，连喷2～3次。

防治辣椒炭疽病、白粉病，从病害发生初期或初见病斑时开始喷药，用40%氟硅唑乳油8000～10000倍液喷雾，每隔7～10天喷1次，连喷3～4次。

防治茄子褐纹病、白粉病、叶斑病，从病害发生初期开始喷药，用40%氟硅唑乳油或400克/升氟硅唑乳油6000～7000倍液均匀喷雾。每隔10天左右喷1次，与不同类型的药剂交替使用，连喷2～3次。

防治黄瓜黑星病，从病害发生初期开始喷药，用40%氟硅唑乳油8000～10000倍液，或每亩用10%氟硅唑水乳剂40～50毫升兑水45～60千克喷雾，隔7～10天再喷1次。

防治黄瓜白粉病、炭疽病，从病害发生初期开始喷药，用40%氟硅唑乳油或400克/升氟硅唑乳油6000～8000倍液均匀喷雾，每隔10天左右喷1次，生产中要与不同类型的药剂交替使用，连喷3～4次。

防治西葫芦白粉病，发病初期，用40%氟硅唑乳油8000～10000倍液喷雾。

防治甜瓜、西瓜、南瓜等瓜类蔬菜白粉病，从病害发生初期开始喷药，用40%氟硅唑乳油6000～8000倍液喷雾，每隔10天左右喷1次，连喷2～4次，综合防效达90%以上。

防治甜瓜炭疽病，发病初期，每亩用40%氟硅唑乳油4.67～6.25毫升兑水40～50千克喷雾，每隔7天喷1次，连喷3次，防治效果明显。

防治菜豆、豇豆等豆类蔬菜白粉病、锈病、炭疽病、角斑病，从病害发生初期开始喷药，用40%氟硅唑乳油或400克/升氟硅唑乳油6000～8000倍液喷雾，对豆类生长发育、结果均无副作用。每隔10天左右喷1次，连喷2～4次。

防治豌豆锈病，发病初期，用20%氟硅唑微乳剂3000～5000倍液喷雾。

防治扁豆尾孢叶斑病，发病初期，用 30%氟硅唑微乳剂 3000～4000 倍液喷雾，每隔 7～10 天喷 1 次，连喷 2～3 次。

防治草莓白粉病，在移栽前和扣棚时用药预防能减轻药剂对草莓花果的伤害，用 40%氟硅唑乳油 6000 倍液喷雾；在白粉病发病初期，用 40%氟硅唑乳油 6000 倍液喷雾，每隔 5～7 天喷 1 次，连喷 2～3 次。

防治草莓蛇眼病，发病初期，用 30%氟硅唑微乳剂 4000 倍液喷淋，每隔 7～10 天灌 1 次，连灌 3 次。

防治薄荷、蒲公英白粉病，发病初期，用 40%氟硅唑乳油 9000～10000 倍液喷雾，每隔 7～10 天喷 1 次，连喷 3～4 次。

防治葱、洋葱及蒜的紫斑病、叶枯病，从病害发生初期开始喷药，每亩用 40%氟硅唑乳油或 400 克/升氟硅唑乳油 8～10 毫升，兑水 45～60 千克均匀喷雾。每隔 10 天左右喷 1 次，连喷 2 次左右。在药液中混加有机硅等农药助剂，可显著提高药液黏附着能力。

防治芹菜斑枯病，从初见病斑时开始喷药，每亩用 40%氟硅唑乳油或 400 克/升氟硅唑乳油 8～10 毫升，兑水 45～60 千克喷雾。每隔 7～10 天喷 1 次，连喷 2～4 次，重点喷洒植株中下部。

防治菠菜褐点病，发病初期，用 40%氟硅唑乳油 5000 倍液喷雾。

防治莴苣、结球莴苣白粉病、锈病，发病初期喷洒 40%氟硅唑乳油 4000 倍液，每隔 10～20 天喷 1 次，连喷 1～2 次。

防治慈姑黑粉病，发病初期，用 30%氟硅唑微乳剂 4000 倍液，或 40%氟硅唑乳油 6000 倍液喷雾，每隔 10 天喷 1 次，连喷 2～3 次。

防治菜用山药炭疽病，从病害发生初期开始喷药，用 40%氟硅唑乳油或 400 克/升氟硅唑乳油 6000～7000 倍液喷雾，每隔 10 天左右喷 1 次，连喷 3～5 次。

防治玉米黄斑病，用 40%氟硅唑乳油 7000 倍液喷雾，防效达 70%以上。

防治黄花菜锈病，发病初期，即从中心病株期开始，用 40%氟硅唑乳油 5000 倍液喷雾，每隔 7～10 天喷 1 次，视病情连喷 2～4 次。

防治香椿白粉病，春季子囊孢子飞散时，用 40%氟硅唑乳油 5000 倍液喷雾。

防治食用菊花白粉病，发病初期，用 40%氟硅唑乳油 5000 倍液喷雾。

本药使用浓度较低，用药时可在药液中加入一些展着剂（如消抗液或解抗灵等）以增效。

（2）复配剂应用　氟硅唑有时与噁唑菌酮、多菌灵、代森锰锌、咪鲜胺等杀菌剂成分混配，用于生产复配杀菌剂。

① 硅唑·多菌灵。由氟硅唑与多菌灵混配的低毒复合杀菌剂，具保护和治疗双重作用。防治黄瓜黑星病、黄瓜白粉病、黄瓜炭疽病、黄瓜靶斑病，甜瓜炭疽病、甜瓜白粉病、番茄叶霉病，从病害发生初期开始喷药，每亩用 21%硅唑·多菌灵悬浮剂 50～60 毫升，或 40%硅唑·多菌灵悬浮剂 20～30 毫升，或 55%硅唑·多菌灵可湿性粉剂 50～60 克，兑水 60～75 千克均匀喷雾，每隔 7～10 天喷 1 次，连喷 2～4 次。

防治芹菜叶斑病，从病害发生初期开始喷药，每亩用 21%硅唑·多菌灵悬浮剂 60～80 毫升，或 40%硅唑·多菌灵悬浮剂 30～40 毫升，或 55%硅唑·多菌灵可湿性粉剂 60～80 克，兑水 45～60 千克均匀喷雾，每隔 7～10 天喷 1 次，连喷 3～5 次。

防治菜豆、豇豆等豆类蔬菜的锈病、白粉病、炭疽病，从病害发生初期开始喷药，用 21%硅唑·多菌灵悬浮剂 800～1000 倍液，或 40%硅唑·多菌灵悬浮剂 2500～3000 倍液，或 55%硅唑·多菌灵可湿性粉剂 800～1000 倍液均匀喷雾，每隔 7～10 天喷 1 次，连喷 3～4 次。

防治芦笋茎枯病，从病害发生初期开始喷药，用 21%硅唑·多菌灵悬浮剂 600～800 倍液，或 40%硅唑·多菌灵悬浮剂 2000～2500 倍液，或 55%硅唑·多菌灵可湿性粉剂 600～800 倍液喷雾，重点喷洒植株中下部，每隔 7～10 天喷 1 次，连喷 2～4 次。

② 硅唑·咪鲜胺。由氟硅唑与咪鲜胺混配的广谱低毒复合杀菌剂，具保护和治疗双重作用。防治黄瓜、甜瓜等瓜类炭疽病，辣椒炭疽病，芸豆、菜豆等豆类蔬菜炭疽病，从病害发生初期开始喷药，每亩用 20%硅唑·咪鲜胺水乳剂 60～80 毫升，或 25%硅唑·咪鲜胺可溶液剂 50～70 克，兑水 45～60 千克均匀喷雾，每隔 7～10 天喷 1 次，连喷 2～4 次。

③ 氟硅唑+腐霉利。防治黄瓜菌核病，用 40%氟硅唑乳油 8000 倍液与 50%腐霉利可湿性粉剂 800 倍液混合喷雾有较好防治效果，预防时 7～8 天喷 1 次，发病时 4～5 天喷 1 遍，连喷 3～4 次。

此外，还有苯甲·氟硅唑等复配剂。

● **注意事项**

（1）氟硅唑使用浓度过高，对作物生长有明显的抑制作用，应严格按要求使用。

（2）在同一个生长季节内使用次数不要超过 4 次，以免产生抗药性，造成药效下降。为避免病原菌产生抗性，应与其他保护性杀菌剂交替使用，如在瓜类等作物白粉病常发病区，应做到氟硅唑与其他杀菌剂，如乙嘧酚、氰菌唑等交替轮换使用。

（3）在病原菌（如白粉病）对三唑酮、烯唑醇、多菌灵等杀菌剂已产生抗药性的地区，可换用本剂。在施药过程中要注意安全防护。

（4）该药混用性能好，可与大多数杀菌剂、杀虫剂混用，但不能与强酸和强碱性药剂混用。

（5）对霜霉病、疫病等病害无效，可与相应的杀菌剂混用。

（6）喷药时水量要足，尽可能叶片正反面都喷到，喷雾时加入优质的展着剂，防效更佳。

（7）应在通风干燥、阴凉、远离火源处安全贮存。

（8）本品对鱼类和水生生物有毒，切记不可污染水井、池塘和水源。

（9）在黄瓜上安全间隔期为 3 天，每季最多使用 2 次；在菜豆上安全间隔期 5 天，每季最多使用 3 次；在番茄上安全间隔期为 3 天，每季最多使用 3 次；在芦笋上安全间隔期为 7 天，每季最多使用 3 次。

木霉菌（*Trichoderma* sp.）

● **其他名称**　哈茨木霉菌、灭菌灵、特立克、生菌散、快杀菌、木霉素、康吉等。

● **主要剂型**　1.5 亿孢子/克、2 亿孢子/克、3 亿孢子/克可湿性粉剂，1 亿孢子/克、2 亿孢子/克、3 亿孢子/克水分散粒剂。

● **毒性**　微毒。

● **作用机理**　以绿色木霉菌通过重复寄生、营养竞争和裂解酶的作用杀灭病原真菌。木霉菌可迅速消耗侵染位点附近的营养物质，立即使致病菌停止生长和侵染,再通过几丁质酶和葡聚糖酶消融病原菌的细胞壁，从而使菌丝体消失，植株恢复绿色。木霉菌与病原菌有协同作用，即越有利于病菌发病的环境条件，木霉菌作用效果越强。

木霉菌的代谢产物在植物生长发育过程中不断积累，在幼龄植物的初生分裂组织中起催化剂作用，能够加速细胞的繁殖，从而使植物生长更快。同时，它从真菌和有机物中摄取营养物质，促使它们腐烂分解，成为有用的肥料，所以用木霉菌处理后的植株一般生长健壮，表现出明显的促进生长作用；保护种子、土壤和各种植物免受病原真菌的侵染；降解毒素。

● **产品优势**

（1）使用方便　采用可水溶性载体，水中分散性好，不会堵塞喷、灌设备。

（2）应用范围广　该产品适用于各种作物的根系，同时也可以适用于作物叶面及收获储藏期。

（3）适用于多种处理方法　建议采用苗床处理，可以采用浸种、蘸根、淋施，也可以随肥水灌溉或单独灌根使用，或者叶面喷雾处理。

（4）经济环保　使用该产品可以避免和减少化学杀菌剂的用量，减少化学药剂对环境的污染，降低病原菌的抗药性，进而降低病害的投入成本。

（5）持效期长　在根部使用该产品可以持续 3 个月以上，在叶部喷施可以持续 7～15 天，减少用药次数和劳动投入。

● **产品特点**　木霉菌属真菌门半知菌亚门丝孢纲丝孢目丛梗孢科木霉属，广泛存在于不同环境条件下的土壤中。大多数木霉菌可产生多种对植物病原真菌、细菌及昆虫具有拮抗作用的生物活性物质，比如细胞壁降解酶类和次级代谢产物，并能提高农作物的抗逆性，促进植物生长和提高农产品产量，因此被广泛用于生物农药、生物肥料及土壤改良剂。由于化学农药对环境的负面影响较为严重，所以对环境较为友好的生物农药木霉菌受到了广泛的关注。国内登记生产木霉菌制剂的企业虽然较少，但木霉菌制剂在市场上的销售增长较为迅速，目前为止，木霉菌生防制剂已占据了真菌杀菌剂近一半的市场份额。

木霉菌属微生物源、真菌杀菌剂，具有杀菌、重复寄生、溶菌、毒性蛋白及竞争作用。对霜霉菌、疫霉菌、丝核菌、小核菌、轮枝孢菌等真菌有拮抗作用，对白粉菌、炭疽菌也表现活性。防治效果接近化学农药三乙膦酸铝、甲霜灵，且显著优于多菌灵，低毒，对蔬菜安全，不污染环境，可作为防治霜霉病的替代农药。

木霉菌在植物根围生长并形成"保护罩"，以防止根部病原真菌的侵染；能分泌酶及抗生素类物质，分解病原真菌的细胞壁；能够刺激植物根的生长，从而使植物的根系更加健康；用药后安全收获间隔期为0天，可作有机生产资料；可以与肥料、杀虫剂、杀螨剂、除草剂、消毒剂、生长调节剂及大部分杀菌剂兼容；适宜生长条件：pH 4～8，土壤温度8.9～36.1℃，与植物根系共生后可以改变土壤的微结构，使其更适宜于根系的生长。

● **应用**　可用于防治瓜类、十字花科蔬菜霜霉病，瓜类、番茄、马铃薯、菜豆、豇豆等多种蔬菜白绢病，茄科、豆科蔬菜立枯病，茄子黄萎病，瓜苗猝倒病，瓜类炭疽病等。使用方法有拌种、灌根和喷雾等。

（1）喷雾　防治大白菜霜霉病，可在发病初期，每亩用1.5亿活孢子/克木霉菌可湿性粉剂200～300克兑水50～60千克均匀喷雾，每隔5～7天喷1次，连喷2～3次。

防治瓜类白粉病、炭疽病，在发病初期，可用1.5亿活孢子/克木霉菌可湿性粉剂300倍液喷雾，每隔5～7天喷1次，连喷3～4次。

防治黄瓜霜霉病，发病初期，每亩用2亿孢子/克木霉菌可湿性粉剂120～200克兑水40～60千克均匀喷雾，每隔7天喷1次，连喷3次。

防治番茄灰霉病，发病前或发病初期，每亩用2亿孢子/克木霉菌可湿性粉剂125～250克兑水30～50千克均匀喷雾，每隔7～10天喷1次，连喷2～3次；或用10亿孢子/克木霉菌可湿性粉剂25～50克兑水30～50千克均匀喷雾，每隔7～10天喷1次，根据病情连喷3次。

防治扁豆白绢病，发病初期，每亩用1.5亿活孢子/克木霉菌可湿性粉剂200～300克兑水30～50千克喷雾。

防治韭菜白绢病，发病初期，每亩用1.5亿活孢子/克木霉菌可湿性粉剂200～300克兑水30～50千克喷雾。

防治油菜霜霉病和菌核病，霜霉病于始花期初发病时开始喷药，菌核病于盛花期喷药，每亩用1.5亿个活孢子/克木霉菌可湿性粉剂200～300克兑水15千克喷雾，每隔7天喷1次，连喷3～4次。

（2）拌种　使用木霉素拌种，可防治根腐病、猝倒病、立枯病、白绢病、疫病等，通过拌种将药剂带入土中，在种子周围形成保护屏障，预防病害的发生。一般用药量为种子量的5%～10%，先将种子喷适量水或黏着剂搅拌均匀，然后倒入干药粉，均匀搅拌，使种子表面都附着药粉，然后播种。

（3）拌土　拌土主要用于防治蔬菜苗期病害。土壤处理操作简单，且能促进木霉菌迅速定殖，是目前普遍使用的田间施药方法，适用于预防及早期发病的防治处理。用活孢子 2 亿个/克木霉菌可湿性粉剂 100 克拌苗床土 200 千克，可防治多种土传病害。

（4）蘸根　在辣椒定植前，用活孢子 1 亿个/克木霉菌水分散粒剂 200 倍液蘸根，然后定植，可以防治辣椒疫病的发生。

（5）穴施　定植时穴施可以防治土传病害。在移栽时每穴施活孢子 2 亿个/克木霉菌可湿性粉剂 2 克，木霉菌制剂上覆一层细土后将幼苗移入穴内，覆土浇水，可以控制由腐霉菌、疫霉菌和镰刀菌引起的枯萎病、根腐病的发生。

（6）撒施　防治黄瓜、苦瓜、南瓜、扁豆等蔬菜的白绢病，可在发病初期，每亩用 1.5 亿活孢子/克木霉菌可湿性粉剂 400～450 克和细土 50 千克拌匀，制成菌土，撒在病株茎基部，每隔 5～7 天撒 1 次，连撒 2～3 次。

（7）灌根　使用木霉菌灌根，可防治根腐病、白绢病等茎基部病害，用 1 亿活孢子/克木霉菌水分散粒剂 1500～2000 倍液，每株灌 250 毫升药液，灌后及时覆土。

在辣椒枯萎病初发病时，用 1.5 亿活孢子/克木霉菌可湿性粉剂 600 倍液灌根，每株灌 250 毫升药液，灌后及时覆土。

防治番茄苗期立枯病、猝倒病，应在番茄苗期发病前使用，每平方米苗床用 2 亿孢子/克木霉菌可湿性粉剂 4～6 克兑水 2 升喷淋或灌根，每隔 3～5 天喷淋或灌根 1 次，连用 2 次。

在番茄白绢病发病初期，用人工培养好的哈茨木霉菌 0.4～0.5 千克，加细土 50 千克混匀后把菌土撒施在病株茎基部，每亩施 1 千克，效果好。

防治菜豆根腐病、白绢病，发病初期用 2 亿活孢子/克木霉菌可湿性粉剂 1500～2000 倍液灌根，药液量为 250 毫升/株，为防止阳光直射造成菌体活力降低，使药液与根部接触、吸附土壤，可先在病株周围挖穴，药液渗入后及时覆土。

防治辣椒茎基腐病，播种后定植前、定植时和初花期，每平方米用

2 亿孢子/克木霉菌可湿性粉剂 4～6 克兑水 2 升进行灌根。

防治草莓枯萎病，发病前或发病初期，每平方米用 2 亿孢子/克木霉菌可湿性粉剂 330～500 倍液灌根，每隔 7～10 天灌 1 次，连灌 3 次。

（8）制作生物肥，将 1 千克木霉菌剂加入 1000 千克有机肥中，作为生物肥料使用。

● **注意事项**

（1）木霉菌为真菌制剂，不能与酸性、碱性农药混用，也不能与杀菌农药混用，否则会降低菌体活力，影响药效正常发挥。在发病严重地区应与其他类型杀菌剂交替使用，以延缓抗性产生。

（2）不可用于食用菌病害的防治。赤眼蜂等害虫天敌放飞区域禁用本品。

（3）一定要于发病初期开始喷药，喷雾时需均匀、周到，不可漏喷，如喷后 8 小时内遇雨，需及时补喷。

（4）使用本品，连续阴雨或湿度较大的环境中，或者当病情较重的情况下，建议使用较高剂量。避免在极端温度和湿度下，或作物长势较弱的情况下使用本品。

（5）木霉菌类药剂可以与多数生物杀虫剂和化学杀虫剂同时混用。

（6）露天使用时，最好于阴天或下午 4 时作业。

（7）药剂要保存在阴凉、干燥处，防止受潮和光线照射。

（8）远离水产养殖区施药，禁止在河塘等水体中清洗施药器具，避免污染水源。

异菌脲（iprodione）

$C_{13}H_{13}Cl_2N_3O_3$，330.17

● **其他名称** 扑海因、抑霉星、鲜果星、冠龙、蓝丰、奇星、美星、勤耕、丰灿、灰腾、辉铲、福露、咪唑霉、异菌咪、桑迪思、依普同、异丙定。

● **主要剂型**　50%可湿性粉剂，23.5%、25%、25.5%、255 克/升、45%、50%、500 克/升悬浮剂，3%、5%粉尘剂，5%、25%油悬浮剂，10%乳油。

● **毒性**　低毒。

● **作用机理**　异菌脲属二羧酰亚胺类杀菌剂。异菌脲通过抑制蛋白酶，控制多种细胞功能的细胞信号，干扰碳水化合物进入真菌细胞而致敏。

● **产品特点**

（1）为广谱、触杀型、保护性杀菌剂，高效低毒，对环境无污染，对人畜安全，对蜜蜂无毒，尤其适合在蔬菜作物上应用。

（2）主要用于预防发病，药效期较长，一般 10～15 天。因此，它既可抑制真菌孢子的萌发及产生，也可抑制菌丝生长，对病原菌生活史中的各个发育阶段均有影响。可以防治对苯并咪唑类内吸杀菌剂（如多菌灵、噻菌灵）有抗性的菌种，也可防治一些通常难以控制的菌种。

● **应用**

（1）单剂应用

① 拌种。防治大蒜白腐病，50%异菌脲可湿性粉剂用药量为蒜种重量的 0.2%，用水量为蒜种重量的 0.6%，将药剂溶于水中，再用药液拌种。

防治白菜类的黑斑病、白斑病，用 50%异菌脲可湿性粉剂拌种，用药量为种子重量的 0.2%～0.3%。

防治乌塌菜菌核病，用 50%异菌脲可湿性粉剂拌种，用药量为种子重量的 0.2%～0.5%。

防治瓜类蔓枯病，大葱和洋葱白腐病，胡萝卜斑点病、黑斑病、黑腐病，菜心黑斑病，落葵蛇眼病，用 50%异菌脲可湿性粉剂拌种，用药量为种子重量的 0.3%。

防治甜（辣）椒菌核病，用 50%异菌脲可湿性粉剂拌种，用药量为种子重量的 0.4%～0.5%。

防治扁豆角斑病，用 50%异菌脲可湿性粉剂拌种，用药量为种子重量的 0.3%。

② 浸种。将 50%异菌脲可湿性粉剂兑水稀释后，用药液浸种，然后捞出洗净后催芽播种或晾干后播种，药液浓度和浸种时间长短，因病而异。

防治番茄的早疫病、斑枯病、黑斑病，用50%异菌脲可湿性粉剂500倍液，浸种50分钟。

防治西瓜叶枯病，用50%异菌脲可湿性粉剂1000倍液，浸种2小时。

③ 苗床消毒。防治十字花科黑根病，播前每亩用50%异菌脲可湿性粉剂3千克拌细土40～50千克均匀撒于苗床表面，留少量药土盖种。

防治油菜褐斑病，每平方米苗床面积上用50%异菌脲可湿性粉剂8克与0.8～1.6千克过筛干细土混匀，制成药土，油菜籽播种后，将药土覆盖在种子上。

④ 涂茎。瓜类蔓枯病较重时，可用50%异菌脲可湿性粉剂500～600倍液涂抹病茎。

防治黄瓜、西葫芦、冬瓜、节瓜等的菌核病，西瓜蔓枯病，用50%异菌脲可湿性粉剂50倍液，涂抹于茎蔓上发病处。

防治番茄早疫病，用50%异菌脲可湿性粉剂180～200倍液，涂抹于茎、叶上发病处。

防治番茄和茄子的灰霉病，在配好的植物生长调节剂药液中（如2,4-滴、对氯苯氧乙酸钠）加入0.1%的50%异菌脲可湿性粉剂，然后处理花朵。

⑤ 灌根。防治黄瓜枯萎病，用50%异菌脲可湿性粉剂400倍液灌根。

防治豌豆根腐病，用50%异菌脲可湿性粉剂1000倍液喷淋，每隔15天喷淋1次，连续喷淋2～3次。

防治食用百合枯萎病，用50%异菌脲可湿性粉剂1000倍液浇灌。

防治黄秋葵枯萎病，发现病株，用50%异菌脲可湿性粉剂900倍液浇灌。

防治食用菊花枯萎病，发病初期，用50%异菌脲可湿性粉剂1000倍液灌根，每株灌兑好的药液0.4～0.5升，视病情连灌2～3次。

⑥ 喷粉尘剂。每亩保护地用3%异菌脲粉尘剂1千克，在傍晚密闭棚膜喷施，可防治西芹的斑枯病、叶斑病，番茄早疫病；用5%异菌脲粉尘剂1千克，在傍晚密闭棚膜喷施，可防治番茄、黄瓜、韭菜、草莓等的灰霉病、叶霉病、炭疽病，番茄的早疫病、晚疫病，黄瓜菌核病。

⑦ 喷雾防治。防治草莓灰霉病、草莓叶斑病；瓜类、茄子灰霉病，

茄子早疫病等，在发病前或发病初期开始喷药，每亩用 50%异菌脲可湿性粉剂或 50%异菌脲悬浮剂 50～100 毫升，兑水 50 千克均匀喷雾，每隔 7～10 天喷 1 次，连喷 2～3 次。

防治辣椒立枯病，播种后，每平方米用 50%异菌脲可湿性粉剂 2～4 克兑水 2 升后用泼浇法对苗床土壤进行处理，施药时保证药液均匀，以浇透为宜，安全间隔期 10 天，每季最多施用 1 次。

防治西瓜叶斑病，发病初期，每亩用 500 克/升异菌脲悬浮剂 60～90 毫升兑水 40～60 千克均匀喷雾。安全间隔期 14 天，每季最多施用 3 次。

防治番茄灰霉病、番茄早疫病，发病前或发病初期，每亩用 50%异菌脲可湿性粉剂 50～100 克，或 500 克/升异菌脲悬浮剂 75～100 毫升，或 25%异菌脲悬浮剂 100～200 毫升，或 50%异菌脲水分散粒剂 120～160 克，兑水 30～50 千克均匀喷雾，每隔 7～10 天喷 1 次，安全间隔期 7 天，每季最多施用 2 次。

防治大蒜、大白菜、豌豆、菜豆、芦笋等蔬菜的灰霉病、菌核病、黑斑病、斑点病、茎枯病等，在发病初期开始用药，每亩用 50%异菌脲可湿性粉剂 66～100 毫升兑水 50 千克喷雾，防治叶部病害，每隔 7～10 天喷 1 次；防治根茎部病害，每隔 10～15 天喷 1 次，视病情连喷 2～3 次。

防治黄瓜灰霉病，在发病初期，每亩用 50%异菌脲可湿性粉剂 75～100 克兑水 50 千克喷雾。每隔 7～10 天喷 1 次，连喷 1～3 次。

防治黄瓜菌核病，在发病初期，每亩用 50%异菌脲可湿性粉剂 75～100 克兑水 80～100 千克喷雾，每隔 7～10 天喷 1 次，连喷 2 次。

防治莴苣灰霉病，每亩用 50%异菌脲可湿性粉剂 25 克兑水 50 千克喷雾，于发病初期，每隔 10～15 天喷 1 次，连喷 2～3 次。

防治薤菜链格孢叶斑病，发病前，用 50%异菌脲可湿性粉剂 1000 倍液喷雾。

防治甘蓝类黑胫病，用 50%异菌脲可湿性粉剂 1500 倍液喷雾，每隔 7 天喷 1 次，连喷 2～3 次。药要喷到下部老叶、茎基部和畦面。

防治大葱、洋葱匍柄霉紫斑病、链格孢叶斑病、小粒菌核病，发病初期，用 50%异菌脲可湿性粉剂 1000 倍液喷雾。

防治水生蔬菜，如莲藕褐斑病，茭白瘟病，胡麻斑病、纹枯病，荸荠灰霉病，茭白纹枯病，芋污斑病等，于发病初期开始，用 50%异菌脲可湿性粉剂 700～1000 倍液喷雾，每隔 7～10 天喷 1 次，连喷 2～3 次。在药液中加 0.2%中性洗衣粉后防病效果更好。

防治扁豆轮纹斑病、淡褐斑病，发病初期，用 50%异菌脲可湿性粉剂 800～1000 倍液，隔 7～10 天喷 1 次，连喷 2～3 次。

防治温室葫芦科蔬菜、胡椒、茄子等的灰霉病、早疫病、斑点病，发病初期开始施药，每亩用 500 克/升异菌脲悬浮剂 50～100 毫升兑水 50 千克喷雾，每隔 7 天喷 1 次，连喷 2～3 次。

防治油菜菌核病，在始花期花蕾率达 20%～30%或病害初发时（茎病率小于 0.1%）和盛花期各施 1 次，每次每亩用 50%异菌脲可湿性粉剂 66～100 毫升兑水 50 千克喷雾。

防治玉米小斑病，在发病初期，每亩用 50%异菌脲可湿性粉剂或悬浮剂 200～400 克兑水 60 千克喷雾，隔 15 天再喷 1 次。

防治黄秋葵尾孢叶斑病，发病初期，用 50%异菌脲可湿性粉剂 700 倍液喷雾。

防治黄秋葵轮纹病，发病初期，用 50%异菌脲可湿性粉剂 1000 倍液喷雾，每隔 10 天左右喷 1 次，连喷 2～3 次。

防治魔芋轮纹斑病、白绢病，发病初期，用 50%异菌脲可湿性粉剂 1000 倍液喷雾。

防治莲藕链格孢叶斑病、叶点霉烂叶病、小菌核叶腐病，发病初期，用 50%异菌脲可湿性粉剂 1000 倍液喷雾，每隔 10 天左右喷 1 次，防治 2～3 次。

防治慈姑叶柄基腐病，发病初期，用 50%异菌脲可湿性粉剂 1000 倍液喷雾，每隔 10 天左右喷 1 次，连喷 2～3 次。

防治豆薯镰孢根腐病，发病初期，用 50%异菌脲可湿性粉剂 1000 倍液喷雾。

（2）复配剂应用　异菌脲常与百菌清、腐霉利、戊唑醇、嘧霉胺、嘧菌环胺、氟啶胺、福美双、代森锰锌、烯酰吗啉、甲基硫菌灵、丙森锌、肟菌酯、咪鲜胺、多菌灵等杀菌剂成分混配，用于生产复配杀菌剂。

① 异菌·百菌清。是异菌脲与百菌清复配的混剂，主要用于防治保

护地内栽培的番茄、辣椒、茄子、黄瓜、西葫芦、菜豆等瓜果豆类蔬菜的灰霉病，从病害发生初期或持续阴天 2 天时开始用药，每亩用 15%异菌·百菌清烟剂 250～300 克，傍晚在保护地内分多点均匀放置，然后从内向外依次点燃，最好密闭棚室一夜，第二天充分放风后再进入棚室进行农事活动，每隔 7～10 天熏 1 次。

② 异菌·多菌灵。由异菌脲与多菌灵混合的广谱低毒复合杀菌剂，具保护和治疗双重作用。防治番茄早疫病、黄瓜靶斑病，从病害发生初期开始喷药，每亩用 20%异菌·多菌灵悬浮剂 150～200 毫升，或 52.5%异菌·多菌灵可湿性粉剂 100～150 克，兑水 45～60 千克喷雾，每隔 10 天左右喷 1 次，连喷 3～4 次。

防治洋葱紫斑病，从病害发生初期开始喷药，每亩用 20%异菌·多菌灵悬浮剂 100～120 毫升，或 52.5%异菌·多菌灵可湿性粉剂 80～100克，兑水 30～45 千克喷雾，每隔 10 天左右喷 1 次，连喷 2 次左右。

防治马铃薯早疫病，从病害发生初期开始喷药，每亩用 20%异菌·多菌灵悬浮剂 200～250 毫升，或 52.5%异菌·多菌灵可湿性粉剂 120～150 克，兑水 60～75 千克喷雾，每隔 10 天左右喷 1 次，连喷 2～4 次。

③ 异菌·福美双。由异菌脲与福美双混合的广谱低毒复合杀菌剂，以保护作用为主。防治番茄早疫病，从病害发生初期开始喷药，每亩用50%异菌·福美双可湿性粉剂 100～150 克兑水 45～60 千克喷雾，每隔7～10 天喷 1 次，连喷 3～4 次。

防治瓜果豆类蔬菜灰霉病，从病害发生初期或遇持续阴天 2 天时开始喷药，药剂用量同番茄早疫病，每隔 7 天左右喷 1 次，连喷 2～3 次。

防治葱及洋葱紫斑病，从病害发生初期开始喷药，每亩用 50%异菌·福美双可湿性粉剂 75～100 克兑水 30～45 千克喷雾，每隔 7～10天喷 1 次，连喷 2 次。

④ 异菌·腐霉利。由异菌脲与腐霉利混配。防治黄瓜灰霉病，在幼果残留花瓣初发病时开始施药，用 50%异菌·腐霉利可湿性粉剂 1000～1500 倍液喷雾，每隔 7 天喷 1 次，连喷 3～4 次。

防治黄瓜菌核病，从发病初期开始施药，每亩用 50%异菌·腐霉利可湿性粉剂 35～50 克兑水 50 千克喷雾；或每亩用 10%异菌·腐霉利烟剂 350～400 毫升点燃放烟，每隔 7～10 天熏 1 次。喷雾还应结合涂茎，即用 50%异菌·腐霉利加 50 倍水调成糊状液，涂于患病处。

防治番茄灰霉病，在发病初期，每亩用 35%异菌·腐霉利悬浮剂 75～125 克或 50%异菌·腐霉利可湿性粉剂 35～50 克，兑水 50 千克喷雾。对棚室番茄，在进棚前 5～7 天喷 1 次；移栽缓苗后再喷 1 次；开花期施 2～3 次，重点喷花；幼果期重点喷青果。在保护地里可熏烟，每亩用 10%异菌·腐霉利烟剂 300～450 克，也可与百菌清交替使用。

防治番茄菌核病、番茄早疫病，用 50%异菌·腐霉利可湿性粉剂 1000～1500 倍液喷雾，隔 10～14 天再施 1 次。

防治辣椒灰霉病，发病前或发病初喷 50%异菌·腐霉利可湿性粉剂 1000～1500 倍液，保护地每亩用 10%异菌·腐霉利烟剂 200～250 克熏烟。

防治辣椒等多种蔬菜的菌核病，在育苗前或定植前，每亩用 50%异菌·腐霉利可湿性粉剂 2 千克进行土壤消毒。田间发病，用 50%异菌·腐霉利可湿性粉剂 1000 倍液喷雾；保护地每亩用 10%异菌·腐霉利烟剂 250～300 克熏烟。

⑤ 甲硫·异菌脲。由甲基硫菌灵与异菌脲复配而成。防治黄瓜炭疽病，发病前期，每亩用 60%甲硫·异菌脲可湿性粉剂 40～60 克兑水 30～50 千克喷雾，安全间隔期 3 天，每季最多施用 3 次。

此外，还有啶酰·异菌脲、嘧霉·异菌脲、异菌·氟啶胺、咪鲜·异菌脲等复配剂。

● **注意事项**

（1）须按照规定的稀释倍数进行使用，不可任意提高浓度。配制药液时，先灌入半喷雾器水，然后加入异菌脲制剂并搅拌均匀，最后将水灌满并混匀；叶面喷雾应力求均匀、周到，使植株充分着液又不滴液为宜。悬浮剂可能会有一些沉淀，摇匀后使用不影响药效。大风天或预计 1 小时内有雨，请勿施药。

（2）异菌脲是一种以保护性为主的触杀型杀菌剂，应在病害发生初期施药，使植株均匀着药。

（3）随配随用，不能与碱性物质和强酸性药剂混用。避免在暑天中午高温烈日下操作，避免高温期采用高浓度。避免在阴湿天气或露水未干前施药，以免发生药害，喷药 24 小时内遇大雨补喷。

（4）不宜长期连续使用，以免产生抗药性，应与其他类型的药剂交替使用或混用，但不要与本药剂作用机制相同的农药如腐霉利、乙烯菌核利等混用或轮用。

为预防抗性菌株的产生，作物全生育期异菌脲的使用次数控制在3次以内，在病害发生初期和高峰期使用，可获得最佳效果。一般叶部病害2次喷药间隔7～10天，根茎部病害间隔10～15天，都在发病初期用药。

（5）对鱼类等水生生物有毒，应远离水产养殖区施药，禁止在河塘等水体中清洗施药器具。

噁霉灵（hymexazol）

$C_4H_5NO_2$，99.09

● **其他名称** 绿亨一号、爱根、力博、康有力、绿佳、抑霉灵、天达根际、立枯灵、克霉灵、杀纹宁、康丹、土菌消、土菌克、F-319、SF-6505、土菌清、绿佳宝、百禾源噁霉灵等。

● **主要剂型** 1%、8%、15%、18%、30%水剂，15%、70%、95%、96%、99%可湿性粉剂，70%种子处理干粉剂，80%水分散粒剂，30%悬浮种衣剂，70%可溶粉剂，0.1%、1%颗粒剂。

● **毒性** 低毒。

● **作用机理** 噁霉灵作为一种内吸性杀菌剂和土壤消毒剂，具有独特的作用机理。噁霉灵能被植物的根吸收及在根系内移动，在植株内代谢产生两种糖苷，对作物有提高生理活性的效果，从而能促进植株生长、根的分蘖、根毛的增加和根的活性提高。噁霉灵进入土壤后被土壤吸收并与土壤中的铁、铝等无机金属盐离子结合，有效抑制孢子的萌发和病原真菌菌丝体的正常生长或直接杀灭病菌，药效可达两周。因对土壤中病原菌以外的细菌、放线菌的影响很小，所以对土壤中微生物的生态不产生影响，在土壤中能分解成毒性很低的化合物，对环境安全。

● **产品特点** 噁霉灵为内吸性有机杂环类杀菌剂，同时又是一种土壤消毒剂，主要用于灌根和土壤处理，对多种病原真菌引起的植物病害有较高的防治结果，对鞭毛菌亚门、子囊菌亚门、担子菌亚门、半知菌亚门的腐霉菌、苗腐菌、镰刀菌、丝核菌、伏革菌、根壳菌等都有很好的治疗效果，是世界公认的无公害、无残留、低毒农药，符合绿色食品生产的要求。

（1）具有内吸性和传导性，能直接被植物根部吸收，进入植物体内，移动极为迅速。在根系内移动仅 3 小时便移动到茎部，24 小时内移动至植物全身，其在植物体内的代谢产物为两种葡萄糖苷，对植物有促进根系发育和植物生长的作用。

（2）在土壤中能提高药效，大多数杀菌剂用于土壤消毒容易被土壤吸附，有降低药效的趋势，而恶霉灵两周内仍有杀菌活性，在土壤中能与无机金属盐的铁、铝离子结合，抑制病菌孢子的萌发，被土壤吸附的能力极强，在垂直和水平方向的移动性很小，对提高药效有重要作用。

（3）对植物有促进生长作用，促进根部的分叉、根毛的数量增加，有利于根的活力提高，地下部分的干物重量增加 5%～15%。吸收水分、养分的能力很强，施用恶霉灵的根比未施恶霉灵的根颜色明显白嫩，有防止根老化作用。可防止由于低温引起生理障碍的萎凋苗，有良好的抗旱、抗寒、减轻除草剂药害功能。提高秧苗的壮苗率，总苗重增加，秧苗移入大田后的成活率提高，缩短移栽后的缓苗时间，移栽后转青较不施用恶霉灵的快 1～2 天。

（4）安全低毒无残留，是环保型杀菌剂，是绿色食品的首选农药。

（5）鉴别要点：原药外观为无色结晶，溶于大多数有机溶剂。水剂为浅黄棕色透明液体。可湿性粉剂为白色细粉，带有轻微特殊刺激气味。恶霉灵单剂及复配制剂产品应取得农药生产批准证书（HNP），选购时应注意识别该产品的农药登记证号、农药生产批准证书号、执行标准号。该产品的定性鉴定一般应送样品至法定质检机构进行鉴别。

● 应用

（1）单剂应用　主要用于防治西瓜、黄瓜枯萎病、蔓枯病、疫病、菌核病、立枯病、白绢病、灰霉病；番茄灰霉病、早疫病、晚疫病、绵疫病、枯萎病；茄子褐纹病、枯萎病、绵疫病、菌核病；甜（辣）椒灰霉病、疫病；白菜、甘蓝黑根病、菌核病；豆类枯萎病、灰霉病、菌核病；葱、蒜类灰霉病、紫斑病等。

① 种子消毒。分干拌、湿拌。每千克种子用原药 1 克，或 95%噁霉灵精品（绿亨一号）1～2 克。干拌时，将药剂与少量过筛细土掺匀之后加入种子拌匀即可。湿拌时，将种子用少量水润湿之后，加入所需药量均匀混合拌种即可。也可以把原药用水稀释成 2000 倍液（1 克原药加 2 千克水），用适量的稀释液与所要消毒的种子均匀拌好之后阴干播种。拌种最好用拌种桶，每次拌种量不要超过半桶，拌种桶保持每分钟 20～30 转，正倒转各 50～60 次，使种子与药充分拌匀。拌种后随即播种，不要闷种。

防治大白菜猝倒病、立枯病，用种子重量 0.2%～0.3%的 70%噁霉灵可湿性粉剂拌种。

② 苗床消毒。预防蔬菜苗床立枯病、猝倒病、炭疽病、枯萎病等多种病害的发生，在播种前，用 96%噁霉灵可湿性粉剂 3000～6000 倍液（或 30%噁霉灵水剂 1000 倍液）细致喷洒苗床土壤，每平方米喷洒药液 3 克。或将 1 克 95%噁霉灵精品（绿亨一号）与 15～20 千克过筛细土掺匀后，将其 1/3 撒在床内，余下 2/3 用作播种后盖土。

防治黄瓜的猝倒病、幼苗（腐霉）根腐病、立枯病，冬瓜立枯病，茄科蔬菜幼苗立枯病，在发病初期，每平方米苗床面积喷淋 15%噁霉灵水剂 450 倍液药液 2～3 升，酌情喷淋 1～2 次。

防治黄瓜（腐霉）根腐病，在苗床浇透水后，用 30%噁霉灵可湿性粉剂 500 倍液均匀喷洒于苗床上。或每平方米用 30%噁霉灵可湿性粉剂 8～10 克，与适量细干土拌匀，配成药土，先把 1/3 的药土撒在苗床上，播种后再把 2/3 的药土撒在种子上。或每立方米苗床土用 30%噁霉灵可湿性粉剂 150 克，拌匀后装于营养钵或穴盘内育苗。

防治西瓜猝倒病，采用穴盘轻基质育苗时，每立方米基质里加入 95%噁霉灵精品 30 克，均匀混合。

防治芹菜猝倒病，每平方米用 15%噁霉灵水剂 8～12 毫升与过筛的细土或细沙 5～8 千克混合，播种时将 1/3 的药土铺在苗床表面，其余 2/3 的药土作种子的盖土。

③ 营养土消毒。每立方米用噁霉灵原药 2～3 克兑水 3～5 千克，均匀喷洒在营养土上，充分掺匀后装盆播种。也可先用 10～20 千克过筛细

土与上述用药量掺匀之后，再与营养土充分拌匀，然后装盆播种。

④ 幼苗定植时或秧苗生长期消毒。用 96%噁霉灵可湿性粉剂 3000～6000 倍液（或 30%噁霉灵水剂 1000 倍液）喷洒，隔 7 天再喷 1 次，不但可预防枯萎病、根腐病、茎腐病、疫病、黄萎病等病害的发生，而且可促进秧苗根系发达、植株健壮，增强对低温、霜冻、干旱、涝渍、药害、肥害等多种自然灾害的抗御能力。在发病初期每株作物根围用 96%噁霉灵可湿性粉剂 3000 倍液 100～150 毫升浇灌，密植时可用同样浓度的药液进行条施，施药时应使药液达到根部。

防治黄瓜等瓜类蔬菜枯萎病，从黄瓜苗定植后，可用 70%噁霉灵可湿性粉剂 300～500 倍液开始灌根，每隔 10 天灌 1 次，第一次每株灌 100 毫升药液，第二次和第三次，每株灌 200 毫升药液，在第四次和第五次，每株灌 300 毫升药液。

防治番茄（腐霉）茎基腐病、根腐病等，将 30%噁霉灵水剂 800 倍液，在发病初期灌根，每株灌药液 100～200 毫升。

防治辣椒枯萎病，定植时先把 70%噁霉灵可湿性粉剂配成 1500 倍液，取 15 千克放入长方形大容器中，再把穴盘整个浸入药液中蘸湿即可。发病初期，可用 72.2%霜霉威水剂 700 倍液混 70%噁霉灵可湿性粉剂 1500 倍液浇灌，隔 10 天左右灌 1 次，连灌 2～3 次。

防治食用百合疫病，发现病株立即拔除并销毁，病穴用 30%噁霉灵水剂 800 倍液消毒。

⑤ 喷雾或灌根。防治甜菜立枯病，用 70%噁霉灵可湿性粉剂 400～700 克加 50%福美双可湿性粉剂 400～800 克，兑适量水稀释后，均匀拌种 100 千克。田间发病初期，用 70%噁霉灵可湿性粉剂 3000～3300 倍液喷洒或灌根。

防治黄瓜、番茄、茄子、辣椒的猝倒病、立枯病，发病初期，用 30%噁霉灵水剂 2000 倍液喷雾，每平方米喷药液 2～3 千克。

防治西瓜、黄瓜等瓜类枯萎病，用 15%噁霉灵水剂或 15%噁霉灵可湿性粉剂 300～400 倍液，或 30%噁霉灵水剂 600～800 倍液，或 70%噁霉灵可湿性粉剂 1500～2000 倍液灌根，每株需要浇灌药液 150～250 毫升。

防治西瓜猝倒病，发病初期，用 30%噁霉灵水剂 800 倍液喷淋。

防治豇豆基腐病，用 70%噁霉灵可湿性粉剂 1500 倍液喷雾，能促进根系对不利气候条件的抵抗力。

防治豌豆镰孢枯萎病、根腐病，发病初期，用 70%噁霉灵可湿性粉剂 1500 倍液喷洒或浇灌。

防治菜用大豆根腐病，发病初期，用 70%噁霉灵可湿性粉剂 1500 倍液喷雾。

防治菠菜枯萎病，发病初期，用 70%噁霉灵可湿性粉剂 1500 倍液。

防治芹菜猝倒病，发病初期，用 70%噁霉灵可湿性粉剂 1800 倍液喷雾。

防治芹菜黄萎病，发病初期，用 70%噁霉灵可湿性粉剂 1500 倍液，或 30%噁霉灵水剂 700 倍液喷淋或浇灌。

防治蕹菜根腐病，发病初期，用 70%噁霉灵可湿性粉剂 1500 倍液喷雾。

防治冬寒菜根腐病，及早挖除病株，病穴及其附近植株用 70%噁霉灵可湿性粉剂 1500 倍液喷淋，连续喷淋 2～3 次。

防治大葱、洋葱苗期立枯病，出苗后发病初期，用 70%噁霉灵可湿性粉剂 800 倍液喷淋根部，隔 7 天喷淋 1 次，连喷 2 次。

防治大葱、洋葱枯萎病，用 70%噁霉灵可湿性粉剂 1500 倍液喷淋。

防治黄花菜白绢病、镰孢枯萎病，发病初期，用 30%噁霉灵水剂 800 倍液浇灌。

防治黄花菜叶斑病，发病初期，用 70%噁霉灵可湿性粉剂 1500 倍液喷雾，每隔 7～10 天喷 1 次，连喷 2～3 次。

防治芦笋梢枯病，发病初期，用 70%噁霉灵可湿性粉剂 1500 倍液喷雾，或涂茎。

防治食用百合白绢病，发病初期，用 70%噁霉灵可湿性粉剂 1500 倍液喷雾。

防治食用百合枯萎病，发病初期，用 70%噁霉灵可湿性粉剂 1500 倍液浇灌。

防治黄秋葵枯萎病，发现病株，用 70%噁霉灵可湿性粉剂 1500 倍液浇灌。

防治食用菊花枯萎病，发病初期，用 70%噁霉灵可湿性粉剂 1500

倍液灌根，每株灌兑好的药液 0.4～0.5 升，视病情连灌 2～3 次。

防治马铃薯枯萎病，用 70%噁霉灵可湿性粉剂 1500 倍液浇灌。

防治芋枯萎病，发病初期，用 30%噁霉灵水剂 800 倍液浇灌。

防治豆薯腐霉根腐病，发病初期，用 70%噁霉灵可湿性粉剂 1500 倍液喷淋。

（2）复配剂应用　可与多种杀虫剂、杀菌剂、除草剂混合使用。噁霉灵常与甲霜灵、福美双、络氨铜、甲基硫菌灵混配，用于生产复配杀菌剂。

① 噁霉·福美双。由福美双与噁霉灵复配而成，主要用于防治土传和种传病害，防治黄瓜等瓜果苗床的立枯病、猝倒病，于发病初期，每平方米用 54.5%噁霉·福美双可湿性粉剂 3.67～4.6 克，兑水 3 千克喷淋苗床，而后播种育苗。出苗后，若遇阴湿低温条件或苗床开始发病时，相同药量喷淋苗床。

防治黄瓜、西瓜及甜瓜的枯萎病，从植株坐住瓜后或田间初见病株时开始用药，用 68%噁霉·福美双可湿性粉剂 800～1000 倍液，或 54.5%噁霉·福美双可湿性粉剂 800～1000 倍液顺茎基部灌根，每株浇灌药液 200～250 毫升，半月左右 1 次，连灌 2～3 次。

防治茄子黄萎病，从门茄坐住后开始药液灌根，药剂使用量同黄瓜枯萎病，每隔半月左右 1 次，连灌 2～3 次。

防治冬寒菜根腐病，及早挖除病株，病穴及其附近植株用 54.5%噁霉·福可湿性粉剂 700 倍液喷淋，连续喷淋 2～3 次。

防治西瓜猝倒病，采用穴盘轻基质育苗时，每立方米基质里加入 54.5%噁霉·福可湿性粉剂 10 克，均匀混合。采用营养钵育苗时，播种前 1 天用 54.5%噁霉·福可湿性粉剂 800 倍液浇透苗土，再把种子平放播于营养钵内。

防治菜用大豆根腐病，发病初期，用 54.5%噁霉·福可湿性粉剂 700 倍液喷雾。

防治菠菜枯萎病，发病初期，用 54.5%噁霉·福可湿性粉剂 700 倍液喷淋。

防治姜枯萎病，发病初期，于病穴及其四周植穴，用 54.5%噁霉·福可湿性粉剂 700 倍液喷淋。

防治芋枯萎病，用54.5%噁霉·福可湿性粉剂700倍液浇灌。

防治甜菜立枯病，主要采用拌种处理，干拌法每100千克甜菜种子，用70%噁霉灵可湿性粉剂400～700克与50%福美双可湿性粉剂400～800克混合均匀后再拌种；湿拌法每100千克种子，先用种子重量30%的水把种子拌湿，然后用70%噁霉灵可湿性粉剂400～700克与50%福美双可湿性粉剂400～800克混合均匀后再拌种。

② 噁霉·络氨铜。由噁霉灵与络氨铜混合的广谱低毒复合杀菌剂，对土传真菌性病害有较好防治效果。

防治西瓜、甜瓜、黄瓜等瓜类蔬菜的枯萎病，从坐住瓜后或田间初见病株时开始用药，用19%噁霉·络氨铜水剂500～600倍液顺茎基部灌根，每株浇灌药液200～250毫升，每隔半月左右1次，连用2～3次。

防治茄子黄萎病，从门茄坐住后开始用药液灌根，药剂使用量同瓜类枯萎病，每隔半月左右1次，连灌2～3次。

③ 甲硫·噁霉灵。由噁霉灵和甲基硫菌灵复配而成的新型高效内吸保护性杀菌剂，预防和治疗多种作物病害；目前生产中主要用于防治黄瓜、甜瓜、西瓜等瓜类的枯萎病，茄子黄萎病，番茄根腐病等。

防治黄瓜、甜瓜、西瓜等瓜类的枯萎病，首先在秧苗定植时用56%甲硫·噁霉灵可湿性粉剂600～800倍液浇灌定植水；然后从坐住瓜后或田间初显病株时，立即开始用56%甲硫·噁霉灵可湿性粉剂500～600倍液灌根，每株浇灌药液200～300毫升，每隔15天左右1次，连灌2～3次。

防治茄子黄萎病，首先在定植时浇灌定植药水，然后从门茄坐住后或田间初显病株时立即开始用药液灌根。药剂使用浓度及灌药液量同"瓜类枯萎病"，每隔15天左右1次，连灌2～3次。

防治番茄根腐病，首先在定植时浇灌定植药水，然后从田间初显病症时立即开始用药液灌根。药剂使用浓度及灌药液量同"瓜类枯萎病"，每隔15天左右1次，连灌2～3次。

④ 甲霜·噁霉灵。由甲霜灵和噁霉灵复配而成的一种内吸性高效杀菌剂，药效持久，杀菌面广，能防治多种土壤病害，可促进作物生长，健苗壮苗；增强发根能力，对提高农产品的产量和品质有明显作用。

防治叶菜类立枯病，用30%甲霜·噁霉灵水剂1500倍液喷洒或灌根。

防治西瓜枯萎病，用 30%甲霜·噁霉灵水剂 1200～1500 倍液喷淋苗床或本田灌根。

防治黄瓜、番茄、茄子、辣椒的猝倒病、立枯病、枯萎病等病害，发病初期，用 30%甲霜·噁霉灵水剂 1500 倍液喷淋，每平方米喷药液 2 千克。

防治黄瓜枯萎病，定植时，用 30%甲霜·噁霉灵水剂 1500 倍液浇灌。

使用甲霜·噁霉灵拌种时，干拌、湿拌或闷种易产生药害，因而应严格控制用药量，以防抑制作物生长。

⑤ 噁霉·乙蒜素。由噁霉灵与乙蒜素复配而成。防治辣椒炭疽病，发病初期，每亩 20%噁霉·乙蒜素可湿性粉剂 60～75 克兑水 45～60 千克喷雾。

⑥ 霜霉·噁霉灵。防治辣椒猝倒病，在播种前，辣椒种子用 30%霜霉·噁霉灵水剂 300～400 倍液浸种 72 小时，取出用清水冲洗干净后正常播种。

此外，还有嘧菌·噁霉灵、噁霉·四霉素、精甲·噁霉灵等复配剂。

● **注意事项**

（1）噁霉灵可与多种杀虫剂、杀菌剂、除草剂混合使用。但不能与石硫合剂、波尔多液等碱性物质混用。建议与其他不同作用机制的杀菌剂轮换使用，以延缓抗药性产生。

（2）噁霉灵与福美双混配，用于种子消毒和土壤处理效果更佳。

（3）使用时须遵守农药使用防护规则。施药时应穿工作服并注意防护，施药后用肥皂水清洗裸露皮肤。

（4）用于拌种时，宜干拌，并严格掌握药剂用量，拌后随即晾干，不可闷种，防止出现药害。湿拌和闷种易出现药害，可引起小苗生长点生长停滞，叶片皱缩，似病毒病状，出现药害时可叶面喷施细胞分裂素+甲壳素；用生根剂灌根，促进根系发育，让小苗尽快恢复。

（5）荷兰芹菜对该药剂敏感，使用时应注意。

（6）严格控制用药量，以防抑制作物生长。

（7）在低温、干燥、通风处保存。

（8）一般作物安全间隔期为 7 天，每季作物最多使用 2～3 次。

噻菌铜（thiodiazole copper）

$$\left[H_2N-\underset{S}{\overset{N-N}{\diagdown}}\hspace{-0.3em}\diagup\hspace{-0.3em}S \right]_2 Cu$$

C₄H₄N₆S₄Cu，327.9

- **其他名称**　龙克菌。
- **主要剂型**　20%悬浮剂。
- **毒性**　低毒。
- **作用机理**　噻菌铜属于噻唑类杀细菌制剂。噻菌铜由噻二唑基团和铜离子基团构成，具有双重杀菌机理。噻二唑对植物具有内吸和治疗作用，对细菌性病原菌具有特效；铜离子具有预防和保护作用，对细菌性病害也具有一定的效果。两个基团共同作用，对细菌性病害的防治效果更好，杀菌谱更广，持效时间更长，杀菌机理更独特。
- **产品特点**

（1）为高效、低毒、安全的噻唑类有机铜杀菌剂。噻二唑和铜离子的有机结合，杀菌更加广泛、更加彻底、更加长效。能很好地治疗和预防蔬菜细菌性病害和真菌性病害，具有高效、低毒、安全和无公害等优点。

（2）内吸传导性好，具有良好治疗和保护作用，治疗作用的效果大于保护作用，对细菌性病害有良好的防治效果，对真菌性病害亦有高效。超微粒，扩散性好，悬浮率高达90%以上，细度在4～8微米，更加容易黏附和吸附。

（3）使用安全。原药和制剂的毒性极低，对农作物、鱼、鸟、蜜蜂、蚕、人畜及天敌安全，对环境无污染。

（4）持效期长。在通常用量下，持效期可达10～14天，药效稳定。

（5）能够替代多种同类产品（如叶枯唑、无机铜等），施药方法多种多样（如浸种、拌种、灌根、土壤消毒、叶面喷雾、浇根等）。

- **应用**

（1）喷雾　主要用于防治大白菜细菌性病害，花椰菜细菌性病害，甘蓝细菌性病害，萝卜细菌性病害，大白菜软腐病，辣椒细菌性斑点病、炭疽病、青枯病，番茄细菌性髓部坏死病、青枯病，茄子青枯病等。

防治十字花科蔬菜黑腐病，发病初期，用 20%噻菌铜悬浮剂 500～600 倍液喷雾，每隔 7～10 天喷 1 次，连喷 2～3 次。

防治萝卜软腐病，用 20%噻菌铜悬浮剂 500～600 倍液喷雾。

防治番茄叶斑病，发病初期，用 20%噻菌铜悬浮剂 300～700 倍液均匀喷雾，安全间隔期 5 天，每季最多施用 3 次。

防治百合灰霉病，初发病时，用 20%噻菌铜悬浮剂 600 倍液喷雾，每隔 7～10 天喷 1 次，连喷 3～4 次。

防治黄瓜细菌性角斑病，发病初期，用 20%噻菌铜悬浮剂 600 倍液喷雾，每隔 7～10 天喷 1 次，安全间隔期 3 天，每季最多施用 3 次。

防治大蒜软腐病（包括韭菜、洋葱软腐病），发病初期用 20%噻菌铜悬浮剂 500 倍药液喷雾基部，每隔 7～10 天喷 1 次，连喷 2～3 次。

防治芋细菌性斑点病，发病初期，用 20%噻菌铜悬浮剂 500 倍液喷雾。

防治菊芋尾孢叶斑病，发病初期，用 20%噻菌铜悬浮剂 500 倍液喷雾。

防治大豆细菌性斑点病，幼苗分枝期开始，用 20%噻菌铜悬浮剂 500 倍药液喷雾，每隔 7 天喷 1 次，连喷 2～3 次。

防治扁豆斑点病，发病初期，用 20%噻菌铜悬浮剂 500 倍液喷雾，隔 10 天左右喷 1 次，连喷 2～3 次。

防治菠菜茎枯病，发病初期，用 20%噻菌铜悬浮剂 500 倍液喷雾。

防治魔芋软腐病，种芋用 20%噻菌铜悬浮剂 600 倍液浸种 4 小时，再晒 1～2 天后播种；田间病株及时拔除，并用 20%噻菌铜悬浮剂 600 倍液土壤消毒；发病初期用 20%噻菌铜悬浮剂 600 倍液喷洒。

防治马铃薯黑胫病，发病初期，每亩用 20%噻菌铜悬浮剂 100～125 毫升兑水 30～50 千克均匀喷雾，安全间隔期 14 天，每季最多施用 3 次。

（2）喷雾或灌根　防治大蒜根腐病，发病初期，每亩用 20%噻菌铜悬乳剂 30～90 毫升兑水 40～60 千克喷雾或灌根。

防治芋软腐病，种芋用药液浸种或进行土壤消毒，或发病时，用 20%噻菌铜悬浮剂 600 倍液喷雾或淋灌。

防治大白菜软腐病，发病初期拔取病株，在病穴及四周用 20%噻菌铜悬浮剂 600 倍液浇喷，每隔 10 天喷 1 次，连喷 2～3 次，或用 600 倍液喷在发病部或浇根。

（3）灌根　防治姜瘟病，种姜用 20%噻菌铜悬浮剂 600 倍液浸种 4 小时，再晒 1～2 天后播种；挖取老姜后，用 20%噻菌铜悬浮剂 600 倍液淋苑或者土壤消毒；发病初期，用 20%噻菌铜悬浮剂 600 倍液灌根或粗喷。

防治西瓜枯萎病，发病初期用药液灌根，用 20%噻菌铜悬浮剂 600 倍液，每隔 7～10 天灌根 1 次，每株灌 250 毫升，防效可达 80%以上。

防治辣椒疫病、细菌性斑点病、炭疽病、枯萎病，用 20%噻菌铜悬浮剂 500 倍液浇根，每隔 7 天浇 1 次，连浇 2～3 次。

防治番茄（包括辣椒、茄子）青枯病，发病初期用 20%噻菌铜悬浮剂 600 倍药液灌根，每株灌 250 毫升，每隔 7～10 天灌 1 次，连灌 3～4 次。

防治草莓枯萎病、细菌性角斑病，发病初期浇灌 20%噻菌铜悬浮剂 500 倍液。

● **注意事项**

（1）应掌握在发病初期使用（喷雾或灌根），每隔 7～10 天用药一次，连续用药 2～3 次，采用喷雾和弥雾之前，先摇匀。喷雾时，宜将叶面喷湿；灌根时，最好在距离根 10～15 厘米周围挖一个小坑灌药液，防止药液流失。

（2）如有沉淀，摇匀后不影响药效。使用时，先用少量水将悬浮剂搅拌成浓液，然后兑水稀释。

（3）噻菌铜的酸碱度（pH 值）为 5.5～8.5，属于弱酸弱碱性农药，可以和大多数酸性杀虫剂、杀螨剂、杀菌剂混用，但不能和石硫合剂、波尔多液等强碱性农药混用。对福美双及福美系列复配剂，不能混用，叶面肥中含有甲壳素的不能混用。噻菌铜在西瓜大棚防治病害时，气温高出 28℃，不能与苯醚甲环唑混用，因为苯醚甲环唑在 28℃以上用在西瓜上易出现药害。对铜敏感的作物要慎用。容易与"铜离子"发生反应的其他农药，也最好不要混用。如果需要两药混用，应先将噻菌铜正常稀释之后，再加入其他农药。

（4）禁止在河塘等水域内清洗施药器具，避免污染水源。

菇类蛋白多糖（mushrooms proteoglycan）

● **其他名称** 抗毒剂 1 号、抗毒丰、扫毒、菌毒宁、条枯毙、真菌多糖等。

● **主要剂型** 0.5%、1%水剂。

● **毒性** 低毒。

● **作用机理** 对病毒起抑制作用的主要组分是食用菌菌体代谢所产生的蛋白多糖。通过抑制病毒核酸和蛋白质的合成，干扰病毒 RNA 的转录和翻译、DNA 的合成与复制，进而控制病毒增殖；并能在植物体内形成一层"致密的保护膜"，阻止病毒二次侵染。

● **产品特点**

（1）菇类蛋白多糖水剂为深棕色液体，稍有沉淀。菇类蛋白多糖是一种多糖类低毒保护性病毒钝化剂，主要成分为菇类蛋白多糖，是以微生物固体发酵而制得的绿色生物农药，为预防性药剂。

（2）对由 TMV（烟草花叶病毒）、CMV（黄瓜花叶病毒）等引起的病毒病害有显著的防治效果，宜在病毒病发生前施用，可使作物生育期内不感染病毒。对真菌性病害、细菌性病害也有很好的防治效果。

（3）在防病的同时，为作物提供多种氨基酸和微量元素，增强抗性，促进生长，增产增收。

（4）对人畜无毒，安全，在作物上无残留，无蓄积作用，是生产无公害、绿色蔬菜比较好的药剂。

（5）可与井冈霉素复配。

● **应用** 主要用于防治蔬菜病毒病，对烟草花叶病毒、黄瓜花叶病毒等的侵染均有良好的抑制效益，尤对烟草花叶病毒抑制效果更佳。可采取喷雾、浸种、灌根和蘸根等方法施药。

（1）喷雾 防治番茄、辣椒、茄子、芹菜、西葫芦、韭菜、生姜、菠菜、苋菜、蕹菜、茼蒿、落葵、魔芋、莴苣等的病毒病，茄子斑萎病毒病，黄瓜绿斑花叶病，番茄斑萎病毒病、曲顶病毒病，辣椒花叶病毒病，大蒜褪绿条斑病毒病、嵌纹病毒病等。苗期或发病初期开始，用 0.5%

菇类蛋白多糖水剂 250～300 倍液喷雾，每隔 7～10 天喷 1 次，连喷 3～5 次，发病严重的地块，应缩短使用间隔期。

防治菜豆花叶病毒病，扁豆花叶病毒病，菠菜矮花叶病毒病，萝卜花叶病毒病，乌塌菜、青花菜、紫甘蓝、黄秋葵、草莓等的病毒病，用 0.5%菇类蛋白多糖水剂 300 倍液喷雾。

防治大蒜病毒病，将带皮蒜瓣放入 0.5%菇类蛋白多糖水剂 100～200 倍液中，浸 6～8 小时后捞出，沥水，播种。出苗后，用 0.5%菇类蛋白多糖水剂 300～400 倍液喷雾，每隔 7～10 天喷 1 次，连喷 2 次，药液中加适量的杀虫剂，可同时杀死蒜蛆。

防治西瓜（西葫芦、黄瓜、甜瓜、哈密瓜）花叶病，定植前 1 天，在苗床用 0.5%菇类蛋白多糖水剂 300～400 倍液喷雾，定植缓苗后，每隔 7～10 天喷 1 次，连喷 2～3 次。

防治大白菜（油菜、胡萝卜）病毒病，定植后用 0.5%菇类蛋白多糖水剂 300～400 倍液喷雾，每隔 7～10 天喷 1 次，连喷 2 次。

防治架豆（大豆、矮生豆）病毒病，幼苗从 2 片真叶起，用 0.5%菇类蛋白多糖水剂 300～400 倍液喷雾，每隔 7～10 天喷 1 次，连喷 2～3 次。

防治马铃薯病毒病，种薯切块后，置于 0.5%菇类蛋白多糖水剂 100～200 倍液中，泡 4～5 小时后再播种。出苗后每隔 7～10 天喷 1 次，连喷 2 次。

防治芦笋、百合等的病毒病。用 0.5%菇类蛋白多糖水剂 300～350 倍液喷雾。

（2）浸种　有的瓜菜类种子可能带毒，播种前用 0.5%菇类蛋白多糖水剂 100 倍液浸种 20～30 分钟，而后洗净、播种，对控制种传病毒病的为害效果较好。

防治马铃薯病毒病，可用 0.5%菇类蛋白多糖水剂 600 倍液浸薯种 1 小时左右，晾干后种植。

（3）灌根　防治蔬菜病毒病，可用 0.5%菇类蛋白多糖水剂 250 倍液灌根，每株每次灌 50～100 毫升药液，每隔 10～15 天灌 1 次，连灌 2～3 次。

（4）蘸根　番茄、茄子、辣椒等的幼苗定植时，用 0.5%菇类蛋白多糖水剂 300 倍液浸根 30～40 分钟后，再栽苗。

● **注意事项**

（1）避免与酸、碱性农药混用。

（2）可与中性或微酸性农药、叶面肥和生长素混用，但必须先配好本药后再加入其他农药或肥料。

（3）最好在幼苗定植前 2～3 天喷 1 次药液，喷雾、蘸根、灌根可配合使用，若与其他防治病毒病措施（如防治蚜虫）配合作用，效果更好。

（4）本产品为生物制剂，开启前仍继续发酵，因而鼓瓶为正常现象；开启包装物时要远离眼睛，以防发酵产生的气体伤害眼睛和皮肤。

（5）本品有少许沉淀，使用时要摇匀，沉淀不影响药效。

（6）配制时需用清水，现配现用，配好的药剂不可贮存。

（7）远离儿童，不能与食品、饮料、粮食、饲料等物品同贮同运。贮存和运输要避光、低温、干燥、通风，禁止倒置。

（8）一般作物安全间隔期为 7 天，每季作物最多使用 3 次。

氨基寡糖素（oligosaccharins）

$(C_6H_{11}NO_4)_n$（n=2～20）

● **其他名称**　净土灵、壳寡糖、百净、施特灵、好普、天达裕丰。

● **主要剂型**　0.5%、1%、2%、3%、5%水剂（天达裕丰），0.5%可湿性粉剂，99%粉剂，2%、4%母液。

● **毒性**　微毒至低毒。

● **作用机理**　氨基寡糖素可以通过对植物细胞的作用，诱导植物体产生抗病因子，溶解真菌、细菌等病原体细胞壁，干扰病毒 RNA 的合成，达到防治病害的目的。

● **产品特点**

（1）诱导杀菌。氨基寡糖素在防病和抗病方面有着多种机制，可作为活性信号分子，迅速激发植物的防卫反应，启动防御系统，使植株产生酚类化合物、木质素、植保素、病程相关蛋白等抗病物质，并提高与抗病代谢相关的防御酶和活性氧清除酶系统的活性，寡糖对植物病原菌直接的抑制作用也是其抗病的必要组成部分。

（2）植物功能调节剂。氨基寡糖素可作为植物功能调节剂，具有活化植物细胞，调节和促进植物生长，调节植物抗性基因的关闭与开放，激活植物防御反应，启动抗病基因表达等作用。日本已将氨基寡糖素制成植物生长调节剂，用于提高某些农作物产量。

（3）种子被膜剂。氨基寡糖素作为一种植物生长调节剂及抗菌剂，可诱导植物产生病程相关蛋白和植保素，利用氨基寡糖素为基本成分研制的新型种衣剂具有巨大的市场潜力。

（4）作物抗逆剂。氨基寡糖素诱导作物的抗性不仅表现在抗病（生物逆境）方面，也表现在抵抗非生物逆境方面。施用氨基寡糖素对作物的抗寒冷、抗高温、抗旱涝、抗盐碱、抗肥害、抗气害、抗营养失衡等方面均有良好作用。这是由于氨基寡糖素对作物本身以及土壤环境均产生了多方面的良好影响，譬如氨基寡糖素诱导作物产生的多种抗性物质中，有些具有预防、减轻或修复逆境对植物细胞的伤害作用。另外氨基寡糖素能促进作物生长健壮，健壮植株自然也有较强的抗逆能力。

当作物幼苗遇低温冷害而萎蔫时，及时施用氨基寡糖素，很快植株就恢复了长势；当作物不论是什么原因导致根系老化时，施用氨基寡糖素能促发有活力的新根；当作物遭受农药药害导致枝叶枯萎时，施用氨基寡糖素可以辅助解毒并使之很快就抽出新的枝叶。

（5）能解除药害，达到增加产量、提高品质的目的。在发病前或发病初期施用，可提高作物自身的免疫能力，达到防病、治病的功效。对于保护性杀菌剂作用不理想的病害，效果尤为显著，同时有增产作用。

● **应用**

（1）单剂应用　主要用于防治蔬菜由真菌、细菌及病毒引起的多种病害，对于使用保护性杀菌剂作用不明显的病害，效果尤为显著，对病菌具有强烈抑制作用，对植物有诱导抗病作用，可有效防治土传病害如枯萎病、立枯病、猝倒病、根腐病等。适应于西瓜、冬瓜、黄瓜、苦瓜、甜瓜等瓜类，辣椒、番茄等茄果类，甘蓝、芹菜、白菜等叶菜类等作物。

① 浸种　主要可防治番茄、辣椒上的青枯病、枯萎病、黑腐病等，

瓜类枯萎病、白粉病、立枯病、黑斑病等，及蔬菜的病毒病，可于播种前用0.5%氨基寡糖素水剂400~500倍液浸种6小时。

② 灌根　防治枯萎病、青枯病、根腐病等根部病害，用0.5%氨基寡糖素水剂400~600倍液灌根，每株灌200~250毫升，每隔7~10天，连用2~3次。

防治西瓜枯萎病，可用0.5%氨基寡糖素水剂400~600倍液在4~5片真叶期、始瓜期或发病初期灌根，每株灌药液100~150毫升，每隔10天灌1次，连喷3次。

防治茄子黄萎病，用0.5%氨基寡糖素水剂200~300倍液，在苗期喷1次，重点为根部，定植后发病前或发病初期灌根，每株灌100~150毫升，每隔7~10天灌1次，连续灌根3次。

防治菜豆枯萎病，发病初期喷淋0.5%氨基寡糖素水剂500倍液，隔10天喷淋1次，共2~3次。

防治黄瓜枯萎病，发病初期，用3%氨基寡糖素水剂600~1000倍液，每株灌根250毫升，每隔10天喷1次，连续2~4次。

防治黄瓜根结线虫病，在根结线虫发生前或发生初期使用，每亩用0.5%氨基寡糖素水剂600~800毫升灌根施药。

③ 喷雾　防治黄瓜霜霉病，用2%氨基寡糖素水剂500~800倍液，在初见病斑时喷一次，每隔7天喷1次，连用3次。

防治辣椒病毒病，在辣椒花果期即发病初期开始施药，每亩用5%氨基寡糖素水剂35~50毫升兑水30~50千克均匀喷雾，每个作物周期最多施用2~3次，安全间隔期10天。

防治白菜软腐病，于作物苗期、发病前或发病初期叶面喷雾，每亩用2%氨基寡糖素水剂187.5~250毫升兑水30~50千克均匀喷雾，每隔5~7天施药1次，连续施药3~4次。

防治大白菜等软腐病，可用2%氨基寡糖素水剂300~400倍液喷雾。第一次喷雾在发病前或发病初期，以后每隔5天喷1次，共喷5次。

防治番茄病毒病，用2%氨基寡糖素水剂300~400倍液，苗期喷1次，发病初期开始，每隔5~7天喷1次，连用3~4次。

防治番茄、马铃薯晚疫病，每平方米用0.5%氨基寡糖素水剂190~250毫升或2%氨基寡糖素水剂50~80毫升，兑水60~75千克喷雾，每隔 7~10 天喷 1 次，连喷 2~3 次。

防治西瓜蔓枯病，用 2%氨基寡糖素水剂 500~800 倍液，在发病初期开始喷药，每隔 7 天喷 1 次，连喷 3 次。

防治西瓜枯萎病，发病前或发病初期，用 0.5%氨基寡糖素水剂 400~600 倍液均匀喷雾，连用 2~3 次；或每亩用 3%氨基寡糖素水剂 80~100 毫升，或用 5%氨基寡糖素水剂 50~100 毫升兑水 30~50 千克均匀喷雾，可连续用药 2~3 次，每季最多施用 3 次，安全间隔期 15 天。

防治芹菜壳针孢叶斑病，用 0.5%氨基寡糖素水剂 500 倍液喷雾，隔 7~10 天喷 1 次，连喷 2~3 次。

防治土传病害和苗床消毒，每平方米用 0.5%氨基寡糖素水剂 8~12 毫升，兑水成 400~600 倍液均匀喷雾，或拌细土 56 千克均匀撒入土壤中，然后播种或移栽。发病严重的田块，可加倍使用。发病前用作保护剂，效果尤佳。

防治芦荟炭疽病，可用 2%氨基寡糖素水剂 300 倍液喷雾。

（2）复配剂应用　可与极细链格孢激活蛋白、中生菌素、嘧霉胺、氟硅唑、戊唑醇、烯酰吗啉、嘧菌酯、乙蒜素等复配。

① 寡糖·链蛋白。6%寡糖·链蛋白可湿性粉剂，商品名为"阿泰灵"，为中国农科院植保所专利产品，有效成分为 3%极细链格孢激活蛋白加 3%氨基寡糖素可湿性粉剂。为植物源防治病毒病药剂。可防治蔬菜病毒病，在病毒病发生前或发生初期，用 6%寡糖·链蛋白可湿性粉剂 1000~1500 倍液，叶面喷雾，连喷 2~3 次。另外可根据不同作物及病害发生情况，适当调节用药量。据有关田间试验，该复配剂在以下作物病害防治上表现较好。

防治番茄黄化曲叶病毒病，用 6%寡糖·链蛋白可湿性粉剂 1000~1500 倍液喷雾，7 天后，新发叶片正常，叶片浓绿，周围没有发现病毒蔓延，番茄病毒病得到了很好的防治。

预防番茄病毒病。用 6%寡糖·链蛋白可湿性粉剂 600 倍液浸种 1 小时，阴干后播种。浸种后能有效提高作物免疫力，起到促根壮苗作用，使作物产生植保素和木质素，有效防控病毒病等多种病害发生。

防治西瓜病毒病。用 6%寡糖·链蛋白可湿性粉剂 1000 倍液喷雾，植株新发叶片翠绿，正常生长，病毒病得到了很好的控制，长势良好。

防治辣椒病毒病。用 6%寡糖·链蛋白可湿性粉剂 1000～2000 倍液喷雾，受害严重田块连喷 2～3 次。

防治茄子白绢病。用寡糖·链蛋白处理幼苗，让作物不感病或感病轻。于茄子移栽前一周，用 6%寡糖·链蛋白可湿性粉剂 1000 倍液喷淋秧苗，定植缓苗后、开花前、结果盛期，单独或和其他药剂混合喷洒，可以大大减轻病害的发生。

防治玉米矮缩病。用 6%寡糖·链蛋白可湿性粉剂 1000 倍液喷雾，每隔 7 天喷 1 次，连喷 2 次，玉米植株恢复生长，用药健康植株明显优于未用药植株。

② 中生·寡糖素。由中生菌素与氨基寡糖素复配。对细菌性病害，比如青枯病、溃疡病、马铃薯疮痂病等效果极佳，同时兼防病毒引起的病害，性价比高，是替代农用链霉素或无机铜等常规防治细菌病害的最佳选择。防治番茄青枯病，在发病前或发病初期，用 10%中生·寡糖素可湿性粉剂 1600～2000 倍液灌根，视病害发生情况，每隔 10 天左右灌 1 次。

③ 寡糖·噻唑膦。由氨基寡糖素和噻唑膦复配而成。防治黄瓜根结线虫病，每亩用 6%寡糖·噻唑膦水乳剂 1500～2000 毫升兑水 1500 千克，在黄瓜移栽成活后灌根，或移栽前 1～2 天浇灌移栽沟，每株灌 200～250 毫升，安全间隔期 21 天，每季最多施用 1 次。或移栽前进行土壤处理，每亩用 1500～2000 毫升药剂与 3～4 千克土壤混匀后均匀施于沟底，覆土，或将药剂均匀撒于种植穴内，再覆盖土壤。或黄瓜移栽成活后，或发病初期（坐果期前），每亩用 9%寡糖·噻唑膦水乳剂 500～1000 毫升兑水 1500 千克灌根，浇于作物根部，浇透，每季最多施用 1 次。

④ 寡糖·吗胍。由氨基寡糖素与盐酸吗啉胍复配而成。预防和控制病毒病发生，防治番茄病毒病，发病前或发病初期，每亩用 31%寡糖·吗胍可溶粉剂 25～50 克稀释 600～1200 倍液喷雾，每隔 5～10 天喷 1 次，视病情发展连喷 2～3 次，安全间隔期 5 天，每季最多施用 3 次。

⑤ 寡糖·乙蒜素。由氨基寡糖素与乙蒜素复配而成。防治黄瓜细菌性角斑病，十字花科蔬菜软腐病，用 25%寡糖·乙蒜素微乳剂 1500～2000 倍液喷雾。

⑥ 春雷·寡糖素。由春雷霉素与氨基寡糖素复配而成。防治黄瓜细

菌性角斑病，发病初期，每亩用 10%春雷·寡糖素可溶液剂 30～35 毫升兑水 30～50 千克喷雾，安全间隔期 3 天，每季最多施用 3 次。

⑦ 寡糖·硫黄。防治西瓜白粉病，发病前或发病初期，每亩用 42%寡糖·硫黄悬浮剂 100～150 毫升兑水 30～50 千克喷雾，视病情发展每隔 7～10 天左右喷 1 次，连喷 2 次。

每亩用 5%氨基寡糖素水剂 1000 克+4.3%辛菌·吗啉胍水剂 1000 克兑水 750 千克，喷雾或灌根，可抑制番茄病毒病、黄瓜病毒病、冬瓜病毒病、大豆病毒病、甘蓝病毒病等病害的发展，促进生长。

每亩用 0.5%氨基寡糖素水剂 1000 克+10%噻虫胺悬浮剂 1000 克+含氨基酸水溶肥料水剂 1000 克兑水 750 千克灌地后，可有效预防地上蚜虫、飞虱、蓟马等刺吸式害虫，以及地蛆、蝼蛄等害虫，对根结线虫病也有很好防效，对地蛆特效，并可促进根系发达、生根、壮苗，促进作物生长。

用 5%氨基寡糖素水剂 500 毫升+30%甲霜·噁霉灵水剂 500 毫升兑水 750 千克喷雾或灌根，可防治蔬菜苗期的土传真菌、细菌等病害，药肥双效，调节生长，增强作物抗病抗逆力。

● **注意事项**

（1）避免与碱性农药混用，可与其他杀菌剂、叶面肥、杀虫剂等混合使用。

（2）具有预防作用，应当在植物发病初期使用。喷雾 6 小时内遇雨需补喷。

（3）用时勿任意改变稀释倍数，若有沉淀，使用前摇匀即可，不影响使用效果。

（4）为防止和延缓抗药性，应与其他有关防病药剂交替使用。

（5）不能在太阳下曝晒，于上午 10 时前，下午 4 时后叶面喷施。

（6）宜从苗期开始使用，防病效果更好。本品为植物诱抗剂，在发病前或发病初期使用预防效果好。对病害有预防作用，但无治疗作用，应在植物发病初期使用。

（7）一般作物安全间隔期为 3～7 天，每季作物最多使用 3 次。

（8）远离水产养殖区施药，禁止在河塘等水域内清洗施药器具，避免污染水源。用过的容器应妥善处理，不可作他用。

乙蒜素（ethylicin）

$C_4H_{10}O_2S_2$，154.2

● **其他名称**　抗菌剂402、抗菌剂401。

● **主要剂型**　20%、30%、40.2%、41%、70%、80%乳油，20%高渗乳油，90%原油，15%、30%可湿性粉剂。

● **毒性**　中等毒性，成品有腐蚀性，能强烈刺激皮肤和黏膜。

● **作用机理**　乙蒜素是一种广谱性杀菌剂，主要用于种子处理，或茎叶喷施。乙蒜素是大蒜素的乙基同系物，其杀菌机制是分子结构中的二硫氧基团和菌体分子中含—SH基的物质反应，从而抑制菌体正常代谢。

● **产品特点**

（1）具有保护、治疗作用，属于仿生型杀菌剂。80%乙蒜素乳油是目前唯一只需要叶面喷施便可以控制枯萎病、蔓枯病的杀菌剂。

（2）乙蒜素杀菌作用迅速，具有超强的渗透力，快速抑制病菌的繁殖，杀死病菌，起到治疗和保护作用，同时乙蒜素可以刺激植物生长，经它处理后，种子出苗快，幼苗生长健壮，对多种病原菌的孢子萌发和菌丝生长有很强的抑制作用。

（3）乙蒜素可有效地防治枯萎病、黄萎病，甘薯黑斑病，使用范围广泛，可以防治60多种真菌、细菌引起的病害；可以用作作物块根防霉保鲜剂，也可作为兽药，为家禽、家畜、鱼、蚕等治病，甚至可以作为工业船只表面的杀菌、防藻剂等。其使用安全，可以作为植物源仿生杀菌剂，不产生耐药性，无残留危害，使用后在作物上残留期很短，在草莓上的残留半衰期仅1.9天，黄瓜中1.4～3.5天，水稻中1.4～2.1天，与作物亲和力强，使用了半个世纪，每亩用量变化不大。

● **应用**

（1）单剂应用　可有效抑制玉米大斑病、小斑病，西瓜蔓枯病，西瓜苗期病害，番茄灰霉病、青枯病，黄瓜苗期绵疫病、枯萎病、灰霉病、黑星病、霜霉病，白菜软腐病，姜瘟病，辣椒疫病等。

可浸种、拌种、土壤消毒、喷雾、涂抹；可单独使用，制成乳油、粉剂、悬浮剂等多种制剂喷雾，防治多种作物真菌、细菌病害；可与其他杀菌剂复配，扩大杀菌谱，提高速效性，增加防治效果，减少使用剂量；可与杀虫剂复配，抑制害虫活性酶，增加渗透性能，提高杀虫活性，延缓抗性。

防治番茄青枯病、番茄软腐病，发病初期，用80%乙蒜素乳油1200倍液浇灌。

防治茄子青枯病，茄子定植后发病初期，用80%乙蒜素乳油1000～1100倍液喷雾。

防治西瓜立枯病，用80%乙蒜素乳油1500倍喷淋在发病部位，可以迅速缓解病害的发生。西瓜移栽7天后开始用80%乙蒜素乳油1500倍液，于下午4点后进行叶面喷雾，结瓜后每隔10天喷1次，以防病害发生。表现为皮光滑、肉厚、甜度高，增产幅度大，亩增产25%以上，并可提前20天上市。

防治甘薯黑斑病，用80%乙蒜素乳油熏窖，用80%乙蒜素乳油3000倍药液浸种薯10分钟，或用80%乙蒜素乳油3000倍药液浸种薯苗基部10分钟，用80%乙蒜素乳油1500倍药液大田喷洒防治效果100%。

防治葱黑斑病，发病初期，用70%乙蒜素乳油2000倍液喷雾。

防治黄瓜细菌性角斑病，发病初期，每亩用41%乙蒜素乳油70～80毫升兑水40～50千克喷雾。

防治黄瓜霜霉病，发病初期，每亩用30%乙蒜素乳油70～90毫升兑水40～50千克喷雾。

防治黄瓜及甜瓜的细菌性叶斑病，从病害发生初期开始喷药，每亩用80%乙蒜素乳油40～50毫升，或41%乙蒜素乳油80～100毫升，或30%乙蒜素乳油100～130毫升，兑水45～60千克喷雾，每隔7～10天喷1次，连喷2～4次，重点喷洒叶片背面。

防治白菜霜霉病、油菜霜霉病，发病初期，用80%乙蒜素乳油5000～6000倍液喷雾。

防治大豆紫斑病，用80%乙蒜素乳油5000～6000倍液浸泡豆种1小时，晾干后播种。

（2）搭配使用

① 防治根腐病。乙蒜素对根腐病有效果，但若用得太多，可能会导致伤根，用得太少，效果又不好，因此，可搭配其他药剂使用，如用乙蒜素+噁霉灵（或咯菌腈）、乙蒜素+霜霉威或噁酮·霜脲氰+五氯硝基苯进行灌根、涂抹，也可防治茎腐病。

② 防治病毒病。乙蒜素对病毒病有一定的抑制作用，但效果不理想，使用乙蒜素搭配盐酸吗啉胍、宁南霉素、乙酸铜、毒氟磷等，可起到预防治疗效果。

③ 防治霜霉病。用乙蒜素防治霜霉病，喷药后48小时内可去掉霉层，但持效期太短，建议乙蒜素搭配其他药剂，如乙蒜素+氰霜唑、霜霉威、烯酰吗啉、噁唑菌酮等药剂喷雾治霜霉病，使用乙蒜素防治霜霉病时，乙蒜素的剂量根据作物的不同，应进行适当调整，80%乙蒜素乳油按照4000～5000倍液使用最安全。

④ 防治白粉病。防治白粉病加入乙蒜素，能快速打掉白粉，搭配其他药剂，持效期长，安全性提高，如乙蒜素+三唑酮、乙蒜素+乙嘧酚、乙蒜素+硫黄等。

⑤ 防治细菌性病害。乙蒜素对细菌性病害也有很好的防治效果，推荐使用乙蒜素+噻菌铜、乙蒜素+喹啉铜、乙蒜素+春雷霉素等。不建议乙蒜素和氢氧化铜、王铜等混用。

⑥ 乙蒜素+甲霜·噁霉灵套装。每亩用80%乙蒜素乳油1000克+3%甲霜·噁霉灵水剂1000克兑水750千克喷雾或灌根，可防治作物的根部病害、土传病害，如根肿病、茎基腐病、姜瘟病等，在生姜、草莓、黄瓜、西瓜等作物上有很好的治疗效果。

此外，还有噁霉·乙蒜素、寡糖·乙蒜素、唑酮·乙蒜素、咪鲜·乙蒜素等复配剂。

● **注意事项**

（1）施药人员应十分注意防止药液接触皮肤，如有污染应及时清洗，必要时用硫代硫酸钠敷。

（2）经乙蒜素处理过的种子不能食用或作饲料，棉籽不能用于榨油。

（3）不能与碱性农药混用，经处理过的种子不能食用或作饲料。

（4）由于渗透性太强，浓度过高容易发生药害，因此一定不要超量使用乙蒜素，苗期慎用乙蒜素，严格按照使用说明用药。

（5）主要依靠触杀治病，防病的持效期短。因此，使用乙蒜素尽量搭配内吸性强的药剂，以提高防治持效期。乙蒜素主要应用于土壤消毒及防治根系病害，这样使用安全性较高。

（6）施药后各种工具要注意清洗，包装物要及时回收并妥善处理，药剂应密封贮存于阴凉干燥处，运输和贮藏应有专门的车皮和仓库，不得与食物及日用品一起运输和储存。

（7）浸过药液的种子不得与草木灰一起播种，以免影响药效。

四霉素（tetramycin）

$C_{35}H_{53}HO_{13}$，695.8

● **其他名称** 梧宁霉素、11371 抗生素等。
● **主要剂型** 0.15%四霉素水剂、0.3%四霉素水剂。
● **毒性** 属微生物源低毒杀菌剂。
● **作用机理** 四霉素为不吸水链霉素梧州亚种的发酵代谢产物，包括A1、A2、B 和 C 四个组分，其中 A1 和 A2 为大环内脂类的四烯抗生素，B 为肽类抗生素，C 为含氮杂环芳香族抗生素，对多种农林植物真菌性和细菌性病害均有较好的防治效果。主要是通过杀死病菌孢子，使其不能发芽，杀死菌丝体，使其失去扩展，达到防治目的。商品制剂外观为棕色液体，性质比较稳定。药剂毒性低，无致癌、致畸、致突变作用，对人、畜和环境安全。

● **应用**

（1）单剂应用 在蔬菜生产上可用于黄瓜、番茄、辣椒、茄子、西芹、大白菜、芹菜、菜豆、豇豆、西瓜、甜瓜、西葫芦、莴笋、草莓、葱、姜、蒜等，有效清除霜霉病、疫病、褐斑病、灰霉病、软腐病、白粉病、赤星病、锈病、炭疽病、束顶病、枯（黄）萎病、叶斑病等病原菌。

防治黄瓜等瓜类蔬菜细菌性角斑病。发病前或发病初期，每亩用0.3%四霉素水剂50～65毫升兑水30千克喷雾，每隔7～10天喷1次，连喷2次，安全间隔期1天。

防治西瓜等瓜类炭疽病。用0.15%四霉素水剂400～600倍液喷雾或灌根，每隔5天喷雾或灌根1次，连用2～3次。

防治西瓜蔓枯病。用0.15%四霉素水剂400倍液对病部喷雾，每隔5天喷1次，连喷2次。

防治草莓炭疽病。每亩用0.15%四霉素水剂50克兑水30千克喷雾，每隔4～5天喷1次，连用2～3次。

防治白菜类软腐病。发病初期，用0.15%四霉素水剂600倍液喷雾。每隔5天喷1次，连喷2次。

防治芹菜软腐病。发病初期，用0.15%四霉素水剂600倍液喷雾。每隔5天喷1次，连喷2次（注：发病严重时，可用0.15%四霉素水剂600倍液+80%代森锰锌可湿性粉剂800倍液均匀喷雾病部，每隔4～6天喷1次，连喷2次）。

防治茭白胡麻斑病。发病初期，用0.15%四霉素水剂600倍液喷雾。

防治马铃薯黑胫病、环腐病。发病初期，用0.15%四霉素水剂600倍液喷雾，每隔4天喷1次，连喷2～3次。

防治马铃薯早疫病，用0.15%四霉素水剂600～800倍液泼浇或灌根，每隔5天灌1次，连灌3次。

（2）复配剂应用

① 中生·四霉素。由中生菌素和四霉素复配而成。具有促进愈伤组织愈合、促进弱苗根系生长、提高作物的抗病能力和品质的作用。防治黄瓜细菌性角斑病，在发病前或发病初期使用，每亩用2%中生·四霉素可溶液剂40～60毫升兑水30～50千克喷雾，每隔7天喷1次，连喷2～3次，安全间隔期21天左右，每季最多施用3次。防治十字花科蔬菜软腐病，用2%中生·四霉素可溶液剂750倍液喷雾。

防治番茄青枯病。在发病初期，按0.15%四霉素水剂25克+12%中生菌素可湿性粉剂10克+海藻酸或氨基酸或腐植酸类叶面肥（剂量按不同产品的使用说明），兑水 15 千克，混合后淋根。

②　噁霉·四霉素。由噁霉灵及四霉素复配而成。真菌和细菌通杀，专治土传病害，有修复作物受损组织再生功能。防治番茄青枯病，用 2.65%噁霉·四霉素水剂 400～600 倍液灌根。防治黄瓜根腐病，用 2.65%噁霉·四霉素水剂 400～600 倍液灌根。防治豇豆、菜豆茎基腐病，用 2.65%噁霉·四霉素水剂 400～600 倍液灌根。冲施防治根腐病、茎基腐病时，可搭配 2 亿/克不吸水链霉菌（可来沃）粉剂 400 克，可生根养根兼防治病害。

③　四霉素+乙蒜素。每亩用 0.15%四霉素水剂 600 倍液+80%乙蒜素乳油 2000～2500 倍液喷雾，每隔 7 天喷 1 次，连喷 2 次。

④　四霉素+多菌灵。防治西瓜枯萎病。用 0.15%四霉素水剂 400～600 倍液+50%多菌灵可湿性粉剂 500 倍液灌根，每隔 5 天灌 1 次，连灌 2～3 次。此法还可兼治苗期茎基腐病及其他瓜类蔬菜枯萎病和茎基腐病。

⑤　四霉素+三唑酮。防治草莓白粉病。用 0.15%四霉素水剂 400 倍液+20%三唑酮乳油 1500 倍液喷雾，每隔 7～10 天喷 1 次，连喷 2 次。

此外，还有春雷·四霉素等复配剂。

● **注意事项**

（1）本剂不宜与酸性农药混用。配制好的药液不宜久存，应现配现用。每季使用次数不限。

（2）药液及其废液不得污染水域，禁止在河塘等水体清洗器具。远离水产养殖区、河塘等水体施药。鱼或虾、蟹套养稻田禁用，施药后的田水不得直接排入水体。

（3）不宜在阳光直射下喷施，喷施后 4 小时内遇雨需补施。

中生菌素（zhongshengmycin）

$C_{19}H_{34}N_6O_7$，458.5

● **其他名称**　克菌康、中生霉素。

● **主要剂型**　1%、3%水剂，3%、5%、12%可湿性粉剂，0.5%颗粒剂。

● **毒性**　低毒。

● **作用机理**　中生菌素是由淡紫灰链霉菌海南变种产生的抗生素，其作用机理为：对细菌是抑制病原菌菌体蛋白质的合成，导致菌体死亡；对真菌是使丝状菌丝变形，抑制孢子萌发并能直接杀死孢子。特别对农作物致病菌如蔬菜软腐病菌、黄瓜角斑病菌等具有明显的抗菌活性。

● **产品特点**　对农作物细菌性病害和部分真菌性病害有很好的防治效果，与施用化学农药相比，能使作物增产 10%～20%，糖含量增加 0.5%～0.7%，保护作物生长、提高农产品的质量和品质。该农药具有高效、低毒、对作物无副作用，不污染环境，对人、畜无公害等特点，并能够诱导植物产生抗性，活化植物细胞，促进植物生长，维护农业生态环境，是有害化学杀菌剂的重要替代产品。

● **应用**　防治番茄、辣椒等茄科青枯病，从定植后 1 个月或田间出现病株时开始用药液灌根，用 3%中生菌素可湿性粉剂 600～800 倍液，或 1%中生菌素水剂 200～300 倍液浇灌，每株（穴）浇灌药液 250～300 毫升，每隔 10～15 天灌 1 次，连灌 2～3 次。

防治大白菜软腐病，用 3%中生菌素可湿性粉剂 800 倍液喷淋，或 1%中生菌素水剂 167 倍液拌种。

防治辣椒疫病，发病初期，用 3%中生菌素可湿性粉剂 500 倍灌根或喷雾。

防治青椒疮痂病，发病初期，用 3%中生菌素可湿性粉剂 600～1000 倍液喷雾。

防治西瓜、黄瓜、甜瓜等瓜类的枯萎病，从定植后 1 个月或田间初见病株时开始用药液灌根，用 3%中生菌素可湿性粉剂 600～1000 倍液，每株（穴）浇灌药液 250～300 毫升，每隔 10～15 天灌 1 次，连灌 2～3 次。

防治黄瓜细菌性角斑病、菜豆细菌性疫病和西瓜细菌性果腐病，用 3%中生菌素可湿性粉剂 1000～1200 倍液喷雾，每隔 7～10 天喷 1 次，连喷 3～4 次。

防治黄瓜、甜瓜的细菌性叶斑病，从病害发生初期开始喷药，每亩用 3%中生菌素可湿性粉剂 80～100 克，或 1%中生菌素水剂 250～300 克，兑水 45～60 千克喷雾，每隔 7～10 天喷 1 次，连喷 2～4 次，重点喷洒叶片背面。

防治菜豆细菌性疫病，首先使用 3%中生菌素可湿性粉剂 300～500 倍液，或 1%中生菌素水剂 100～200 倍液浸种 1～2 小时，而后捞出、晾干、播种。然后从生长期发病初期开始喷药，每亩用 3%中生菌素可湿性粉剂 60～80 克，或 1%中生菌素水剂 180～240 克，兑水 45～60 千克喷雾，每隔 7～10 天喷 1 次，连喷 2～4 次。

防治姜瘟病，用 3%中生菌素可湿性粉剂 300～500 倍药液浸种 2 小时后播种，生长期用 800～1000 倍灌根，每株 250 毫升药液，每隔 10～15 天灌 1 次，连灌 3～4 次。

此外，还有中生·寡糖素、春雷·中生、中生·多菌灵、苯甲·中生、甲硫·中生等复配剂。

● **注意事项**

（1）不可与碱性物质混用，需现配现用，预防和发病初期用药效果显著。

（2）施药应做到均匀、周到。

（3）如施药后遇雨应补喷；贮存在阴凉、避光处。

（4）对鱼类等水生生物、蜜蜂、家蚕有毒，施药期间应避免对周围蜂群的影响，开花作物花期、蚕室和桑园附近禁用。远离水产养殖区施药，禁止在河塘等水体中清洗施药器具。赤眼蜂等天敌放飞区域禁用。

宁南霉素（ningnanmycin）

$C_{16}H_{24}N_7O_8$，441.4

● **其他名称** 菌克毒克、翠美、翠通。
● **主要剂型** 1.4%、2%、4%、8%水剂，10%可溶粉剂。
● **毒性** 低毒。
● **作用机理** 抑制病毒核酸的复制和外壳蛋白的合成。
● **产品特点** 宁南霉素为对植物病毒病害及一些真菌病害具有防治

效果的农用抗菌素。喷药后，病毒症状逐渐消失，并有明显促长作用。

（1）环保型绿色生物农药。宁南霉素水剂为褐色液体，带酯香，具有预防、治疗作用。宁南霉素属胞嘧啶核苷肽型抗生素，为抗生素类、低毒、低残留、无"三致"和蓄积问题、不污染环境的新型微生物源杀菌剂。对病害具有预防和治疗作用，耐雨水冲刷，适宜防治病毒病（由烟草花叶病毒引起）和白粉病。是国内外发展绿色食品、无公害蔬菜、保护环境安全的生物农药。

（2）广谱型的高效安全生物农药。广泛用于防治各种蔬菜的病毒病、真菌及细菌病害。可有效防治番茄、辣椒、瓜类、豆类等多种作物的病毒病，对白粉病、蔓枯病、软腐病等多种真菌、细菌性病害也有较好的防效。

（3）生长调节型的生物农药。宁南霉素除防病治病外，因其含有多种氨基酸、维生素和微量元素，对作物生长具有明显的调节、刺激生长作用，对改善蔬菜品质、提高产量、增加效益均有显著作用。

（4）宁南霉素不但具有预防作用，还对植物病毒病有显著的治疗效果。

（5）宁南霉素主要用于喷雾，也可拌种。

● **应用**

（1）单剂应用　主要用于防治白菜病毒病、番茄白粉病、番茄病毒病、甜（辣）椒病毒病等。

防治番茄、甜（辣）椒、白菜、黄瓜等瓜类、豇豆等豆类、草莓、榨菜等的病毒病，喷雾后植株矮化，叶片皱缩的病毒病症状消失，花荚期延迟，成熟果荚肥大，色泽鲜亮，防病增产作用优于三唑酮。在幼苗定植前，或定植缓苗后，用 2%宁南霉素水剂 200～260 倍液，或 8%宁南霉素水剂 800～1000 倍液喷雾，每隔 7～10 天喷 1 次，发病初期视病情连续喷雾 3～4 次。

防治豆类根腐病，播种前，以种子量的 1%～1.5%用量拌种，亦可在生长期发病时用 2%宁南霉素水剂 260～300 倍液+叶面肥进行叶面喷雾。

防治菜豆白粉病，发病初期，每亩用 2%宁南霉素水剂 300～400 毫升兑水 30 千克喷雾。

防治番茄、黄瓜等瓜类、豇豆、豌豆、草莓等的白粉病，用 2%宁南霉素水剂200～300 倍液，或 8%宁南霉素水剂 1000～1200 倍液喷雾，每隔 7～10 天喷 1 次，连喷 1～2 次。

防治西瓜等瓜类蔓枯病，发现中心病株立即涂茎，或在西瓜未发病或发病初期，用 2%宁南霉素水剂 200～260 倍液，或用 8%宁南霉素水剂 800～1000 倍液喷雾，每隔 7～10 天喷 1 次，连喷 2～3 次。

防治十字花科蔬菜软腐病，发病初期，用 2%宁南霉素水剂 250 倍液，或 8%宁南霉素水剂 1000 倍液喷在发病部位，使药液能流到茎基部，每隔 7～10 天喷 1 次，连喷 2～3 次。

防治芦笋茎枯病，发病前，用 8%宁南霉素水剂 800～1000 倍液喷雾，或 8%宁南霉素水剂 1000 倍液灌根，每株灌 500 毫升，每隔 7～10 天灌 1 次，连灌 2 次。

防治黄秋葵病毒病，发病初期，用 2%宁南霉素水剂 300 倍液喷雾。

防治菠菜病毒病，发病初期，用 2%宁南霉素水剂 500 倍液喷雾，每隔 10 天喷 1 次，连喷 2～3 次。

（2）复配剂应用　生产上，宁南霉素可与嘧菌酯、戊唑醇、氟菌唑等复配，用于生产复配杀菌剂。也有与其他药剂进行混配使用的组合，以增加效果，如防治病毒病，用 8%宁南霉素水剂 15 克+5.9%辛菌·吗啉胍水剂 15 克，兑水 15 千克喷雾。

防治番茄、辣椒等的病毒病，用 8%宁南霉素水剂 15 克+含腐植酸水溶肥料（锌指抗病毒免疫激活蛋白）15 克，兑水 15 千克喷雾。或每亩用 8%宁南霉素可溶液剂+6%低聚糖素可溶液剂（1∶1）64～84 毫升兑水 30～50 千克喷雾，每隔 7～10 天喷 1 次，连喷 2～3 次。菜农可先试后用。

- **注意事项**

（1）应在作物将要发病或发病初期开始喷药，喷药时必须均匀喷布，不漏喷。

（2）对人、畜低毒，但也应注意保管，勿与食物、饲料存放在一起。

（3）不能与碱性物质混用，如有蚜虫发生则可与杀虫剂混用。

（4）存放在干燥、阴凉、避光处。

（5）一般作物安全间隔期为 7～10 天，每季作物最多使用 1～2 次。

香菇多糖（lentinan）

$C_{42}H_{72}O_{36}$，1153.0

● **主要剂型**　0.5%、1%、2%水剂。

● **毒性**　低毒。

● **产品特点**

（1）香菇多糖是从优质香菇子实体中提取的有效活性成分。香菇含有一种双链核糖核酸，能刺激人体网状细胞及白细胞释放干扰素，而干扰素具有抗病毒作用。香菇菌丝体提取物可抑制细胞吸附疱疹病毒，从而防治单纯疱疹病毒、巨细胞病毒引起的各类疾病。香菇多糖的免疫调节作用是其生物活性的重要基础。香菇多糖是典型的 T 细胞激活剂，促进白细胞介素的产生，还能促进单核巨噬细胞的功能，被认为是一种特殊免疫增强剂。其免疫作用特点在于它能促进淋巴细胞活化因子（LAE）的产生，释放各种辅助性 T 细胞因子，增强宿主腹腔巨噬细胞吞噬率，恢复或刺激辅助性 T 细胞的功能。另外，香菇多糖还能促进抗体生成，抑制巨噬细胞释放。

（2）本品在植物细胞中合成多肽的同时，又能长时间寄生在植物细胞中，形成一种蛋白缓释剂。同时本品富含多种氨基酸，能够预防、抵抗病毒。

（3）在农业生产中应用，该药为生物制剂，为预防型抗病毒剂，对病毒起抑制作用的主要组分是食用菌代谢所产生的蛋白多糖，蛋白多糖用作抗病毒剂在国内为首创，由于制剂内含丰富的氨基酸，因此施药后不仅抗病毒，还有明显的增产作用。

● **应用** 防治番茄病毒病，番茄移栽后或病毒病发病初期施药，每亩用 0.5%香菇多糖水剂 160～250 克兑水 50～75 千克喷雾，每隔 7～10 天喷 1 次，每季作物施药 2～4 次，均匀喷布于番茄叶片正反面。

防治辣椒病毒病，发病初期，每亩用 0.5%香菇多糖水剂 100～150 克兑水 45～60 千克喷雾，每隔 7～10 天喷 1 次，连喷 2～4 次，均匀喷布于辣椒叶片正反面。

防治茄子病毒病，发病初期，每亩用 1%香菇多糖水剂 80～120 毫升兑水 30～60 千克喷雾。

防治西瓜病毒病，发病初期，每亩用 0.5%香菇多糖水剂 100～200 克兑水 50～75 千克喷雾，每隔 7～10 天喷 1 次，连喷 2～4 次，均匀喷布于西瓜叶片正反面。

防治西葫芦病毒病，发病初期，每亩用 0.5%香菇多糖水剂 200～300 毫升兑水 40～60 千克喷雾。

防治菜豆花叶病、黄瓜花叶病，发病初期，用 2.5%香菇多糖水剂 300 倍液喷雾，每隔 10 天左右喷 1 次，连喷 3～4 次。

防治菠菜病毒病，发病初期，用 0.5%香菇多糖水剂 300 倍液喷雾，每隔 10 天喷 1 次，连喷 2～3 次。

防治莴苣、结球莴苣病毒病，播种前用 0.5%香菇多糖水剂 600 倍液浸种 20～30 分钟，晾干后播种，对控制种传病毒病有效。发病初期，用 1%香菇多糖水剂 500 倍液喷雾。

防治黄花菜病毒病，发病初期，用 1%香菇多糖水剂 500 倍液喷雾。

防治草莓病毒病，发病初期，用 1%香菇多糖水剂 500 倍液喷雾，每隔 10～15 天喷 1 次，连喷 2～3 次。

防治黄秋葵病毒病，发病初期，用 1%香菇多糖水剂 500 倍液喷雾。

● **注意事项**

（1）避免与酸、碱性物质混用，宜单独使用。

（2）早期使用，净水稀释，现用现配。

（3）病害轻度发生或作为预防处理时使用本品用低剂量，病害发生较重或发病后使用本品用高剂量。

（4）使用本品时遇连续阴雨或湿度较大的环境，或者当病情较重的情况下，建议使用较高剂量。避免在极端温度和湿度下，或作物长势较弱的情况下使用本品。

（5）禁止在河塘等水体中清洗施药器具。药液及废液不得污染各类水域、土壤等环境。

（6）建议与其他作用机制不同的杀菌剂轮换使用，以延缓抗性的产生。

（7）避免在暑天中午高温烈日下操作，避免高温期采用高浓度。

（8）避免在阴湿天气或露水未干前施药，以免发生药害，喷药 24 小时内遇大雨补喷。

氯溴异氰尿酸（chloroisobromine cyanuric acid）

C₃HO₃N₃ClBr，242.4

- **其他名称** 德民欣杀菌王、消菌灵、菌毒清、碧秀丹等。
- **主要剂型** 50%可溶粉剂，50%可湿性粉剂。
- **毒性** 低毒。
- **作用机理** 氯溴异氰尿酸溶于水后，主要释放出次溴酸及少量次氯酸，此类物质通过破坏病菌细胞的膜结构，导致病菌细胞死亡，可快速杀灭细菌及各类真菌。氯溴异氰尿酸最终代谢产物为三嗪类及三嗪二酮类成分，这两类成分是医药领域应用最广泛的抗病毒药剂，故氯溴异氰尿酸对病毒病防治效果突出。
- **特点**

（1）杀菌谱广。氯溴异氰尿酸是一种广谱性杀菌剂，可广泛用于防治软腐病、病毒病、青枯病、炭疽病、霜霉病、枯萎病、疫病、细菌性条斑病、纹枯病、稻瘟病、根腐病、恶苗病、茎腐病等真菌和细菌性病害，也可用于防治烟草花叶病毒、黄瓜花叶病毒病、马铃薯 X 病毒和马铃薯 Y 病毒等多种病毒病害。

（2）速效性好。氯溴异氰尿酸主要通过释放次溴酸和次氯酸进行杀菌，次溴酸的杀菌活性比次氯酸高 4 倍多，该药同时释放次溴酸和次氯酸，二者同时杀菌。因此，杀菌更快速、速效性更好。

（3）保护治疗作用。

（4）选择性不强。目前许多杀菌剂选择性都很强，只针对某些特定的病害防治效果好，而氯溴异氰尿酸是一种广谱性杀菌剂，对真菌、细菌、病毒所有病害都有杀灭作用，尤其在没有足够的专业知识、辨认不清的情况下，用该药有一定的效果，尤其是对无特效药剂的细菌性病害效果突出。

氯溴异氰尿酸的药效来得快，去得也快。氯溴异氰尿酸喷洒完成，叶片上的溶液被吸收之后，就已经发挥效果了，相比其他杀菌剂，它的见效性还是很快的。但该药的持效期短，只有 3 天左右。

● **应用**　在蔬菜上可用于防治腐烂病（软腐病）、病毒病、霜霉病；瓜类（黄瓜、西瓜、冬瓜等）角斑病、腐烂病、霜霉病、病毒病、枯萎病；辣椒、茄子、番茄等青枯病、腐烂病、病毒病等。用 50%氯溴异氰尿酸可溶粉剂 1000～1500 倍液喷雾。

防治大白菜软腐病，在发病前或发病初期使用，发病盛期加大用药量，每亩用 50%氯溴异氰尿酸可溶粉剂 50～60 克兑水 30～50 千克均匀喷雾，每隔 10 天左右喷 1 次，连喷 2～3 次，安全间隔期 7 天，每季最多施用 3 次。

防治黄瓜霜霉病，在发病前或发病初期施用，发病盛期加大用药量，每亩用 50%氯溴异氰尿酸可溶粉剂 60～70 克兑水 40～60 千克喷雾，每隔 10 天左右喷 1 次，连喷 2～3 次，安全间隔期 3 天，每季最多施用 3 次。

防治辣椒病毒病，在发病前或发病初期使用，发病盛期加大用药量，每亩用 50%氯溴异氰尿酸可溶粉剂 60～70 克兑水 30～50 千克均匀喷雾，每隔 10 天左右喷 1 次，连喷 2～3 次，安全间隔期 3 天，每季最多施用 3 次。

防治番茄茎腐病，发病前或发病初期，用 50%氯溴异氰尿酸可溶粉剂 500～750 倍液灌根，每隔 10 天左右喷 1 次，连喷 2～3 次。

氯溴异氰尿酸对植株上的真菌、细菌、病毒都有一定的预防和杀灭作用，但最好在以下两种情况下使用。一是当作物出现病害，农民不能准确判断出是哪一类病害，又不敢盲目地喷药，这时使用氯溴异氰尿喷洒，可以兼顾细菌真菌性病害，当病害被控制之后，再针对性地去用药。二是有些作物是细菌性和真菌性病害混合发生的，而防治的两种药剂又不能混合复配，这时也可以用氯溴异氰尿酸防治。

● **注意事项**

（1）氯溴异氰尿酸最大的优点是强氧化性，但因为这个特性使其成为安全混配的隐患，即强氧化性导致和其他药剂复配以后会影响药效的发挥，不仅仅使它的药效下降，被混配的药也会因其氧化性导致无效或减效，因此，氯溴异氰尿酸最好单独使用，不建议混合喷施。特别是不能与碱性杀菌剂、无机铜类等混合使用，也不能与尿素、磷酸二氢钾等含氮、含氨基酸、腐植酸、海藻酸叶面肥混用；也不能与生物制剂如芽孢杆菌、苏云金杆菌等混用，会影响生物制剂的杀菌杀虫效果。

（2）通过复配解决持效期短问题。因氯溴异氰尿酸持效期短，所以使用时应配合一些长效杀菌剂，如防治真菌性病，可用氯溴异氰尿酸+吡唑醚菌酯/多菌灵等；防治细菌性病害，可以使用氯溴异氰尿酸+春雷霉素等；防治病毒病可以使用氯溴异氰尿酸+氨基寡糖素/宁南霉素等。

（3）不能与有机磷农药或碱性农药混用。与其他农药混用要先稀释本剂后再混用，现配现用；不宜与有机磷农药混用。

（4）因速效性弱、持效期短，所以在药效期过后，要尽快补喷其他杀菌剂。

（5）只有在不确定某种病害的情况下，可直接用氯溴异氰尿酸。如果能准确判断出某一种病害，最好选用针对性的药剂进行防治。

（6）开花植物花期、蚕室、桑园及鸟放养区附近禁用，不得污染各类水域，远离水产养殖区施药，禁止在河塘等水体中清洗施药器具，鱼或虾、蟹套养稻田禁用，施药后的田水不得直接排入水体。赤眼蜂等天敌放飞区域禁用。

（7）在作物花期、幼果期慎用。每季作物最多使用不超过 3 次。

枯草芽孢杆菌（*Bacillus subtilis*）

● **其他名称**　华夏宝、格兰、天赞好、力宝、重茬 2 号。
● **主要剂型**　10 亿活芽孢/克、100 亿芽孢/克、200 亿芽孢/克、1000 亿活芽孢/克、2000 亿芽孢/克、2000 亿 CFU/克可湿性粉剂，10000 活芽孢/毫升、80 亿 CFU/毫升悬浮种衣剂，50 亿活菌/克、1 亿孢子/毫升水剂，200 亿活菌/克菌粉，200 亿芽孢/毫升可分散油悬浮剂。

● **毒性**　低毒。

● **作用机理**　一是枯草芽孢杆菌菌体生长过程中产生的枯草菌素、多黏菌素、制霉菌素、短杆菌肽等活性物质，这些活性物质对致病菌或内源性感染的条件致病菌有明显的抑制作用。

二是枯草芽孢杆菌迅速消耗环境中的游离氧，造成肠道低氧，促进有益厌氧菌生长，并产生乳酸等有机酸类，降低肠道 pH 值，间接抑制其他致病菌生长。

三是刺激动物免疫器官的生长发育，激活 T 淋巴细胞、B 淋巴细胞，提高免疫球蛋白和抗体水平，增强细胞免疫和体液免疫功能，提高群体免疫力。

四是枯草芽孢杆菌菌体自身合成 α-淀粉酶、蛋白酶、脂肪酶、纤维素酶等酶类，在消化道中与动物体内的消化酶类一同发挥作用。

五是能合成维生素 B_1、维生素 B_2、维生素 B_6、烟酸等多种 B 族维生素，提高动物体内干扰素和巨噬细胞的活性。

六是通过分解有机质、固氮、解磷解钾，提高肥料利用率，因此，枯草芽孢杆菌也是肥。此外，还可以分泌吲哚乙酸等生长调节物质，促进植株健康生长，培育健壮植株。

● **产品特点**

（1）枯草芽孢杆菌是从自然界土壤样品中筛选到的 BS-208 菌株生产的杀菌剂，是疏水性很强的生物菌，属细菌微生物杀菌剂，具有强力杀菌作用，对多种病原菌有抑制作用。枯草芽孢杆菌喷洒在作物叶片上后，其活芽孢利用叶面上的营养和水分在叶片上繁殖，迅速占领整个叶片表面，同时分泌具有杀菌作用的活性物质，达到有效排斥、抑制和杀灭病菌的作用。

（2）可与井冈霉素复配，有井冈·枯芽菌水剂、井冈·枯芽菌可湿性粉剂。

● **应用**　枯草芽孢杆菌以防治植物的真菌性病害为主，对一些细菌性病害也有防治效果；一些菌株对导致食品腐败及采后果实病害的细菌、霉菌和酵母菌也有一定程度的抑制作用。对枯草芽孢杆菌敏感的致病菌包括镰刀菌、曲霉属、链格孢属病菌和丝核菌属病菌等。用于防治黄瓜白粉病、黄瓜灰霉病、番茄青枯病等。

枯草芽孢杆菌主要用于喷雾，也可用于灌根、拌种及种子包衣等。

（1）喷雾　防治草莓灰霉病，病害初期或发病前，每亩用 1000 亿孢子/克枯草芽孢杆菌可湿性粉剂 40～60 克兑水 50～75 千克喷雾，或用 10 亿活芽孢/克枯草芽孢杆菌可湿性粉剂 600～800 倍液喷雾，施药时注意使药液均匀喷施至作物各部位，每隔 7 天喷 1 次，连喷 2～3 次。

防治草莓白粉病，病害初期或发病前，每亩用 1000 亿孢子/克枯草芽孢杆菌可湿性粉剂 40～60 克兑水 50～75 千克喷雾，或用 10 亿活芽孢/克枯草芽孢杆菌可湿性粉剂 600～800 倍液喷雾，施药时注意使药液均匀喷施至作物各部位，每隔 7 天喷 1 次，连喷 2～3 次。

防治黄瓜白粉病，病害初期或发病前，每亩用 1000 亿孢子/克枯草芽孢杆菌可湿性粉剂 56～84 克兑水 50～75 千克喷雾，或用 10 亿活芽孢/克可湿性粉剂 600～800 倍液喷雾，施药时注意使药液均匀喷施至作物各部位，每隔 7 天喷 1 次，连喷 2～3 次。

防治黄瓜灰霉病，发病前或发病初期施药，每亩用 1000 亿活芽孢/克枯草芽孢杆菌可湿性粉剂 35～55 克兑水 50～75 千克喷雾，每隔 7 天喷 1 次，连喷 2～3 次。

防治甜瓜白粉病，发病初期，每亩用 1000 亿芽孢/克枯草芽孢杆菌可湿性粉剂 120～160 克兑水 40～60 千克喷雾，每隔 7～10 天喷 1 次，连喷 2～3 次。

防治番茄灰霉病，于发病盛期喷洒 BAB-1 枯草芽孢杆菌菌株发酵液桶混液，每毫升含有 0.5 亿芽孢，防效达 83%～90%。

防治辣椒青枯病，发病初期或进入雨季开始，用 10 亿活芽孢/克枯草芽孢杆菌可湿性粉剂 600～800 倍液喷雾。

防治茄子青枯病，茄子定植后发病初期，用 10 亿活芽孢/克枯草芽孢杆菌可湿性粉剂 700 倍液，或 1000 亿活芽孢/克枯草芽孢杆菌可湿性粉剂 1500～2000 倍液喷雾。

防治白菜软腐病，发病初期，每亩用 100 亿芽孢/克枯草芽孢杆菌可湿性粉剂 50～60 克兑水 30～50 千克喷雾。

防治马铃薯晚疫病，发病初期，每亩用 1000 亿/克枯草芽孢杆菌可湿性粉剂 10～14 克兑水 30～50 千克喷雾。

（2）灌根　防治番茄青枯病时，多采用药液灌根法。从发病初期开始，用 10 亿活芽孢/克枯草芽孢杆菌可湿性粉剂 600～800 倍液灌根，顺茎基部向下浇灌，每株需要浇灌药液 150～250 毫升，每隔 10～15 天灌 1 次，连灌 2～3 次。

防治辣椒枯萎病，发病前或发病初期灌根施用，每亩用 10 亿活芽孢/克枯草芽孢杆菌可湿性粉剂 300～400 倍液灌根。

防治茄子黄萎病，茄子定植时，用 100 亿活芽孢/克枯草芽孢杆菌可湿性粉剂 1500 倍液灌根，半个月后再灌 1～2 次，每株灌 250 毫升。

防治西瓜枯萎病，用 10 亿 CFU/克枯草芽孢杆菌可湿性粉剂 300～400 倍液灌根，或者每株用 2～3 克穴施。

（3）拌种　防治黄瓜枯萎病，用 300 亿芽孢/毫升枯草芽孢杆菌悬浮种衣剂进行种子包衣，每 100 千克种子用药 5000～10000 毫升，加适量清水，将药液与种子充分搅拌，直到药液均匀分布到种子表面，阴干后播种。

防治辣椒枯萎病，拌种预防，用 10 亿 CFU/克枯草芽孢杆菌可湿性粉剂，按药种比 1：(25～50)的比例拌种；发病初期，每亩用 100 亿芽孢/克枯草芽孢杆菌可湿性粉剂 200～250 克或 1000 亿/克枯草芽孢杆菌可湿性粉剂 200～300 克兑水 80～120 千克灌根。

● **注意事项**

（1）使用前，将本品充分摇匀。

（2）不能与广谱的种子处理剂克菌丹及含铜制剂混合使用，可推荐作为广谱种衣剂，拓宽对种子病害的防治范围。

（3）不同菌种、不同剂型的生物菌剂效果差异很大，要注意根据病害种类，选择合适的产品，如灰霉病可以用四川太抗的枯芽春进行防治。

（4）创造有利于枯草芽孢杆菌繁殖的空间。可以与杀菌剂（指真菌）混用，如噁霉灵、啶酰菌胺等，先杀灭一部分病原菌，为枯草芽孢杆菌繁殖清理出一个较好的生存空间，确保孢子能够迅速存活并繁殖。

（5）枯芽芽孢杆菌为细菌，不能与防治细菌性病害的药剂混用，包括：一是含有重金属离子的杀菌剂，如各类铜制剂，含锰、锌离子的药剂等；二是抗生素类，如链霉素、中生菌素、宁南霉素、春雷霉素等；三是氯溴异氰尿酸、三氯异氰尿酸、乙蒜素等强氧化性杀菌剂；四是叶枯唑、噻唑锌等唑类杀菌剂。

（6）补充养分促进增殖。枯草芽孢杆菌制剂使用时，可以与白糖、氨基酸叶面肥、海藻肥等混用，给枯草芽孢杆菌繁殖提供营养，以利于其生长繁殖更快。

（7）枯草芽孢杆菌使用时，还要注意"早用、连续用"。最好是从苗期开始使用，给植物穿上一层"铠甲"。使用前，可以先用高温闷棚、杀菌剂等进行消毒，之后和有机肥等一起施用。连续使用，可以确保枯草芽孢杆菌等有益菌群占据绝对优势。

（8）使用消毒剂、杀虫剂4～5天后，再使用本药剂。宜在晴朗天气可早、晚两头趁露水未干时喷施，夜间喷施效果尤佳，阴雨天可全天喷施，风力大于3级时不宜喷施。

（9）建议与其他作用机制不同的杀菌剂轮换使用，以延缓产生抗药性。

（10）对蜜蜂、鱼类等水生生物和家蚕有毒，施药期间应避免对周围蜂群的影响，禁止在开花植物花期、蚕室和桑园附近使用。远离水产养殖区、河塘等水域施药，禁止在河塘等水域内清洗施药用具，防止药液污染水源地。

（11）赤眼蜂等天敌放飞区域禁用。

（12）勿在强阳光下喷施本品。包装开启后最好一次用完，未用完密封保存。避免污染水源地，远离水产养殖区施药。在阴凉干燥条件下贮存，活性稳定在2年以上。

多粘类芽孢杆菌（*Paenibacillus polymyxa*）

- **其他名称**　康地蕾得、康蕾。
- **主要剂型**　10亿CFU/克可湿性粉剂、0.1亿CFU/克细粒剂。
- **毒性**　低毒。
- **作用机理**　通过其有效成分——多粘类芽孢杆菌（多粘类芽孢杆菌属中的一个种）产生的广谱抗菌物质，利用位点竞争和诱导抗性等机制达到防治病害的目的。多粘类芽孢杆菌在根、茎、叶等植物体内具有很强的定殖能力，可通过位点竞争阻止病原菌侵染植物；同时在植物根际周围和植物体内的多粘类芽孢杆菌不断分泌出的广谱抗菌物质（如有机酚酸类物质及杀镰刀菌素等脂肽类物质等），可抑制或杀灭病原菌；此外，多粘类芽孢杆菌还能诱导植物产生抗病性。同时多粘类芽孢杆菌还可产生促生长物质，而且具有固氮作用。

● **产品特点**

（1）多粘类芽孢杆菌，是世界上第一个以类芽孢杆菌属菌株（多粘类芽孢杆菌）为生防菌株的微生物农药，是一种细菌活菌体杀菌剂，对植物黄萎病、油菜腐烂病等多种植物病害均具有一定的控制作用。

（2）其主要功能有两点。一是通过灌根可有效防治植物细菌性和真菌性土传病害，同时可使植物叶部的细菌和真菌病害明显减少，以康蕾产品加生化黄腐酸组合效果最好，相对防效为 89%～100%。二是对植物具有明显的促生长、增产作用，作物的茎秆粗细和高度增加，长势旺盛，增产 10%～15%。

● **应用**　用于防治马铃薯软腐病、黄瓜细菌性角斑病、辣椒疮痂病等。

对细菌性土传病害——植物青枯病具有很好的防治效果，在收获后期，对番茄、茄子、辣椒、马铃薯青枯病和生姜青枯病、姜瘟病的田间防效可达 70%～92%，最高增产率达 493%，甚至当对照发病率高达 97% 时防效也是如此。

对真菌性土传病害——植物枯萎病也具有很好的防治效果，在收获后期，对番茄、茄子、辣椒、西瓜、甜瓜、黄瓜、苦瓜、冬瓜等枯萎病的田间防效可达 65%～85%。

对芋头软腐病、大白菜软腐病、辣椒根腐病、番茄猝倒病、番茄立枯病以及辣椒疫病等土传病害也具有较好的防治作用。

对植物具有明显的促进作用，可使田间植株高度比空白对照区增加 10～30 厘米；甚至在植物不发生青枯病时，也可使植物的产量增加 27.5%，且增产主要表现为收获前期。

防治土传病害。播种期，每亩（育移栽一亩地所需苗床面积）用 10 亿 CFU/克多粘类芽孢杆菌可湿性粉剂 20 克稀释 100 倍，进行浸种与苗床泼浇。育苗期，每亩（育移栽一亩地所需苗床面积）用 10 亿 CFU/

克多粘类芽孢杆菌可湿性粉剂 60 克稀释 1000 倍，泼浇。移栽定植期及发病前期，每亩用 10 亿 CFU/克多粘类芽孢杆菌可湿性粉剂 180～300 克稀释 1000～3000 倍，分别灌根一次。

防治叶部病害，在刚见病时就用药，每亩用 10 亿 CFU/克多粘类芽孢杆菌可湿性粉剂 100～200 克稀释 300～900 倍喷雾，每隔 7 天喷 1 次，连喷 3 次。

防治番茄枯萎病、番茄青枯病、辣椒枯萎病、辣椒青枯病、茄子青枯病、西瓜枯萎病等，用 10 亿 CFU/克多粘类芽孢杆菌可湿性粉剂 100 倍液浸种，或 10 亿 CFU/克多粘类芽孢杆菌可湿性粉剂 3000 倍液泼浇，或每亩用 10 亿 CFU/克多粘类芽孢杆菌可湿性粉剂 440～680 克兑水 80～100 千克灌根。播种前种子用本药剂 100 倍液浸种 30 分钟，浸种后的余液泼浇营养钵或苗床；育苗时的用药量为种植 1 亩或 1 公顷地所需营养钵或苗床面积的折算量；移栽定植时和发病前始花期各用 1 次。

防治姜青枯病，每亩用 10 亿 CFU/克多粘类芽孢杆菌可湿性粉剂 500～1000 克兑水 50 千克灌根。

防治黄瓜细菌性角斑病，每亩用 10 亿 CFU/克多粘类芽孢杆菌可湿性粉剂 100～200 克兑水 50 千克喷雾。

防治西瓜炭疽病，每亩用 10 亿 CFU/克多粘类芽孢杆菌可湿性粉剂 100～200 克兑水 50 千克喷雾，每隔 7～10 天喷 1 次，连喷 2～3 次。

● **注意事项**

（1）重在预防。该产品在发病初期固然可以治疗，但预防更能发挥它的优势。

（2）使用前须先用 10 倍左右清水浸泡 2～6 小时，再稀释至指定倍数，同时在稀释时和使用前须充分搅拌，以使菌体从吸附介质上充分分离（脱附）并均匀分布于水中。

（3）对青枯病、枯萎病等土传病害的防治，苗期用药不仅可提高防效而且还具有壮苗的作用。

（4）施药应选在傍晚进行，不宜在太阳暴晒下或雨前进行，若施药后 24 小时内遇有大雨，天晴后应补施一次。

（5）土壤潮湿时，应减少稀释倍数，确保药液被植物根部土壤吸收；土壤干燥、种植密度大或冲施时，则应加大稀释倍数，确保植物根部土壤浇透。

（6）与其他优秀的生物药肥组合施用，发挥各自的作用，互相配合才能达到最好的效果。但不能与杀细菌的化学农药直接混用或同时使用，使用过杀菌剂的容器和喷雾器需要用清水彻底清洗后使用。

（7）禁止在河塘等水域中清洗施药器具。

（8）赤眼蜂等害虫天敌放飞区域禁用本品。

（9）本品结合基施或穴施有机肥、生物菌肥使用，以及与甲壳素、生根剂、杀线虫剂及叶面肥等配合使用，可明显增强防治效果、促进作物生长。

地衣芽孢杆菌（*Bacillus licheniformis*）

- **其他名称**　201 微生物，PWD-1。
- **主要剂型**　80 亿活芽孢/毫升、1000 单位/毫升水剂。
- **作用机理**　以菌治菌，对葡萄球菌、酵母样菌等致病菌有拮抗作用，然而对双歧杆菌、乳酸杆菌、拟杆菌、消化性链球菌具有促进生长作用，从而可调整菌群失调达到治疗目的。
- **产品特点**

（1）地衣芽孢杆菌是一种在土壤中常见的革兰氏阳性嗜热细菌。在鸟类羽毛中，特别是在居住在地面的鸟类（如雀科）和水生的鸟类（如鸭）的羽毛中也能找到这种细菌，在其胸部和背部的羽毛中。它可能以孢子形式存在，从而抵抗恶劣的环境；在良好环境下，则可以生长态存在。该细菌可促使机体产生抗菌活性物质，杀灭致病菌，能产生抗活性物质，并具有独特的生物夺氧作用机制，抑制致病菌的生长繁殖。

（2）属细菌杀菌剂，对西瓜枯萎病、黄瓜霜霉病等也有一定的防治作用。

- **应用**　地衣芽孢杆菌对多种蔬菜、瓜果、花卉等植物的真菌性、细菌性病害具有很好的防治作用。在蔬菜上可用于防治黄瓜（保护地）霜霉病、西瓜枯萎病、番茄灰霉病、辣椒根腐病和叶斑病、黄瓜苗期猝倒病等。

防治西瓜枯萎病。播种前用药液浸泡种子，严格消毒杀菌，防止种子传病。瓜苗定植后，及时穴浇或浇灌 1000 单位/毫升地衣芽孢杆菌水剂 500～750 倍液药液，每株 50～100 毫升，每隔 10～15 天浇 1 次，连续浇灌 2～3 次。西瓜坐瓜以后，要注意观察，一旦发现初发病株，立即扒开根际土壤，开穴至粗根显露，土穴直径达 20 厘米以上，穴内灌满药液，可阻止发病，恢复植株健壮，保证西瓜长成。注意不施用含有西瓜秧蔓、叶片、瓜皮的圈肥，防止肥料传菌；增施钾肥、微肥、有机肥料和生物菌肥，减少速效氮肥用量，防止瓜秧旺长，促秧健壮。

防治黄瓜霜霉病。于发病初期，每亩用 1000 单位/毫升地衣芽孢杆菌水剂 350～700 毫升，兑水 30～50 千克喷雾，上午 10 点前、下午 4 点后使用为好，每隔 7 天喷 1 次，连喷 2～3 次。

● **注意事项**

（1）本品为微生物农药，建议与其他作用机制不同的杀菌剂轮换使用。

（2）不可与呈碱性的农药等物质、其他化学杀菌剂混合使用。

（3）施用本品应选在傍晚或早晨，不宜在太阳暴晒下或雨前进行；若施药后 24 小时内遇大雨，天晴后应补用 1 次。

（4）不得用于防治食用菌类病害。

（5）使用本品，当土壤潮湿时，在登记范围内则减少稀释倍数，确保药液被植物根部土壤吸收；土壤干燥、种植密度大或冲施时，在登记范围内则加大稀释倍数，确保植物根部土壤浇透。

（6）不能与杀细菌的化学农药直接混用或同时使用，使用过杀菌剂的容器和喷雾器需要用清水彻底清洗后使用。禁止在河塘等水域中清洗施药器具。

第三章 >>>

蔬菜常用杀线虫剂

噻唑膦（fosthiazate）

C₉H₁₈NO₃PS₂，283.35

- **其他名称** 福气多、代线仿、伏线宝、地威刚。
- **主要剂型** 10%、12.5%颗粒剂。
- **毒性** 低毒（对蚕有毒）。
- **作用机理** 主要作用方式是抑制靶标物的乙酰胆碱酯酶的合成。具有强烈的触杀性和内吸传导型双重杀线虫功能，用低剂量就能阻碍线虫的活动，防止线虫对植物根部的侵入。
- **产品特点**

（1）噻唑膦颗粒剂为深橘红色颗粒。为非熏蒸性的有触杀及内吸传导性能的新型杀线虫剂。

（2）杀线虫范围广，对防治根结线虫、根腐线虫、茎线虫、胞囊线虫等都有很好的效果。

（3）具有强力的阻害线虫运动作用及杀线虫力，药效稳定，效果好。

（4）在植物中有很好的传导作用，能有效防治线虫侵入植物体内，对已侵入植物体内的线虫也能有效杀死，还可用于防治地面缨翅目、鳞翅目、鞘翅目、双翅目许多害虫，对地下根部害虫也十分有效，对许多螨类也有效，对常用杀虫剂产生抗性害虫（如蚜虫）有良好内吸杀灭活性。

（5）杀线虫持效期长，一年生作物 2～3 个月，多年生作物 4～6 月。

（6）杀线虫效果不受土壤条件的影响，剂型使用方便，无需换气，药剂处理后能直接定植。

（7）对人畜安全，对土壤中的有益微生物几乎没有影响，对环境无污染。

● **应用**

（1）单剂应用　在生长期较长的大棚黄瓜、苦瓜、番茄、茄子、西（甜）瓜、丝瓜、萝卜、马铃薯、大蒜等作物上，噻唑膦优异的植物根内吸传导作用可得到有效利用，在相当长的时间内可杀灭或控制线虫的危害。施用方法有三种。

一是种植前用颗粒剂撒施预防（处理土层 15～20 厘米），选择 10%噻唑膦颗粒剂 1500～2000 克/亩，移栽前土壤施药，再用旋耕机或手工工具将药剂和土壤充分混合，药剂和土壤混合深度需 20 厘米，为确保药效，应在施药后当日进行定植。

二是采用穴施的方法预防，提前用一些有机肥或沙土拌匀，安全性更高。

三是随水冲施，根据根结线虫发生的程度，每亩冲施 20%噻唑膦悬浮剂 750～1000 毫升。

不论选用何种方法，只要按剂量科学使用，一般 5～7 天可以看到根部发生变化，防虫持效期 30 天左右。

（2）复配剂应用　复配剂有阿维·噻唑膦、寡糖·噻唑膦、甲维·噻唑膦、二嗪·噻唑膦、几糖·噻唑膦、噻虫嗪·噻唑膦等。噻唑膦+氨基寡糖素，可提高植株抗逆性，促进根系生长；噻唑膦+阿维菌素，可扩大杀虫谱，按科学的使用方法可延缓害虫抗性产生。

① 阿维·噻唑膦。阿维·噻唑膦具有优势互补作用，作用于线虫的神经系统，线虫一旦接触药剂，15分钟即发生中毒，停止活动和危害，是目前杀线虫很快的药剂。持效期达4个月左右，长可达6个月。对作物安全性好，不会产生药害。低毒低残留。

防治根结线虫，每亩用21%阿维·噻唑膦水乳剂800～1500毫升滴灌、冲施，苗期减半。

12.5%阿维·噻唑膦乳油（线虫净）。防除各种蔬菜、瓜果作物的根结线虫、胞囊线虫、茎线虫等植物线虫和蛴螬、蝼蛄、金针虫等各类地下害虫。移栽幼苗时蘸根，用12.5%阿维·噻唑膦乳油200～400倍液。或用12.5%阿维·噻唑膦乳油1000毫升兑水150～200千克滴灌，每病株可灌0.2千克左右，根据植株大小、长势及线虫严重程度酌情增减。或每亩用12.5%阿维·噻唑膦乳油1000毫升（重茬现象及线虫严重发生地块用量应加大2～3倍）兑清水150倍稀释成母液，然后随水浇施作物。或每亩用12.5%阿维·噻唑膦乳油800～1000毫升灌根。作物生长期连续使用该品2～3次，可有效控制作物重茬病害的发生，线虫减少85%以上，作物根壮、茎粗、叶绿，增产幅度可达20%以上。

11%阿维·噻唑膦颗粒剂。防治黄瓜根结线虫病，每亩用11%阿维·噻唑膦颗粒剂1250～1625克穴施，将药剂均匀混入少许沙土后，均匀撒入种植穴内，适当覆土后再移苗。

5%阿维·噻唑膦颗粒剂。为触杀+内吸+传导杀线虫颗粒剂，防治黄瓜根结线虫病，每亩用5%阿维·噻唑膦颗粒剂3500～4000克，撒施或拌土撒施，预防时可适当降低用量，线虫发生严重时，则提高用量。

② 寡糖·噻唑膦。是由氨基寡糖素和噻唑膦复配而成的。不但能较好地防治根结线虫，由于具有很好的内吸性，还能将药剂传输到植株的上部，杀灭作物上蚜虫、蓟马等地上部害虫，同时，对病毒病也有很好的防治作用。

6%寡糖·噻唑膦水乳剂。作物移植前用6%寡糖·噻唑膦水乳剂800～1000倍对土壤喷雾，翻土再移栽作物。作物移栽存活后，用6%寡糖·噻唑膦水乳剂800～1500倍灌根。苗期推荐用6%寡糖·噻唑膦水乳剂1500倍灌根。

9%寡糖·噻唑膦颗粒剂。持效期长，药效稳定，有预防保护作用。

防治番茄根结线虫病，每亩用 9%寡糖·噻唑膦颗粒剂 1500～2000 克，采用药土法，即在番茄移植前进行土壤处理，将药剂与 3～4 千克土壤混匀后施于沟底，覆土，或将药剂均匀撒于种植穴，再覆盖土壤。建议在番茄移栽前或定植前土壤沟施或穴施 1 次。

9%寡糖·噻唑膦水剂。防治黄瓜根结线虫病，每亩用 9%寡糖·噻唑膦水剂 500～1000 毫升，在黄瓜移栽成活后灌根，每季最多施用 1 次。

③ 几糖·噻唑膦。防治黄瓜根结线虫病，移栽前穴施或沟施，每亩用 15%几糖·噻唑膦颗粒剂（康福垄）1000～1500 克；大培土期，撒施或环施，每亩用 15%几糖·噻唑膦颗粒剂 1000～1500 克；具体操作可将康福垄与 4 倍重量的细土或者肥料混匀后撒施。

● **注意事项**

（1）用噻唑膦防治根结线虫要谨慎，否则容易出现药害，导致植株生长缓慢、根系发育不良、叶片发黄等情况。首先噻唑膦不能直接与根系接触，可以拌土穴施；其次不要过量使用，否则会给蔬菜造成药害。最好沟施或者穴施噻唑膦，不建议撒施，因为撒施需要量大，而且药量不集中，防效差。土壤水分过多时，容易引起药害。

（2）施药与播种、定植的间隔时间应尽可能短。

（3）用噻唑膦防治根结线虫病的同时，要注意对根系的养护。噻唑膦浓度大时对根系生长有抑制作用，根系越嫩越敏感；且在消灭线虫的过程中，根瘤位置也会出现损伤，若不搭配养根的成分，有一定的概率会造成植株生长停滞、萎蔫、死棵的情况。建议冲施治根结线虫时，搭配复硝酚钠、芸苔素、氨基酸肥料、追肥宝等，可促进根系的恢复。

（4）对蚕有毒性，注意不要将药液飞散到桑园。

（5）施药时，要穿戴作业服，施药后要立即清洗手足脸并换下工作服，如误食引起中毒，应急送医院，阿托品为解毒剂。

（6）使用杀线虫剂进行土壤处理后，还应与农业防治等综合措施相配套，才能确保对本茬蔬菜根结线虫的良好防治效果，如定植无线虫健壮幼苗，施用无线虫污染粪肥，浇灌地下深井水，不用污染的脏水，常用农具不附带线虫病土，杜绝其他人为传病途径等。

（7）施药后各种工具要注意清洗。洗后的污水和废药液应妥善处理。包装物也需及时回收，并妥善处理。

（8）噻唑膦为有机磷类农药，建议与其他类型的杀线虫剂（如熏蒸剂）轮换交替使用：如果与熏蒸剂轮用，隔一茬用一次；如果与其他杀线虫剂轮用，隔两茬用一次。

（9）10%噻唑膦颗粒剂在黄瓜上安全间隔期为25天，每季作物最多使用1次。

淡紫拟青霉（*Paecilomyces lilacinus*）

● **其他名称**　线虫清、防线霉。

● **主要剂型**　2亿活孢子/克粉剂、5亿活孢子/克颗粒剂、100亿活孢子/克高浓缩粉剂。

● **作用机理**　淡紫拟青霉与线虫卵囊接触后，在黏性基质中，生防菌菌丝包围整个卵，菌丝末端变粗，由于外源性代谢物和真菌几丁质酶的活性使卵壳表层破裂，随后真菌侵入并取而代之。也能分泌毒素对线虫起毒杀作用，淡紫拟青霉孢子萌发后，所产生的菌丝可穿透线虫的卵壳、幼虫及雌性成虫体壁，菌丝在其体内吸取营养，进行繁殖，破坏卵、幼虫及雌性成虫的正常生理代谢，从而导致植物寄生线虫死亡。

● **产品特点**

（1）淡紫拟青霉属于内寄生性拟青霉属真菌，是一些植物寄生线虫的重要天敌，能够寄生于卵，也能侵染幼虫和雌虫，可明显减轻多种作物根结线虫、胞囊线虫、茎线虫等植物线虫病的危害，尤其是南方根结线虫与白色胞囊线虫卵的有效寄生菌，对南方根结线虫卵的寄生率高达60%～70%。

（2）淡紫拟青霉菌生物制剂是纯微生物活孢子制剂，对番茄根结线虫具有很好的防治作用。

（3）具有高效、光谱、长效、安全、无污染、无残留等特点，可明显刺激作物生长。试验证明，在植物根系周围施用淡紫拟青霉菌剂不仅能明显抑制线虫侵染，而且能促进植物根系及植株营养器官的生长，如播前拌种、定植时穴施，对种子的萌发与幼苗生长具有促进作用，可实现苗全、苗绿、苗壮，一般可使作物增产15%以上。

（4）此菌广泛分布于世界各地，具有寄主广、易培养等优点，特别在控制植物病原线虫方面功效卓著。

（5）是有机蔬菜生产中生物防治植物线虫病的主要生物类型。

● **应用**　大豆、番茄、烟草、黄瓜、西瓜、茄子、姜等作物根结线虫、胞囊线虫。

防治多种蔬菜根结线虫病。在播种时拌种，或定植时拌入有机肥中穴施。连年施用本剂对根治土壤线虫有良好效果，并对作物无残毒，也不污染土壤，还对作物有一定刺激生长作用。

（1）沟施或穴施。施在种子或种苗根系附近，每亩用活菌总数≥100亿/克的淡紫拟青霉粉剂2千克。病害严重的地块，可以适当增加用量。

（2）处理苗床。将淡紫拟青霉菌剂与适量基质混匀后撒入苗床，播种覆土。1千克菌剂处理15～20平方米苗床。

（3）处理育苗基质。将1千克菌剂均匀拌入1～1.5立方米基质中，装入育苗容器中。

（4）拌种。按种子量的1%进行拌种后，堆捂2～3小时，阴干即可播种。

（5）其他方法。混拌有机肥或其他肥料，于翻耕前撒施后及时翻耕。

防治番茄根结线虫，先在苗床上撒2亿活孢子/克淡紫拟青霉粉剂4～5克，混土层厚度10～15厘米；定植时每亩用2亿活孢子/克淡紫拟青霉粉剂2.5～3千克撒在定植沟内，使其均匀分布在根附近，然后定植。每茬作物使用1次。

防治茄子根结线虫，在定植时每亩在定植穴（沟）内撒2亿活孢子/克淡紫拟青霉粉剂2.5～3千克，使药剂均匀分散在根系附近，然后定植幼苗、覆土、浇水。

● **注意事项**

（1）本品最佳施药时间为早上或傍晚。勿使药剂直接放置于强阳光下。

（2）蜜源作物花期、蚕室和桑园附近禁用本品。

（3）本品为生物源农药，建议与其他不同作用机制的杀线虫剂轮换使用。

（4）淡紫拟青霉菌是一种活体寄生菌，所以不可与呈碱性的农药等物质、其他化学杀菌剂混合使用。

（5）药液及其废液不得污染各类水域，避免本品直接流入鱼塘、水池等而污染水源，禁止在河塘等水体中清洗施药工具。

（6）拌过药剂的种子应及时播入土中，不能在阳光下暴晒。

（7）在保质期内将药剂用完，对过期失效的药剂不能再用。

（8）药剂应贮存在阴凉、干燥处，勿使药剂受潮。

棉隆（dazomet）

$C_5H_{10}N_2S_2$，162.3

● **其他名称**　迈隆、必速灭、垄鑫、姜地康、根丽美、地复康。

● **主要剂型**　40%、50%、75%、80%可湿性粉剂，85%、95%粉剂，98%微粒剂、颗粒剂。

● **毒性**　低毒（对鱼有毒，对所有绿色植物均有药害）。

● **作用机理**　棉隆是一种高效、低毒、无残留的环保型广谱性综合土壤熏蒸消毒剂。施用于潮湿的土壤中时，在土壤中分解成有毒的异硫氰酸甲酯、甲醛和硫化氢等，迅速扩散至土壤颗粒间，有效地杀灭土壤中各种线虫、病原菌、地下害虫及萌发的杂草种子，从而达到清洁土壤的效果。主要向上运动，杀死所接触的生物机体。土壤消毒处理所需要的剂量和有效作用时间的长短，以及所防治的生物机体的状态，是由土壤等相关因素决定的。

● **产品特点**

（1）棉隆属硫氰酯类杀线虫、杀菌剂，微粒剂外观为白色或近于灰色微粒，有轻微的特殊气味，不易燃烧。对人、畜低毒，对皮肤、眼有刺激作用，对蜜蜂无毒，对鱼类为中等毒性，易污染地下水源，不会在植物体内残留，但对植物有杀伤作用。对线虫具有熏蒸杀灭作用，并可兼治真菌、地下害虫及杂草等，能与肥料混用。

（2）作用谱广，消毒全面彻底，对土传生物如杂草、土壤真菌和细菌病害，尤其是线虫有惊人的杀灭效果。

（3）使用简单、方便，不需要复杂的施药设备，只要将棉隆颗粒与土壤或基质混合后等待一定的时间即可，在基质表面覆盖地膜效果更佳。

（4）消毒效果持续时间长，不仅能保证当茬作物有效，对后续几茬作物均有不同程度的增产效果，特别适合连作土壤。

（5）安全、环保，熏蒸后，活性成分完全分解无残留，其降解的最终产物为氮素。

（6）温室与大田均可使用。

● **应用**　主要用于防治萝卜根结线虫病、大白菜根肿病、十字花科蔬菜腐霉病、十字花科蔬菜绵疫病、番茄菌核病，茄子立枯病、茄子菌核病、马铃薯根线虫病、茄子黄萎病、番茄黄萎病、辣（甜）椒黄萎病等。主要用于土壤处理。

防治茄子、番茄、辣（甜）椒等的黄萎病，每平方米用40%棉隆可湿性粉剂10～15克，与15千克过筛干细土混拌均匀，制成药土。将药土均匀撒于畦面，并耙入土中、深约15厘米，然后浇水、覆盖地膜，过10天后，再播种，或分苗，或定植。

防治蔬菜根结线虫病，并兼治立枯病、金针虫、蝼蛄等，在作物播种或移栽前15～20天，在播种地开深15～20厘米的沟，沟与沟之间的距离为25～30厘米，每亩用50%棉隆可湿性粉剂2.4千克兑水80千克稀释后，将药液均匀喷洒于沟内，或配制成药土，将药土均匀撒施入沟内，然后覆土压实。

防治十字花科蔬菜的腐霉病、绵疫病，番茄和莴苣的菌核病，茄子的立枯病、菌核病，每亩用75%棉隆可湿性粉剂3.5千克，沟施（后覆土）或撒施（后翻地）。

防治马铃薯根线虫病，每亩用75%棉隆可湿性粉剂7.5千克，沟施（后覆土）或撒施（后翻地）。

防治丝瓜、萝卜、菠菜等的根结线虫病，每亩用95%棉隆粉剂3～5千克，沟施（后覆土）或撒施（后翻地）。

防治南瓜枯萎病，每亩用95%棉隆粉剂10千克，与150千克半干细土充分混匀，分两次撒于地表，每次用犁翻深13～18厘米，共翻3次，使药土混匀，然后覆盖地膜12天（掌握在7厘米深处土壤湿度为23%，30厘米深土层日均地温为23～27℃），施药后1个月，播种或定植。

防治黄瓜根结线虫病、大白菜根肿病，每亩用98%～100%棉隆微粒剂，在沙壤土上用5～6千克，在黏壤土上用6～7千克，混拌50千克细土，混匀制成药土，撒施或沟施，深度为20厘米，施药后即盖土，有条件时可洒水封闭或覆盖地膜，使土温为12～18℃，土壤含水量达40%以上；当10厘米深处土壤温度为15℃或20℃时，分别封闭15天或10天后，松土通气15天以上，然后播种或栽苗。

防治保护地蔬菜根结线虫病，每立方米土用98%棉隆微粒剂150克，拌均匀后覆盖塑膜密封7天，再揭膜翻土1～2次，过7天后使用。

防治草莓根结线虫，于种植草莓前进行土壤处理，每平方米用98%棉隆微粒剂30～45克。施药按以下步骤进行，整地，施药前先松土，然后浇水湿润土壤，并且保湿3～4天（湿度以手捏团，掉地后能散开为标准）。施药，根据不同需要，采用撒施、沟施、条施等。混土，施药后马上混匀土壤，深度为20厘米，用药要到位（沟、边、角）。密闭消毒，混土后再次浇水，湿润土壤，浇水后立即覆以不透气塑料膜并用新土封严实，避免棉隆产生气体泄漏。密闭消毒时间、松土通气时间与土壤温度相关。发芽试验，在施药处理的土壤内，随机取土样，装半玻璃瓶，在瓶中撒入需移栽种子，用湿润棉花团保湿，然后立即密封瓶口，放在温暖的室内48小时，同时取未施药的土壤作对照，如果施药处理的土壤有抑制发芽的情况，需松土通气，在通过发芽安全测试后才可栽种作物。

防治姜线虫，于种植姜前进行土壤消毒，每平方米用98%棉隆微粒剂50～60克，施药步骤同草莓。

● **注意事项**

（1）在有作物生长的地块上不能使用本剂。在南方地区慎用本剂，避免污染地下水源。

（2）为避免土壤受二次感染，农家肥（鸡粪等）一定要在消毒前加入，再用本剂进行土壤灭菌处理，并用未被病原菌污染的水来浇地。

（3）因为棉隆具有灭生性的原理，所以生物药肥不能同时使用。

（4）在施药过程，应注意安全防护，如戴橡胶手套和穿胶鞋等，避免皮肤直接接触药剂。

（5）当药剂施入土壤后，受土壤温湿度以及土壤结构影响较大，使用时土壤温度应大于 6℃，12～30℃最宜，土壤含水量保持在 40%（湿度以手捏土能成团，1 米高度掉地后能散开为标准），过 24 天后，药气散尽后，方能播种或移苗。

（6）应密封于原包装内，在阴凉、干燥处贮存。

（7）对鱼类有毒，在鱼塘附近使用要慎重。对已成长的植物有毒，使用时要离根 100～130 厘米以外。

氟吡菌酰胺（fluopyram）

$C_{16}H_{11}ClF_6N_2O$，396.7

- **其他名称** 路富达、百白克。
- **主要剂型** 41.7%悬浮剂。
- **毒性** 低毒。
- **作用机理** 氟吡菌酰胺是具有全新作用机理的杀线虫剂，属琥珀酸脱氢酶抑制剂（SDH）类，具有很强的杀线虫活性。其作用机理是抑制靶标琥珀酸脱氢酶的活性，从而干扰其呼吸作用。当线虫经氟吡菌酰胺处理后虫体僵直成针状，活动力急剧下降。此外，氟吡菌酰胺还是一种新型苯甲酰胺类杀菌剂，通过阻碍呼吸链中琥珀酸脱氢酶的电子转移而抑制线粒体呼吸。氟吡菌酰胺可抑制孢子发芽、萌发管生长、菌丝体生长及芽孢形成，在植物体内，氟吡菌酰胺可在木质部中传导及转移，主要用于防治由真菌病原菌引起的灰霉病、白粉病、晚疫病、霜霉病等。

- **产品特点**

（1）氟吡菌酰胺不仅是新一代优秀的杀线虫剂，而且还是广谱杀菌剂、种子处理剂、家产品仓储保鲜剂等，具有多功能性。

（2）对家兔皮肤、眼睛无刺激；对于豚鼠皮肤属弱致敏物。

- **应用**

（1）单剂应用 氟吡菌酰胺杀菌谱广，对果树、蔬菜、大田作物上的多种病害，如灰霉病、白粉病、晚疫病、霜霉病、菌核病、褐腐病等有效。

防治黄瓜白粉病。发病初期开始施药，每亩用 41.7%氟吡菌酰胺悬浮剂 6～12 克兑水 30～50 千克喷雾，每隔 10 天喷 1 次，连喷 3 次。

防治番茄、黄瓜的根结线虫，41.7%氟吡菌酰胺悬浮剂 0.024～0.03 毫升/株（根据每亩株数换算每亩用量），番茄在移栽当天用药，黄瓜在移栽后用药。按推荐剂量加水进行灌根，每株用药液量 400 毫升；除灌根外，也适于多种其他用药方法（番茄：滴灌、冲施、土壤混施等；黄瓜：滴灌、冲施等）。

防治西瓜根结线虫，移栽当天，每株用 41.7%氟吡菌酰胺悬浮剂 0.05～0.06 毫升兑水 400 毫升后进行灌根，每季最多施用 1 次。

（2）复配剂应用　氟吡菌酰胺可与肟菌酯、戊唑醇、氟吗啉、丙硫菌唑、嘧霉胺、醚菌酯等复配，形成复配杀菌剂。

① 43%氟菌·肟菌酯悬浮剂（露娜森）。防治番茄叶霉病，每亩用 43%氟菌·肟菌酯悬浮剂 20～30 毫升；防治番茄早疫病，每亩用 43%氟菌·肟菌酯悬浮剂 15～25 毫升；防治番茄灰霉病，每亩用 43%氟菌·肟菌酯悬浮剂 30～45 毫升；防治黄瓜靶斑病，每亩用 43%氟菌·肟菌酯悬浮剂 15～25 升；防治黄瓜白粉病，每亩用 43%氟菌·肟菌酯悬浮剂 5～10 毫升；防治辣椒炭疽病，每亩用 43%氟菌·肟菌酯悬浮剂 20～30 毫升；防治西瓜蔓枯病，每亩用 43%氟菌·肟菌酯悬浮剂 15～25 毫升。以上每亩兑水 45～75 千克均匀喷雾，每隔 7～10 天喷 1 次，每季最多施用 2 次。

② 35%氟菌·戊唑醇悬浮剂（露娜润）。由氟吡菌酰胺与戊唑醇复配而成的低毒内吸性杀菌剂，具有保护作用和一定的治疗作用。该产品杀菌活性较高、内吸性较强、持效期较长。防治番茄早疫病、黄瓜炭疽病、西瓜蔓枯病，每亩用 35%氟菌·戊唑醇悬浮剂 25～30 毫升；防治番茄叶霉病，每亩用 35%氟菌·戊唑醇悬浮剂 30～40 毫升；防治黄瓜靶斑病，每亩用 35%氟菌·戊唑醇悬浮剂 20～25 毫升；防治黄瓜白粉病，每亩用 35%氟菌·戊唑醇悬浮剂 5～10 毫升。以上每亩兑水 45～75 千克均匀喷雾，每隔 7～10 天喷 1 次，每季最多施用 2 次。安全间隔期：黄瓜 3 天，番茄 5 天，西瓜 7 天。

③ 500 克/升氟吡菌酰胺·嘧霉胺悬浮剂（露娜清）。防治马铃薯早

疫病、番茄灰霉病、黄瓜灰霉病、茄子灰霉病，每亩用 500 克/升氟吡菌酰胺·嘧霉胺悬浮剂 60～80 毫升兑水 45～75 千克喷雾，每隔 7～10 天喷 1 次，每季最多施用 2 次。

● **注意事项**

（1）该药剂虽属低毒杀菌剂，但仍须按照农药安全规定使用，工作时禁止吸烟和进食，作业后要用水洗脸、手等裸露部位。

（2）防治幼虫时，适合多种用药方法（灌根、滴灌、冲施、土壤混施、沟施等），每季最多施用 1 次。有效成分在土壤中活化需要充足的土壤湿度，因此，施用时水量一定要足，并保持地块的土壤湿度。

（3）对水生生物有毒，药品及废液不得污染各类水域，禁止在河塘清洗施药器械。

（4）赤眼蜂等天敌放飞区域禁用。

第四章 >>>
蔬菜常用除草剂

氟乐灵（trifluralin）

$$C_{13}H_{16}F_3N_3O_4，335.28$$

- **其他名称** 茄科宁、特氟力、氟利克、披霞、特福力、氟特力。
- **主要剂型** 24%、38%、45.5%、48%、480克/升乳油，5%、50%颗粒剂。
- **毒性** 低毒（对鱼类毒性大）。
- **作用机理** 氟乐灵主要通过杂草的胚芽鞘与胚轴吸收，抑制脂类的代谢和DNA的合成，同时也影响蛋白质合成和氨基酸的组成，干扰植物激素的产生和传导，因而使植物死亡。
- **产品特点**

（1）氟乐灵属二硝基苯胺类，为选择性、内吸传导型、芽前土壤处理除草剂，纯品为橘黄色晶体，乳油外观为橙红色液体。

（2）对杂草具有选择性触杀作用，但对已出土的杂草无效。触杀作用是通过杂草种子发芽生长穿过药土层过程中，被杂草幼芽、下胚轴、子叶或幼根吸收。单子叶植物的幼芽，阔叶植物的下胚轴、子叶和幼根都可吸收药剂。但出苗后的茎叶不能吸收药剂。

（3）施入土壤后，不易为雨水冲刷及淋溶，故施药后迅速用铁耙耧地，把药液与 5 厘米深的表土混在一起，可维持 3 个月的持效期。

（4）氟乐灵除草剂造成植物药害的典型症状是抑制生长，根尖与胚轴组织细胞体积显著膨大。

（5）氟乐灵施入土壤后，由于挥发、光解和微生物的化学作用，而逐渐分解消失，其中挥发和光分解是分解的主要原因。

（6）氟乐灵在植物体内严重抑制细胞有丝分裂与分化，破坏细胞核分裂，被认为是一种细胞核的毒害剂。对禾本科和部分小粒种子的阔叶杂草有效，持效期长。

（7）鉴别要点：纯品为橙黄色结晶，具有芳香族化合物的气味，挥发性强。制剂为橙红色清澈液体，0℃以下时，制剂会有结晶析出，加温后即可溶解，不影响药效。氟乐灵产品应取得农药生产许可证（XK）。选购时应注意识别该产品的农药登记证号、农药生产许可证号、执行标准号。

● **应用**　可用于伞形花科、豆科、十字花科、百合科、葫芦科、菊科、旋花科、芦笋等多种蔬菜田，主要防除一年生禾本科杂草，如狗尾草、稗草、牛筋草、马唐、画眉草、早熟禾等；对部分小粒种子的阔叶杂草如野苋、藜、马齿苋、蒺藜等也有一定防除效果。对多数阔叶杂草及多年生杂草基本无效。

（1）播种前处理土壤　在茄子播种前，用 48%氟乐灵乳油 60～80 毫升兑水 50 千克，均匀处理苗床表土。

十字花科蔬菜直播前 1～14 天（萝卜、四季萝卜播前 1～2 天；大白菜、甘蓝播前 3～7 天；小白菜播前 7～10 天；花椰菜、雪里蕻播前 10～14 天。由于生产上倒茬多，茬口时间短，播前间隔期超过 7～10 天不提倡使用），每亩用 48%氟乐灵乳油 100～150 毫升兑水 50 千克，均匀处理畦面后混土。

在菜豆播种前，每亩用 48%氟乐灵乳油 100～150 毫升兑水 50 千克，均匀处理畦面后混土，菜豆需播前 1～14 天用药处理畦面。

在胡萝卜、芹菜播种前，每亩用 48%氟乐灵乳油 100～150 毫升兑水 50 千克，均匀处理畦面后混土深 2～3 厘米，然后播种。

在甘蓝播种前，每亩用 48%氟乐灵乳油 150 毫升兑水 50 千克，均匀处理畦面后混土深 3～5 厘米。

在辣椒播种前土壤处理，每亩用 480 克/升氟乐灵乳油 100～150 毫升兑水 30～40 千克均匀喷雾，用药后必须及时耙地、混土，混土深度为 5～7 厘米，可防除辣椒田一年生杂草。

（2）播后苗前处理土壤　在大蒜栽后出苗前，或在西葫芦播后苗前，每亩用 48%氟乐灵乳油 100～150 毫升兑水 50 千克，均匀处理畦面。

在菜豆播后出苗前，每亩用 48%氟乐灵乳油 130 毫升兑水 50 千克，均匀处理畦面后混土。

在胡萝卜播后出苗前，每亩用 48%氟乐灵乳油 100～200 毫升兑水 50 千克，均匀处理畦面后混土。

在马铃薯播种后，每亩用 48%氟乐灵乳油 200 毫升兑水 50 千克，均匀处理畦面后，即覆盖地膜（马铃薯地膜覆盖时应及时在膜内扎一些小洞，防止马铃薯出苗后造成药害）。

旋花科（空心菜）播后苗前，每亩用 48%氟乐灵乳油 100～150 毫升兑水 50 千克，均匀处理畦面。

（3）出苗后处理土壤　在马铃薯出苗后，每亩用 48%氟乐灵乳油 100～150 毫升兑水 50 千克，定向均匀处理畦面后混土。

直播西瓜 5～6 叶期后杂草出苗前可进行土壤定向喷雾处理。

（4）定植前处理土壤　每亩用 48%氟乐灵乳油 100～150 毫升兑水 35 千克，均匀处理畦面后混土深 3～5 厘米，过 1～14 天，可定植番茄、茄子、辣椒、甘蓝、花椰菜等。

（5）定植缓苗后处理土壤　番茄、茄子、青椒、甘蓝、花椰菜可在移栽前或移栽后任何时候或移栽缓苗后，每亩用 48%氟乐灵乳油 75～100 毫升兑水 50～60 千克，定向均匀处理畦面后混土。

在洋葱、沟葱、莴苣等移栽缓苗后（洋葱也可移栽前），每亩用 48%氟乐灵乳油 125 毫升兑水 50～60 千克，定向均匀处理畦面后混土。

黄瓜、冬瓜、南瓜等葫芦科作物在幼苗定植缓苗后 4～6 叶期方可使用（西瓜移栽后施药在 5～6 叶期，也可在移栽前 3～7 天），每亩用 48%

氟乐灵乳油 100～150 毫升兑水 50～60 千克，定向均匀处理畦面，即结合中耕混土。

地膜覆盖蔬菜田应在盖膜前用药。

● **注意事项**

（1）氟乐灵易挥发和光解，应在杂草出土前使用，施药后需及时混土，混土一定要均匀，混土深度为 1～5 厘米。一般施药到混土的时间不得超过 8 小时，否则会影响药效。在春季温度低和蔬菜有遮阴的情况下，不混土对除草效果影响较小。

（2）使用除草剂的田块要平整精细（无大土块）以利于药液充分接触杂草幼根、幼芽以提高药效。宜在晴天傍晚无风时施药。要避免重复用药。

（3）采用地膜覆盖的蔬菜田最适合使用氟乐灵，除草效果很好。地膜覆盖田应按实际施药面积计算用药量。

（4）氟乐灵对单子叶杂草有较好防效，对双子叶杂草防效较差。因此，须兼除时要与其他除草剂混用，以扩大杀草谱。

（5）氟乐灵有一定挥发性，在蔬菜地使用，每亩用 48%氟乐灵乳油超过 200 毫升时，会对作物产生药害，故一定要严格控制用药量。

低温干旱地区，氟乐灵施入土壤后残效期长，下茬不宜种植高粱、谷子等敏感作物。高粱、谷子等禾本科对氟乐灵敏感，易发生药害，不能使用。

在黄瓜、番茄、甜（辣）椒、茄子、小葱、洋葱、菠菜、韭菜等石蒜科、茄科和葫芦科蔬菜等直播时，或播种育苗时，不能使用氟乐灵。

对移栽蔬菜番茄、茄子、辣椒、甘蓝和花椰菜等蔬菜，应在移栽前或移栽后杂草出苗前使用。

在移栽黄瓜田，待苗高 10～15 厘米上架时方可作土壤处理。

对移栽芹菜、洋葱、沟葱和老根韭菜，缓苗后可应用。

（6）氟乐灵对大的杂草无效，不能在杂草生育期使用。

（7）氟乐灵对鱼的毒性大，在鱼塘、河边的蔬菜地不要使用。禁止在河塘等水体中清洗施药器具。施药时注意防护，避免吸到药雾，如皮肤和眼睛接触药液，应立即用大量水冲洗，刺激仍不消者应就医。应在避光、远离火源处贮存。

（8）每季作物最多使用 1 次。

乙草胺（acetochlor）

$C_{14}H_{20}ClNO_2$，269.77

● **其他名称**　禾耐斯、消草安、圣农施、刈草安、乙基乙草安。

● **主要剂型**　15.7%、50%、81.5%、88%、880 克/升、89%、90%、900 克/升、90.5%、90.9%、99%乳油，20%、40%可湿性粉剂，50%粉剂，50%微乳剂，40%、48%、50%、900 克/升水乳剂，25%微囊悬浮剂，5%颗粒剂。

● **毒性**　低毒。

● **作用机理**　主要通过萌芽中的幼茎吸收，其次以根系吸收，经导管向上输送。药剂累积于植物营养器官，很少累积于繁殖器官。禾本科等单子叶植物主要是芽吸收，双子叶植物主要通过下胚轴，其次是幼芽吸收，所以幼芽区是禾本科植物对乙草胺最敏感部分，而双子叶植物则是幼根最敏感。在植物体内干扰核酸代谢及蛋白质合成，药剂施于杂草后，幼根和幼芽受到抑制。如果田间水分适宜，幼芽未出土即被杀死；如果土壤水分少，杂草出土后，随着土壤湿度的增大，杂草吸收药剂后而起作用，禾本科杂草心叶卷曲萎缩，其他叶皱缩，最后整株枯死。

● **产品特点**　乙草胺属酰胺类、选择性、内吸传导型、芽前土壤封闭处理除草剂，是一种广泛应用的除草剂，是目前世界上最重要的除草剂品种之一，也是目前我国使用量最大的除草剂之一。

鉴别要点：

① 物理鉴别：乙草胺原药为淡黄色液体，不易挥发和光解。纯品为淡黄色液体，原药因含有杂质而呈现深红色。50%乙草胺乳油为棕色或紫色透明液体，88%乙草胺乳油为棕蓝色透明液体，90%乙草胺乳油为蓝色至紫色液体。

② 生物鉴别：乙草胺对马唐、狗尾草、牛筋草、稗草、千金子、看麦娘、野燕麦、早熟禾、硬草、画眉草等一年生禾本科杂草有特效，对藜科杂草、苋科杂草、蓼科杂草、鸭跖草、牛繁缕、菟丝子等阔叶杂草也有一定的防效，但是效果比禾本科杂草差，对多年生杂草无效，可通过小试确定乙草胺的真伪。

● **应用**

（1）单剂应用　主要登记蔬菜种类为油菜、马铃薯、大蒜、姜。还可用于菜豆、大豆、豌豆、豇豆、蚕豆、辣椒、茄子、番茄、甘蓝等蔬菜田除草，特别适宜于各种地膜覆盖物芽前除草。可防除多种一年生禾本科杂草和部分阔叶杂草，如稗草、马唐、牛筋草、狗尾草、看麦娘、千金子、马齿苋、反枝苋、繁缕、雀舌草、辣蓼、碎米荠、猪殃殃等。将乙草胺乳油兑水稀释后喷雾，每亩用药量因蔬菜种类而异。对多年生杂草无效。对双子叶杂草效果差。在土壤中持效期可达 2 个月以上。

在茄科、十字花科、豆科等蔬菜定植前或豆科蔬菜播后苗前，用 50% 乙草胺乳油 100 毫升兑水 50 千克，均匀处理畦面。

在豌豆播后苗前，每亩用 90% 乙草胺乳油 50 克兑水 50 千克均匀处理畦面。

番茄、辣椒定植前，每亩用 90% 乙草胺乳油 70～75 毫升兑水 30 千克均匀处理畦面后盖膜。

防除玉米田杂草。在玉米播后苗前，春玉米每亩用 50% 乙草胺乳油 120～250 毫升，夏玉米每亩用 50% 乙草胺 100～140 毫升，兑水 30～40 千克土壤喷雾施药 1 次。土壤湿度适宜对防除禾本科杂草效果好。每季作物最多施用 1 次。

防除油菜田杂草，在油菜移栽前或移栽后 3 天，每亩用 50% 乙草胺乳油 70～100 毫升兑水 30～40 千克土壤喷雾施药 1 次。每季作物最多施用 1 次。

防除大豆田杂草。在大豆播后苗前，春大豆每亩用 50% 乙草胺乳油 160～250 毫升，夏大豆每亩用 50% 乙草胺乳油 100～140 毫升，兑水 30～40 千克土壤喷雾施药 1 次。每季作物最多施用 1 次。

防除马铃薯田杂草。在马铃薯播后苗前，每亩用 50% 乙草胺乳油 180～250 毫升或 900 克/升乙草胺乳油 100～140 毫升，兑水 30～40 千克土壤喷雾施药 1 次。每季作物最多施用 1 次。

胡萝卜、芹菜、茴香、芫荽田，每亩用 50%乙草胺乳油 100～150 毫升兑水 40～50 升，在播后苗前均匀喷雾土壤。温度过高或过低时不宜使用乙草胺，以免引起药害。

（2）复配剂应用　乙草胺配伍力很强，可与嗪草酮、莠去津、苄嘧磺隆、扑草净等复配。如嗪酮·乙草胺、戊·氧·乙草胺、禾丹·乙草胺、噁酮·乙草胺、苯·苄·乙草胺、滴丁·乙草胺、氧氟·乙草胺、甲·乙·莠。

① 嗪酮·乙草胺。是由嗪草酮与乙草胺复配的混剂，产品有 45%、50%、56%乳油，24%、28%可湿性粉剂。混剂可发挥两单剂分别对禾本科杂草或阔叶杂草的优势，因而能施药一次防除两类杂草，如稗草、绿狗尾草、金狗尾草、马唐、野燕麦、反枝苋、藜、蓼、铁苋菜、香薷、水棘针、鼬瓣花等。对鸭跖草、苍耳、龙葵、苣荬菜等也有一定防效。

玉米田播后苗前施药，春玉米亩用 50%嗪酮·乙草胺乳油 150～200 毫升或 45%嗪酮·乙草胺乳油 200～250 毫升；夏玉米亩用 56%或 50% 嗪酮·乙草胺乳油 100～150 毫升或 28%嗪酮·乙草胺可湿性粉剂 150～210 克或 24%嗪酮·乙草胺可湿性粉剂 150～200 克，兑水 40～60 千克，喷洒土表。

大豆田播后苗前施药。春大豆，每亩用 50%嗪酮·乙草胺乳油 150～200 毫升或 45%嗪酮·乙草胺乳油 200～300 毫升；夏大豆，每亩用 50% 嗪酮·乙草胺乳油 100～150 毫升或 28%嗪酮·乙草胺可湿性粉剂 150～210 克，兑水 40～60 千克，喷洒土表。

马铃薯田播后苗前施药，每亩用 50%嗪酮·乙草胺乳油 100～150 毫升（东北）或 170～250 毫升（东北），兑水 40～60 千克，喷洒土表。

② 甲·乙·莠。是由甲草胺、乙草胺、莠去津组成的复配剂。商品名为玉草净，为玉米田、生姜、大蒜田苗前封闭土壤除草剂。可防除稗草、马唐、牛筋、藜、苋、马齿苋、次生麦苗等一年生杂草，防除大蒜一年生杂草，每亩用 42%甲·乙·莠悬浮剂 150～200 毫升兑水 45～60 千克喷雾土壤。防除姜一年生杂草，每亩用 42%甲·乙·莠悬浮剂 150～200 毫升兑水 45～60 千克喷雾土壤。防除玉米田杂草，每亩用 42% 甲·乙·莠悬浮剂 150～200 毫升兑水 45～60 千克，播后苗前喷雾土壤。

③ 戊·氧·乙草胺。由二甲戊灵、乙氧氟草醚和乙草胺复配而成的

触杀型选择性、内吸传导型、茎叶处理除草剂。商品名为蒜伴，为大蒜田专用封闭除草剂。具有禾阔双封、持效期长、安全高效等特点，对大蒜田看麦娘、繁缕、荠菜、藜、猪殃殃、婆婆纳、早熟禾、田旋花等一生年杂草具有较好的封闭效果。防除大蒜田一年生杂草，可用 44%戊·氧·乙草胺乳油 150～200 毫升兑水 30～40 千克，在大蒜播后苗前土壤喷雾。为大蒜田专用除草剂，可适当扩展至姜、大葱、大豆等封闭除草。

④ 氧氟·乙草胺。由乙氧氟草醚与乙草胺复配而成的大蒜地专用除草剂，可芽前选择性防除多种禾本科和阔叶杂草。用药后大蒜叶片可能有白斑，一周后可恢复，对产量无影响。防除大蒜田杂草，如防除稗草、牛筋草、看麦娘、硬草、碎米莎草、野燕麦、铁苋菜、狗尾草、泥糊菜、猪殃殃、荠菜、苘麻、马齿苋、野西瓜苗、裂叶牵牛、繁缕等一年生杂草。大蒜播后苗前，每亩用 42%氧氟·乙草胺（苏科蒜草净）乳油 90～110 毫升，兑水 80～100 千克喷雾。每季最多施用 1 次。

● **注意事项**

（1）乙草胺活性很高，施用时剂量不能随意加大，喷药要求均匀周到，不要重喷和漏喷，喷头高度要控制合适，过低则沟底着药、沟沿杂草丛生，过高则易误喷播种行上，引起药害。

（2）要提高土壤湿度。乙草胺对杂草的作用，主要是通过杂草幼芽与幼根的吸收，抑制幼芽和幼根的生长，刺激根产生瘤状畸形，致使杂草死亡。一定的土壤湿度，有利于提高杀草效果。如在用药阶段遇到持续干旱天气，除草效果会大大降低。因此应先浇水增大土壤湿度，然后再用药，这是提高乙草胺除草药效的关键措施之一。此外，在用药剂量上，应考虑土壤温度、湿度和有机质含量。在土壤湿度大、气温较高的情况下可以用以上推荐的低剂量；反之用高剂量。在沙质土壤选用低剂量，黏土及有机质含量高的土壤选用高剂量。在地膜覆盖蔬菜田一般选用低剂量。

（3）在高温高湿下使用，或施药后遇降雨，种子接触药剂后，叶片上易出现皱缩发黄现象。

（4）选择适宜的用药时间。乙草胺是一种选择性芽前除草剂，只有在作物播种后、杂草出土前施药，才能发挥出它的药效，且用药时间越早越好。对已出土杂草防效差，土壤干旱影响除草效果。

（5）不能与碱性物质混用。可将其与均三氮苯、取代脲、苯氧羧酸类等防除阔叶杂草的芽前除草剂混用，以达到扩大杀草谱的目的。

（6）要选择适宜的品种，控制用药量。地膜毛豆慎用乙草胺除草，在韭菜、菠菜等作物上易产生药害，应慎用，对葫芦科作物敏感，在西瓜、黄瓜、甜瓜种子出土前或苗期使用极易产生药害，严重的会造成绝收，甚至死亡。乙草胺除草剂在番茄、白菜、甘蓝、花椰菜、萝卜、辣椒、茄子和莴苣等蔬菜田上使用时，每亩用量应限制在 50～75 毫升，否则容易产生药害。

白菜发生乙草胺除草剂药害，其原因是白菜田用乙草胺除草剂进行除草土壤处理时，用药量过多，超出了白菜所能耐受的程度，使组织器官受到了损害，出现了不正常的病态。白菜田遇到内涝等不良环境条件，也会造成药液聚集，产生药害。白菜田使用过量乙草胺除草剂，进行除草土壤处理时，不影响白菜出苗。但是，白菜出苗后心叶卷缩，出现畸形，生长受到抑制。即使以后长出的叶片正常，但生长速度减慢，产量、质量受到不利的影响。预防白菜发生乙草胺除草剂药害，其基本方法在于适量、适时、适法施用乙草胺除草剂。不要在白菜苗前混土施药，并要避免施药量过大或施药不均匀。在低洼易涝的白菜地块，不要施用乙草胺。

在大豆苗期遇低温、多湿，田间长期渍水时，乙草胺对大豆有抑制作用，症状为大豆叶皱缩，待大豆 3 片复叶后，可恢复生长，一般对产量无影响。

（7）温度过高或过低时不宜使用乙草胺，以免引起作物药害。在大棚等保护设施里使用乙草胺要减量，否则易出现药害。小麦、谷子和高粱较敏感，施用时注意防治药液飘移到这类禾本科作物上，以防产生药害。

（8）整地质量的好坏，直接关系到乙草胺的药效。一方面整地质量不好，老草未铲除干净，直接影响除草效果。因为乙草胺只能被杂草幼芽和幼根吸收，对已成型杂草无防除效果。另一方面，整地质量不好，土壤高低不平，无法使药液均匀喷施，妨碍除草效果的提高。

（9）施药工具用毕后要及时清洗干净。在使用或贮运过程，应远离火源。

（10）每季作物最多使用 1 次。

精异丙甲草胺（*S*-metolachlor）

$$C_{15}H_{22}ClNO_2，283.8$$

- **其他名称**　金都尔、高效异丙甲草胺、莫多草、屠莠胺、都阿。
- **主要剂型**　960 克/升、96%乳油，40%、45%微胶囊悬浮剂。
- **产品特点**

（1）精异丙甲草胺属于选择性芽前除草剂，广谱、低毒。主要通过植物的幼芽即单子叶植物的胚芽鞘、双子叶植物的下胚轴吸收向上传导，种子和根也吸收传导，但吸收量较小，传导速度慢。出苗后主要靠根吸收向上传导，抑制幼芽与根的生长。敏感杂草在发芽后出土前或刚刚出土即中毒死亡，表现为芽鞘紧包着生长点，稍变粗，胚根细而弯曲，无须根，生长点逐渐变褐色、黑色烂掉。如果土壤墒情好，杂草被杀死在幼苗期；如果土壤水分少，杂草出土后随着降雨土壤湿度增加，杂草吸收异丙甲草胺，禾本科杂草心叶扭曲、萎缩，其他叶皱缩后整株枯死。阔叶杂草叶皱缩变黄整株枯死。因此施药应在杂草发芽前进行。作用机制为通过阻碍蛋白质的合成而抑制细胞生长。

（2）用于玉米、大豆，也可用于非沙性土壤的油菜、马铃薯和洋葱、辣椒、甘蓝等作物，防治一年生杂草和某些阔叶杂草，在出芽前作土面处理。持效期 30～35 天。

（3）可与莠去津、特丁津、硝磺草酮等复配，如 670 克/升异丙·莠去津悬浮剂、50%草胺·特丁津悬浮剂、38.5%硝·精·莠去津悬浮剂等。

- **应用**　适用于作物播后苗前或移栽前土壤处理，可防除一年生禾本科杂草如稗草、马唐、臂形草、画眉草、早熟禾、牛筋草、黑麦草、狗尾草等，对繁缕、藜、反枝苋、猪毛菜、马齿苋、荠菜、柳叶刺蓼、酸模叶蓼等阔叶杂草有较好防除效果，但对看麦娘、野燕麦防效差。

胡萝卜、芹菜、茴香、芫荽田，每亩用960克/升精异丙甲草胺乳油50～65毫升兑水50升在播后苗前均匀喷雾土壤表面。土壤湿度大有利于提高防效。用药量随土壤有机质含量的增加可适当增加。

菜豆。防除一年生禾本科杂草及部分阔叶杂草，北方地区每亩用960克/升精异丙甲草胺乳油65～85毫升，其他地区50～65毫升，播后苗前土壤喷雾。作物播后苗前、杂草出苗之前，采用扇形雾或空心圆锥雾等细雾滴喷头，每亩兑水20～40千克，进行土壤封闭喷雾处理。施用前后要求田间土壤湿润，否则应灌水增墒后使用。干旱气候不利于药效发挥，在土壤墒情较差时，可在施药后浅混土2～3厘米。用于地膜覆盖作物时，在播种后施药，然后盖膜；或在施药后盖膜，然后打孔移栽。

大豆。大豆播种后出苗前，夏大豆每亩用960克/升精异丙甲草胺乳油50～85毫升，春大豆每亩用960克/升精异丙甲草胺乳油60～85毫升，兑水20～40千克，土壤喷雾施药1次。

夏玉米。夏玉米播种前，每亩用960克/升精异丙甲草胺乳油50～85毫升兑水20～40千克，土壤喷雾施药1次。

马铃薯。马铃薯播种后出苗前，土壤有机质含量小于3%，每亩用960克/升精异丙甲草胺乳油52.5～65毫升；土壤有机质含量3%～4%，每亩用960克/升精异丙甲草胺乳油100～130毫升，兑水20～40千克，土壤喷雾施药1次。

大蒜。大蒜播种后出苗前，每亩用960克/升精异丙甲草胺乳油52.5～65毫升兑水30～50千克，在大蒜播后苗前均匀喷雾土壤表面。土壤湿度大有利于提高防效。用药量随土壤有机质含量的增加可适当增加。

冬油菜。冬油菜移栽前，每亩用960克/升精异丙甲草胺乳油45～60毫升兑水40～50千克，土壤喷雾，防除一年生禾本科杂草和部分阔叶杂草。

甘蓝。甘蓝移栽前，每亩用960克/升精异丙甲草胺乳油47～56毫升兑水20～40千克，土壤喷雾施药1次。

洋葱。洋葱播种后出苗前，每亩用960克/升精异丙甲草胺乳油52.5～65毫升兑水20～40千克，土壤喷雾施药1次。

番茄。防除一年生禾本科杂草及部分阔叶杂草，北方地区每亩用

960 克/升精异丙甲草胺乳油 65～85 毫升，其他地区 50～65 毫升，播后苗前土壤喷雾。作物播后苗前、杂草出苗之前，采用扇形雾或空心圆锥雾等细雾滴喷头，每亩兑水 20～40 千克，进行土壤封闭喷雾处理。施用前后要求田间土壤湿润，否则应灌水增墒后使用。干旱气候不利于药效发挥，在土壤墒情较差时，可在施药后浅混土 2～3 厘米。用于地膜覆盖作物时，在播种后施药，然后盖膜；或在施药后盖膜，然后打孔移栽。

甜菜。防除一年生禾本科杂草及部分阔叶杂草，每亩用 960 克/升精异丙甲草胺乳油 75～80 毫升，播后苗前土壤喷雾。作物播后苗前、杂草出苗之前，采用扇形雾或空心圆锥雾等细雾滴喷头，每亩兑水 20～40 千克，进行土壤封闭喷雾处理。施用前后要求田间土壤湿润，否则应灌水增墒后使用。干旱气候不利于药效发挥，在土壤墒情较差时，可在施药后浅混土 2～3 厘米。用于地膜覆盖作物时，在播种后施药，然后盖膜；或在施药后盖膜，然后打孔移栽。

西瓜。防除一年生禾本科杂草及部分阔叶杂草，每亩用 960 克/升精异丙甲草胺乳油 40～65 毫升，移栽前土壤喷雾。作物移栽前、杂草出苗之前，采用扇形雾或空心圆锥雾等细雾滴喷头，每亩兑水 20～40 千克，进行土壤封闭喷雾处理。施用前后要求田间土壤湿润，否则应灌水增墒后使用。干旱气候不利于药效发挥，在土壤墒情较差时，可在施药后浅混土 2～3 厘米。用于地膜覆盖作物时，在播种后施药，然后盖膜；或在施药后盖膜，然后打孔移栽。

● **注意事项**

（1）稀释时，先在容器中加入所需水量的一半，然后按所需剂量加入药液，之后再加足剩余的水，搅拌均匀即可使用。

（2）在质地黏重的土壤上施用时，使用高剂量；在疏松的土壤上施用时，使用低剂量。

（3）在低洼地或沙壤土使用时，如遇雨，容易发生淋溶药害，需慎用。

（4）勿在水旱轮作栽培的西瓜田和小拱棚使用。

（5）露地栽培作物在干旱条件下施药，应迅速进行浅混土，覆膜作物田施药不混土，施药后必须立即覆膜。残效期为 30～35 天，所以一次施药需结合人工或其他除草措施，才能有效控制作物安全生育期杂草为害。

（6）采用毒土法，应掌握在下雨或灌溉前后施药。施药后，彻底清洗防护用具，洗澡，并更换和清洗工作服。

（7）施药地块严禁放牧和畜禽进入。

（8）对鱼、藻类和水蚤有毒，应避免污染水源。

（9）每季作物最多使用本品 1 次。

精喹禾灵（quizalofop-P-ethyl）

$C_{19}H_{17}ClN_2O_4$，372.8

● **其他名称**　精禾草克、精克草能、高效盖草灵、盖草灵。

● **主要剂型**　5%、5.3%、8%、8.8%、10%、10.8%、15%、15.8%、17.5%、20%乳油，5%、10.8%水乳剂，15%、20%悬浮剂，5%、8%微乳剂，20%、60%水分散粒剂。

● **毒性**　低毒。

● **作用机理**　在禾本科杂草与双子叶作物之间有高度选择性，茎叶可在几小时内完成对药剂的吸收作用，在植物体内向上部和下部移动，药剂在一年生杂草体内 24 小时可传遍全株，使其坏死。一年生杂草受药后，2～3 天新叶变黄，停止生长，4～7 天茎叶呈坏死状，10 天内整株枯死。多年生杂草受药后，药剂迅速向地下根茎组织传导，使之失去再生能力。

● **产品特点**

（1）属有机杂环类茎叶处理除草剂，有效成分为精喹禾灵，是将喹禾灵原药中无活性部分去掉后精制而成的，药效提高并稳定。对人、畜低毒。乳油外观为棕色油状液体，pH 5.5±1.5（4～7），在常温下贮存 3 年，有效成分无变化。对杂草有选择性内吸除草作用，施药后 14 天，杂草枯死。

（2）同精吡氟禾草灵一样用于阔叶作物田里防除稗草、野燕麦等一年生禾本科及狗牙根、芦苇等多年生禾本科杂草。是一种高度选择性的新型旱田茎叶处理剂，在禾本科杂草和双子叶作物间有高度的选择性，对阔叶作物田的禾本科杂草有很好的防效。

（3）具有见效快、耐低温、耐干燥、抗雨淋、安全性高等特点；在通常条件下，药剂内吸传导较快，喷药后3~5天杂草开始发黄，7~10天整株枯死，低温干燥对药效影响不大；耐雨水冲刷，施药后1~2小时下小雨对药效影响很小，不需重喷；在阔叶作物的任何时期都可使用，对一年生和多年生禾本科杂草，在任何生育期间都有防效；对阔叶作物、人畜安全性高，对后茬作物无毒害作用。

（4）本品与喹禾灵相比，提高了被植物吸收性和在植株内移动性，所以作用速度更快，药效更加稳定，不易受雨水、气温及湿度等环境条件的影响，同时用药量减少，药效增加，对环境安全。

● **应用**

（1）单剂应用　适用于大豆、甜菜、油菜、马铃薯、豌豆、蚕豆、西瓜、阔叶蔬菜等多种作物。有效防除野燕麦、稗草、狗尾草、金狗尾草、马唐、野黍、牛筋草、看麦娘、画眉草、千金子、雀麦、大麦属杂草、多花黑麦草、毒麦、稷属杂草、早熟禾、双穗雀稗、狗牙根、白茅、芦苇等一年生和多年生禾本科杂草。

大白菜。防除一年生禾本科杂草，每亩用50克/升精喹禾灵乳油40~60毫升，兑水15~30千克搅拌均匀，禾本科杂草3~5叶期，阔叶杂草2~6叶期，进行茎叶喷雾处理。喷药时药液要均匀周到。施药时，避免飘移到周围作物田地及其他作物。

西瓜。防除一年生禾本科杂草，每亩用50克/升精喹禾灵乳油40~60毫升，兑水15~30千克搅拌均匀，禾本科杂草3~5叶期，阔叶杂草2~6叶期，进行茎叶喷雾处理。喷药时药液要均匀周到。施药时，避免飘移到周围作物田地及其他作物。

小葱。防除一年生禾本科杂草，在禾本科杂草3~5叶期，每亩用10%精喹禾灵乳油30~40毫升兑水30~50千克茎叶均匀喷雾，防止漏喷。

油菜。防除一年生禾本科杂草，在禾本科杂草3~5叶期，每亩用5%精喹禾灵乳油50~60毫升兑水30~40千克茎叶喷雾。防除狗尾草、野黍时用药量需增加至60~70毫升。防除多年生杂草芦苇南方需80~100毫升，东北、内蒙古、新疆等为100~130毫升。喷药时药液要均匀周到。施药时，避免飘移到周围作物田地及其他作物。

甜菜。防除一年生禾本科杂草，在禾本科杂草 3～5 叶期，每亩用 5%精喹禾灵乳油 80～100 毫升，兑水 30～40 千克茎叶喷雾施药 1 次。

大豆。防除一年生禾本科杂草，大豆苗后，一年生禾本科杂草 3～5 叶期，春大豆田每亩用 5%精喹禾灵乳油 60～100 毫升，夏大豆田每亩用 5%精喹禾灵乳油 50～80 毫升，兑水 30～40 千克茎叶喷雾施药 1 次。

（2）复配剂应用　可与氟磺胺草醚、灭草松、异噁草松、乙草胺、草除灵、三氟羧草醚、乳氟禾草灵、咪唑乙烟酸、嗪草酮、乙羧氟草醚等复配。

① 砜嘧·精喹。由砜嘧磺隆与精喹禾灵复配而成。为马铃薯苗后禾阔双除茎叶除草剂。防除马铃薯田一年生杂草，于马铃薯苗株高 10 厘米前，杂草 3～5 叶期，每亩用 13%砜嘧·精喹可分散油悬浮剂 50～70 毫升兑水 15 千克定向喷雾。每季最多施用 1 次。

② 精喹·乙草胺。由精喹禾灵和乙草胺复配而成。防除大豆田、大蒜田一年生、多年生禾本科和阔叶草效果好。杂草 3～5 叶期，每亩用 35%精喹·乙草胺乳油 65 毫升兑水 15 千克定向喷雾。

③ 精喹·草除灵。由精喹禾灵和草除灵复配而成的选择性油菜田除草剂。可有效防除油菜田一年生杂草，如看麦娘、日本看麦娘、稗草、狗尾草、马唐、早熟禾、牛繁缕、猪殃殃、雀舌草、碎米荠、大巢菜等。油菜田苗后防除禾本科和阔叶杂草一次性除草剂。在移栽油菜活棵后 6～8 叶期或油菜返青后杂草 2～3 叶期时，每亩用 17.5%精喹·草除灵乳油 1000～150 毫升兑水 20～30 千克全田喷雾 1 次。对甘蓝型油菜非常有效，在油菜作物上的安全间隔期 60 天，每季最多施用 1 次。对芥菜型、白菜型油菜敏感，不能应用。为芽后除草剂，在杂草出齐后使用效果最好。当阔叶杂草以猪殃殃为主时，用药量宜用上限。

此外，生产上还有一些组合，以扩大除草谱，如推荐辣椒苗后专用除草剂组合（禾阔双除），也可选用 25%砜嘧磺隆水分散粒剂 3.5 克+20%精喹禾灵乳油 15 克+甲基化植物油 10 克，兑水 15 千克，避开心叶，定向喷雾。

● **注意事项**

（1）在高温、干燥等异常气候条件下，有时作物叶面（主要是大豆）会在局部出现接触性药斑，但以后长出的新叶发育正常，所以不影响后期生长，对产量无影响。

（2）土壤水分、空气相对湿度较高时，有利于杂草对精喹禾灵的吸收和传导。长期干旱无雨、低温和空气相对湿度低于 65% 时不宜施药。

（3）一般选早晚施药，上午 10 时至下午 3 时不应施药；施药前应注意天气预报，施药后应 2 小时内无雨。

（4）长期干旱若近期有雨，待雨后田间土壤水分和湿度改善后再施药，或有灌水条件的在灌水后再施药，虽然施药时间拖后，但药效比雨前或灌水前施药好。

（5）禾本科作物对该药敏感，喷药叶要避免药物飘移到小麦、玉米、水稻等禾本科作物上，以免产生药害。套作有禾本科作物的大豆田，不能使用该药剂。

（6）本品只能防除禾本科杂草，不能防除阔叶杂草，在禾本科杂草和阔叶杂草混生的田块，使用精喹禾灵应与其他防除阔叶杂草的措施协调使用，才能取得较好的增产效果。

（7）精喹禾灵与灭草松、三氟羧草醚、氯嘧磺隆等防除阔叶杂草的药剂混用时，要注意药剂间的拮抗作用会降低精喹禾灵对禾本科杂草的防效，并可能加重对作物的药害。

（8）在杂草生长停止时，效果有时会降低。

（9）对莎草科杂草和阔叶杂草无效。

（10）不能与呈碱性的农药等物质混用。

（11）对鱼、鸟类、水生生物以及天敌有影响，水产养殖区、鸟类保护区以及赤眼蜂等天敌放飞区禁用，施药器械不得在河塘清洗，施药后田水不得直接排入水体，避免污染水源。

（12）每季使用 1 次对下茬作物无影响，安全间隔期为 60 天，每季最多使用 1 次。

高效氟吡甲禾灵（haloxyfop-P-methyl）

$C_{16}H_{13}ClF_3NO_4$，375.37

- **其他名称** 高效盖草能、精盖草能。
- **主要剂型** 108 克/升、158 克/升、10.8%、22%、48%乳油，17%、28%微乳剂，108 克/升水乳剂。
- **毒性** 低毒。
- **作用机理** 高效氟吡甲禾灵属芳氧苯氧丙酸酯类内吸传导型除草剂，由叶片、茎秆和根茎吸收，在植物体内抑制脂肪酸的合成，使细胞分裂生长停止，破坏细胞膜含脂结构，导致杂草死亡。受药杂草一般在 48 小时后可见受害症状。
- **应用** 适用于马铃薯、甘蓝、西瓜田，防治一年生禾本科杂草；宜在杂草出苗后到分蘖、抽穗期进行茎叶喷雾。

防除大豆田一年生禾本科杂草。禾本科杂草 3～5 叶期，每亩用 108 克/升高效氟吡甲禾灵乳油 30～45 毫升，或 108 克/升高效氟吡甲禾灵水乳剂 35～40 毫升，或 28%高效氟吡甲禾灵微乳剂 10～15 毫升，兑水 30～50 千克针对杂草茎叶均匀喷雾。

防除马铃薯田禾本科杂草。一年生禾本科杂草 3～5 叶期，每亩用 108 克/升高效氟吡甲禾灵乳油 35～50 毫升，或 28%高效氟吡甲禾灵微乳剂 10～15 毫升，兑水 30～50 千克均匀喷雾茎叶 1 次。

防除甘蓝禾本科杂草。甘蓝田一年生禾本科杂草 3～5 叶期，每亩用 108 克/升高效氟吡甲禾灵乳油 30～40 毫升兑水 30～50 千克均匀喷雾杂草茎叶。

防除油菜田禾本科杂草，直播、移栽油菜田一年生禾本科杂草 3～5 叶期，每亩用 108 克/升高效氟吡甲禾灵乳油 25～30 毫升兑水 30～50 千克均匀喷雾茎叶。

防除西瓜田禾本科杂草，在田间一年生禾本科杂草 3～5 叶期，每亩用 108 克/升高效氟吡甲禾灵乳油 35～50 毫升兑水 30～50 千克均匀喷雾杂草茎叶。

混用。可与氟磺胺草醚、异噁草松、烯草酮、砜嘧磺隆等药剂复配混用。

- **注意事项**

（1）本品是禾本科杂草专用除草剂，只适合于阔叶作物田使用。

（2）喷雾的最佳时间应该为田间湿度较大、温度较低时，建议在上午 10 点以前或下午 5 点以后施药。大风天或预计 4 小时内下雨，不宜施药。

（3）阔叶及禾本科杂草混生田，应与防除阔叶杂草的除草剂配合使用。与禾本科作物间、混、套种的田块不能施用本品。

（4）避免药雾飘移到玉米、小麦和水稻等禾本科作物上，以防产生药害。

（5）避免药液流入池塘、河流、湖泊，以防毒死鱼、虾，污染水源。

（6）该药剂对家禽有毒，使用时应注意。

（7）每季作物最多施用 1 次。

草甘膦（glyphosate）

$C_3H_8NO_5P$，169.07

- **其他名称** 农达、镇草宁。

- **主要剂型** 草甘膦异丙胺盐：30%、35%、41%、46%、62%、410 克/升、450 克/升、600 克/升水剂，50%、58%可溶粒剂，50%可溶粉剂。

草甘膦铵盐：30%、33%、35%、41%水剂，50%、58%、63%、68%、70%、80%、86%、86.3%、88.8%、95%可溶粒剂，30%、50%、58%、65%、68%、80%、88.8%可溶粉剂。

草甘膦二甲胺盐：30%、35%、41%、46%水剂，50%、58%、63%、68%可溶粒剂。

草甘膦钾盐：30%、35%、41%、46%水剂，50%、58%、63%、68%可溶粒剂，58%可溶粉剂。

草甘膦钠盐：30%、50%可溶粉剂，58%可溶粒剂。

草甘膦：30%、41%、46%、450 克/升水剂，50%、58%、68%、70%、75.7%可溶粒剂，30%、50%、58%、65%可溶粉剂。

- **毒性** 低毒。

- **作用机理** 草甘膦为内吸传导型慢性广谱灭生性除草剂，主要抑制植物体内烯醇丙酮基莽草素磷酸合成酶，从而抑制莽草素向苯丙氨酸、酪氨酸及色氨酸的转化，使蛋白质的合成受到干扰导致植物死亡。

● **草甘膦的主要种类**　草甘膦实际是一大类灭生性除草剂的统称，如草甘膦铵盐、草甘膦钾盐、草甘膦钠盐和草甘膦异丙胺盐等。铵盐一般为可溶粉剂，较常见的为74.7%草甘膦铵盐。异丙胺盐一般为水剂，较常见的为41%草甘膦水剂。钾盐是草甘膦类的新品，一般为水剂，较常见的为43%草甘膦钾盐，是其中杀草最彻底的品种，具有吸收快、抗雨水冲刷、补钾的优势。

由于草甘膦本身不溶于水，在农业生产上无法使用，而草甘膦与不同的碱通过化学反应制得的盐类都极易溶于水，除草性质却没有任何改变。由于几种盐的分子量大小不同，标签标示的含量也不同，如草甘膦含量≥30.5%，草甘膦铵盐含量≥33.5%，草甘膦钠盐≥34.5%，草甘膦钾盐≥37.5%，草甘膦异丙胺盐≥41%。如果折合成草甘膦其实含量都一样，都可说成是草甘膦≥30.5%，也都可说成是草甘膦异丙胺盐≥41%水剂，也有直接标识30%草甘膦水剂或30%草甘膦粉剂的。

草甘膦的几种盐除草范围相同，但除草活性有所差异。在相同环境条件下，除草活性一般为草甘膦钾盐＞草甘膦异丙胺盐＞草甘膦铵盐＞草甘膦钠盐。其中30%草甘膦水剂有以下几种可能：一是30%草甘膦水剂以异丙胺盐的形式存在，类似于40.5%草甘膦异丙胺盐水剂（略微低一些）；二是30%草甘膦水剂以钾盐形式存在，类似于37%的草甘膦钾盐水剂；三是30%草甘膦水剂以铵盐形式存在，类似于33%的草甘膦铵盐水剂。

● **不同草甘膦的选用**　目前，草甘膦产品包括360克/升草甘膦水剂、480克/升草甘膦异丙胺盐水剂等，按其有效成分含量换算，草甘膦含量都是30%。草甘膦铵盐水剂是目前市场上替代10%草甘膦水剂性价比最高的产品，也是最便宜的。草甘膦异丙胺盐水剂价格相对较高。在气温高的情况下，异丙胺盐的一些优势并不明显，但相比铵盐，异丙胺盐的速效性要好，除草更彻底，效果也更稳定。如开春气温低的情况下，可选用异丙胺盐。钾盐水溶性好，能二次吸潮，在高温干旱条件下优势明显，而且钾是很多作物需要的，尤其适宜果园、茶园及需要补钾的经济作物区除草使用。由于草甘膦不同的盐类形式在使用上各有千秋，要根据各地气候、草相与作物情况科学选用。

● **产品特点**

（1）草甘膦对植物无选择性，作用过程为喷洒—黄化—褐变—枯死。药剂由植物茎叶吸收在体内输导到各部分。不仅可以通过茎叶传导到地下部分，而且可以在同一植株的不同分蘖间传导。

（2）草甘膦属有机磷类、内吸传导型、广谱、灭生性除草剂，草甘膦与土壤接触立即钝化失去活性，故无残留作用。对土壤中潜藏的种子和土壤微生物无不良作用。对未出土的杂草无效，只有当杂草出苗后，作茎叶处理，才能杀死杂草，因而只能用作茎叶处理。

（3）杀草谱广。对 40 多科的植物有防除作用，包括单子叶和双子叶、一年生和多年生、草本和灌木等植物。豆科和百合科一些植物对草甘膦的抗性较强。草甘膦入土后很快与铁、铝等金属离子结合而失去活性。因此，施药时或施药后对土壤中的作物种子都无杀伤作用。对施药后新长出的杂草无杀伤作用。当然，也不能采用土壤处理施药，必须是茎叶喷雾。

（4）杀草速度慢。一般一年生植物在施药一周后才表现出中毒症状，多年生植物在 2 周后表现中毒症状，半月后全株枯死。中毒植物先是地上叶片逐渐枯黄，继而变褐，最后根部腐烂死亡。某些助剂能加速药剂对植物的渗透和吸收作用，从而加速植株死亡。使用高剂量，叶片枯萎太快，影响对药剂的吸收，即吸入药量少，也难于传导到地下根茎，因而对多年深根杂草的防除反而不利。因草甘膦是靠植物绿色茎、叶吸收进入体内的，施药时杂草必须有足够吸收药剂的叶面积。一年生杂草要有 5～7 片叶，多年生杂草要有 5～6 片新长出的叶片。

（5）鉴别要点。纯品为非挥发性白色固体，大约在 230℃熔化，并伴随分解。水剂外观为琥珀色透明液体或浅棕色液体。50%草甘膦可湿性粉剂应取得农药生产许可证（XK）。草甘膦的其他产品应取得农药生产批准证书（HNP）。选购时应注意识别该产品的农药登记证号、农药生产许可证号。

在休耕地、田边或路边，选择长有一年生及多年生禾本科杂草、莎草科杂草和阔叶杂草的地块，于杂草 4～6 叶期，用 41%水剂稀释 120 倍后对杂草茎叶定向喷雾，待后观察药效，若喷过药的杂草因接触药剂而死亡，则说明该药为合格产品，否则为不合格或伪劣产品。

（6）草甘膦可与乙草胺、异丙甲草胺、莠去津、苄嘧磺隆、丙炔氟草胺、咪唑乙烟酸、环嗪酮、2,4-滴丁酯、2甲4氯等混用，既可提高防效，又可解决草甘膦难防杂草的问题。

● **应用**　休闲地、路边等除草。能防除一年生或多年生禾本科杂草、莎草科杂草和阔叶杂草。对百合科、旋花科和豆科的一些杂草抗性较强，但只要加大剂量，仍然可以有效防除。

（1）旱田除草　由于各种杂草对草甘膦的敏感度不同，因此用药量不同。

防除一年生杂草如稗、狗尾草、看麦娘、牛筋草、苍耳、马唐、藜、繁缕、猪殃殃等时，每亩用41%草甘膦水剂或410克/升草甘膦水剂200～250毫升，或74.7%草甘膦可溶粒剂100～120克，兑水20～30升喷雾。

防除车前草、小飞蓬、鸭跖草、通泉草、双穗雀稗等时，每亩用41%草甘膦水剂或410克/升草甘膦水剂250～300毫升，或74.7%草甘膦可溶粒剂150～200克，兑水20～30升喷雾。

防除白茅、硬骨草、芦苇、香附子、水花生、水萝、狗牙根、蛇莓、刺儿菜、野葱、紫菀等多年生杂草时，每亩用41%草甘膦水剂或410克/升草甘膦水剂450～500毫升，或74.7%草甘膦可溶粒剂200～250克，兑水20～30升，在杂草生长旺盛期、开花前或开花期，对杂草茎叶进行均匀定向喷雾，避免药液接触种植作物的绿色部位。

（2）休闲地、排灌沟渠、道路旁、非耕地除草　草甘膦特别适用于上述没有作物的地块或区域除草。一般在杂草生长旺盛期，每亩用41%草甘膦水剂或410克/升草甘膦水剂400～500毫升，或50%草甘膦可溶粉剂300～400克，或74.7%草甘膦可溶粒剂200～250克，或80%草甘膦可溶粉剂100～200克，兑水20～30千克在杂草茎叶上均匀喷雾，可有效杀死田间杂草，获得理想除草效果。

（3）几种混剂配方扩大杀草谱

① 草甘膦45～90克/亩+乙草胺45～90克/亩。可以防除已出苗的多种杂草，并达到土壤封闭除草效果，是目前免耕除草的有效除草剂混用配方，能达到良好的灭草效果，并有效控制作物种植后杂草的发生，对作物安全，一次施药可以控制整个生长期内杂草的危害。

② 草甘膦50～90克/亩+异丙甲草胺72～90克/亩，是目前免耕除草

的有效除草剂混用配方，能达到良好的灭草效果，并有效控制作物种植后杂草的发生，对作物安全，一次施药可以控制整个生长期内杂草的危害。

③ 草甘膦 70～80 克/亩+环嗪酮 50～70 克/亩，二者作用机制不同，混用具有增效作用，可提高药效，杀草灭灌更广，兼有封闭除草和杀草的双重功能。

④ 草甘膦 1000 克/公顷+丙炔氟草胺 12.5～25.0 克/公顷，对棒头草、水花生、铁苋菜、牛膝菊等防效良好，药后 2 天杂草就表现出严重的药害症状，而且持效性较好。

⑤ 草甘膦 40～80 克/亩+苄嘧磺隆 2～4 克/亩，可以扩大杀草谱。苄嘧磺隆对一年生阔叶杂草、莎草科杂草高效，对部分多年生杂草也有很好的防效。

⑥ 草甘膦 28 克/亩+氨氯吡啶酸 5 克/亩，可提高对大蓟的防除效果。

⑦ 草甘膦 50～80 克/亩+氯氟吡氧乙酸 4～8 克/亩，可提高对空心莲子草防除效果。

⑧ 草甘膦 28 克/亩+苯达松 75 克/亩，可提高对苘麻等的防除效果。

⑨ 草甘膦 65～80 克/亩+吡草醚 0.5～0.75 克/亩，可提高对马齿苋、田旋花、水游草（稻李氏禾）的防除效果。

⑩ 草甘·三氯吡。由草甘膦和三氯吡氧乙酸复配而成的非耕地茎叶除草剂，可防除阔叶杂草、禾本科杂草、莎草和灌木，对于小飞蓬、香附子、牛筋草等恶性杂草效果好，在杂草生长旺盛期，每亩用 60%草甘·三氟吡可湿性粉剂 90～110 克兑水 30 千克均匀喷雾茎叶。

⑪ 2 甲·草甘膦。由 2 甲 4 氯钠与草甘膦铵盐复配而成。用于沟边、路边、房前屋后等非耕地除草，防除非耕地的一年生和多年生杂草，如马唐、狗尾草、水芹、牛筋草、看麦娘、苍耳、繁缕等，尤其对多年生白茅、香附子、酢浆草、狗牙草、犁头草、空心莲子草等杂草特效，每亩用 90% 2 甲·草甘膦可溶粉剂（怪刀）100～150 毫升兑水 30 千克茎叶均匀喷雾。该药对农作物特别敏感，禁止在耕地作用。使用 6 个月后才能播种阔叶作物。

● **注意事项**

（1）草甘膦只适于休闲地、路边、沟旁等处使用，严禁使药液接触蔬菜等作物，以防药害。施药时，应防止药液雾滴飘移到其他作物上造成药害。当风速超过 2.2 米/秒时，不能喷洒药液。配好的药液应当天用完。在蔬菜上进行茎叶除草时，喷药前应在喷头上安装一个防护罩，以防药液溅到蔬菜茎叶上，喷药时尽量将喷头压低，如果没有专用防护罩，可用一个塑料碗，在底部中央钻一个大小适当的孔，固定在喷头上即可使用。

（2）喷施时机，以杂草开花前用药最佳。一般一年生杂草有 15 厘米左右高度、多年生杂草有 30 厘米高度，6～8 片叶时喷是最适宜的。在作物行间除草，当作物植株较高与杂草存在一定的落差时，用药效果较好且安全。应在夏秋季的雨后、晴天下午或阴天施药。空气及土壤的温度适宜、湿度偏大时，除草效果最佳。温暖晴天用药效果优于低温天气。干旱期间、快下雨前及烈日下，均不宜施药。

（3）施药方法，在一定的浓度范围内浓度越高，喷雾器的雾滴越细，有利于杂草的吸收，选用 0.8 毫米孔径的喷头比常用的 1.0 毫米孔径的喷头效果好。在浓度相同的情况下用量越多则除草效果越好。药剂接触茎叶后才有效，故喷洒时要力争均匀周到，让杂草黏附药剂。

（4）配制药剂时水要用清水（溪水等），浊水和硬水（井水）会影响防效。使用过的喷雾器要反复清洗，避免以后使用时造成其他作物药害。草甘膦中加入一些植物生长调节剂和辅剂可提高防效。如在草甘膦中加入 0.1% 的洗衣粉，或每亩用量加入 30 克柴油均能增强药物的展布性、渗透性和黏着力，提高防效。

（5）气温越高效果越好，速度越快。杂草嫩绿时防效好，叶片衰黄时效果差。大风天或预计有雨时，请勿施药，施药后 4 小时内遇雨会降低药效，应补喷药液，施药后 3 天内不能割草、放牧、翻地等。

（6）不可与呈碱性的农药等物质混合使用。

（7）草甘膦对多年生恶性杂草如白茅、香附子等，在第一次施药后隔一个月再施 1 次，才能取得理想的除草效果。

（8）金属有一定的腐蚀作用，贮存和使用过程中尽量不用金属容器。低温贮存时会有草甘膦结晶析出，用前应充分摇动，使结晶溶解，否则会降低药效。

（9）对蜜蜂、鱼类等水生生物、家蚕有毒。施药期间应避免对周围蜂群的影响，开花植物花期、蚕室和桑园附近禁用，赤眼蜂等天敌放飞区域禁用。远离水产养殖区、河塘等水域施药。鱼、虾、蟹套养稻田禁用，施药后的药水禁止排入水田。禁止在河塘等水体中清洗施药器具，清洗器具的废水不能排入池塘、河流、水源。用过的包装袋应妥善处理，不可作他用，也不可随意丢弃。

草铵膦（glufosinate ammonium）

$$\left[\begin{array}{c} \text{O} \\ \text{H}_3\text{C}-\overset{\text{O}}{\underset{\text{O}}{\text{P}}}-\text{CH}_2\text{CH}_2\text{CH}\overset{\text{NH}_2}{\underset{\text{CO}_2\text{H}}{}} \end{array} \right] \cdot \text{NH}_4^+$$

$C_5H_{15}N_2O_4P$，198.2

- **其他名称**　草丁膦、百速顿。
- **主要剂型**　10%、18%、20%、200 克/升、23%、30%、50%水剂，18%可溶液剂，40%、50%、80%、88%可溶粒剂。
- **毒性**　低毒。
- **作用机理**　草铵膦属于有机磷类非选择性触杀型除草剂，是谷氨酰胺合成抑制剂，抑制体内谷酰胺合成酶，该酶在氮代谢过程中催化谷氨酸加氨基合成谷酰胺。当植株喷施草铵膦药剂后 3～5 天，植株固定二氧化碳的速率迅速下降；随后细胞破裂，叶绿素破损，光合作用受到抑制，植物叶片出现枯萎和坏死。
- **产品特点**

（1）草铵膦为具有部分内吸作用的非选择性（灭生性）触杀型除草剂，使用时主要作触杀剂，施药后有效成分通过叶片起作用，尚未出土的幼苗不会受到伤害。

（2）草铵膦的杀草作用在很大程度上受环境因子的影响较大，当气温低于 10℃或遇到干旱天气时使用会降低药效；但当遇到充足的水分供应和较高气温时使用能延长药效期，在某种情况下还能提高药效。在最适合的植物生长条件下，并且植物大部分叶片新陈代谢水平高的时候，草铵膦的杀草作用更能充分发挥。

（3）在草铵膦处理过的土壤上，随后种植各类作物，对作物的生长不会产生伤害。残留量分析结果表明，草铵膦会很快被生物所降解。

（4）在除草活性上草铵膦对杂草也具有与百草枯相近的触杀性，只是药效慢了一点且杀草范围窄些。其杀草速度要快于草甘膦，且可在植物木质部内进行传导，但不具有下行传导性，其速度介于百草枯和草甘膦之间。

（5）具有杀草谱广、低毒、活性高、部分传导性和环境相容性好等特点。

● **应用**　适于非耕地防除一年生和多年生杂草，如鼠尾、看麦娘、马唐、稗、野生大麦、多花黑麦草、狗尾草、金狗尾草、野小麦、野玉米。用草甘膦防除牛筋草几乎是无效的，而使用草铵膦防除牛筋草（或小飞蓬）等杂草有特殊效果。

（1）单剂应用　防除非耕地杂草，在杂草生长旺盛期，每亩用200克/升草铵膦水剂450～580毫升，或50%草铵膦水剂280～400毫升，兑水30～50千克，定向茎叶喷雾施药1次。每季最多使用1次。

防治蔬菜园（清园）杂草，行间除草时，在蔬菜生长期、杂草出齐后，每亩用18%草铵膦可溶液剂150～250毫升兑水30～50千克，喷头加装保护罩于蔬菜作物行间进行杂草茎叶定向喷雾处理。

蔬菜地清园时，在上茬蔬菜采收后、下茬蔬菜栽种前，每亩用18%草铵膦可溶液剂150～250毫升兑水30～50千克，对残余作物和杂草进行茎叶喷雾，灭茬清园。

（2）复配剂应用　单用草铵膦，常会遇到效果不好，或不能根除易复发情况的发生，因此，生产中需采用复配多种除草剂进行增效和扩大杀草谱。

① 草铵膦+2甲4氯（钠）。既有复配制剂也有两种单剂混用。除草范围广，成为一年生禾本科与阔叶杂草的克星，尤其对小飞蓬、牛筋草、马齿苋、香附子、莎草等较难防治的杂草有特效，则速效性更好，除草更彻底，持效期可达30天左右。

② 草铵膦+烯草酮。可增强对牛筋草、狗尾草等禾本科杂草的防效，草铵膦（100毫升/桶水）+烯草酮（30毫升/桶水）的组合几乎成了农资店防治牛筋草的杀手锏，是防除牛筋草的主要配方之一。此外，和烯草酮一样适用于防除禾本科杂草的除草剂还有精喹禾灵、高效氟吡甲禾灵，将其与草铵膦复配可增强对牛筋草等禾本科杂草的防除效果。防除芦苇、茅草、狗牙根等可用草铵膦+高效氟吡甲禾灵配方。

③ 草铵膦+双氟磺草胺。可增强对猪殃殃、繁缕、蓼科杂草、菊科

杂草的防效，是防除小飞蓬的主要配方之一。

④ 草铵膦+乙羧氟草醚。该配方可增强对铁苋菜、马齿苋、反枝苋、小藜、苘麻等阔叶杂草的防效。

⑤ 草铵膦+氯氟吡氧乙酸。该配方可防治空心莲子草和竹节草。

⑥ 草铵膦·精喹禾·乙羧氟。由草铵膦、精喹禾灵和乙羧氟草醚复配而成。防除非耕地杂草，杀草快速，1天即可见效，5天死草，更耐低温，死草彻底，不易反弹，药效持久达40天。在杂草基本出齐，生长旺盛期，进行定向茎叶喷雾处理，依草龄，每亩用23%草铵膦·精喹禾·乙羧氟微乳剂（龙刀手）100~120克兑水30千克，整株喷匀，上下喷透，香附子建议配2甲4氯、灭草松等防治。干旱、杂草密度大，大龄杂草，推荐高制剂用量。

⑦ 草铵·高氟吡。由草铵膦与高效氟吡甲禾灵复配而成。防除果园荒地、非耕地杂草，特别是对防除牛筋草、小飞蓬、芦苇、茅草等效果好。于杂草旺盛期茎叶处理，每亩用20%草胺·高氟吡微乳剂150~200毫升兑水30千克，进行定向茎叶喷雾，小草喷湿，大草喷透，快要下雨时暂停施药，具有安全高效、抗干旱、耐低温、除草彻底、抗草期长等特点。施药时，如遇草龄较大或持续干旱，使用高剂量。

● **注意事项**

（1）喷药应均匀周到，应选择在杂草生长初期施药。应选无风、湿润的晴天施药，避免在连续霜冻和严重干旱时施用，以免降低药效。干旱，及杂草密度、蒸发量和喷头流量较大，或防除大龄杂草及多年生恶性杂草时，采用较高的推荐剂量和兑水量，施用后6小时后下雨不影响药效。

（2）本品对赤眼蜂有风险性，施药期间应避免对周围天敌的影响，天敌放飞区附近禁用。

（3）远离水产养殖区施药，禁止在河塘等水体中清洗施药器具，清洗施药器具的水也不能排入河塘等水体。

（4）严格按推荐的使用技术均匀施用。用于矮小的果树和蔬菜行间（行距≥75厘米）定向喷雾处理时，应在喷头上加装保护罩，避免雾滴喷到或飘移到植株的绿色部位上，产生药害。

（5）本剂以杂草茎叶吸收发挥除草活性，无土壤活性，应避免漏喷，确保杂草叶片充分着药（30～50 雾滴/厘米^2）。一般在杂草出齐后 10～20 厘米高时，采用扇形喷头均匀喷施，最高效、经济。

（6）因草铵膦的积氨作用需要大量吸收药液，所以喷雾过程中应适当加大用水量而不是简单加大用药量及用药浓度，否则用水少则杂草表面着药液少，通过蒸腾作用进入杂草体内的有效成分则少，效果差。

（7）对作物的嫩株、叶片会产生药害，喷雾时切勿将药液喷洒到作物上。

（8）不可与其他强碱性物质混用，以免影响药效。

（9）用过草铵膦的机具要彻底清洗干净。

第五章 ≫≫

蔬菜常用植物生长调节剂

赤霉酸（gibberellin）

$C_{19}H_{22}O_6$，346.4

- **其他名称** 赤霉素、奇宝、九二〇。
- **主要剂型** 20%可湿性粉剂，40%水溶粒（片）剂，80%、85%、90%、95%结晶粉，4%、6%乳油（4万单位/毫升），片剂（10毫克/片），2.7%涂布剂，10%、16%、20%可溶粉剂。
- **毒性** 低毒。
- **产品特点** 赤霉酸是一种高效能的植物生长刺激素，能促进细胞、茎的伸长，增加植株高度，能促进生理或病毒型矮化植物的生长；打破某些蔬菜的种子、块茎和鳞茎等器官休眠，提高发芽率，起低温春化和长日照作用，促进和诱导长日照蔬菜当年开花；促进蔬菜坐果、保果和果实的生长发育，赤霉酸在低温、干旱、弱光或短日照等逆境条件下应用效果更显著。

● **剂型及母液配制**　剂型有 85%结晶粉剂、4%乳油和 10 毫克的片剂。乳油和片剂易溶于水，可直接配制使用。粉剂难溶于水，易溶于醇类，故配制时，取 1 克赤霉酸结晶粉，放入量筒中，加少量酒精或高浓度白酒溶解后，加水稀释到 1000 毫升，即约 1000 毫克/千克赤霉酸母液，配药时不可加热，水温不得超过 50℃，使用时根据所需浓度取母液配用。

● **应用**

（1）单剂应用

① 促进植株生长　芹菜，在秋冬芹菜生长期，用 10～20 毫克/千克赤霉酸的药液，喷洒植株。在芹菜采收前 15 天和前 7 天时，用 40～100 毫克/千克赤霉酸，喷洒全株各 1 次。

韭菜，在韭菜幼苗 3 厘米高时，用 10～15 毫克/千克赤霉酸，喷洒全株 1～2 次。

菠菜，在菠菜收获前 20 天，用 10～20 毫克/千克赤霉酸，喷洒叶面 1～2 次（隔 3～5 天）。

莴笋、芫荽、茼蒿等绿叶菜，在生长前期，用 10～50 毫克/千克赤霉酸，喷洒植株。

番茄，当幼苗从苗床移走定植到露地时，用 10～50 毫克/千克赤霉酸，喷洒幼苗，能缩短缓苗时间。

雪里蕻，当 6～8 片叶时，用 10～100 毫克/千克赤霉酸，喷洒植株。

苋菜，当 5～6 片叶时，用 20 毫克/千克赤霉酸，喷洒叶片 1～2 次（隔 3～5 天）。

花叶生菜，当 14～15 片叶时，用 20 毫克/千克赤霉酸，喷洒叶片 1～2 次（隔 3～5 天）。

芫荽，在收获前 10～14 天，用 20～50 毫克/千克赤霉酸，全株喷洒。

不结球白菜，在 4 片真叶时，用 20～75 毫克/千克赤霉酸，喷洒植株 2 次。

油菜，在幼苗 5～6 片叶时，用 30～40 毫克/千克赤霉酸，喷洒全株。

黄瓜，在苗期出现"花打顶"现象时，用 15～20 毫克/千克赤霉酸，喷洒幼苗 1～2 次；在黄瓜成株期出现"花打顶"现象时，可用 500～1000 毫克/千克赤霉酸，喷洒植株。

② 打破休眠，促进发芽　马铃薯，用 0.5～1 毫克/千克赤霉酸，浸

泡马铃薯种薯 10～15 分钟，捞出沥干，播于湿沙土中催芽，当芽长 1～2 毫米时，再播种于大田。或用 5～15 毫克/千克赤霉酸液浸泡整薯 30 分钟，休眠期短的品种浓度低些，休眠期长的高些。

在马铃薯收获前 28 天、前 14 天或前 7 天，用 10 毫克/千克、50 毫克/千克、100 毫克/千克赤霉酸，喷洒植株。

扁豆，在播种前，用 10 毫克/千克赤霉酸，一次均匀拌种呈湿状。

苦瓜种子，用 40 毫克/千克赤霉酸的药液浸泡种子 6 小时。

西葫芦种子，用 50 毫克/千克赤霉酸的药液，浸泡已存放 2 年的种子 12 小时。

豌豆种子，用 50 毫克/千克赤霉酸的药液，浸泡种子 24 小时，晾干播种。

芹菜种子，在夏季高温季节，用 100～200 毫克/千克赤霉酸的药液，浸泡种子 24 小时后，晾干播种。

莴笋种子，用浓度为 200 毫克/千克赤霉酸的药液在 30～40℃高温下浸种 24 小时后发芽，可顺利打破莴笋种子的休眠，此法比民间深井吊种法省事，发芽稳定。

③ 促进坐果　矮生菜豆，在出苗后，若用 10～20 毫克/千克赤霉酸的药液，喷洒植株 4～5 次，能提高早期产量；若用 50 毫克/千克赤霉酸的药液，喷洒植株，可延迟开花，但总产量增加。

茄子，在开花时，用 10～50 毫克/千克赤霉酸的药液，喷洒叶片。

番茄，在开花期，用 10～50 毫克/千克赤霉酸的药液，喷花 1 次。

菜豆，在生长后期，用 100 毫克/千克赤霉酸的药液，点滴生长点。

黄瓜，在雌花开花后 1～2 天，用 100～500 毫克/千克赤霉酸的药液，喷嫩瓜。

④ 调节开花　草莓，在草莓大棚促成栽培、半促成栽培中，盖棚保温 3 天后，即花蕾出现 30%以上时进行，每株喷浓度为 5～10 毫克/千克的赤霉酸液 5 毫升，重点喷心叶，能使顶花序提前开花，促进生长，提早成熟。

菜豆，用 5～25 毫克/千克赤霉酸的药液，喷洒菜豆茎尖，促进开花。

黄瓜，在幼苗期，用 50 毫克/千克赤霉酸的药液，喷洒叶面，促生雄花。

莴笋，在幼苗期，用100～1000毫克/千克赤霉酸的药液，喷叶1次，诱导开花。

菠菜，在幼苗期，用100～1000毫克/千克赤霉酸的药液，喷叶1～2次，诱导开花。

花椰菜，在幼苗茎粗0.5～1厘米、6～8片叶时，用100毫克/千克赤霉酸的药液，喷洒植株，促进花球早形成。

⑤ 延缓衰老及保鲜　黄瓜收获前，用浓度为25～35毫克/千克赤霉酸的药液喷瓜1次，可延长贮藏期。

西瓜收获前，用浓度为25～35毫克/千克赤霉酸的药液喷瓜1次，可延长贮藏期。

蒜薹，用浓度为40～50毫克/千克赤霉酸的药液浸蒜薹基部10～30分钟处理1次，能抑制有机物质向上运输，保鲜。

⑥ 保花保果，促进果实生长　番茄，用浓度为25～35毫克/千克赤霉酸的药液，在开花期喷花1次，可促进坐果，防空洞果。

茄子，用浓度为25～35毫克/千克赤霉酸的药液，于开花期喷花1次，促进坐果，增产。

辣椒，用浓度为20～40毫克/千克赤霉酸的药液，花期喷花1次，促进坐果，增产。

西瓜，用浓度为20毫克/千克赤霉酸的药液，于花期喷花1次促进坐果，增产，或幼瓜期喷幼瓜1次，增产。

黄瓜，用浓度为70～80毫克/千克赤霉酸的药液，于开花期喷花1次，可促进坐果。用浓度为35～50毫克/千克的药液，于幼果期喷果1次，促进果实生长。

冬瓜，用浓度为30毫克/千克赤霉酸的药液，于幼瓜期喷幼瓜1次，促进果实生长。

甜瓜，用浓度为30～35毫克/千克赤霉酸的药液，于幼果期喷幼瓜1次，促进果实生长。

菜瓜，用浓度为35毫克/千克赤霉酸的药液，于幼瓜期喷幼瓜1次，促进果实生长。

南瓜，用浓度为25～30毫克/千克赤霉酸的药液，于幼瓜期喷幼瓜1次，促进果实生长。

⑦ 诱导雄花，提高制种产量　用于黄瓜制种，用浓度为 50～100 毫克/千克赤霉酸的药液，在幼苗 2～6 片真叶时喷洒，可以减少雌花、增加雄花。随浓度增加，雄花数随着增加，雌花数则减少。用于全雌花的黄瓜品种，可使全雌株的植株上产生雄花，成为雌雄株，再进行自交，可繁殖全雌性系的黄瓜品种，有利于黄瓜品种保存和培育杂种一代。

⑧ 促进抽薹开花，提高良种繁育系数　用浓度为 50～500 毫克/千克赤霉酸的药液喷洒植株或滴生长点，可使胡萝卜、甘蓝、萝卜、芹菜、大白菜等二年生长日照作物在越冬前的短日照条件下抽薹。

⑨ 多效唑、矮壮素等抑制剂的拮抗剂　番茄因防落素使用过量造成危害，可用浓度为 20 毫克/千克的赤霉酸液解除。

此外，在芹菜、韭菜、芫荽、苋菜、菠菜等叶类菜上使用，可促进营养生长，提早上市。在蘑菇原基形成时浸料块一下，子实体增大，增产，但因目前无公害蔬菜生产的需要，一般不主张使用。

（2）复配剂应用

① 赤霉·胺鲜酯。由赤霉酸和胺鲜酯复配而成，赤霉·胺鲜酯不受低温的影响，即使在接近 0℃环境条件下，也可以充分发挥赤霉酸的活性，促进叶片快速生长，显著提高大白菜体内叶绿素、蛋白质和核酸的含量，增强叶片对水肥的吸收和干物质的积累，调节体内水分平衡，使大白菜提前包心，结球更紧实，提高大白菜的产量和品质，还能预防干烧心的发生，增强植株抗病、抗旱、抗寒能力。

调节大白菜生长，于大白菜 3 叶 1 心期或莲座期，用 10%赤霉·胺鲜酯可溶粒剂 2000～2500 倍液喷雾，连续施药 1～2 次，施药间隔期 10～15 天。

促进大白菜结球包心，在大白菜进入莲座期后，用 10%赤霉·胺鲜酯可溶粒剂（10～15 毫升）+尿素（50～100 克）+磷酸二氢钾（100～150 克）+糖醇钙（50～100 克），兑水 30～40 千克（2 桶水）。均匀喷雾，一般每隔 10～15 天喷施 1 次，连喷 2～3 次。喷施后，即使在低温下，也可促进大白菜叶片快速生长，加速大白菜包心，同时，还能补充大白菜所需的氮、磷、钾和钙，防止大白菜出现干烧心，使大白菜快速健壮生长，包心更加紧实。据试验，用该配方喷施 2 遍，增产可达 30%～50%。

② 赤霉·氯吡脲。由氯吡脲与赤霉酸复配而成，主要作用是促进作

物花芽分化、花茎伸长，有效促进花粉管伸长和花粉萌发，平衡雌雄比例，控制营养生长并促进生殖生长，达到提高坐果率、保花保果的目的；同时还能促进幼果纵向细胞分裂，使果实膨大、型正美观、高桩，从而提高品质、增产。在作物中的具体应用十分广泛，广泛用于黄瓜、西瓜、甜瓜、番茄、辣椒等多种作物。

黄瓜：对于发生弯曲的黄瓜，可用 0.3%赤霉•氯吡脲可溶液剂 100～200 倍液，对准弯曲部分均匀喷 1 次，可加速弯曲部分细胞分裂，2 天弯瓜就能变直，还能加速黄瓜的生长，提高黄瓜的产量和品质。

西瓜：对于出现畸形的幼瓜，可用 0.3%赤霉•氯吡脲可溶液剂 100～200 倍液，对准没有发育的部分均匀喷 1 次，可促进细胞分裂，加速果实膨大，使果实发育均匀，提高西瓜的产量和品质。

③ 表芸•赤霉酸。由表芸苔素内酯与赤霉酸混合而成的植物生长调节剂，具有促进作物生长，增加营养体收获量，促进细胞生长、茎伸长、叶片扩大、果实生长，减少花果脱落的作用。二者按照一定比例混配，增效作用十分显著，可显著提高植株的抗旱抗寒能力，增产作用十分显著。

番茄、辣椒、茄子等茄果类蔬菜。在初花期、盛花期、幼果膨大期，用 0.4%表芸•赤霉酸可溶液剂 1000～2000 倍液喷雾，重点喷施花朵和果实，连喷 2～3 次，可防止落花落果，提高坐果率，促进果实膨大，增产可达 100%。还能减少畸形果的发生。

白菜、甘蓝、芹菜。在苗期、营养生长期，用 0.4%表芸•赤霉酸水剂 1200～2000 倍液喷雾，共喷施 3 次，可促进植株营养生长，增产可达29%～50%。

在草莓开花期、果实膨大期，用 0.4%表芸•赤霉酸可溶液剂 1000～1200 倍液喷雾，重点喷施花朵和果实，可促进果实快速膨大，增产可达100%～200%。畸形果少。

在甜瓜、西瓜、南瓜等瓜类蔬菜花期和果实膨大期，用 0.4%表芸•赤霉酸可溶液剂 1200～1500 倍液喷雾，可防止落花落果，促进幼果快速膨大，增产可达 100%。还能防止畸形果的产生。

④ 苄氨•赤霉酸。为赤霉酸和苄氨基嘌呤复配的新型、高效的复合植物生长调节剂，它能有效促进花粉管伸长和花粉萌发，保持受精过程

的持久，控制营养生长并促进生殖生长，也可促进幼果纵向细胞分裂、细胞膨大和细胞伸长，从而提高坐果率、保花保果；促进果实膨大，矫正果型，有效减少裂果和畸形果；增加果皮色泽和品质，促进成熟，增加产量，提高品质。

草莓。在花前和幼果期使用，用 1.8%苄氨·赤霉酸可溶液剂 400～500 倍液喷施，重点喷施幼果，能促进果实膨大、果型美观，提早 5～7 天成熟，降低畸形果。

黄瓜。在开花前一天、盛花期、幼果期施药，用 3.6%苄氨·赤霉酸可溶液剂 800～1000 倍液喷雾 3～4 次，可促进黄瓜叶片扩大、幼瓜伸长、单性结实，改变雌、雄花比率，减少化瓜的发生，提高产量。

番茄、茄子、辣（甜）椒。在花果期，用 3.6%苄氨·赤霉酸可溶液剂 800～1000 倍液喷雾，每隔 10 天喷 1 次，连喷 3～4 次，可显著提高坐果率，预防辣椒弯曲，提早采收。

豇豆。在结荚盛期，用 3.6%苄氨·赤霉酸可溶液剂 1000～1200 倍液，均匀喷雾 3～4 次，可提早采收，增加采收次数。

芹菜。定植后 10～20 天，用 3.6%苄氨·赤霉酸可溶液剂 2000～3000 倍液叶面喷雾 1 次，可调节植物生长。

● **注意事项**

（1）每个生长期只能使用 1 次。

（2）施用时气温在 18℃以上为好。

（3）应在使用前现配现用，稀释宜用冷水，不可用热水，水温超过 50℃赤霉酸会失去活性。一次未用完的母液，放在 0～4℃冰箱中，最多只能保存 1 周。

（4）由于赤霉酸超高效，使用浓度极低，一般选用低含量、水溶性的产品，计算用药量和配药都很方便。

（5）不能与碱性物质混用，但可与酸性、中性化肥、农药混用，与尿素混用增产效果更好，水溶液易分解，不宜久放。

（6）使用赤霉酸只有在肥水供应充分的条件下，才能发挥良好的效果，不能代替肥料。

（7）掌握使用浓度和使用时期，浓度过高会出现徒长、白化，直到畸形或枯死，浓度过低作用不明显。赤霉酸药害表现为果实僵硬、开裂，成果味涩，植株贪青晚熟。

（8）对叶类蔬菜用液量因作物植株的大小、密度不同而不同，每亩每次用液量不少于 50 千克。

（9）在蔬菜收获前 3 天停用。

乙烯利（ethephon）

$C_2H_6ClO_3P$，144.5

● **其他名称**　一试灵、乙烯磷、乙烯灵、益收生长素、玉米健壮素、果艳、巴丰、高欣、白花花。

● **主要剂型**　40%、54%、70%、75%水剂，5%、10%、85%可溶粉剂，20%颗粒剂，4%超低容量液剂，70%、85%、90%、91%原药，5%膏剂。

● **毒性**　低毒。

● **作用机理**　乙烯利经由植物的叶片、树皮、果实或种子进入植物体内，然后传导到起作用的部位，之后便释放出乙烯，具有与内源激素乙烯相同的生理功能，主要是增强细胞中核糖核酸合成的能力，促进蛋白质的合成。在植物离层中如叶柄、果柄、花瓣基部，由于蛋白质的合成增加，促使离层区纤维素酶重新合成，因而加速了离层形成，导致器官脱落。乙烯能增强酶的活性，在果实成熟时还能活化磷酸酯酶及其他与果实成熟的有关酶，促进果实成熟。在衰老或感病植物中，由于乙烯促进蛋白质合成而引起过氧化物酶的变化。乙烯能抑制内源生长素的合成，延缓植物生长。

● **产品特点**

（1）乙烯利是一种促进成熟的植物生长调节剂，属于催熟剂，部分乙烯利可以释放出一分子的乙烯。乙烯几乎参与植物的每一个生理过程，能促进果实成熟及叶片、果实的脱落，促进雌花发育，诱导雄性不育，打破某种种子休眠，促进发芽，改变趋向性，减少顶端优势，增加有效分蘖，矮化植株，增加茎粗等。

（2）乙烯的催熟过程是一种复杂的植物生理生化反应过程，不是化学作用过程，不产生任何对人体有害的物质。

（3）鉴别要点

① 物理鉴别　纯品为无色针状晶体，工业品为白色针状结晶。40%乙烯利水剂为浅黄色至褐色透明液体。

用户在选购乙烯利制剂及复配产品时应注意：确认产品通用名称及含量；查看农药"三证"，40%乙烯利水剂应取得生产许可证（XK），其他单剂品种及其复配制剂均应取得农药生产批准文件（HNP）；查看产品是否在 2 年有效期内。

② 生物鉴别　将番茄的白熟果采收后，用 0.2%～0.3%浓度的药剂溶液浸泡 1～2 分钟，取出晾干放在 20～25℃条件下，经 3～4 天果实如转红证明该药剂为乙烯利。或用棉布或软毛刷蘸取 0.2%～0.3%浓度的乙烯利药剂溶液涂抹植株上的白熟果实，看 4～5 天后果实是否转色。

● 应用

（1）单剂应用　乙烯利具有用量小、效果明显的特点，因此必须严格根据不同作物的具体特点，用水稀释成相应浓度，采用喷洒、涂抹或浸渍等方法。在蔬菜生产上主要用于番茄、黄瓜、南瓜、西葫芦等。

① 促进雌花分化　黄瓜：苗龄在 1 叶 1 心时各喷 1 次浓度为 200～300 毫克/千克的乙烯利药液，增产效果相当显著。浓度在 200 毫克/千克以下时，增产效果不显著；高于 300 毫克/千克，则幼苗生长发育受抑制的程度过重，对于提高幼苗的素质也很不利。经处理后的秧苗，雌花增多，节间变短，坐瓜率高。据统计，植株在 20 节以内，几乎节节出现雌花。此时植株需要充足的养分方可使瓜坐住、长大，故要加强肥水管理。一般当气温在 15℃以上时要勤浇水多施肥，不蹲苗，一促到底，施肥量要比不处理的增加 30%～40%，同时在中后期用 0.3%磷酸二氢钾进行 3～5 次的叶面喷施，用以保证植株营养生长和生殖生长对养分的需要，防止植株老化。

秋黄瓜：雌花着生节位高，在 3～4 片真叶时用 150 毫克/千克乙烯利液喷 1 次，主蔓着生雌花，可延续到 20～22 节，使植株节间短、抗性强，增加早期产量 34%～64%，提早 7～10 天成熟。一般早熟黄瓜品种雌花多，结瓜早，不必用药；而夏、秋黄瓜出苗后，气温高、日照长而雌花开得迟，用药效果好。

西葫芦：在幼苗 3 叶期，用浓度为 150～200 毫克/千克的乙烯利液喷洒植株，以后每隔 10～15 天喷 1 次，连喷 3 次，可增加雌花数量，提早 7～10 天成熟，增加早期产量 15%～20%。

瓠瓜：瓠瓜往往是雄花比雌花出现得早，因此结果较迟。用 100～200 毫克/千克乙烯利溶液喷洒具有 5～6 片叶的瓠瓜幼苗，可以抑制雄花的形成，促进雌花发育，提早结实。品种不同，乙烯利使用的浓度也应不同。对早熟品种 100 毫克/千克较适宜；对晚熟品种需要适当提高浓度，可达 200～300 毫克/千克。

南瓜：可参照西葫芦进行，3～4 叶期叶面喷洒，可大大增加雌花的产生，抑制雄花发育，增加产量，尤其是早期的产量，但处理效果因品种不同而有差异。

甜瓜：为增加雌花数，可在幼苗 2～4 叶期，用 40%乙烯利水剂 2000～4000 倍液喷雾。

② 促进果实成熟　番茄：番茄催熟，可采用涂花梗、浸果和涂果的方法。

涂花梗。番茄果实在白熟期，用浓度为 300 毫克/千克的乙烯利涂于花梗上。

涂果。适用于番茄分期采收，当番茄果实进入转色期后，将纱手套或棉布在 40%乙烯利水剂 133～200 倍液中浸湿后在果实表面抹一下，或用棉花、毛笔蘸药液涂在白熟果实的萼片及附近果面，整个果实都会变红，可提早 6～8 天成熟，其营养和风味与自然成熟的果实相近。

浸果。转色期的青熟果实采收后，放在 40%乙烯利水剂 400～800 倍液中浸泡 1 分钟，取出沥干后装筐或堆放在温床、温室中，控制温度在 20～25℃下催红，3 天后大部分果实即可转红成熟。低于 15℃，催红效果差；高于 35℃，果实略带黄色，红度低。

大田喷果催熟：适用于一次采收的加工番茄。在番茄生长后期，大部分果实已转红，尚有一部分不能作加工用，可用 40%乙烯利水剂 400～800 倍液喷全株，重点喷果实，可使番茄叶面很快转黄，使青果成熟快，增加红熟果的产量。对于番茄人工分期采收的田块，只能用在最后一次采收并又需要催熟的番茄上。

樱桃番茄：为促使樱桃番茄提前上市，用浓度为 10 毫克/千克的乙烯利溶液均匀地涂抹在果实上，避免使叶片接触药液而引起脱落，可以催熟果实，使果实更鲜艳。

西瓜：用浓度为 100～300 毫克/千克乙烯利溶液喷洒已经长足的西瓜，可以提早 5～7 天成熟，增加可溶性固形物 1%～3%，增加西瓜的甜度，促进种子成熟，减少白籽瓜。

甜瓜：当甜瓜基本长足后，用 500～1000 毫克/千克的乙烯利药液，喷洒瓜面。

辣椒：需采收的红辣椒（用作调味品的干辣椒），可在辣椒生长后期，已有 1/3 的果实转红时，用 40%乙烯利水剂 400～2000 倍液喷洒全株，经 4～6 天后果实全部转红。气温低于 15℃，不易转红，也可用 40%乙烯利水剂 400～500 倍液浸果 1 分钟，经 5～7 天转红。

玉米：心叶末期每亩用 40%乙烯利水剂 50 毫升兑水 15 千克喷施，可降低株高，使茎节变粗、双穗率增加，抗倒伏，使秃尖减少、侧根增多、雄穗脖短，成熟期可提早 3～5 天。

③ 促早熟丰产　黄瓜：在植株 14～15 片叶时，用 50～100 毫克/千克的乙烯利药液，喷洒全株。

番茄：用 300 毫克/千克的乙烯利药液，每平方米苗床上喷的药液量，在番茄幼苗 3 叶 1 心时，用 80 毫升；在幼苗 5 片真叶时，用 120 毫升，喷洒叶面，可抑制徒长，提高产量。

洋葱：在生长早期，用 500～2000 毫克/千克的乙烯利溶液处理 4～5 片真叶的洋葱幼苗 1～3 次，可促进鳞茎形成，加速鳞茎成熟。由于乙烯利抑制洋葱叶片生长，鳞茎会长得小些。

④ 打破休眠　生姜播种前用乙烯利浸种，有明显促进生姜萌芽的作用，表现在发芽速度快、出苗率高，每块种姜上的萌芽数量增多，由每个种块上 1 个芽增到 2～3 个芽。使用乙烯利浸种时，应严格掌握使用浓度，以浓度为 250～500 毫克/千克乙烯利为宜，有促进发芽、增加分枝、提高根茎产量的作用。如浓度过高，达 750 毫克/千克，则对生姜幼苗的生长有明显抑制作用，表现为植株矮小、茎秆细弱、叶片小、根茎小，并导致减产。

⑤ 诱导洋葱鳞茎形成　洋葱鳞茎的产生，在正常温度下，需要 12～16 小时光周期的诱导。洋葱鳞茎形成时，叶基部细胞扩大，同化物质向

叶基部组织中输送，使基部膨大形成鳞茎。在田间用浓度为 500～2000 毫克/千克的乙烯利溶液处理 4～5 片真叶的洋葱幼苗 1～3 次，可促进鳞茎形成，加速鳞茎成熟。由于乙烯利抑制洋葱叶片生长，鳞茎会长得小些。

⑥ 提高作物抗病性　马铃薯褐斑病为马铃薯产区的常见病，病状为块茎中出现褐色斑点。在马铃薯栽植 5 周后，用浓度为 200～600 毫克/升的乙烯利溶液进行叶面喷洒，症状可以得到控制。

（2）复配剂应用　可与芸苔素内酯、羟烯腺嘌呤、萘乙酸、胺鲜酯复配。

① 芸苔·乙烯利。该配方是由芸苔素内酯和乙烯利复配而成的一种玉米专用控旺剂。不仅能适度控制植株过旺的营养生长，增强根系吸收能力，增加气生根，提高抗倒伏效果，还能促进叶片生长，增加叶面积，提高光合能力，延长叶片功能期。在玉米 6～9 叶期，用 30%芸苔·乙烯利水剂 30 毫升兑水 30 千克喷雾，可有效缩短玉米茎基部的节间长度，控制植株旺长，降低玉米植株高度，提高玉米抗倒伏能力，促进玉米果穗生长，使玉米果穗棒大、粒多、粒重、秃尖小，活秆成熟，达到增产增收的目的。

② 苄氨·乙烯利。玉米专用，可缩短结节、控制倒伏、调节生长、增产增收，于玉米 6～10 叶期，每亩用 30%苄氨·乙烯利水剂 15～25 毫升兑水 15～30 千克喷雾，每季最多施用 1 次。不宜在玉米干旱期及弱势植株上施用，施肥不均衡、病虫危害、弱树、土壤湿度过高或过低禁用。

● **注意事项**

（1）乙烯利经稀释后配制的溶液，由于酸度下降，稳定性变差，因此，药液要随用随配，不可存放。

（2）配制的乙烯利溶液，若 pH 在 4 以上，则要加酸调至 pH 4 以下。

（3）乙烯利适宜于干燥天气使用，如药后 6 小时遇雨，应当补喷。施用时气温最好在 16～32℃，当温度低于 20℃时要适当加大使用浓度。如遇天旱、肥力不足或其他原因植株生长矮小时，应降低使用浓度，并作小区试验；相反，如土壤肥力过大、雨水过多、气温偏低、不能正常成熟时，应适当加大使用浓度。使用乙烯利后要及时收获，以免果实过熟。严格掌握使用浓度或倍数，避免产生副作用或导致效果不好。

（4）乙烯利为强酸性药剂，遇碱会分解放出乙烯，因此，不能与碱性物质混用，也不能用碱性较强的水稀释。

（5）乙烯利用量过大或使用不当均可产生药害，较轻药害表现为植株顶部出现萎蔫，植株下部叶片及花、幼果逐渐变黄、脱落，残果提前成熟。较重药害为：整株叶片迅速变黄脱落，果实迅速脱落，导致整株死亡。因此要注意按要求正确使用。但乙烯利药害不对下茬作物产生影响。

（6）使用乙烯利处理瓜类蔬菜增加雌花时，不要施药过早，否则会影响瓜苗初期生长，不利于以后的开花结果。

（7）未用完的制剂应放在原包装内密封保存，切勿将本品置于饮食容器内。乙烯利对金属器皿有腐蚀作用，加热或遇碱时会释放出易燃气体乙烯，应小心贮存和使用，以免发生危险。孕妇和哺乳期妇女应避免接触本品。

（8）在蔬菜收获前 3 天停用。在留种作物上不宜使用。若天旱、土壤肥力不足，植株生长矮小等，应降低使用浓度，反之可适当加大使用浓度。

（9）本品在番茄上使用的安全间隔期为 20 天，一季最多使用 1 次。

（10）对蜜蜂、鱼类、家蚕、鸟类低毒，施药时应避免对周围蜂群的影响，蜜源作物花期、蚕室和桑园附近、鸟类保护区附近禁用。远离水产养殖区施药，应避免药液流入河塘等水体中，清洗喷药器械时切忌污染水源。

芸苔素内酯（brassinolide）

$C_{28}H_{48}O_6$，480.7

● **其他名称** 益丰素、兰月奔福、威敌 28-高芸苔素内酯、天丰素、芸苔素、油菜素甾醇、表油菜素内酯、云大-120、金云大-120、爱增美、油菜素内酯、丙酰芸苔素内酯、芸苔素481。

● **主要剂型**

（1）单剂 0.0016%、0.003%、0.004%、0.0075%、0.01%、0.04%、0.1%水剂，0.01%可溶液剂，0.01%、0.15%乳油，0.0002%、0.1%、0.2%可溶粉剂，0.1%水分散粒剂，90%、95%原药。

（2）混剂 30%芸苔·乙烯利水剂，0.4%芸苔·赤霉酸水剂，22.5%甲哌·芸苔水剂，0.751%烯效·芸苔素水剂、0.4% 28-表芸·赤霉酸水剂等。

● **毒性** 低毒。

● **作用机理** 为甾醇类植物激素，可增加叶绿素含量，增强光合作用，通过协调植物体内对其他内源激素水平，刺激多种酶系活力，促进作物生长，增加对外界不利影响抵抗能力及在低浓度下可明显增加植物的营养体生长和促进受精作用等。

● **芸苔素的分类**

（1）直接标记芸苔素内酯情形。多数厂家直接标记芸苔素内酯，并没有对种类进行细分。

（2）标 24-表芸苔素内酯，属于芸苔素内酯中常见的一类，活性相当于天然芸苔素20%，价格最便宜。

（3）标 28-表高芸苔素内酯，活性相当于天然芸苔素内酯的 30%，价格比普通芸苔素高。

（4）标 28-高芸苔素内酯，活性相当于天然芸苔素内酯的 87%，价格比 28-表高芸苔素高。

（5）标 14-羟基芸苔素甾醇，其活性最高，和天然芸苔素活性几乎相当，价格也属同类产品中最高的。

（6）标丙酰芸苔素内酯，是芸苔素内酯原药的升级产品，其药效期更长，效果更显著、更稳定。

● **产品特点** 芸苔素内酯同时具有生长素、赤霉酸和细胞分裂素的多种功能，是已知激素中生理活性最强的，而且在植物体内的含量和施用量极微，是公认的一类新型的植物生长促进剂，是继生长素、赤霉酸、细胞分裂素、脱落酸和乙烯五大类激素之后的第六大类激素。

（1）拌种处理，促进种子萌发。14-羟基芸苔素甾醇制剂，能打破种子、根系休眠，提高种子发芽率20%以上，促发新根，让作物苗期抗低温、抗干旱、抗病能力突出。

（2）苗期促根。将芸苔素内酯用于蔬菜苗期有显著的促根作用，根系重对比增加20%以上，干重增加30%以上，使得苗株根系发达、叶片抽势旺、苗株健壮。

（3）有利于植物授粉，提高开花结果率。在作物开花结实期间喷施，能增加花序数，促进花粉的成熟和花粉管的伸长，有利于植物授粉、受精，提高结实率，并能调节弱势部位的养分再分配。尤其对辣椒等蔬菜作物，可以明显地提高坐果率，使果实大小均匀，促进成熟，改善品质，提高商品率。

（4）可提高植物叶绿素含量，增强光合作用。尤其在作物营养生长阶段，可以明显地扩大作物叶面积，增加叶绿素含量，促使作物协调吸收氮、磷、钾等营养元素，使叶色深、叶片厚，增强光合能力，促进光合产物运转，增加有机物质产量。在作物生长期叶面喷施2～3次芸苔素内酯，可以起到很好的增产作用。

（5）营养生长期促长。芸苔素内酯具有促进细胞分裂和细胞伸长的双重作用，又能提高叶片叶绿素含量，促进叶片光合作用，增加光合产物的积累，因而有明显促进植物营养生长的功效，从而促进果实的生长发育，减少畸形果、弱果，可以提高作物的产量。

（6）增强抗逆性。芸苔素内酯进入植物体内后，不仅能增强光合作用，还能激发植株体内多种免疫酶活性，激活免疫系统，增强植株抗旱、抗高温、抗冻等抗逆能力。研究表明，芸苔素内酯在抗旱、抗低温效果上尤为明显。

（7）缓解药害。因除草剂使用不当，或错用杀菌、杀虫剂，或浓度配比不当时，容易出现药害，及时使用芸苔素内酯加优质叶面肥能调节养分输送，补充营养，减轻因用药不当对作物的伤害，加快作物恢复生长。

（8）丙酰芸苔素内酯是芸苔素内酯的高效结构，又称迟效型芸苔素内酯，对植物体内的赤霉酸、生长素、细胞分裂素、乙烯利等激素具有平衡协调作用，同时调配植物体内养分向营养需求最旺盛的组织（如花、果等）运输，为花、果的生长发育提供充足的养分。其通过保护细胞膜显著提高作物的耐低温、抗干旱等抗逆能力，保护作物的花、果在低温、干旱等不良天气条件下仍然健康生长发育。丙酰芸苔素内酯具有促进生长、保花保果、提高坐果率、提高结实率、促进根系发达、增强光合作用、提高作物叶绿素含量、增加产量、改进品质、促进早熟、提高营养成分、增强抗逆能力（耐寒、耐旱、耐低温、耐盐碱、防冻等）、减轻药害为害等多方面积极作用。丙酰芸苔素内酯喷施后 5～7 天药效开始发挥，持效期长达 14 天左右。

（9）对芸苔素内酯的认识误区：一是误认为是叶面肥，芸苔素内酯本身没有营养，它是通过调节植物内源激素系统间接调节作物生长，跟叶面肥有很好的兼容性；二是误认为是万金油产品，芸苔素内酯功能全面，从种子处理到采收后作物全程都可以使用，而且，它可以提高作物抗逆性能，并可减轻由于施用农药、化肥不当所造成的药害。同时，芸苔素内酯没有抗药性，可以保花保果，增产效果明显。

（10）鉴别要点：物理鉴别（感官鉴别）可湿性粉剂为白色粉状固体，乳油和水剂为均匀透明液体。

（11）可与乙烯利、赤霉酸、烯效唑、甲哌鎓等进行复配。

● **应用**　目前在我国芸苔素内酯上已经登记的作物有 20 多种。其中蔬菜作物包括番茄、黄瓜、辣椒、油菜、菜心、大白菜、小白菜，主要作用是促进蔬菜生长、增产增收。

（1）促进生长　番茄：0.0016%芸苔素内酯水剂，用 800～1600 倍液茎叶喷雾；0.01%芸苔素内酯可溶液剂（或乳油），用 2500～5000 倍液，分别于苗期、生长中期和花期喷雾一次。

黄瓜：0.01%芸苔素内酯水剂，用 2000～3333 倍液；0.0016%芸苔素内酯水剂，用 800～1000 倍液茎叶喷雾；0.01%芸苔素内酯可溶液剂（或乳油），用 2000～3333 倍液在黄瓜生长初期或花后结果期用药，每隔 15 天左右时施药一次，可连续施药 3 次。

辣椒：0.04%芸苔素内酯水剂，用 6667～13333 倍液，在植物的苗期、旺长期、始花期或幼果期，进行茎叶喷雾。当辣椒出现花叶病毒病时，及时按每 30 千克水中加医用病毒唑 5 支和 5 克 0.1%芸苔素内酯（需先用 55～60℃温水溶解稀释）混合液，混匀后喷洒全株，每隔 7～10 天一次，连喷 2～3 次，或对病株灌根，每株 200 克药液，病毒病症状消失很快，一般不再复发，治愈率高。

油菜：0.0016%芸苔素内酯水剂 800～1600 倍液，或 0.01%芸苔素内酯可溶液剂（或乳油）2500～5000 倍液，在苗期、花期、抽薹期进行茎叶喷雾。

菜心、白菜：0.004%芸苔素内酯水剂，用 2000～4000 倍液，在苗期、旺长期进行喷雾。

大白菜：0.0016%芸苔素内酯水剂，用 1000～1333 倍液，或 0.0002%芸苔素内酯可溶粉剂，每亩用 25～30 克制剂，兑水 30 千克，在苗期、旺长期进行茎叶喷雾 3 次。

小白菜：0.004%芸苔素内酯水剂 2000～3077 倍液，或 0.01%芸苔素内酯可溶液剂（或乳油）2500～5000 倍液，或 0.0075%芸苔素内酯水剂 1000～1500 倍液，在小白菜苗期及生长期各叶面喷雾 2 次。

叶菜类蔬菜：0.004%芸苔素内酯水剂，用 2000～4000 倍液于苗期及莲座期叶面喷雾。

西瓜：于西瓜苗期、开花期、果蛇头膨大期，用 0.01%芸苔素内酯乳油 1500～2000 倍液喷雾，每季最多施用 3 次。

草莓：从初花期开始喷施，10～15 天喷 1 次，连喷 2～3 次，具有提高坐果率、结实多、果实大而均匀、糖度高、增加产量等作用。用芸苔素内酯浓度为 0.02～0.04 毫克/千克或丙酰芸苔素内酯浓度为 0.01～0.015 毫克/千克喷雾。

金针菜：从开花初期开始喷施，10 天左右喷 1 次，连喷 2～3 次，具有调节生长、提高花蕾数、促进花蕾增大、增加产量、提高品质等作用。用芸苔素内酯浓度为 0.02～0.04 毫克/千克或丙酰芸苔素内酯浓度为 0.01～0.015 毫克/千克喷雾。

马铃薯：从株高 30 厘米左右或初花期开始喷施，10～15 天后再喷施 1 次，可调节植株生长、促进薯块膨大、增加产量、提高品质。用芸苔素内酯浓度为 0.02～0.04 毫克/千克或丙酰芸苔素内酯浓度为 0.01～0.015 毫克/千克喷雾。

玉米：于玉米苗期、喇叭口期，用 0.01%芸苔素内酯可溶液剂 1250～

1667 倍液喷雾，每季最多施用 2 次。

大豆：于大豆苗期、初花期，用 0.01%芸苔素内酯可溶液剂 2500～3333 倍液喷雾，每季最多施用 2 次；或于初花期至结荚期，用 0.15%芸苔素内酯乳油 15000～20000 倍液喷雾，每季可喷施 4～5 次，每次间隔 7～10 天。

（2）缓解药害　药害发生后，喷施浓度为 0.02～0.04 毫克/千克芸苔素内酯或浓度为 0.01～0.015 毫克/千克丙酰芸苔素内酯药液，具有减轻药害、促进植物快速恢复的功效，与优质叶面肥混用效果更好。

配方一：14-羟基芸苔素甾醇+含氨基酸水溶肥料。用 0.01% 14-羟基芸苔素甾醇水剂 8 毫升+10%氨基酸水溶肥 20 毫升，兑水 15 千克均匀喷雾，每 7 天喷一次，连喷 2 次即可。氨基肥水溶肥富含作物所需的氨基酸、微量元素、有益菌等多种营养成分，且铁、铜、锰、锌等微量元素以螯合态存在，吸收利用率高；富含独特生物活性因子和中微量元素，施用后显著提高光合作用，从而提高作物产量；大量有益微生物在作物根系形成有效的保护层，同时分泌抗性因子，增强作物的抗逆性。所含的微生物对土壤有害菌有一定的抑制和杀灭作用，有效抗重茬。其解除药害的功效表现在产品中所含的生物酶、多肽对残留农药有氧化还原作用，通过脱氧、脱卤、脱烷基将农药母体完全将其转化为无毒物质。

配方二：14-羟基芸苔素甾醇+追肥宝。用 0.01% 14-羟基芸苔素甾醇水剂 8 毫升、追肥保水剂 100 克，兑水 15 千克均匀喷雾，每 7 天喷一次，连喷 2 次即可。追肥宝是一种富含氮、磷、钾、氨基酸、腐植酸、多种微量元素及多种植物抗病增产因子的高浓度复合肥；具有营养、壮根、促苗、促叶、保花、保果；抗病、抗旱、抗灾、促早熟、抗早衰、抗重茬等多种功效；防治小叶病、黄叶病、生理性卷叶等多种生理病害；修复受损植物，对生长停滞、枯黄萎蔫、僵苗枯顶、叶面灼伤有神奇的恢复功效，并对某些濒死的植物有起死回生的效果。

（3）芸苔素与肥料搭配应用　14-羟基芸苔素甾醇制剂，可以通过作物根系吸收传导，打破作物僵根、僵苗现象，提高作物对养分的吸收，与全水溶冲施肥、液体肥、有机肥、叶面肥配合使用，见效更快，促根、壮苗效果更显著。

（4）芸苔素与化学农药复配应用

① 芸苔素+氯吡脲。氯吡脲具有膨果效果，与芸苔素复配既能促进果实膨大，又能促进植物生长，保花保果，减少落果，增强品质。

② 芸苔素+赤霉酸+叶面肥。苗期促进根系生长，促进光合作用，提高作物长势；花期、幼果期可保花保果，提高坐果率，并促进果实生长发育。

③ 芸苔素+胺鲜酯。调节植株生长，增强光合作用，提高养分累积，促进生殖生长，两者复配效果更好、安全性更强。

④ 芸苔素+乙烯利。乙烯利可以矮化玉米株高，促进根系发育，抗倒伏，但果穗发育也明显受抑制。与芸苔素复配后处理玉米，比单独用乙烯利或芸苔素内酯，具有明显增强根系活力，茎秆粗壮，增强抗倒伏能力，延缓后期叶片衰老，提高玉米品质产量。

⑤ 芸苔素+胺鲜酯+乙烯利。调节生长，控制玉米株高，同时规避了单用药剂调控所带来的穗小、茎秆细弱等副作用，使根系发达、茎秆粗壮，促进营养向生殖生长运输，玉米棒大，籽粒饱满，抗倒伏能力强。

⑥ 芸苔素+缩节胺+多效唑。缩节胺、多效唑均有控旺作用，与芸苔素复配，药效持效长，可协调植株生长，控制营养生长，缩短节间距，促进生殖生长，增加产量、抗倒伏。

● **注意事项**

（1）不能与强酸强碱性物质混用，现配现用。与优质叶面肥混用可增加本药的使用效果。可与中性、弱酸性农药混用。不要将本品用于受不良气候如干旱、冰雹影响及病虫害为害严重的作物。

（2）宜在气温 10～30℃时喷施，喷药时间最好在上午 10 时左右，下午 3 时以后。大风天气或雨天不要喷。

（3）使用本品时，用 50～60℃温水溶解后施用，效果更好。施用时，应按兑水量的 0.01%加入表面活性剂，以便药物进入植物体内。

（4）喷后 6 小时内遇雨要补喷。

（5）芸苔素内酯品种很多，在不同作物上使用时间、使用方法也不一样，因此使用前要详细阅读农药标签。

（6）芸苔素内酯药害常表现为植株疯长，果实少而小，后期形成僵果。因此要注意正确使用。

（7）芸苔素内酯是一种仿生甾醇类结构的化学物质，在使用时有一定的使用适宜浓度，如果使用浓度过高，不仅会造成浪费，而且有可能对作物出现不同程度的抑制现象，因此施用时要正确配制使用浓度，防止浓度过高引起药害。操作时防止溅到皮肤与眼中。

（8）因为逆境下作用明显，所以作物长势优良的情况下使用效果不佳。因此，芸苔素内酯的作用不能过分夸大，如果作物破坏太严重，也不能起到起死回生的作用，另外，在使用芸苔素内酯的同时，也要使用其他农药，不具备完全替代作用。

需要提醒的是，芸苔素内酯本身没有养分，需依靠调节养分在植株体内上下传导（叶面吸收的养分向根部传导）发生作用，因此必须保证养分供应，"水、肥、调"一体化，以便芸苔素内酯在植株体内更好地发挥作用。

赤·吲乙·芸（gibberellic acid +indol-3-ylacetic acid+ brassinolide）

- **其他名称**　碧护、康凯、超级康凯。
- **主要剂型**　0.136%可湿性粉剂。
- **毒性**　低毒。
- **作用机理**　有四大机理。

（1）抗干旱机理　干旱情况下，作物施用碧护后能够诱导产生大量的细胞分裂素和维生素 E，并维持在较高的水平，从而确保较高的光合作用率。促进植物根系发育，提高植物抵御干旱能力，抗旱节水可达30%～50%以上。

（2）抗病害机理　诱导植物产生过氧化物酶和 PR 蛋白，是植物应对外界生物或非生物因子侵入的过激产物，产生愈伤组织，使植物恢复正常生长。对霜霉病、疫病、病毒病具有良好的预防效果。

（3）抗虫机理　诱导植物产生茉莉酮酸，启动的一种自身保护机制能使害虫更容易被其天敌消灭。

（4）抗冻机理　作物施用碧护后，能够有效激活作物体内的甲壳素酶和蛋白酶，极大地提高氨基酸和甲壳素的含量，增加细胞膜中不饱和脂肪酸的含量，使之在低温下能够正常生长。可以预防、抵御冻害。

● **产品特点**　赤·吲乙·芸通过系统诱导作用，可激活植物的多重活性，使植物枝繁叶茂，根系发达，显著提高植物抗逆性（冻害、干旱、涝害、土壤板结、盐碱等）及抗病虫害能力，增加产量和改善品质，是一种新型复合平衡植物生长调节剂。从作物种子萌发到开花、结果、成熟全过程均发挥综合平衡调节作用，解决了目前植物生长调节剂类产品功效作用单一、配合使用困难、调节作用不均衡、长势和产量不协调、使用范围和时间局限、影响产品品质等技术难题。

（1）活化植物细胞，促进细胞分裂和新陈代谢，提高叶绿素、蛋白质、糖、氨基酸和维生素的含量，提高作物产量和改善品质。

（2）提早打破休眠，使作物提前开花、结果，保花保果、提高坐果率、减少生理落果，可提早成熟和提前上市。

（3）诱导作物产生抗逆性，提高抗低温冻害、抗干旱、抗病害的能力。对霜霉病、疫病、灰霉病、病毒病具有良好的防控效果。

（4）有效促进作物生根，使根系发达，有利于养分吸收和利用。减少化肥施用20%，减少农药施用30%。

（5）促进土壤中有益微生物的生长繁殖，可迅速恢复土壤活力，提高土壤肥力，健壮植株，延缓植株老化，延长结果期。

（6）对农药造成的抑制性药害具有良好的解除作用。

（7）延长果蔬储藏期，采前使用赤·吲乙·芸，好气细菌和大肠杆菌显著减少，可溶性固体形物的总量、碳水化合物、蔗糖增加，减缓储存过程生理重量损耗。

（8）属生物可降解物质，无残留，无毒害，使用量小，又减少了其他农药的使用，可以提高产品的安全性，减少环境污染。

● **应用**

（1）土壤处理　用0.136%赤·吲乙·芸可湿性粉剂20000～30000倍液灌根或喷施在植物周围经疏松后的土壤表面，可以活化土壤，激活新根。在蔬菜上用0.136%赤·吲乙·芸可湿性粉剂处理过的土壤24天后土壤微生物可增加8倍，这样对缓解由于重茬造成的缺素症有很好的效果。

（2）叶面喷雾　在蔬菜上应用，用0.136%赤·吲乙·芸可湿性粉剂20000倍液（3克/亩）叶面喷雾，第一次于2～5叶期或移栽定植后，第二次于上次施药后20～30天，生育采收期长的可多喷2～3次（见表5-1）。

表5-1　0.136%赤·吲乙·芸可湿性粉剂在蔬菜作物上喷雾方法

作物	应用	时间	使用量 /[克/(亩·次)]	叶面喷雾稀释倍数	使用后效果
嫁接苗	第一次	嫁接前1～3天	3	8000～10000倍	促嫁接伤口愈合、恢复；培育壮苗
	第二次	嫁接后10天	3	10000～20000倍	
西瓜、甜瓜、黄瓜、西葫芦	第一次	浸种	常规时间，5000倍		促种子萌发
	第二次	定植前2～3天	3	15000倍	培育壮苗，提高抗性
	第三次	开花坐果前	3	15000倍	提高坐果率，促果实发育，果大、均匀、口感好
	第四次	采摘2～3次后隔20～25天叶面喷施	3	15000～20000倍	延长采收，增加产量
茄子、辣椒、番茄	第一次	2～4叶期	3	8000～10000倍	培育壮苗，苗齐、苗全、苗壮，提高作物抗性
	第二次	定植前	3	15000倍	促定植缓苗，提高移栽成活率
	第三次	开花前	3	15000倍	保花保果，果实大小均匀，着色好
	第四次	采收2～3次后	3	15000倍	延长采收，增加产量
豆类、薯芋类	第一次	拌种		5000倍	提高种子发芽率和发芽势
	第二次	2～4叶期	3	15000倍	增加叶绿色含量，提高光合作用，促植株健壮
	第三次	花前	3	15000倍	提高坐果率，果实大小均匀、口感好、产量高
根菜类叶菜类	第一次	2～4叶期	3	15000倍	增加叶绿色含量，植株健壮
	第二次	间隔25～30天	3	15000倍	提前采收，增加产量，改善品质
葱蒜类	第一次	2～4叶期	3	15000倍	提高冬季抗冻、抗旱性
	第二次	早春返青	3	15000倍	促早春返青，植株健壮
	第三次	隔25天喷第三次	3	15000倍	增加产量，改善品质

作物	应用	时间	使用量/[克/(亩·次)]	叶面喷雾稀释倍数	使用后效果
草腐菌（双孢菇、草菇）	第一次	播种前调节料的干湿度时	1克处理100～150平方米料面	15000倍	出菇整齐、大小均匀
	第二次	覆土时	1克处理100平方米料面	15000倍	大小均匀
	第三、四次	采收完1潮菇后，在第二、三潮菇原基普遍形成黄豆大小时，结合喷出菇水		15000倍	增加产量、改善品质
木腐菌（平菇等）	第一次	装袋前拌料时	1克处理100～150千克料	15000倍	出菇整齐、大小均匀
	第二次	出菇后当菇体形成长到直径达到3厘米后		15000倍	大小均匀
	第三、四次	在采收完1潮菇后，第二、三潮菇体形成一元硬币大小时，结合喷水		15000倍	增加产量、改善品质

（3）缓解2,4-滴丁酯等除草剂的药害　先用少量的清水把0.136%赤·吲乙·芸可湿性粉剂（3克）溶解，再用清水稀释至15千克，然后把稀释后的赤·吲乙·芸药液均匀喷撒到受除草剂药害的植物茎秆及叶片上。药液用量为30千克/亩，每隔5天喷施一次，连喷2次，可使遭受除草剂药害的植株基本恢复正常生长。

（4）解除甜瓜药害　甜瓜叶片沾染了氯吡脲后，使用0.136%赤·吲乙·芸可湿性粉剂6000倍液45千克/亩，对瓜秧进行全株喷雾，每隔5天喷施一次，连喷2次。

（5）解除番茄药害　番茄叶片被对氯苯氧乙酸钠或2,4-滴沾染后，每亩用0.136%赤·吲乙·芸可湿性粉剂9克，兑水50千克喷施番茄秧，每隔5天再喷一次，即可解除对氯苯氧乙酸钠和2,4-滴中毒。

（6）提高植物的抗冻能力并能缓解冻害　每亩用0.136%赤·吲

乙·芸可湿性粉剂 6000 倍液 50 千克，对受冻害较轻的番茄秧苗均匀喷雾，每隔 5 天再喷一次，10 天后基本恢复正常生长。

● **注意事项**

（1）赤·吲乙·芸使用效果主要取决于正确的用量，喷水量可根据作物不同生长期和当地用药习惯适当调整。

（2）赤·吲乙·芸强壮植物，与氨基酸肥、腐植酸肥、有机肥配合使用增产效果更佳。

（3）同杀虫剂、杀菌剂、茎叶除草剂等混用，帮助受害作物更快愈合及恢复活力，有增效作用。

（4）不要在雨前、天气寒冷和中午高温强光下喷施，会影响植物对赤·吲乙·芸的吸收。

（5）贮存在阴凉干燥处，切忌受潮。

多效唑（paclobutrazol）

$$C_{15}H_{20}ClN_3O，293.79$$

● **其他名称**　速壮、氯丁唑、PP333。

● **主要剂型**　10%、15%可湿性粉剂，0.4%、15%、240 克/升、25%、30%悬浮剂，5%乳油。

● **毒性**　低毒（对鱼低毒，对蜜蜂低毒）。

● **作用机理**　多效唑是三唑类植物生长调节剂，是内源赤霉酸合成的抑制剂。主要作用是抑制植物的营养生长，使更多的同化物质（养分）转向生殖器官，为提高产量奠定了物质基础。试验证明，它能使作物茎秆粗壮、节间缩短、节数增加，降低植株高度，调节株形，防止倒伏，促进分蘖，增加分枝生长，使叶片紧密、叶色浓绿，增强光合作用，促进根系发达，增强抗性，提高坐果率，增大果实，提高产量，改进品质。

● **应用**

（1）单剂应用　番茄。用 150 毫克/千克多效唑液处理番茄徒长苗，能有效控制秧苗徒长，促进生殖生长，利于开花坐果，收获期提前，早期产量和总产量都有所增加。

用 75 毫克/千克多效唑液处理大棚番茄苗（8 厘米高）对培育壮苗、提早成熟、增产均有明显效果。

幼苗期出现徒长，离定植期较近而又必须控苗高时，以 40 毫克/千克为宜，反之，用 75 毫克/千克，有效时间为 3 周。如一旦控苗过度，可随时叶面喷洒 100 毫克/千克赤霉酸液解除，使之恢复正常生长。

大棚秋黄瓜。4 叶期用 100 毫克/千克多效唑液处理，能提高坐果数和存活率。浓度过低或过高，生长受抑制程度过大，产量下降。

辣椒。用 100 毫克/千克多效唑液浸根 15 分钟后移栽，叶面宽厚，根系发达，茎秆粗壮，抗病性、抗倒伏性增强。对生长及产量均有显著促进作用。浓度过低，效果不明显；过高，反使产量大幅度下降。

红菜薹。3 叶期用 200 毫克/千克多效唑液处理，能有效控制幼苗徒长，提高幼苗质量，极显著增加产量，提高抗病能力，虽上市期迟 7 天左右，但中期产量高，效果好。

芋头。应用多效唑液浓度以 10 毫克/千克最好，施用适宜浓度范围为 5～20 毫克/千克，采用土壤浇施，每株 100 毫升。施用时期宜在芋头采收前 1 个月左右为好。不宜过早。另外，肥力不足的芋头地不需用。施用多效唑可明显抑制茎叶生长，增产 40%左右，且用药成本低，增产效显著，经济效益高。

大白菜。在大白菜生长期，用 50～100 毫克/千克多效唑液喷洒心叶，可抑制抽薹，延缓开花。

小白菜。在小白菜幼苗 3～4 叶期，用 50～100 毫克/千克多效唑液喷洒植株，可矮化植株，增加采种量 10%～20%。

萝卜。在萝卜内质根形成期，用 100～150 毫克/千克多效唑液喷洒植株，可抑制徒长，增强光合作用，增产 10%～15%。

马铃薯。在马铃薯初期花期，用 250～500 毫克/千克多效唑液喷洒植株，可抑制茎叶生长，增产 10%左右。

菜豆。在菜豆生长前期，用 50～75 毫克/千克多效唑液喷洒植株，可增强耐寒性，矮化植株。

毛豆。在毛豆初花至盛花期，用 100～200 毫克/千克多效唑液喷洒植株，可矮化植株，增产 20%。

山药。在山药藤蔓爬至架顶时，用 200 毫克/千克多效唑液均匀喷雾，勿重复喷洒，使用次数应视土壤质地及施肥水平，因苗而定。若植株生长过旺，需每隔 5～7 天喷 1 次，连喷 2～3 次。可抑制茎叶生长、侧枝萌发以及花蕾发育，促进块茎膨大，增产 10%左右。

（2）复配剂矮壮·多效唑的应用　由矮壮素和多效唑复配而成。是赤霉酸生物合成抑制剂，具有控制植物徒长的效果，使用后可使植株矮化、茎秆粗壮，能防止植物徒长和倒伏，使叶片浓绿叶片加厚，增加叶绿素含量、根系发达。

大豆。开花初期、结荚期使用，每亩用 30%矮壮·多效唑悬浮剂 40～50 克兑水 15 千克喷雾，可控制旺长，促进结荚，荚角饱满，增加产量。

红薯。在藤蔓长 35～45 厘米左右，每亩用 30%矮壮·多效唑悬浮剂 50～100 克兑水 15 千克喷雾，可控制旺长，减少翻秧。在藤蔓 80 厘米时，每亩用 30%矮壮·多效唑悬浮剂 100～150 克兑水 15 千克喷雾，可控制旺长，促进薯块膨大。藤蔓长 100～120 厘米左右时，每亩用 30%矮壮·多效唑悬浮剂 200 克兑水 15 千克喷雾，可控制旺长，加速薯块膨大，提高大中薯块比重，增产。

辣椒。辣椒分叉后，每亩用 30%矮壮·多效唑悬浮剂 25 克兑水 15 千克喷雾，可控制主茎旺长，辣椒果实膨大，坐果后，每亩用 30%矮壮·多效唑悬浮剂 25 克兑水 15 千克喷雾，可控制侧枝旺长，辣椒果实膨大。果实膨大后，每亩用 30%矮壮·多效唑悬浮剂 25 克兑水 15 千克喷雾，可控制侧枝旺长，减少无效花、无效果，果实匀称。

马铃薯。现蕾期，每亩用 30%矮壮·多效唑悬浮剂 25 克兑水 15 千克喷雾，可控旺，使果实膨大，提高商品品质，增加产量。

百合。膨大期，每亩用 30%矮壮·多效唑悬浮剂 400～500 倍叶面喷雾，可控旺、膨大。

● **注意事项**

（1）油菜施药过早时苗尚小，易控制过头，不利于培育壮秧。

（2）只起到调控作用，不起肥水作用，使用本品后应注意肥水管理。如用量过多，过度抑制作物生长时，可喷施氮肥解救。

（3）不宜与波尔多液等铜制剂及酸性农药合用。

（4）土壤中残留时间长，易造成对后茬作物的残效，应严格控制用药时期和用量。

复硝酚钠（compoud sodium nitrophenolate）

①，$C_6H_4NNaO_3$，161.09
②，$C_6H_4NNaO_3$，161.09
③，$C_7H_6NNaO_4$，191.12

● **其他名称** 丰产素、特多收、爱多收、必丰收、花蕾宝、802、增效钠、艾收、爱多丰、保多收、多膨靓。

● **主要剂型** 0.7%、0.9%、1.4%、1.8%、1.95%、2%水剂，0.9%可湿性粉剂，1.4%可溶粉剂，95%原粉。

● **毒性** 微毒。

● **作用机理** 复硝酚钠由邻硝基苯酚钠、对硝基苯酚钠和5-硝基邻甲氧基苯酚钠三种成分组成，属硝基苯类植物生长调节剂，为单硝化愈创木酚钠盐植物细胞复活剂。主要作用机理是加速作物细胞质的环流速度，使细胞质的流速增加10%~15%，从而促进植物细胞间物质的交换和运输，提高细胞活性，显著提高作物的抗病、抗虫、抗旱、抗涝、抗盐碱、抗倒伏等抗逆能力，增强作物的各种生理代谢机能，从而最终达到增产增收的目的。而且它不同于其他激素和生长调节剂，是无公害产品，不但可以彻底改变使用其他激素造成的"香瓜不香，甜瓜不甜"现象，还能使它们更甜更香。

● **产品特点** 复硝酚钠水剂为淡褐色液体。复硝酚钠不是激素，但作用剂量类似于激素，所以它既能提高产量，又能改善品质，不是肥料，但可提高肥料的利用率。可用于促进植物生长发育，提早开花、打破休眠、促进发芽、防止落花落果、膨果美果、防止早衰、抗病抗逆、改良植物产品的品质等方面。

（1）适用范围广。复硝酚钠是一种广谱性植物生长调节剂，可广泛用于小麦、水稻、玉米等粮食作物，棉花、马铃薯、甘薯等经济作物，花生、油菜、向日葵等油料作物，黄瓜、番茄、辣椒、白菜等蔬菜作物，苹果、梨、桃、樱桃、葡萄等果树，几乎所有作物均可使用。

（2）稳定性好。复硝酚钠在自然条件下非常稳定，不易与其他物质反应，运输、使用方便安全。

（3）速效性好。复硝酚钠具有很强的渗透性和内吸传导性，使用后能快速被作物根茎叶吸收，并快速激活细胞活性，促进细胞原生质流动，温度越高，发挥作用越快，温度在30℃以上，24小时可以见效；在25℃以上，48小时见效；15℃以上，72小时即可见效。

（4）使用方便。由于复硝酚钠具有很强的渗透性和稳定性，可与农药一起喷施，也可与肥料一起追施、冲施，还可与底肥一起作用，可根据具体情况，采用最方便的使用方法进行。该药可以通过叶面喷洒、浸种、苗床浇灌及花蕾撒布等方式进行处理，从植物播种开始至收获之间的任何时期都可使用。

（5）成本极低。复硝酚钠由于活性极高，每亩用量只有几克，每亩只需几分钱到几角钱，是目前植物生长调节剂中成本最低的品种。

（6）质量鉴别

① 物理鉴别。根据复硝酚钠外观及组成配比来鉴别：纯正的复硝酚钠原粉是红黄混合结晶体（枣红色片状结晶：深红色针状结晶：黄色片状晶体=1∶2∶3），在日光下肉眼可见均匀细小的发亮结晶体。若无三种颜色明显、晶体均不相同的成分构成，即不是真正意义的复硝酚钠。劣质"复硝酚钠"颜色偏黄，类似橘红色，呈粉状或者较细的红色粉末。

从气味辨别复硝酚钠：复硝酚钠有木质香味，因为其含有5-硝基愈创木酚钠，劣质的复硝酚钠气味较刺鼻。

从复硝酚钠水中溶解度来鉴别：取少量放水中观察，正品复硝酚钠能迅速充分溶解，溶解后水溶剂是透明的，无悬浮物和不溶物，劣质"复硝酚钠"不能迅速溶解，部分有悬浮物和不溶解物。在常温下，复硝酚钠在水中溶解量为8%～10%，太大或太小都不对。另外，在溶解的过程中，有部分黄色晶体溶解较慢，但搅拌后全部溶完，呈透明澄清液体。

根据复硝酚钠溶液的颜色与质量的关系来鉴别：复硝酚钠是一种酚

钠盐，在水溶液中的颜色受溶液的酸碱性即 pH 值影响，酸碱性不一样，溶液的颜色也就不一样。溶液的碱性越大，pH 值越大，其颜色越深；酸性越强，pH 值越小，颜色越浅。另外在同样的酸碱条件下，与复硝酚钠的浓度有关系，浓度越大，颜色越深；浓度越小，颜色越浅。不同溶液颜色不一样正是复硝酚钠溶液的正当表现，说明复硝酚钠的质量较好。

从复硝酚钠含水量鉴别：正品复硝酚钠含水量控制在标准之内，劣质"复硝酚钠"含水量过大（简单的方法可以用烘干法测定含水量）。

② 化学鉴别。利用复硝酚钠与三氯化铁的颜色反应来鉴别：复硝酚钠与三氯化铁在中性或极弱的酸性溶液中作用生成蓝紫色络合物。

操作：取水剂样品或原粉 2%的水溶液 2 毫升于玻璃试管中，用稀盐酸调整其 pH 值在 6～7，加 1%三氯化铁溶液 1 滴，即显蓝色或蓝紫色，说明样品中含有复硝酚钠。

● **应用**

（1）单剂应用

① 应用于苗期　促进菜籽发芽。大多数蔬菜种子可浸于 1.8%复硝酚钠水剂 6000 倍液中 8～24 小时，在暗处晾干后播种。

大豆，在播种前使用 1.4%复硝酚钠水剂 4000 倍液，或 1.8%复硝酚钠水剂 5000 倍液浸种 3 小时，而后晾干播种，具有促进发芽，促使苗齐、苗壮等作用。

培育壮苗。于蔬菜种子发芽期每周喷施 1.8%复硝酚钠水剂 6000 倍液 1 次，能防止幼苗徒长，达到苗全苗齐苗壮的目的。大豆、豌豆等豆类，在苗期、开花初期各喷洒茎叶 1 次，可调节植株生长、提高结荚率、增加产量，喷雾时用 1.4%复硝酚钠水剂 3000～4000 倍液，或 1.8%复硝酚钠水剂 4000～5000 倍液。

防治冻害。能促进叶菜类幼苗叶片生长，每月喷施 1.8%复硝酚钠水剂 6000 倍液 2～3 次，促进营养生长和花芽分化，并可防止幼苗徒长和老化。在蔬菜幼苗期寒流来临前提前喷 1.8%复硝酚钠水剂 5000 倍液 1 次，可有效预防冻害的发生；蔬菜受冻后，迅速喷施 1.8%复硝酚钠水剂 4000 倍液 2～3 次，可解除或缓解冻害。

② 应用于生长期　促进瓜果类蔬菜移栽成活，移栽定植后，使用复

硝酚钠药液（或与液体肥料混合后）浇灌根部，具有防止根系老化、促进新根形成等作用，用1.4%复硝酚钠水剂3000～4000倍液，或1.8%复硝酚钠水剂4000～5000倍液浇灌。

温室蔬菜移植后生长期，用1.8%复硝酚钠水剂6000倍液（或与液肥混合后）浇灌，对防止根老化、促进新根形成效果显著。

果蔬类，如番茄、辣椒、瓜类等，在生长期及花蕾期用1.8%复硝酚钠水剂6000倍液喷洒1～2次，每隔7天左右喷1次。如在黄瓜上，用1.4%复硝酚钠水剂4000～7000倍液，或1.8%复硝酚钠水剂7200～9000倍液茎叶喷雾，在初花期喷雾第一次，结果初期喷第二次，可提高坐果率、增产、改善品质和口感，提早上市。在番茄生产上，用0.7%复硝酚钠水剂2000～3000倍液，或1.4%复硝酚钠水剂4000～8000倍液进行茎叶喷雾，可调节番茄生长。

菜豆、豇豆，4片真叶时，用1.8%复硝酚钠水剂6000倍液叶面喷施，可加速幼苗生长，提早4～7天抽蔓，初花期和盛花期用1.8%复硝酚钠水剂6000倍液叶面喷施，起保花保荚作用，采收盛期叶面喷施，促使早发新叶新梢，提前5～7天返花。

促进叶菜类蔬菜增产，用1.4%复硝酚钠水剂3000～4000倍液，或1.8%复硝酚钠水剂4000～5000倍液喷雾，在生长期全株喷施1～2次，具有促进生长、显著增产的作用。

促进瓜果类蔬菜增产，用1.4%复硝酚钠水剂3000～4000倍液，或1.8%复硝酚钠水剂4000～5000倍液喷雾，在生长期及花蕾期喷施，具有调节生长、防止落花落果、增加产量的作用。

大白菜，在莲座期用1.8%复硝酚钠水剂6000倍液喷1～2次，可促进早包心，增产30%以上。

芹菜，用1.4%复硝酚钠水剂5000～6000倍液茎叶喷雾，可调节芹菜生长。

西瓜，在幼苗期、伸蔓期、开花期和结果期，用浓度为3毫克/升的复硝酚钠药液各喷施1次，可有效减少枯萎病发生、提高坐瓜率、促进单瓜增重和增加糖分含量。

③ 与杀虫剂、杀菌剂、除草剂、叶面肥混用，增效　与杀虫剂混用。可拓宽药谱，增强作物对虫害的抵抗作用，显著减轻植物虫害后遗症状，

增强作物本身的抗逆功能，加速作物被害虫危害伤口的愈合，使植株迅速恢复生长。

与杀菌剂混用。可拓宽药谱，提高杀菌剂的防效，有效抑制病原菌的繁殖，活化抗病基因，激发植物自身的"免疫系统"产生抗体，显著提高杀菌剂的杀菌效果。

与除草剂混用。可使作物苗齐、苗壮，增强作物本身的抗逆功能，提高作物使用除草剂的安全系数，把除草剂对作物的有害程度降到最低，并能调节作物生长平衡，达到除草无害、增产又增收的目的。

与肥料混用。可增强植物对肥料的利用率，解除肥料之间的拮抗作用，协调营养平衡，显著提高肥效。

某种农药与复硝酚钠混用的检测方法是：将要加入复硝酚钠溶液的农药先取一小部分溶于水，再慢慢倒入复硝酚钠溶液中，如复硝酚钠溶液中没有发现沉淀物，溶液仍然保持褐红色，则此农药可以与复硝酚钠混用。

④ 缓解药害　经济价值高的作物，在发生较轻药害时，可及时喷施1.4%复硝酚钠水剂 5000～7000 倍液，或 1.8%复硝酚钠水剂 6000～12000 倍液 1～2 次，有利于恢复正常生长。

（2）复配剂硝钠·胺鲜酯的应用　由复硝酚钠和胺鲜酯复配而成。被认为比芸苔素内酯还要好，只要作物能生长，就能发挥作用。具有促进根系生长，提高根系活力，促进花芽分化，增加开花数量，能够保果，提高坐果率，促进果实膨大，增甜着色，增强植株的抗逆能力，从而改善果实品质、提高产量。

速效性好持效期长。硝钠·胺鲜酯具有很好的渗透性和内吸传导性，喷施后温度超过 30℃，24 小时叶片即可变深绿，温度超过 25℃，48 小时即可见效，温度超过 20℃，3 天黄叶即可变绿叶。持效期可达30 天以上。

耐低温性好。硝钠·胺鲜酯在低温下表现出很高的活性，只要植物具有生长现象，硝钠·胺鲜酯就能发挥调节作用，尤其在棚室栽培的蔬菜和冬季种植的油菜、大蒜等作物上使用效果明显。

使用广泛。硝钠·胺鲜酯对作物高度安全，可广泛用于玉米、番茄、辣椒、白菜、甘蓝、芹菜等多种作物，在作物生长的苗期、开花期、结果期、果实膨大期等任何时期均可使用。

安全无毒无残留。硝钠•胺鲜酯是一种植物生长调节剂，被植物吸收后，能促进植物体内生长素、细胞分裂素、赤霉素等内源激素的合成，对土壤、地下水、农产品都没有任何毒性和残留，属于联合国粮农组织（FAO）推荐的首选药剂。

复配性好。硝钠•胺鲜酯可与杀虫剂、除草剂、杀菌剂、追肥、水溶肥、复合肥、叶面肥等多种药剂和肥料混合使用，增效作用明显，提高了药性，减少了药害的发生。

在番茄、黄瓜、辣椒、西瓜、茄子等移栽后苗期、花蕾期，施药 2 次为宜，用 3%硝钠•胺鲜酯可溶液剂 1500～3000 倍液，全株常规喷雾，可提高坐果率，减少畸形果，叶片浓绿。产量增加显著。

草莓花期、坐果期、果实膨大期，用 3%硝钠•胺鲜酯可溶液剂 1500～3000 倍液各喷 1 次，可提高坐果率，促进果实膨大，促进果实着色，提高产量和品质。

● **注意事项**

（1）必须严格掌握使用浓度，不要随意提高作用浓度，若浓度过高会对作物幼芽及生长有抑制作用。甜菜出现轻度复硝酚钠药害时，突出症状为抑制植株生长、幼果发育不良，重度药害为植株萎蔫、发黄甚至死亡。复硝酚钠药害较少发生，主要发生在西瓜等敏感作物上，导致作物落花、落果，出现空心果等现象。

（2）宜在上午 8～10 时，下午 3～5 时喷施。

（3）预计降雨或大风天，不要施药，以免影响效果，若喷施 6 小时内遇雨需重喷。

（4）作茎叶处理时，喷洒应均匀，对于表面蜡质层厚、不易附着药滴的作物，应先加展着剂后再喷。务必喷施至全株布满均匀的露状药液为止。

（5）可与一般农药混用，包括波尔多液等碱性药液，但不宜与强酸性农药混用。若种子消毒剂的浸种时间与本剂相同时，可一并使用，与尿素及液体肥料混用时能提高功效。

（6）结球性叶菜应在结球前 1 个月停止使用，否则会推迟结球。

（7）复硝酚钠可以促进根系对肥料的吸收率，但它不是肥料，切勿因使用复硝酚钠而停止必要的施肥。

（8）应密封保存在避光的阴冷处。

（9）1.8%复硝酚钠水剂在番茄上最多使用 2 次，安全间隔期为 7 天。

胺鲜酯（diethyl amino ethyl hexanoate）

$$CH_3(CH_2)_4COOCH_2CH_2N(C_2H_5)_2$$
$$C_{12}H_{25}NO_2，215.33$$

● **其他名称**　得丰、增效胺、胺鲜脂、增效灵、增效胺、己酸二乙氨基乙醇酯。

● **主要剂型**　1.6%、2%、8%水剂，8%可溶粉剂。

● **毒性**　低毒。

● **产品特点**

（1）胺鲜酯是具有广谱和突破性、高效的植物生长调节剂。能提高植株体内叶绿素、蛋白质、核酸的含量和光合速率，提高过氧化物酶及硝酸还原酶的活性，促进植株的碳、氮代谢，增强植株对水肥的吸收和干物质的积累，调节体内水分平衡，增强作物的抗病、抗旱、抗寒能力；延缓植株衰老，促进作物早熟、增产，提高作物的品质。

（2）胺鲜酯几乎适用于所有植物及整个生育期，施用 2～3 天后叶片明显长大变厚，长势旺盛，植株粗壮，抗病虫害等抗逆能力大幅度提高。其使用浓度范围大，从（1～100）微克/克均对植株有很好的调节作用，至今未发现有药害现象。胺鲜酯具有缓释作用，能被植物快速吸收和储存，一部分快速起作用，可以广泛应用于塑料大棚蔬菜和冬季作物。植物吸收胺鲜酯后，可以调节体内内源激素平衡。在前期使用，会加快植物营养生长；中后期使用，会增加开花坐果，加快植物果实饱满、成熟。这是传统调节剂所不具备的特点。

（3）增进光合作用。胺鲜酯可以增加叶绿素含量，施用 3 天后，使叶片浓绿、变大、变展、见效快、效果好。同时提高光合作用速率，增加植物对二氧化碳的吸收，调节植物的碳氮比。增加叶片和植株的抗病能力，使植株长势旺盛，这方面要显著优于其他植物生长调节剂。

（4）适应低温。其他植物生长调节剂在低于 20℃时，对植物生长失去调节作用，所以限制了它们在塑料大棚中和冬季里的应用。胺鲜酯在低温下，只要植物具有生长现象，就具有调节作用。所以，可以广泛应用于塑料大棚和冬季作物。

（5）无毒副作用。芳香类化合物一般在自然界中不易降解，但胺鲜酯是一种脂肪酸类化合物，相当于油脂类，对人、畜没有任何毒性，不会在自然界中残留。经中国疾病控制中心和郑州大学医学院多年试验证明，属于无毒物质。

（6）超强稳定性。芳香类化合物易燃，不小心可能引起爆炸，造成生命财产的损失。腺嘌呤类具有腐蚀性，又需要特殊设备和贮藏设备。胺鲜酯原粉不易燃、不易爆，按照一般的化学物质贮运即可，不存在贮运和使用中的隐患问题。

（7）缓释作用。芳香类化合物、腺嘌呤类、生长素等植物生长调节剂，虽然都具有速效性，但作用效果很快消失，胺鲜酯具有缓释使用，它会被植物快速吸收和贮存，一部分快速起作用，而另一部分缓慢起作用。

（8）调节植物体内 5 大内源激素。胺鲜酯本身不是植物激素，但吸收以后，可以调节植物体内的生长素、赤霉酸、脱落酸、细胞分裂素、乙烯等的活性和有效调节其配比平衡。一般前期用胺鲜酯会增加开花、坐果，并加快植物果实的成熟。这是芳香类化合物和其他植物生长调节剂所不具备的性质。

（9）使用浓度范围大。芳香类化合物和腺嘌呤类植物生长调节剂的使用浓度范围很窄，浓度低了没有作用，浓度高了抑制植物生长，甚至杀死植物，但胺鲜酯具有较宽的使用浓度，且不同的浓度有不同时间的作用高峰和增产效果，没有发现副作用和药害现象。

（10）具有预防和解除冻害作用。胺鲜酯内吸性好、活性高，喷施后能很快被作物吸收，提高植物过氧化物酶和硝酸还原酶的活性，从而提高植物体内叶绿素、蛋白质、核酸等物质的含量，提高光合效率，提高植株碳、氮代谢，增强植株对水肥的吸收，调节植株体内水分平衡，从而提高植株的抗寒性，解除农作物因冻害对农作物造成的危害，还能提高作物的产量和品质。

蔬菜常用农药 100 种（第二版）

（11）固氮作用。胺鲜酯对大豆等喜氮作物具有良好的固氮作用。

（12）对作物枯萎病、病毒病有特效。

- **应用**

（1）单剂应用　可用于大豆、玉米、高粱、油菜、蔬菜等多种作物，苗壮、抗病抗逆性好、增花保果提高结实率、果实均匀光滑、品质提高、早熟、收获期延长、增产、提高发芽率、抗倒伏、粒多饱满、穗数和千粒重增加等。

白菜，调节生长、增产，用8%胺鲜酯可溶粉剂1000～1500倍液，在白菜移栽定植成活后至结球期均匀喷雾。

大豆，调节生长、增产，用8%胺鲜酯可溶粉剂1000～1500倍液，浸种8小时或在大豆苗期、始花期、结荚期各喷施1次。

萝卜、胡萝卜、榨菜、牛蒡等根菜类蔬菜，调节生长、增产，用8%胺鲜酯可溶粉剂800～1000倍液，浸种6小时或在根菜类蔬菜幼苗期、肉质根形成期和膨大期各喷施1次。

甜菜，调节生长、增产，用8%胺鲜酯可溶粉剂1000～1500倍液，浸种8小时或在甜菜幼苗期、直根形成期和膨大期各喷施1次。

番茄、茄子、辣椒、甜椒等茄果类蔬菜，调节生长、增产，用8%胺鲜酯可溶粉剂800～1000倍液，在茄果类蔬菜幼苗期、初花期、坐果后各喷施1次。

菠菜、芹菜、生菜、芥菜、蕹菜、甘蓝、花椰菜、香菜等叶菜类蔬菜，调节生长、增产，用8%胺鲜酯可溶粉剂800～1000倍液，在叶菜类蔬菜定植后生长期间隔7～10天以上喷施1次，连喷2～3次。

菜豆、扁豆、豌豆、蚕豆等豆类，调节生长、增产，用8%胺鲜酯可溶粉剂800～1000倍液，在豆类幼苗期、盛花期、结荚期各喷施1次。

韭菜、大葱、洋葱、大蒜等葱蒜类，调节生长、增产，用8%胺鲜酯可溶粉剂800～1000倍液，在葱蒜类营养生长期每隔10天以上喷施1次，连喷2～3次。

蘑菇、香菇、木耳、草菇、金针菇等食用菌类，调节生长、增产，用8%胺鲜酯可溶粉剂800～1000倍液，在食用菌类子实体形成初期喷1次，在幼菇期、成长期各喷1次。

玉米，调节生长、增产，用 8%胺鲜酯可溶粉剂 1000～1500 倍液，浸种 6～16 小时，或在玉米幼苗期、幼穗分化期、抽穗期各喷施 1 次。

马铃薯、红薯、芋等块茎类蔬菜，调节生长、增产，用 8%胺鲜酯可溶粉剂 800～1000 倍液，在块茎类蔬菜苗期、块根形成期和膨大期各喷施 1 次。

油菜，调节生长、增产，用 8%胺鲜酯可溶粉剂 800～1000 倍液，浸种 8 小时或在油菜苗期、始花期、结荚期各喷施 1 次。

黄瓜、冬瓜、南瓜、丝瓜、苦瓜、节瓜、西葫芦等瓜类蔬菜，调节生长、增产，用 8%胺鲜酯可溶粉剂 800～1000 倍液，在瓜类蔬菜幼苗期、初花期、坐果后各喷施 1 次。

预防冻害：胺鲜酯只能用于调节植物生长发育，不能为作物提供营养元素，在使用时最好和叶面肥混合使用，效果更好，预防冻害时，应在冷空气来临前 7 天左右，用 2%胺鲜酯可溶粉剂 30 克+99%磷酸二氢钾 100 克，兑水 20～30 千克喷雾。可显著提高叶片的光合作用，提高植株体内叶绿素、蛋白质、核酸等物质的含量，显著提高植株的抗寒抗冻能力。

解除冻害：在农作物发生冻害后，可用 8%胺鲜酯可溶粉剂 10 克+99%磷酸二氢钾 100 克兑水 20～30 千克喷雾，可加速植物细胞液流动，快速解除作物冻害恢复其生长。

（2）复配剂应用　胺鲜酯可与甲哌鎓、乙烯利复配，如 27.5%胺鲜·甲哌鎓水剂、30%胺鲜·乙烯利水剂。

① 胺鲜·甲哌鎓。由胺鲜酯与甲哌鎓复配而成。对于密度较大、植株生长旺盛、有旺长趋势的大豆田，可在大豆初花期，每亩用 27.5%胺鲜酯·甲哌鎓水剂 15～25 毫升兑水 15～30 千克喷雾，一般喷施后 3 天即可见效，可控制茎叶旺长，降低植株高度，促进根系生长，增加根瘤数量，使茎秆更加粗壮，可显著提高抗倒伏能力，还可增加结荚数和籽粒数量，提高籽粒蛋白质和氨基酸含量，达到提高产量和改善品质的目的。

红薯，旺长一般采取翻藤控旺，也可用 27.5%胺鲜·甲哌鎓水剂 30 毫升兑水 20～30 千克均匀喷雾，对于生长过旺的地块，15 天后可以再喷 1 次。

② 胺鲜·乙烯利。由胺鲜酯与乙烯利复配而成。主要作用是调节植物的生长，胺鲜·乙烯利会通过植物的叶片和树皮进入植物的体内，然后发挥药效，促进果实成熟，针对矮化的植株，还可以提高植株体内的叶绿素、蛋白质和核酸的含量，并且可提高植物的免疫能力，预防各种各样的疾病。应用于玉米，在玉米 6～11 叶期，每亩用 30%胺鲜·乙烯利水剂（玉黄金）20～25 毫升，兑水 30 千克喷雾。可以促进玉米的节根形成，增加根层数，而且还可以控制根部的节间生长增强玉米的茎秆强度和韧性，防止玉米倒伏。

胺鲜·乙烯利还能用来催红，但是主要是使用在辣椒上，要注意催红的辣椒质量是比不上自然成熟的，所以只有在辣椒不能够正常成熟的情况下才可以使用。

③ 14-羟芸·胺鲜酯。由 14-羟基芸苔素甾醇与胺鲜酯复配而成。为白菜增产植物生长调节剂，在小白菜苗期（3～4 叶）和生长期（7～8 叶），用 8% 14-羟芸·胺鲜酯水剂 3500～4000 倍液喷雾，各施药 1 次，安全间隔期 7 天，每季最多施用 2 次。

● **注意事项**

（1）不能与强酸、强碱性农药及碱性化肥混用。

（2）喷药不能在强日光下进行。

（3）胺鲜酯在生产中不宜过于频繁使用，应注意使用次数，使用时，间隔期至少在一周以上。

（4）用量大时表现为抑制植物生长，故配制应准确，不可随意加大浓度。胺鲜酯药害表现为叶片有斑点，然后逐渐扩大，由浅黄色逐渐变为深褐色，最后透明，胺鲜酯药害仅在桃树上出现过，其他作物上到目前为止还没有药害发生。

（5）对蜜蜂高毒，养蜂场附近、蜜蜂作物花期禁用。

（6）禁止在河塘等水体中清洗施药器具或将施药器具的废水倒入河流、池塘等水源。

（7）本品放置于阴凉、干燥、通风、防雨、远离火源处，勿与食品、饲料、种子、日用品等同贮同运。

（8）安全间隔期 3 天，每季最多使用 3 次。

附录

附录一　无公害蔬菜生产禁止使用的农药品种

农药种类	农药名称	禁用范围	禁用原因
无机砷杀虫剂	砷酸钙、砷酸铅	所有蔬菜	高毒
有机砷杀虫剂	甲基胂酸锌（稻脚青）、甲基胂酸铵（田安）、福美甲胂、福美胂	所有蔬菜	高残留
有机锡杀菌剂	薯瘟锡（毒菌锡）、三苯基乙酸锡、三苯基氯化锡、氯化锡	所有蔬菜	高残留、慢性毒性
有机汞杀菌剂	氯化乙基汞（西力生）、醋酸苯汞（赛力散）	所有蔬菜	剧毒、高残留
有机杂环类	敌枯双	所有蔬菜	致畸
氟制剂	氟化钙、氟化钠、氟化酸钠、氟乙酰胺、氟铝酸钠	所有蔬菜	剧毒、高毒、易药害
有机氯杀虫剂	DDT、六六六、林丹、艾氏剂、狄氏剂、五氯酚钠、硫丹	所有蔬菜	高残留
有机氯杀螨剂	三氯杀螨醇	所有蔬菜	工业品含有一定数量的DDT
卤代烷类熏蒸杀虫剂	二溴乙烷、二溴氯丙烷、溴甲烷	所有蔬菜	致癌、致畸

农药种类	农药名称	禁用范围	禁用原因
有机磷杀虫剂	甲拌磷、乙拌磷、久效磷、对硫磷、甲基对硫磷、甲胺磷、氧乐果、治螟磷、杀扑磷、水胺硫磷、磷胺、内吸磷、甲基异柳磷	所有蔬菜	高毒、高残留
氨基甲酸酯杀虫剂	克百威（呋喃丹）、丁硫克百威、丙硫克百威、涕灭威	所有蔬菜	高毒
二甲基甲脒类杀虫杀螨剂	杀虫脒	所有蔬菜	慢性毒性、致癌
拟除虫菊酯类杀虫剂	所有拟除虫菊酯类杀虫剂	水生蔬菜	对鱼虾等高毒性
取代苯杀虫杀菌剂	五氯硝基苯、五氯苯甲醇、苯菌灵（苯莱特）	所有蔬菜	国外有致癌报道或二次药害
苯基吡唑类杀虫剂	氟虫腈（锐劲特）	所用蔬菜	对蜜蜂、鱼虾等高毒
二苯醚类除草剂	除草醚、草枯醚	所有蔬菜	慢性毒性

附录二　配制不同浓度药液所需农药换算表

需配制药液量/升 农药稀释倍数	1	2	3	4	5	10	20	30	40
50	20.0	40.0	60.0	80.0	100	200	400	600	800
100	10.0	20.0	30.0	40.0	50.0	100	200	300	400
200	5.00	10.0	15.0	20.0	25.0	50.0	100	150	200
300	3.40	6.70	10.0	13.4	16.7	34.0	67.0	100	134
400	2.50	5.00	7.50	10.0	12.5	25.0	50.0	75.0	100
500	2.00	4.00	6.00	8.00	10.0	20.0	40.0	60.0	80.0
1000	1.00	2.00	3.00	4.00	5.00	10.0	20.0	30.0	40.0
2000	0.50	1.00	1.50	2.00	2.50	5.00	10.0	15.0	20.0
3000	0.34	0.67	1.00	1.34	1.67	3.40	6.70	10.0	13.4
4000	0.25	0.50	0.75	1.00	1.25	2.50	5.00	7.50	10.0
5000	0.20	0.40	0.60	0.80	1.00	2.00	4.00	6.00	8.00

【例1】某农药使用浓度为3000倍，使用的喷雾机容量为30升，配制1桶药液需加入的农药量为多少？

先在农药稀释倍数栏中查到3000倍，再在配制药液量目标值的表栏中查30升的对应值，两栏交叉点10.0克或毫升，为查对换算所需加入的农药量。

【例2】某农药使用浓度为1000倍，使用的喷雾机容量为12.5升，配制1桶药液需加入农药为多少？

先在农药稀释栏中查到1000倍，再在配制药液量目标值的表栏中查10升、2升、1升的对应值，两栏交叉点分别为10.0+2.0+0.5（1升表值为1.0，则0.5升为0.5），累计得12.5克或毫升，为查对换算所需加入的农药量。

【例3】某农药使用的浓度为1500倍，使用的喷雾机容量为7.5升，配制1桶药液需加入农药为多少？

本例中所使用的农药液度和喷雾剂容量都还是表中的标准数据，对于此类情况可以直接用下列公式计算：

所需的农药制剂数量（克或毫升）
＝［配制药液的目标数量（千克或升）÷农药稀释倍数］×1000

则本例所需加入的农药量为（7.5÷1500）×1000=5（克或毫升）。上述公式对例1和例2同样适用。

【例4】已知有效成分用量求药剂使用量

5%某药剂有效成分用量为45克/公顷，每亩用水量按45升计算，问一药桶水（15升）应加多少农药？

农药用量（毫升）＝（公顷有效成分用量×100×用水量）÷（15×农药含量×亩用水量）＝（45×100×15）÷（15×5×45）=20

即应加农药20毫升。

【例5】已知每亩制剂用量求稀释倍数

15%某药剂每亩用药量为90毫升，用水量按60升计算，问稀释倍数是多少？

稀释倍数＝（亩用水量÷亩用药量）×1000=60÷90×1000=667

即稀释倍数应为667倍。

【例6】 已知有效成分用量求稀释倍数

40%某药剂有效成分用量为 54 克/公顷，每亩用水量按 90 升计算，问稀释倍数是多少？

稀释倍数=（亩用水量×15×农药含量）÷（公顷有效成分用量×100）×1000=（90×15×40）÷（54×100）×1000=10000

即稀释倍数应为 10000 倍。

参考文献

[1] 何永梅, 王迪轩. 菜园农药实用手册. 北京: 化学工业出版社, 2019.
[2] 纪明山. 新编农药科学使用技术. 北京: 化学工业出版社, 2019.
[3] 徐映明, 朱文达. 农药问答精编. 北京: 化学工业出版社, 2011.
[4] 董向丽, 王思芳, 孙家隆. 农药科学使用技术. 北京: 化学工业出版社, 2013.
[5] 农业部种植业管理司, 农业部农药检定所. 新编农药手册. 第 2 版. 北京: 中国农业出版社, 2015.
[6] 王丽君. 菜园新农药手册. 北京: 化学工业出版社, 2016.
[7] 上海市农业技术推广服务中心. 农药安全使用手册. 第 2 版. 上海: 上海科学技术出版社, 2021.
[8] 王江柱. 混配农药使用第一部. 北京: 中国农业出版社, 2014.
[9] 秦恩昊. 氟吡菌酰胺市场与发展趋势述评. 农药市场信息, 2021(11): 6-9, 28.
[10] 马芳骥. 虱螨脲为什么打不死虫子? 农药市场信息, 2021(12): 65.
[11] 马芳骥. 破解种植户时常会面临的两个实际问题. 农药市场信息, 2021(21):61.
[12] 张桂梅. 使用噻唑膦防治根结线虫谨防烧根. 农药市场信息, 2022(1): 50.
[13] 马芳骥. 若遇倒春寒, 对于露地作物可这样做. 农药市场信息, 2022(4): 58.
[14] 张桂梅. 同一"门派"的噻虫胺和噻虫嗪究竟有何异同? 农药市场信息, 2022(4): 60.
[15] 王大业. 解析丁醚脲新布局, 增长空间巨大. 农药市场信息, 2022(5): 36.
[16] 郑庆伟. 呋虫胺产品登记情况及趋势展望. 农药市场信息, 2022(5): 27-30, 70.
[17] 马芳骥, 王申茂. 病害傻傻分不清时, 用药如何"以一挡百"? 农药市场信息, 2022(5): 58.
[18] 马芳骥. 科学复配让草铵膦效果翻倍. 农药市场信息, 2022(13): 61.
[19] 马芳骥. "杀菌王"为何有时也会"翻车". 农药市场信息, 2022(14): 61.
[20] 王申茂. 秋季叶菜上有大龄幼虫难对付, 怎么办? 农药市场信息, 2022(20): 58.
[21] 马芳骥. 使用乙蒜素要巧避弊端, 方可事半功倍. 农药市场信息, 2023(1): 57.